Scratch3.0(mBlock 5) 程式設計

使用 mBot2 機器人

李春雄 教授 著

版權聲明

- 書中提及之各註冊商標，分屬各註冊公司所有。
- 書中所引述之圖片及網頁內容，純屬教學及介紹之用，著作權屬於法定原著作權享有人所有，絕無侵權之意，在此特別聲明並表達深深的感謝。

檔案下載說明

為方便讀者學習本書關鍵程式，請至本公司 MOSME 行動學習一點通網站（http://www.mosme.net），於首頁的關鍵字欄輸入本書相關字（例：書號、書名、作者）進行書籍搜尋，尋得該書後即可於 [學習資源] 頁籤下載程式範例檔案使用。

作者序

　　樂高是一家世界知名的積木玩具公司，從各種簡單的積木到複雜的動力機構，甚至樂高機器人，全能讓大人與小孩玩到樂此不疲。為何樂高能讓大、小朋友甚至玩家「百玩不厭」呢？其主要原因是它可以依照每一位玩家的「想像力及創造力」來建構獨特的個人作品，並可透過「樂高專屬的軟體」來控制樂高機器人。

　　雖然樂高機器人可以讓小朋友或玩家「百玩不厭」，但它的「價格昂貴」，導致學校沒有經費購買，目前還是很難在高中職及大專院校中列為正式課程的教具。

　　致力於解決此問題的 Makeblock 創客團隊將塑膠結構改為「鋁合金結構」以增強機器人的結構強度，並提供數十種不同用途的感測器，為「AI 人工智慧」及「物聯網應用」建立重要的基礎。筆者為之歸納出五大特色：

1. **硬體結構性方面**：它屬於鋁合金構件，強度比樂高零件更強。
2. **電子感測器方面**：目前提供數十種不同用途的感測器，應用的領域更廣。
3. **硬體擴展性方面**：單一電子模組擴展接口，可以串接數十個不同電子模組。
4. **軟體結合性方面**：擴展的電子模組都有對應的圖形化軟體支援使用。
5. **雲端整合性方面**：電子感測器收集訊息，輕易上傳到雲端並整合應用。

此外，在軟體程式方面，它使用「圖形化」mBlock 5 軟體。mBlock 5 是基於 Scratch 3.0，專門用於支持 STEAM 教育的「拼圖積木程式」；它可命令硬體的 mBot2 機器人進行各種控制，對國小、國中學生或第一次接觸機器人的使用者來說，可以輕鬆撰寫程式，以最低的門檻學習控制機器人，而無需瞭解機器人內部的軟硬結構。高中職及大專院校資訊相關科系的學生，也可以使用 Python 程式來控制 mBot2 機器人，符合課程開課的需求。

綜合上述，筆者利用 mBlock 軟體開發了一套可以充份發揮學生「想像力」及「創造力」的教材，其主要的特色如下：

1. 親自動手組裝，訓練學生的觀察力與空間轉換能力。

2. 親自撰寫程式，訓練學生的專注力與邏輯思考能力。

3. 親自實際測試，訓練學生的驗證力與問題解決能力。

最後，在此特別感謝台科大圖書的支持以及各位讀者對本著作的愛護，筆者才疏學淺，有疏漏之處，敬請各位資訊先進不吝指教。

李春雄（Leech@csu.edu.tw）

2022.06 於正修科技大學資管系

目錄

1 機器人概論
1-1 什麼是機器人 　　　　　　　　　　　2
1-2 Makeblock 基本介紹 　　　　　　　　5
1-3 mBot2 機器人介紹 　　　　　　　　　8
1-4 mBot2 機器人藍牙模組適配器 　　　　16
1-5 mBot2 機器人基本車常見的運用 　　　17
◎ 課後習題 　　　　　　　　　　　　　20

2 mBot2 機器人的程式開發環境
2-1 mBot2 機器人的設計流程 　　　　　　22
2-2 組裝一台 mBot2 機器人 　　　　　　　23
2-3 mBot2 機器人控制板（CyberPi）的基本介紹 　24
2-4 mBot2 機器人的擴展板 　　　　　　　28
2-5 下載及安裝 mBot2 機器人的 mBlock 5 軟體 　30
2-6 mBlock 5 的整合開發環境 　　　　　　32
2-7 撰寫第一支 mBlock 程式 　　　　　　　38
◎ 課後習題 　　　　　　　　　　　　　43
◎ 創客實作題 　　　　　　　　　　　　44

3 mBot2 機器人動起來了
3-1 馬達簡介 　　　　　　　　　　　　　46
3-2 控制馬達的速度及方向 　　　　　　　47
3-3 讓機器人動起來 　　　　　　　　　　52
3-4 機器人繞正方形 　　　　　　　　　　53
3-5 馬達接收其他來源訊息 　　　　　　　55
◎ 課後習題 　　　　　　　　　　　　　58
◎ 創客實作題 　　　　　　　　　　　　59

4 資料與運算

4-1 變數（Variable） 62
4-2 變數資料的綜合運算 67
4-3 清單（List） 77
4-4 清單的綜合運算 80
4-5 副程式（新增積木指令） 83
◎ 課後習題 88
◎ 創客實作題 89

5 程式流程控制

5-1 流程控制的三種結構 92
5-2 循序結構（Sequential） 95
5-3 分岔結構（Switch） 97
5-4 迴圈結構（Loop） 103
◎ 課後習題 111
◎ 創客實作題 112

6 機器人走迷宮（超音波感測器）

6-1 認識超音波感測器 114
6-2 等待模組（Wait）的超音波感測器 117
6-3 分岔模組（Switch）的超音波感測器 120
6-4 迴圈模組（Loop）的超音波感測器 122
6-5 mBot2 機器人走迷宮 123
6-6 超音波感測器控制其他拼圖模組 124
6-7 防撞警示系統 125
6-8 看家狗 126
◎ 課後習題 127
◎ 創客實作題 129

7 機器人循跡車（循線感測器）

- 7-1 認識循線感測器（四路顏色感測器） 132
- 7-2 偵測四路顏色感測器之回傳值 134
- 7-3 等待模組（Wait）的循線感應器 137
- 7-4 分岔模組（Switch）的循線感測器 138
- 7-5 迴圈模組（Loop）的循線感測器 140
- 7-6 機器人循跡車 141
- ◎ 課後習題 148
- ◎ 創客實作題 149

8 機器人太陽能車（光源感測器）

- 8-1 認識光源感測器 152
- 8-2 等待模組（Wait）的光源感測器 154
- 8-3 分岔模組（Switch）的光源感測器 155
- 8-4 迴圈模組（Loop）的光源感測器 155
- 8-5 光源感測器控制其他拼圖模組 156
- 8-6 製作一台機器人太陽能車 157
- 8-7 製作一台機器人蟑螂車 158
- 8-8 製作一座智慧型路燈 159
- ◎ 課後習題 160
- ◎ 創客實作題 161

9 機器人警車（按鈕、音效、LED 燈）

- 9-1 按鈕介紹 164
- 9-2 按鈕的綜合運用 165
- 9-3 蜂鳴器介紹 167
- 9-4 LED 燈介紹 170
- ◎ 課後習題 174
- ◎ 創客實作題 175

10 遙控機器人（搖桿及藍牙手柄的應用）

- 10-1 CyberPi 主機控制 mBot2 機器人 178
- 10-2 兩個 CyberPi 主機通訊來遙控 mBot2 機器人 181
- 10-3 CyberPi 傾斜方向控制 mBot2 機器人 186
- 10-4 語音控制 mBot2 機器人 190
- 10-5 藍牙手柄控制 mBot2 機器人 195
- ◎ 課後習題 198
- ◎ 創客實作題 199

11 AI 人工智慧 -mBot2「人臉年齡識別」的應用

11-1	認識 AI 人工智慧	202
11-2	CyberPi 內建 AI 人工智慧指令	203
11-3	mBlock 5 使用微軟認知服務	209
11-4	模糊語音辨識控制 mBot2 機器人行走	215
11-5	停車場車牌辨識系統	217
◎	課後習題	218
◎	創客實作題	219

12 機器深度學習

12-1	mBlock 5 使用機器深度學習	222
12-2	顏色識別	223
12-3	顏色識別控制 mBot2 行走	230
12-4	形狀識別	232
12-5	交通號誌控制 mBot2 行走	240
◎	課後習題	242
◎	創客實作題	243

13 物聯網

13-1	認識物聯網	246
13-2	物聯網偵測城市溫度與濕度	249
13-3	物聯網偵測城市 PM2.5	250
13-4	物聯網查詢各城市日出時間	253
13-5	隨機溫度上傳到 Google 雲端	254
◎	課後習題	262
◎	創客實作題	263

附錄一　課後習題簡答　　　　　　　　　　　　　　　　　　　附-2

附錄二　IRA（初級 Fundamentals）智慧型機器人應用
　　　　認證術科測試試題與解題　　　　　　　　　　　　　　附-16

IRA（初級 Fundamentals）認證學科目錄

1 機器人概論	1-2
2 感知技術與轉換	1-22
3 電學、電力與控制	1-30
4 微處理機與程式邏輯	1-38
5 工作安全衛生與職業倫理	1-44

Chapter

1 機器人概論

- **本章學習目標**
  1. 讓讀者瞭解機器人定義及在各領域上的運用。
  2. 讓讀者瞭解 mBot2 機器人的組成及常見的運用。

- **本章內容**
  1-1　什麼是機器人
  1-2　Makeblock 基本介紹
  1-3　mBot2 機器人介紹
  1-4　mBot2 機器人藍牙模組適配器
  1-5　mBot2 機器人基本車常見的運用
  ◎　課後習題

1-1　什麼是機器人

一、機器人的迷思

「機器人」只是一台「人形玩具或遙控跑車」，其實這樣的定義太過狹隘且不正確。所謂的**人形玩具**，是屬於靜態的玩偶，無法接收任何訊號，更無法自行運作；**遙控汽車**則是可以接收遙控器發射的訊號，但是缺少「感測器」來偵測外界環境的變化，例如：如果沒有遙控器控制的話，遇到障礙物前，也不會自動停止或轉彎。

(a) 人形玩具 　　　　　　　　　(b) 遙控跑車

★ 圖 1-1　機器人的迷思

二、深入探討

我們都知道，人類可以用「眼睛」來觀看周圍的事物，利用「耳朵」聽見周圍的聲音，但是機器人沒有眼睛也沒有耳朵，到底要如何模擬人類思想與行為，進而協助人類處理複雜的問題呢？

其實「機器人」就是一部電腦（模擬人類的大腦），它是一部具有電腦控制器（包含中央處理單元、記憶體單元），並且有輸入端用來連接感測器（模擬人類的五官）與輸出端用來連接馬達（模擬人類的四肢），如圖 1-2 所示。

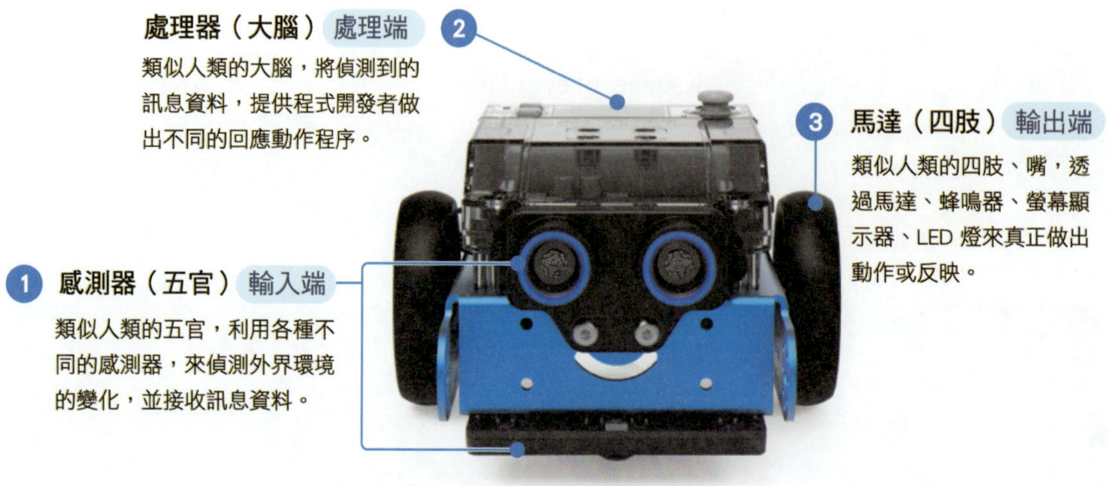

② 處理器（大腦） 處理端
類似人類的大腦，將偵測到的訊息資料，提供程式開發者做出不同的回應動作程序。

③ 馬達（四肢） 輸出端
類似人類的四肢、嘴，透過馬達、蜂鳴器、螢幕顯示器、LED 燈來真正做出動作或反映。

① 感測器（五官） 輸入端
類似人類的五官，利用各種不同的感測器，來偵測外界環境的變化，並接收訊息資料。

★ 圖 1-2　mBot2 機器人

三、定義

機器人（robot）不一定是以「人形」為限，凡是可以用來模擬「人類思想」與「行為」的可程式化之機構皆稱之。

四、舉例：會走迷宮的機器人

假設已經組裝完一台 mBot2 機器人的車子（又稱為輪型機器人），當「輸入端」的「超音波感測器」偵測到前方有障礙物時，其「處理端」的「程式」可能的回應有「直接後退」或「後退再進向」或「停止」動作等。如果是選擇「後退再進向」，則「輸出端」的「馬達」就是真正先退後，再向左或向右轉，最後再直走。

★ 圖 1-3　會走迷宮的機器人

五、機器人的運用

由於人類不喜歡從事具有「❶危險（dangerous）」、「❷辛苦（difficult）」、「❸骯髒（dirty）」及「疾病預防（disease prevention）」等被歐美稱為機器人 4D 產業的四項工作，因此才會發明各種用途的機器人，以取代或協助人類執行各種複雜性的工作。其常見的運用如下：

1. **工業上**：銲接用的機械手臂（如：汽車製造廠）或生產線的包裝❷。
2. **軍事上**：拆除爆裂物（如：炸彈）❶。
3. **太空上**：無人駕駛（如：偵查飛機、探險車）❶。
4. **醫學上**：居家看護（如：智慧藥盒提醒吃藥）❷。

5. **生活上**：自動打掃房子（如：自動吸塵器）❸。
6. **運動上**：自動發球機（如：桌球發球機）❷。
7. **運輸上**：無人駕駛車（如：特斯拉無人駕駛車）❷。
8. **防疫上**：各種消毒機器人❹。
9. **娛樂上**：取代傳統單一功能的玩具。
10. **教學上**：訓練學生邏輯思考及整合應用能力，其主要目的是學習機器人的機構原理、感測器、主機及馬達的整合應用，進而開發各種機器人程式並應用於實務上。

1-2　Makeblock 基本介紹

　　本書介紹的 mBot2 機器人是 Makeblock 公司開發的產品，由核心控制器童芯派（CyberPi）及相關電控元件所組成。因此在本單元中，特別介紹 Makeblock 公司提供的產品及服務。

　　Makeblock 是一家專門開發「STEAM 教育」相關硬體、軟體及教材的公司，其中硬體部分，全部使用模組化的設計理念，類似「樂高積木」的方式，讓學習者可以依照創意來建構自己的作品。此外，它的結構元件都是利用「鋁合金」設計，號稱「金屬版的樂高積木」，它除了提供多樣化的金屬零件之外，更強調可以讓使用者動手創造各種不同造型的金屬結構。

　　Makeblock 公司提供各種系列產品，在外殼上都有專門的外觀設計，如圓孔、插銷、通孔、螺紋孔等，能夠實現豐富的結構擴展。在本書中，筆者透過官方提供的範例，來說明童芯派如何與其他構件結合，進而設計出更多具有創意性、實用性的作品。

一、組成要素

1. **機械結構**：鋁合金構件，兼具強度及美觀，如表 1-1 所示。

★ 表 1-1　機械結構

項目	構件	外觀
1	童芯派 + 雙孔樑 + 轉接銷	
2	童芯派 + 切割木板 + 轉接銷	

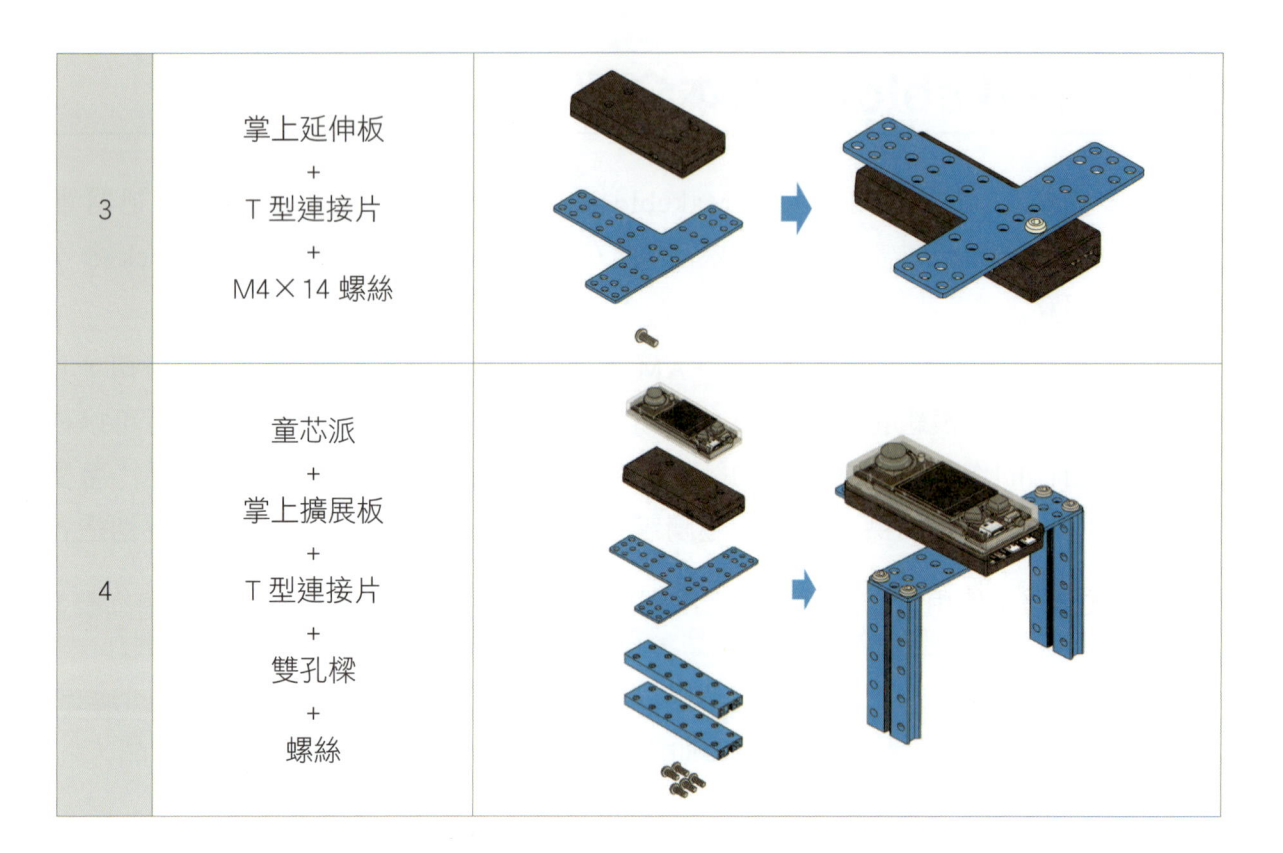

3	掌上延伸板 + T 型連接片 + M4×14 螺絲	
4	童芯派 + 掌上擴展板 + T 型連接片 + 雙孔樑 + 螺絲	

2. 電控元件：使用各種模組式的感測器、馬達及相關的電子零件，如圖 1-4 所示。

★ 圖 1-4　電控元件

3. **控制系統**：CyberPi 核心主控板 +mBot2 擴展板。

① CyberPi核心主控
② mBot2擴展板

(a) mBot2（含 CyberPi 核心主控板）　　　　(b) CyberPi 核心主控板

★ 圖 1-5　控制系統

4. **程式語言**：使用「圖形化」的「拼圖積木」程式。可以降低學習曲線，提高學習者的動機和興趣，如圖 1-6 所示。

★ 圖 1-6　mBlock 拼圖積木

二、創新應用

讀者可以依照特定任務來完成圖 1-7 所示的四個專題。

(a) 可透過區域網路連接多個 mBot2　　(b) 循線自走車　　(c) 六足機器人　　(d) mBot2 追綠色球

★ 圖 1-7　專題

1-3　mBot2 機器人介紹

　　mBot2 是一套專門用來訓練學生邏輯思考及動手創作的機器人。

一、相較於樂高機器人的優勢

1. **價格方面**：為樂高機器人的 1/3。教育版的 EV3 第三代樂高機器人約 15,000 元，而 mBot2 為 4,500 元左右。
2. **結構強度方面**：它屬於鋁合金構件，強度比樂高零件更強，可以應用在工業上。

(a) mBot2（鋁合金構件）　　　　(b) Lego（塑膠構件）

★ 圖 1-8　結構強度

3. **感測器種類方面**：目前提供數十種不同用途的感測器，應用的領域更廣。如表 1-2 所示。

★ 表 1-2　感測器種類

Makeblock 電子模組（常用）	圖示	說明
超音波感測器模組 （ultrasonic sensor）		・功能：偵測距離、避障。 ・應用：機器人循線避障。 ・讀值範圍：5~300。
四路顏色感測器 （four-way color）		・功能：偵測顏色、循線。 ・應用：機器人循線。 ・識別八種顏色：白、紅、黃、綠、青、藍、紫、黑。

★ 表 1-2　感測器種類（續）

Makeblock 電子模組 （常用）	圖示	說明
視覺模組 （vision）		・**功能**： ①辨識條碼和線條。 ②辨識顏色物件。 ・**應用**： ①垃圾分類 ②智慧交通。 ③物體追蹤。 ④智慧循線。
藍牙手柄 （bluetooth handle）		・**功能**： ①控制移動方向。 ②控制機器手臂。 ・**應用**：操控機器人完成特定任務。
螢幕顯示 （screen display）		・**功能**： ①建立遊戲螢幕。 ②建立 UI 元素螢幕。 ・**應用**：小型遊戲機。
滑動電位器 slide potentiometer		・**功能**： ①設定輸入值的大小。 ②調整其他模組的狀態。 ・**應用**：控制速度或 LED 燈的亮度。 ・**讀值範圍**：0~100。
溫濕度感測器 （temperature and humidity）		・**功能**：偵測溫度與濕度。 ・**應用**： ①智能風扇。 ②智能除濕機。 ・**讀值範圍**： ①溫度讀值範圍：-40~125℃。 ②濕度讀值範圍：0~100%。
LED 驅動器 （LED driver）		・**功能**：驅動燈帶或燈環。 ・**應用**：驅動多種燈類配件。

★ 表 1-2　感測器種類（續）

Makeblock 電子模組（常用）	圖示	說明
雙顏色感測器 （double color）		・功能：偵測顏色、循線。 ・應用：適合於多種地圖設計實現循線功能。
磁性感測器 （magnetic）		・功能：偵測某物件是否有磁性。 ・偵測結果：有或無。 ・檢測距離：<1cm。
土壤溼度感測器 （soil moisture）		・功能：偵測土壤中的水分濕度。 ・應用：智慧農業領域。 ・讀值範圍：0~100。
紅外線收發器 （infrared transceiver）		・功能：具有紅外發射與接受。 ・應用： ①空調遙控器與空調。 ②紅外手柄與遙控車。 ③電視遙控器與電視。
喇叭 （speaker）		・功能：播放音效或音樂。 ・應用： ①跳舞機器人。 ②聊天機器人。
伺服馬達驅動器 （servo driver）		・功能：驅動 180° 伺服馬達。 ・應用：機器手臂。

★ 表 1-2 感測器種類（續）

Makeblock 電子模組 （常用）	圖示	說明
熱運動感測器 （PIR sensor）		・功能：偵測環境中是否有人或恆溫動物經過。 ・應用： ①智慧型電燈。 ②居家保全系統。 ・讀值範圍： ①檢測範圍：3~5m。 ②x軸檢測角度：80°。 ③y軸檢測角度：55°。 ④觸發後的持續時間：3s。
測距感測器 （ranging）		・功能：與超音波運作原理類似，但更精確。 ・應用： ①無人駕駛車。 ②居家保全系統。 ・讀值範圍：2~200cm。
直流馬達驅動器 （DC horse drive）		・功能：驅動直流馬達。 ・應用： ①控制車子的速度和轉動方向。 ②智慧電風扇。
LED 矩陣 （LED matrix）		・功能：可呈現各種表情。 ・應用： ①動畫 ②表情 ③文字 ④數字。
MQ2 氣體感測器 （MQ2 gas）		・功能：偵測空氣中的煙霧、液化氣體、丁烷、丙烷、酒精、氫氣等可燃氣體。 ・應用： ①智慧屋。 ②防火系統。 ③酒精偵測器。
溫度感測器模組 （temperature sensor）		・功能：能直接檢測物體接觸溫度。 ・應用： ①水溫偵測。 ②人體體溫。 ・讀值範圍：-55~125℃。

★ 表 1-2　感測器種類（續）

Makeblock 電子模組（常用）	圖示	說明
角度感測器（angle）		・功能：檢測旋轉的位置。 ・應用：調整機器手臂夾物。
聲音感測器（sound sensor）		・功能：能檢測環境聲音的強弱。 ・應用： ①噪音偵測器。 ②音量控制 LED。 ・偵測範圍：0~100。
彩色 LED（color LED）		・功能：可呈現各種顏色。 ・應用： ①紅黃綠交通燈。 ②氣氛燈。
多點觸摸（multi-touch）		・功能：可以檢測對應觸點被觸摸的狀態。 ・應用： ①可結合鱷魚夾。 ②擴展更多應用。 ・偵測範圍：1~8。
運動感測器（motion sensor）		・功能：物體的運動姿態（包含一個 3 軸陀螺儀以及一個 3 軸加速度計）。 ・應用： ①傾斜方向。 ②震動強度。 ③體感遊戲。
光源感測器（light sensor）		・功能：環境光線的強弱。 ・應用： ①智慧車燈。 ②智慧路燈。 ・偵測範圍：0~100%。

★ 表 1-2　感測器種類（續）

Makeblock 電子模組（常用）	圖示	說明
搖桿 （joystick）		・功能：控制物體運動方向。 ・應用： ①車子前後左右。 ②機器手臂上下移動、左右夾放。 ・偵測範圍： ・X：-100~100 ・Y：-100~100
火焰感測器 （flame sensor）		・功能：可以偵測火焰。 ・用途： ①設計消防機器人。 ②警報系統。 ・偵測範圍：0~100。
按鈕 （button）		・功能：事件觸發。 ・應用： ①狀態切換。 ②計數器。

4. **組裝方面**：組裝上比樂高還要簡單，如圖 1-9 所示。

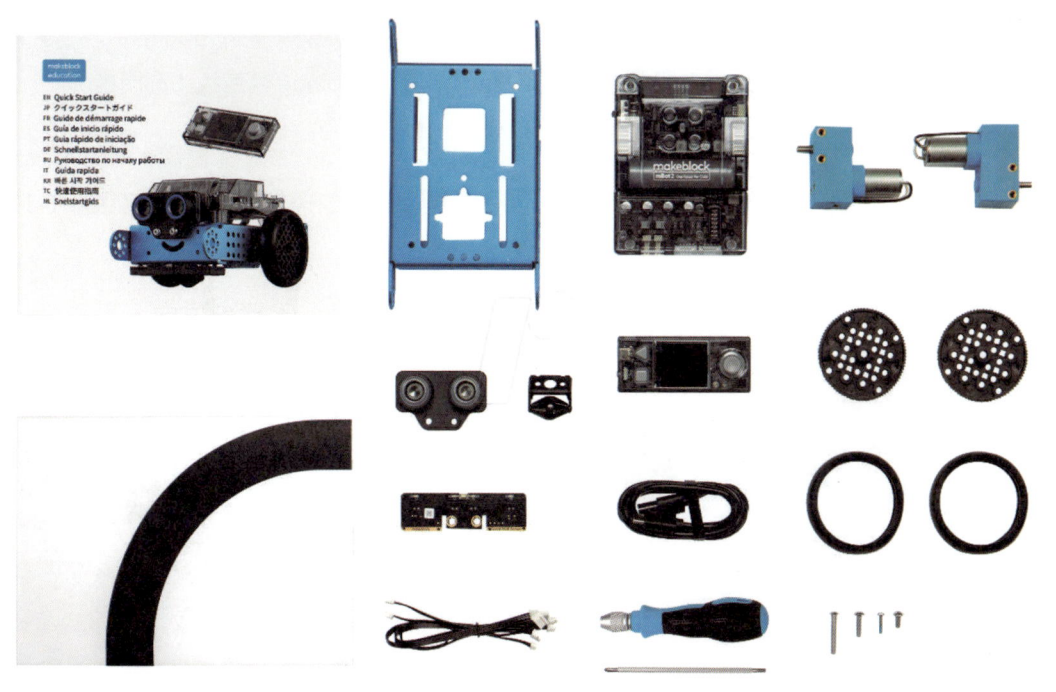

★ 圖 1-9　組裝

5. 結合外部零件方面：它可以結合 Makeblock 鋁合金零件，如圖 1-10 所示。

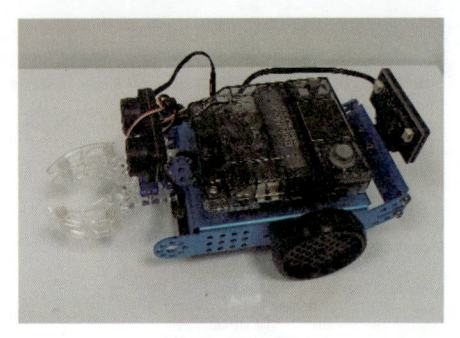

(a) 機器手臂機器人 　　　　　　　　(b) AI 追球機器人

★ 圖 1-10　結合外部零件

二、相較於 Arduino 的優勢

1. **低門檻**：無需電子及電機科系的背景，亦即不需要先學會插麵包板之電路線，如圖 1-11 所示。

(a) mBot+ 伺服馬達（低門檻） 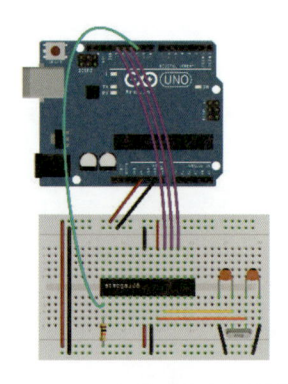　　　　(b) Arduino+ 麵包板（高門檻）

★ 圖 1-11　優勢比較

2. **模組式組裝**：各種感測器和馬達皆透過連接埠與 mBot2 控制板連接，如圖 1-12 所示。

(a) mBot2 控制板 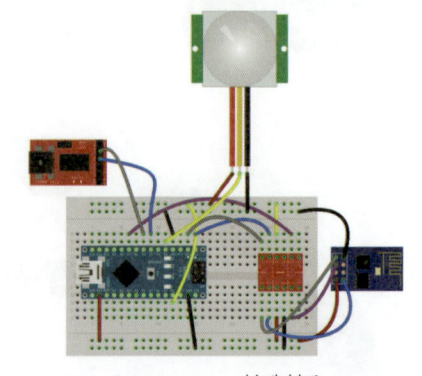　　　　　　　　(b) Arduino 控制板

★ 圖 1-12　組裝方式

3. **隨插即用**：透過這些接口，可以在一個接口上串聯連接多個 mBuild 電子模組，如圖 1-13 所示。

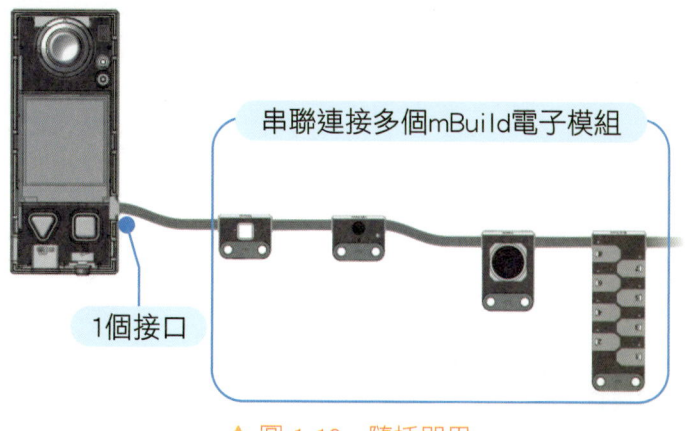

★ 圖 1-13　隨插即用

三、mBot2 跨越的學習領域

1. **硬體課程方面**：控制系統、機械結構與電子電路。
2. **軟體課程方面**：演算法及程式設計。

四、mBot2 機器人與 mBlock 5 軟體的介紹

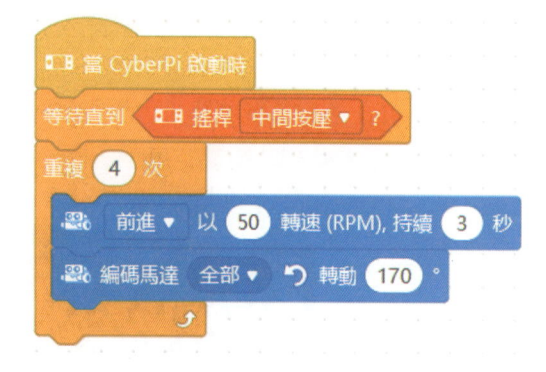

(a) mBot2 機器人　　　　(b) mBlock 5 軟體

說明：
在 mBlock 軟體中，我們可以透過「拼圖積木程式」來命令硬體的 mBot 機器人進行各種控制，以便讓學生較輕易的撰寫機器人程式，而不需了解機器人內部的軟、硬體結構。

★ 圖 1-14　mBot2 機器人與 mBlock 5 軟體的介紹

五、常用的開發工具

1. **mBlock 軟體**：利用「視覺化」的「拼圖程式」來撰寫程式「mBot2 機器人」。
2. **Python**：針對 CyberPi 控制器量身訂作的 Micro Python 語言。

六、適用時機

1. **mBlock 軟體**：適用於國中、小學生或 mBot 機器人的初學者。
2. **Micro Python**：適用於高中、大專以上的學生。

七、mBlock 軟體的優點

1. 利用「視覺化」的「拼圖程式」來撰寫程式「mBot 機器人」，可以減少學習複雜的 Python 語言程式碼。
2. mBlock 軟體提供完整的元件來控制 mBot2 機器人的硬體。

1-4 mBot2 機器人藍牙模組適配器

基本上，當我們在購買 mBot2 機器人時，它會附上「藍牙 ESP32」，如圖 1-15 所示。其主要目的就是讓我們可以透過電腦或其他裝置，可以操控它的各種行動（例如：前、後、左、右…等）。

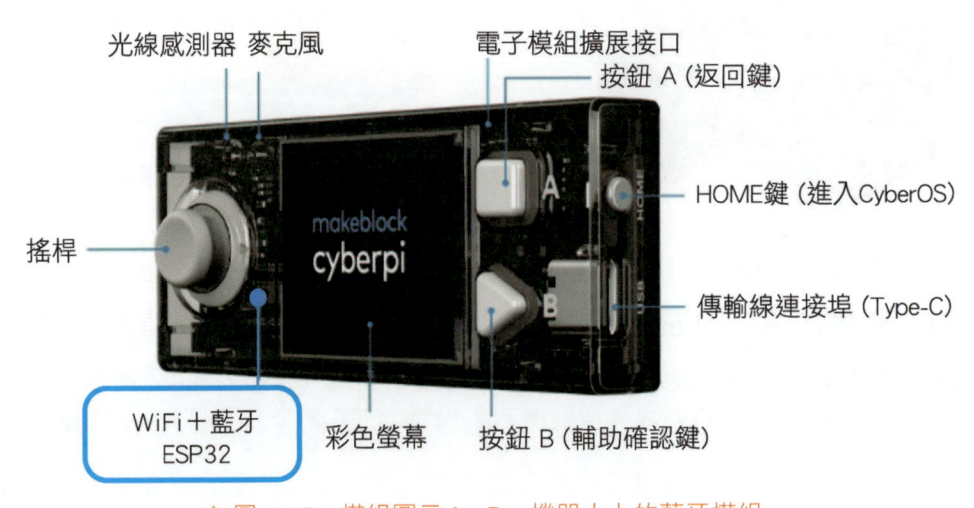

★ 圖 1-15　模組圖示：mBot 機器人上的藍牙模組

因此，當我們使用 mBlock 程式與 mBot2 機器人連接時，可以將「藍牙適配器」插到電腦上，就可以直接與 mBot2 機器人上的「藍牙 ESP32」連接，如圖 1-16 所示。

(a) 藍牙適配器 　　　　　　　　　　　(b) 裝到電腦上

說明：Makeblock 藍牙適配器
Makeblock 藍牙適配器是用於藍牙設備的 BT4.0（低功耗）接口轉換器，主要用於短距離無線數據傳輸。

★ 圖 1-16　模組圖示：電腦插上藍牙適配器

一、優點

1. 不需要安裝驅動程式，可隨插即用。
2. 可以無線連接 mBot2 機器人。
3. 可以與任何具有內置藍牙模組的 Makeblock 設備配對。

二、特色

1. 在電腦的 USB 接口插上藍牙適配器，就能與連上 Makeblock 藍牙無線設備。
2. 不需要透過任何的傳輸線，攜帶方便及使用。

1-5　mBot2 機器人基本車常見的運用

在前面章節中，相信你對 mBot2 機器人已經有初步的了解，接下來，你心裡一定會想問，擁有一台屬於個人的 mBot2 機器人之後，我可以做什麼？這是一個非常重要的問題。請不用緊張，接下來，筆者來幫各位讀者歸納出一些運用。

一、娛樂方面

原廠出版時，小朋友或家長都可以透過「官方 APP」來操作機器人，也還可以切換到自走車。例如：遙控車、避障車及循跡車等。

1. mBot 遙控器：如圖 1-17 所示。

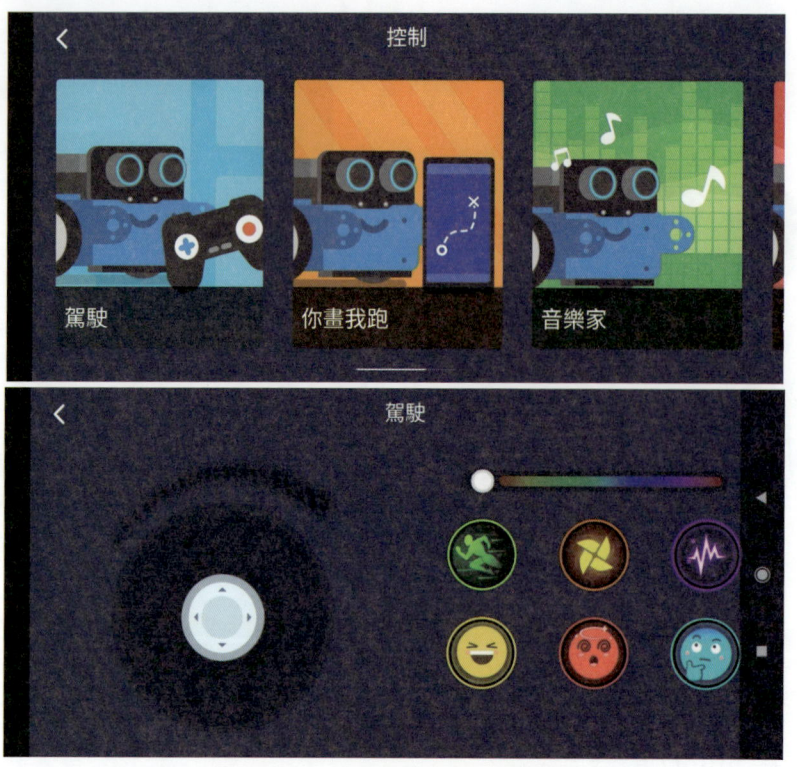

★ 圖 1-17　官方 App 操作畫面

2. mBot 避障車：如圖 1-18 所示。

★ 圖 1-18　避障車

3. mBot 循跡車：如圖 1-19 所示。

★ 圖 1-19　mBot 循跡車

二、訓練邏輯思考及解決問題的能力

1. 親自動手「組裝」，訓練學生「觀察力」與「空間轉換」能力。
2. 親自撰寫「程式」，訓練學生「專注力」與「邏輯思考」能力。
3. 親自實際「測試」，訓練學生「驗證力」與「問題解決」能力。

因此，學生在組裝一台 mBot 機器人之後，再利用「圖控程式」方式來降低學習程式的門檻，進而達到解決問題的能力。

三、機構改造與創新

1. 依照不同的用途來建構特殊化創意機構。
2. 整合機構、電控及程式設計的跨領域的能力。

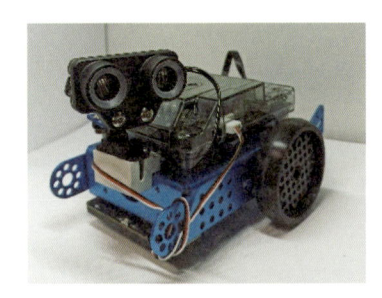

★ 圖 1-20　會轉頭機器人（伺服馬達結合超音波感測器）

★ 圖 1-21　二足人形機器人（mBot2+mBuild 伺服馬達）

Chapter 1　課後習題

一、請說明「人形玩具」和「遙控汽車」皆不能稱為機器人的原因？

二、試問機器人的三要素分別為何？

三、請列舉出機器人在生活上的運用，至少五項。

四、Makeblock 公司出產了一系列稱為「金屬版樂高積木」的產品，試問其組成要素為何？

五、試問 mBot2 機器人相較於樂高機器人具有哪些優勢？

六、試問 mBot2 機器人相較於 Arduino 具有哪些優勢？

七、試問 mBot2 跨越哪些學習領域？

八、試問 mBot2 常用的開發工具有哪些？

九、請上網查詢，列出 mBot 與 mBot2 機器人的差異。

十、當我們購買了 mBot2 機器人之後，可以做哪些運用？至少列舉三項。

Chapter 2

mBot2 機器人的程式開發環境

・本章學習目標

1. 讓讀者瞭解 mBot2 機器人的程式設計流程。
2. 讓讀者瞭解 mBot2 機器人的組裝、整合開發環境及撰寫第一支 mBlock 程式。

・本章內容

2-1　mBot2 機器人的設計流程
2-2　組裝一台 mBot2 機器人
2-3　mBot2 機器人控制板（CyberPi）的基本介紹
2-4　mBot2 機器人的擴展板
2-5　下載及安裝 mBot2 機器人的 mBlock 5 軟體
2-6　mBlock 5 的整合開發環境
2-7　撰寫第一支 mBlock 程式
◎　課後習題
◎　創客實作題

2-1　mBot2 機器人的設計流程

在前一章節中，我們已經瞭解 mBot2 機器人的組成元件了，但是光有這些零件，只能組裝成機器人的外部機構，而無法讓使用者控制它的動作。因此，要如何在 mBot2 機器人上撰寫程式，來讓使用者進行測試及操控機器人，這是本章節的重要課題。

基本上，要完成一個指派任務的機器人，必須要包含：組裝、寫程式、測試三個步驟，如圖 2-1 所示。從左側的流程圖中，我們可以清楚瞭解「設計機器人程式」必須要經過的三大步驟，在進行第三步驟時，如果無法測試成功，除了要修改程式之外，也要檢查組裝是否正確，並且反覆地進行測試，直到完全成功為止。

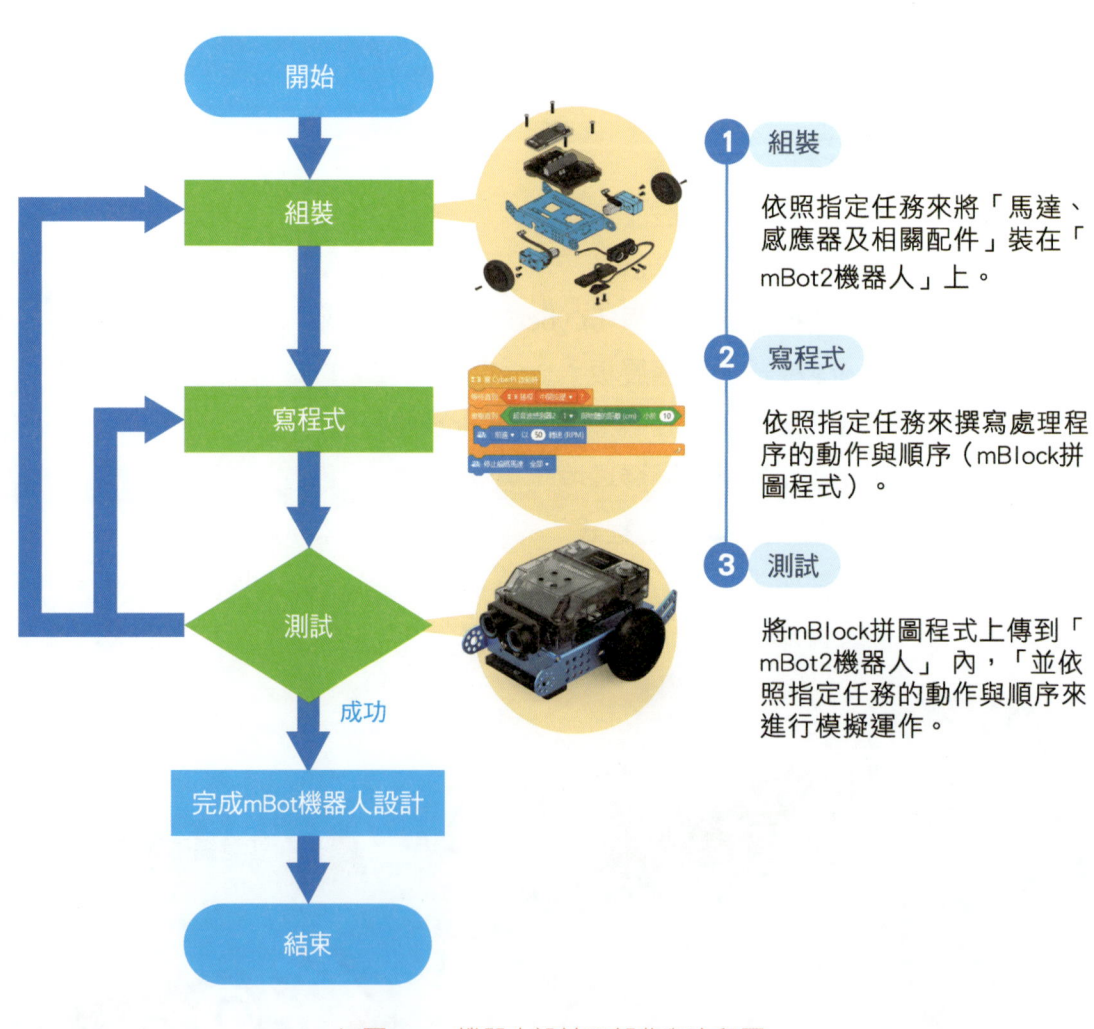

★ 圖 2-1　機器人設計三部曲與流程圖

2-2 組裝一台 mBot2 機器人

如果你是初學者時，你可以參考 mBot2 機器人組裝手冊或相關網站。在本單元中，假設您已經組裝一台 mBot2 機器人，裝組說明及各零件如圖 2-2 所示[1]。

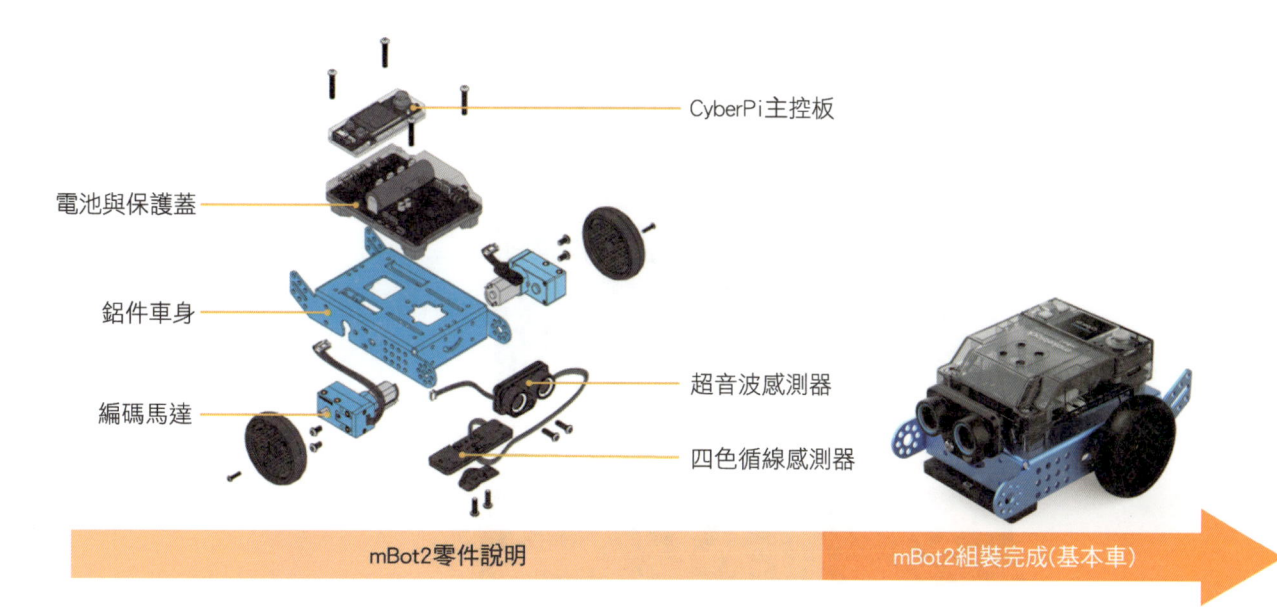

★ 圖 2-2 mBot2 機器人零件組裝

其接線剖析，如圖 2-3 所示：

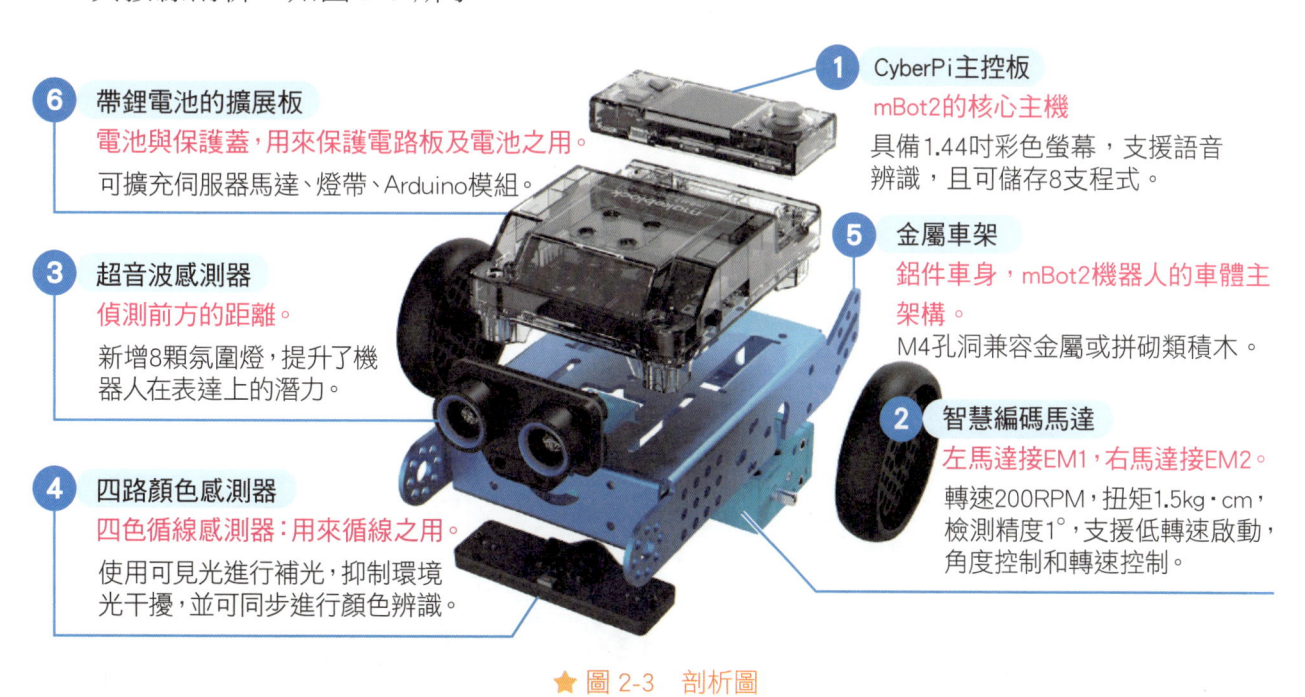

1 CyberPi主控板
mBot2的核心主機
具備1.44吋彩色螢幕，支援語音辨識，且可儲存8支程式。

6 帶鋰電池的擴展板
電池與保護蓋，用來保護電路板及電池之用。
可擴充伺服器馬達、燈帶、Arduino模組。

5 金屬車架
鋁件車身，mBot2機器人的車體主架構。
M4孔洞兼容金屬或拼砌類積木。

3 超音波感測器
偵測前方的距離。
新增8顆氛圍燈，提升了機器人在表達上的潛力。

2 智慧編碼馬達
左馬達接EM1，右馬達接EM2。
轉速200RPM，扭矩1.5kg·cm，檢測精度1°，支援低轉速啟動，角度控制和轉速控制。

4 四路顏色感測器
四色循線感測器：用來循線之用。
使用可見光進行補光，抑制環境光干擾，並可同步進行顏色辨識。

★ 圖 2-3 剖析圖

---
1. 圖片來源：邱信仁老師〈mBot2 機器人套件說明書〉。

2-3　mBot2 機器人控制板（CyberPi）的基本介紹

基本上，mBot2 機器人的控制板（CyberPi）是由 CyberOS 系統、輸入端、輸出端及相關的電源與開關等所組成，如圖 2-4 所示。

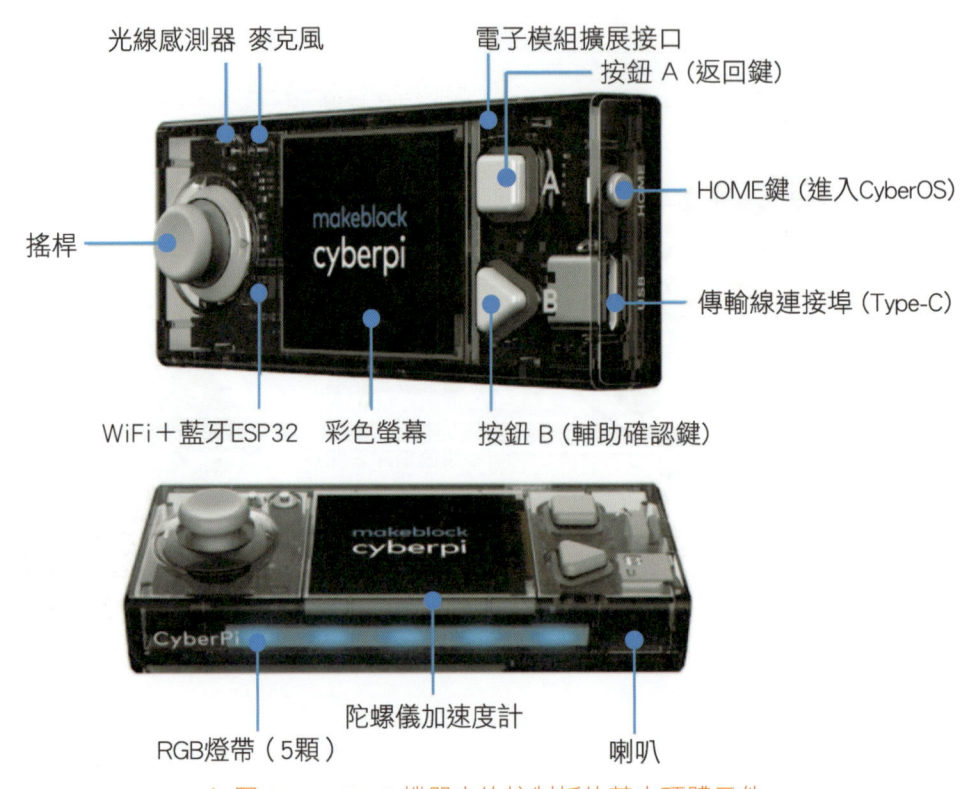

標註：光線感測器、麥克風、電子模組擴展接口、按鈕 A（返回鍵）、HOME 鍵（進入 CyberOS）、傳輸線連接埠（Type-C）、按鈕 B（輔助確認鍵）、彩色螢幕、WiFi＋藍牙 ESP32、搖桿、陀螺儀加速度計、RGB 燈帶（5 顆）、喇叭

★ 圖 2-4　mBot2 機器人的控制板的基本硬體元件

關於 CyberOS 系統、輸入端、輸出端及傳輸模組等硬體元件，如何透過 mBlock 5 圖塊指令來應用。如下所示：

一、CyberOS 系統

在開機後通常會顯示系統介面，如圖 2-5 所示。

★ 圖 2-5　CyberOS 系統介面

二、輸入端

★ 表 2-1　輸入端

硬體元件	① 互動類			
	搖桿	按鈕 A	按鈕 B	Home 鍵
mBlock 5 圖塊指令	搖桿 中間按壓 ? 向上推 ↑ 向下推 ↓ 向左推 ← 向右推 → ✓ 中間按壓 任何方向	按鈕 A 被按下? ✓ A B 任意按鍵		無

硬體元件	② 感測器		
	光線感測器	聲音感測器	陀螺儀加速度計及各種感測器
mBlock 5 圖塊指令	環境的光線強度	音量值	控制 Panda 跟著 Cyber Pi 的敏感度為 低(0.2) 向左傾斜 ? 偵測到 向左揮動 ? 搖晃力道 揮動方向 (°) 揮動速度 向前傾斜 角度(°) 運動感測器 x 軸的加速度 (m/s²) x 軸的角速度 (°/s) x 軸旋轉的角度 (°) 所有 軸的旋轉角度歸零 將偏航角度歸零

三、輸出端

★ 表 2-2　輸出端

硬體元件	①燈光類：RGB LED 燈帶	②播放類：喇叭、彩色螢幕	
	燈光類：RGB LED 燈帶	喇叭（播放）	彩色螢幕（顯示）
mBlock 5 圖塊指令	播放 LED 動畫 彩虹▼ 直到結束 顯示 ■■■■■■ 燈光效果往右 1 格移動 LED 所有▼ 顯示 ●，持續 1 秒 LED 所有▼ 顯示 ● LED 所有▼ 顯示紅 255 綠 0 藍 0，持續 1 秒 LED 所有▼ 顯示紅 255 綠 0 藍 0 LED 亮度增加 10 % LED 設定亮度為 30 % LED 亮度(%) LED 所有▼ 熄燈	播放 嗨▼ 直到結束 播放 嗨▼ 開始錄音 停止錄音 播放錄音直到結束 播放錄音 播放音階 60，持續 0.25 拍 播放音階 小鼓▼，持續 0.25 拍 將播放速度提高 10 % 將播放速度設定為 100 % 播放速度 將音量提高 10 % 將音量設定為 30 % 音量(%) 播放音頻 700 赫茲，持續 1 秒 播放音頻 700 赫茲 停止所有聲音	顯示 makeblock 並換行 顯示 makeblock 設定顯示尺寸 小▼ 以 小▼ 像素，顯示 makeblock 在螢幕 正中央▼ 以 小▼ 像素，顯示 makeblock 在 x 0 y 0 位置 折線圖，新增數據 50 折線圖，設定間距為 5 像素 柱狀圖，新增數據 50 表格，輸入 excel_content 在第 1▼ 行, 第 1▼ 列 設定畫筆顏色 設定畫筆顏色，紅 255 綠 255 藍 255 螢幕面相設定為 顛倒(-90°)▼ 清空畫面

Chapter2　mBot2 機器人的程式開發環境

★ 表 2-2　輸出端（續）

硬體元件	編碼馬達	伺服馬達
mBlock 5 圖塊指令	③動力類：編碼馬達、伺服馬達（編碼馬達相關指令方塊）	（伺服馬達相關指令方塊）

四、傳輸模組

1. WiFi ＋藍牙 ESP32。
2. 傳輸線連接埠（Type-C）。
3. 電子模組擴展接口：它可以連接「mBuild 電子模組」，如圖 2-6 所示。

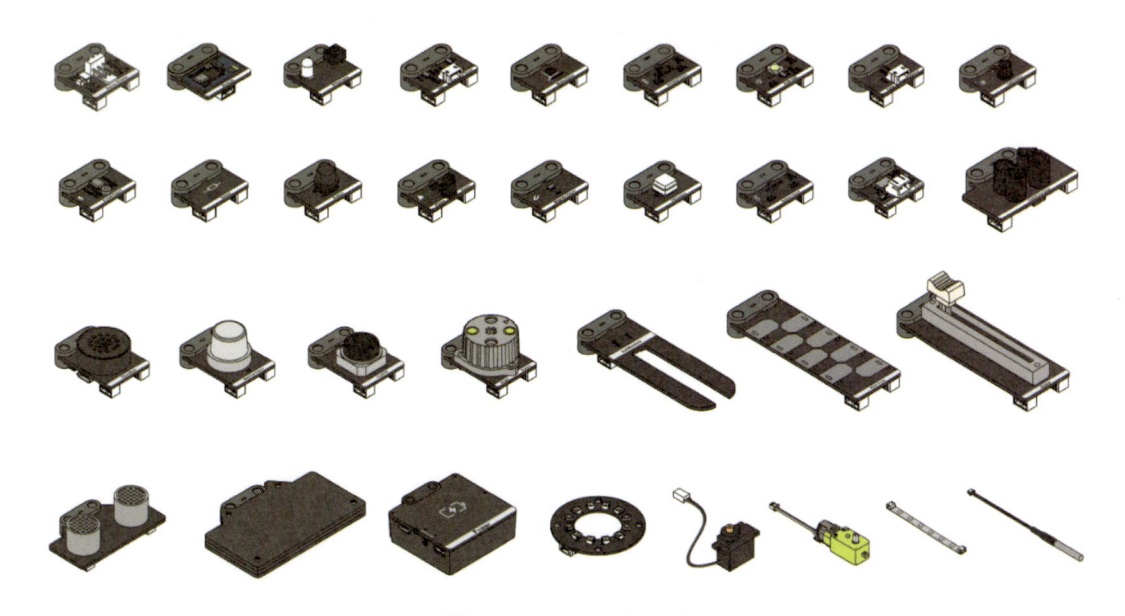

★ 圖 2-6　mBuild 電子模組

綜合上述，一台完整的 mBot2 機器人除了「控制板」之外，還可以在「輸入端」外加「各式的感測器」，例如：超音波感測器及循線感測器…等。而「輸出端」也可再外加「馬達」。

2-4　mBot2 機器人的擴展板

單獨一個控制器（CyberPi）雖然可以透過「掌上型擴展板」來使用，如圖 2-7 所示。

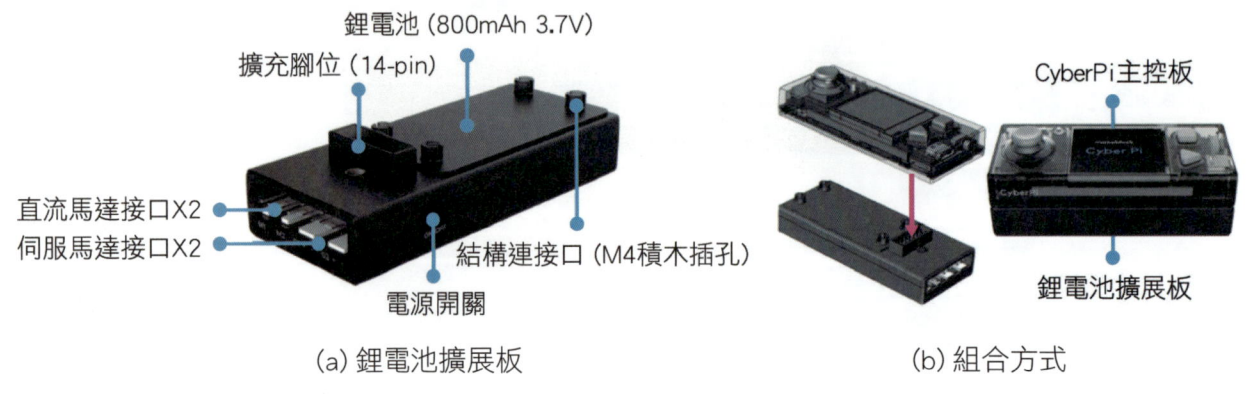

(a) 鋰電池擴展板　　　　　　　　　　(b) 組合方式

★ 圖 2-7　掌上型擴展板

但是如果想要完美使用 mBot2 機器人的功能，就必須使用 mBot2 擴展板，它擁有全新升級的可充電鋰電池，能夠為 CyberPi 控制板供電並顯著地擴展 CyberPi 的功能。

擴展板　　　　　　控制器（CyberPi）　　　　　　兩項結合

★ 圖 2-8　控制器結合擴展版

其擴展板的圖示如下：

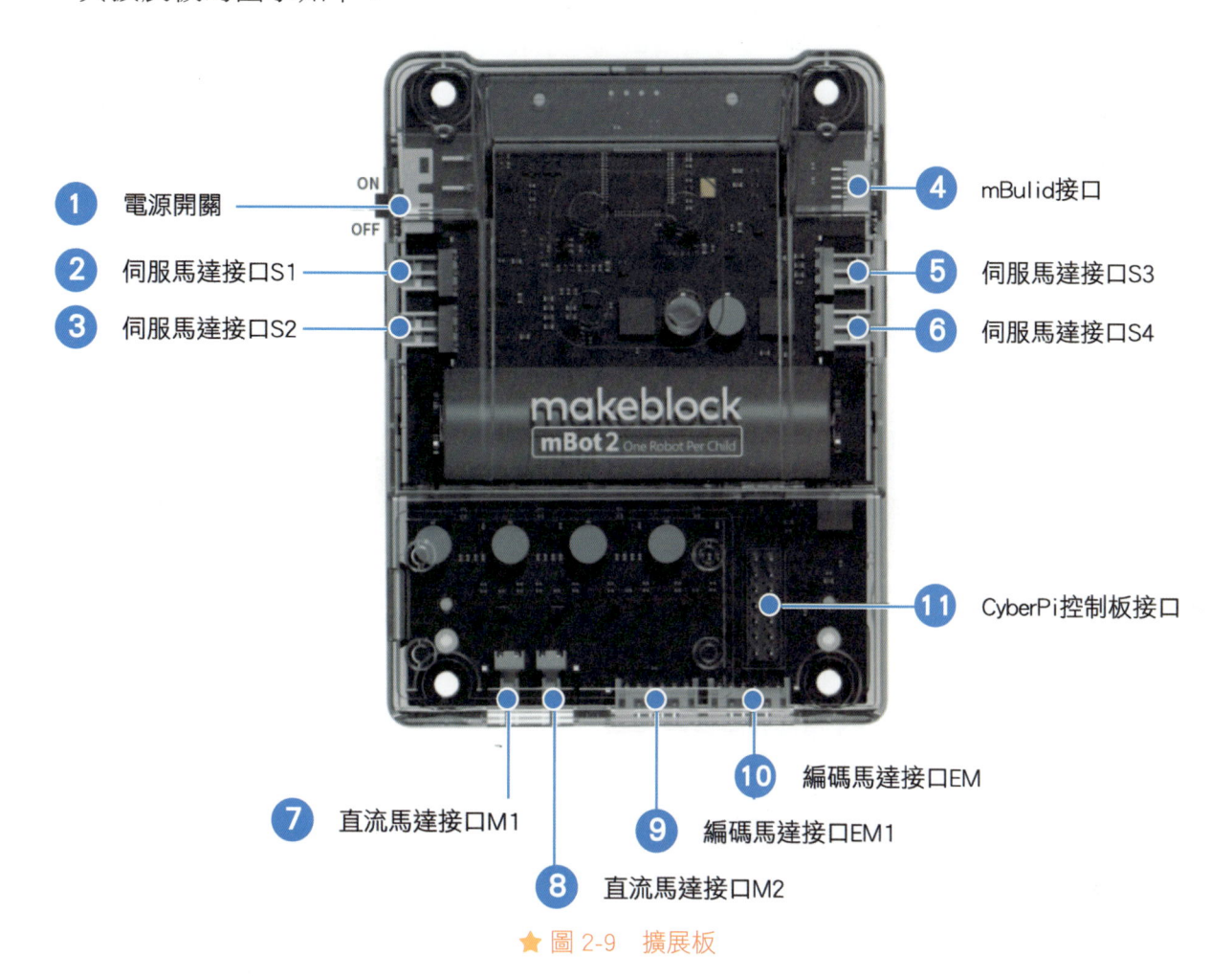

① 電源開關
② 伺服馬達接口S1
③ 伺服馬達接口S2
④ mBulid接口
⑤ 伺服馬達接口S3
⑥ 伺服馬達接口S4
⑪ CyberPi控制板接口
⑦ 直流馬達接口M1
⑧ 直流馬達接口M2
⑨ 編碼馬達接口EM1
⑩ 編碼馬達接口EM

★ 圖 2-9　擴展板

一、功能特性

1. 內置可充電鋰電池，可為 CyberPi 控制板供電。
2. 支援伺服馬達、直流馬達及編碼馬達的電力。
3. 支援程式設計圖形化程式設計。

二、規格參數

★ 表 2-3 規格參數

規格	描述
微處理器	GD32F403
電池參數	3.7V 2500mAh
輸入電壓 / 電流	5V 2000mA（快充） 5V 500mA（邊充邊用時）
輸出電壓 / 電流	5V 6A
參考續航	3~6 小時（考慮一般的使用場景，受實際使用強度影響）
充電時長	1 小時 20 分（快充模式下）
參考壽命	充放電循環 800 次後，電池容量保持在 70% 及以上（＊該資料在 20±5℃，0.2C 充放電下測得。）
通訊模式	串口通信：主控板對擴展板 數位信號：數位舵機介面 PWM：直流電機介面
硬體版本	V1.0

注意：鋰電池存在的自放電現象，如果電池電壓在 3.6V 以下長時間保存，會導致電池過放電而破壞電池內部結構，減少電池壽命。因此長期保存的鋰電池應當每 3~6 個月補電一次，即充電到電壓為 3.8~3.9V（鋰電池最佳儲存電壓為 3.85V 左右）、保持在 40%~60% 放電深度為宜，不宜充滿。電池應保存在 4℃~35℃ 的乾燥環境中或者防潮包裝。要遠離熱源，也不要置於陽光直射的地方。[2]

2-5　下載及安裝 mBot2 機器人的 mBlock 5 軟體

當我們順利組裝一台 mBot2 機器人，也了解 mBot2 的輸入端、處理端及輸出端的硬體結構之後，各位讀者一定會迫不及待想寫一支程式來玩玩看。既然想要寫程式，那不得不先了解 mBot2 機器人的程式開發環境。

首先，我們到 mBot2 機器人的官方網站下載控制它的軟體，就是所謂的「mBlock 5」拼圖程式軟體。其完整的步驟如下所示：

---

2. 資料來源：Makeblock 官網。

Chapter2　mBot2 機器人的程式開發環境　31

步驟一 下載軟體

① 連到官方網站http://www.mblock.cc/download/ 下載Windows版本。

說明
在官方網站中，「mBlock」軟體提供兩種不同作業系統的版本。在本書中，以「Windows」版本為例。

步驟二 安裝「mBlock」軟體

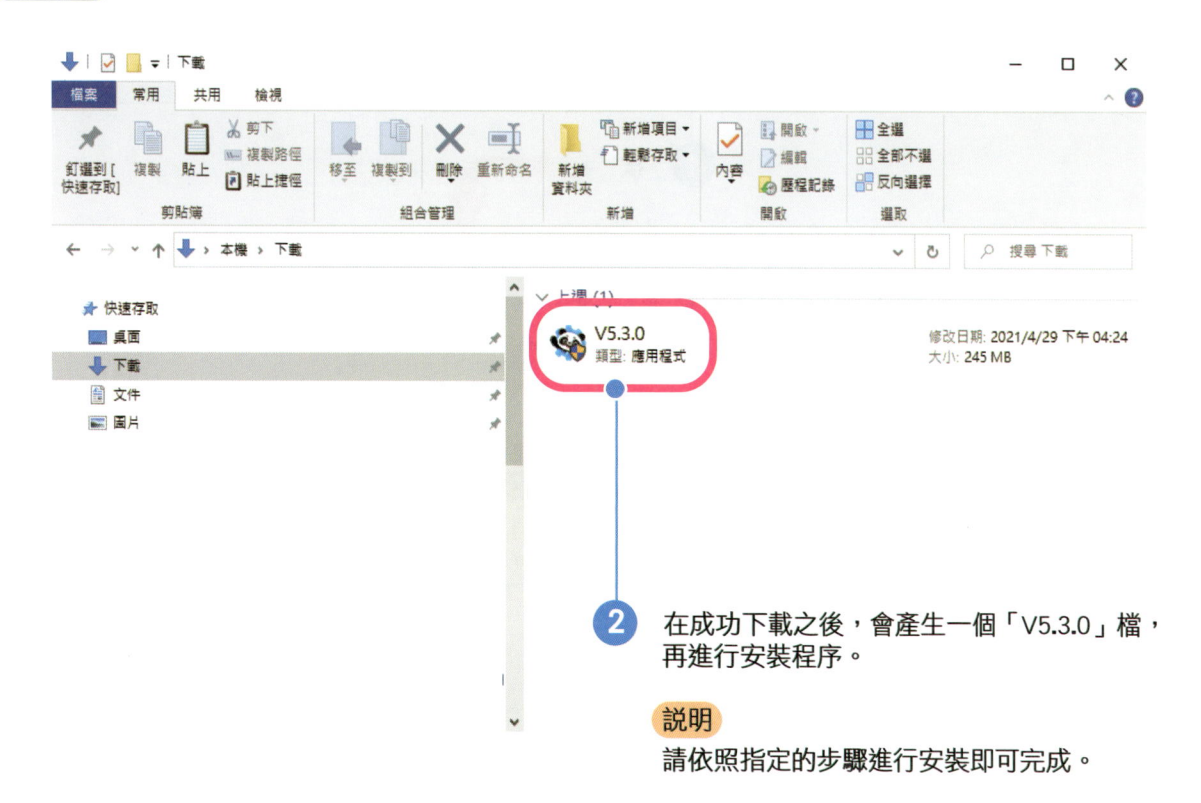

② 在成功下載之後，會產生一個「V5.3.0」檔，再進行安裝程序。

說明
請依照指定的步驟進行安裝即可完成。

2-6　mBlock 5 的整合開發環境

如果想利用「mBlock 5 圖控程式」來開發 mBot2 機器人程式時，必須要先熟悉 mBlock 的整合開發環境的介面。mBlock 啟動畫面步驟如下：

步驟

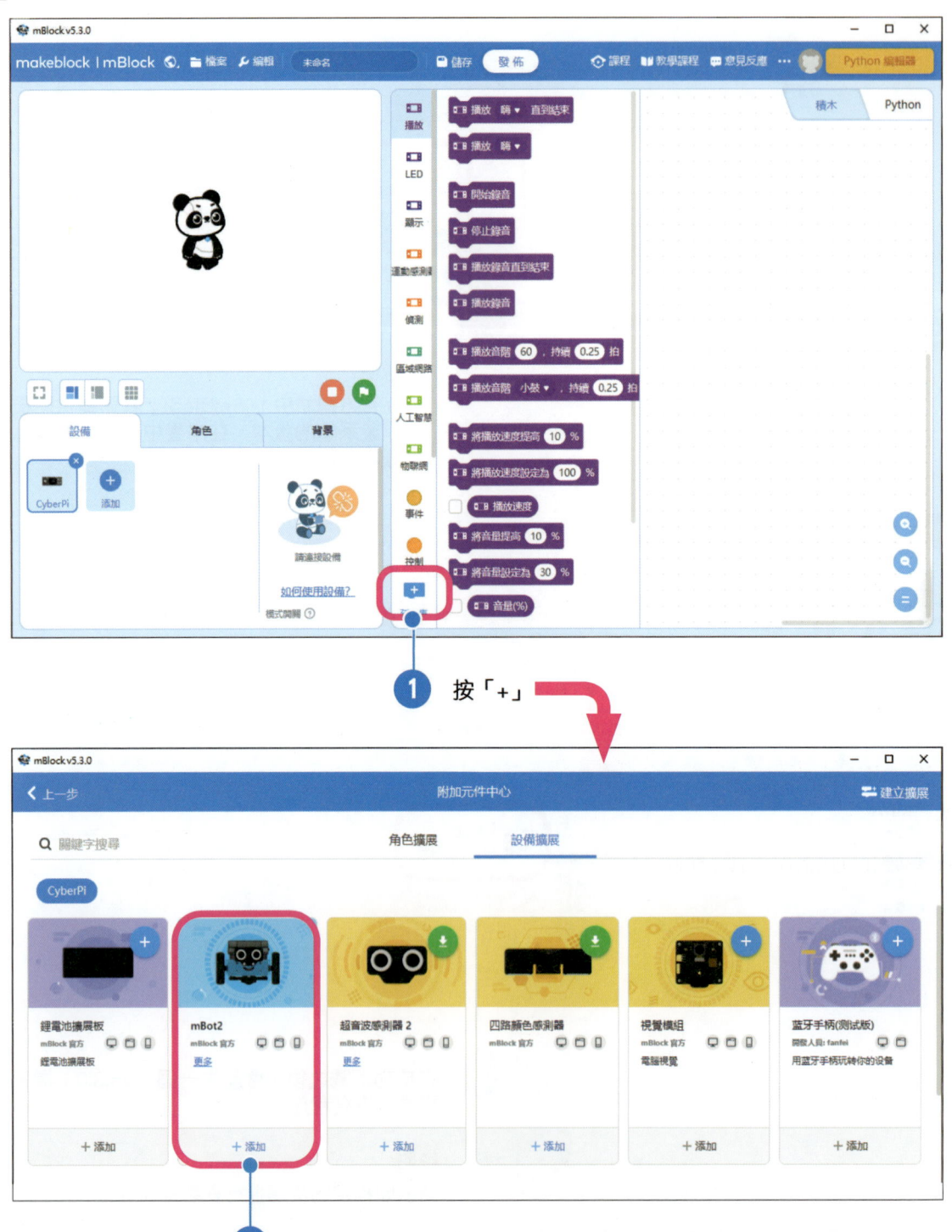

① 按「+」

② 從「附加元件中心 / 設備擴展」庫中，新增「mBot2」機器人。

mBlock 5 的整合開發環境的介面如圖 2-10 所示：

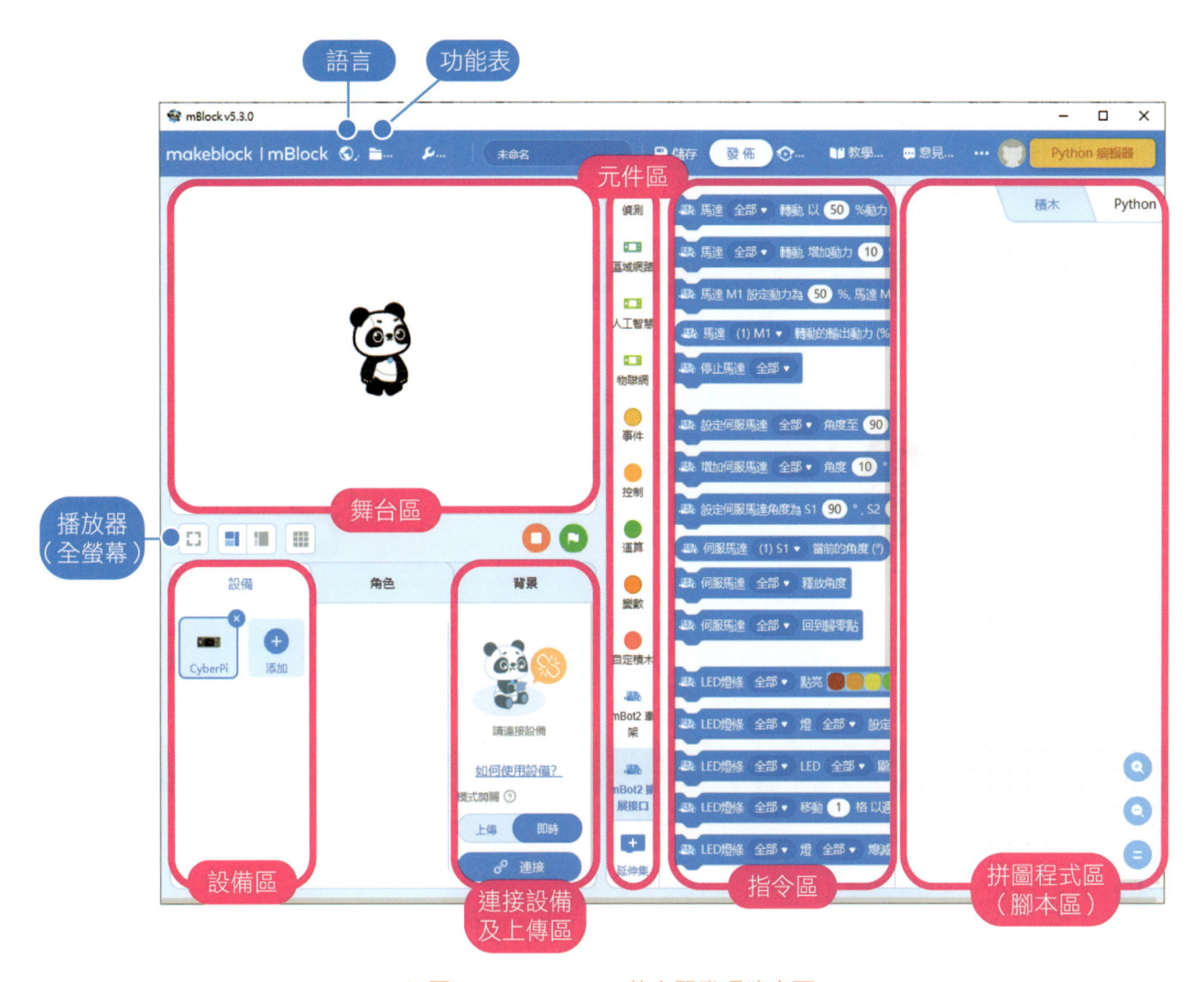

★ 圖 2-10　mBlock 5 整合開發環境介面

在 mBlock 開發環境中，它除了具有 mBlock 5.3.0 功能之外，它還增加了「mBot2 車架」及「mBot2 擴展接口」模組元件。因此，筆者在本單元中，只針對 mBot2 機器人所需要的功能區加以介紹。

一、舞台區

如表 2-4 所示，當我們建立一個新專案時，系統就會在舞台區自動載入一個角色人物就是「小貓熊」。而它在撰寫 mBot2 機器人程式時，其實大部分都是用來顯示「變數」值的變化過程。此外，它還可以切換各種觀看模式。

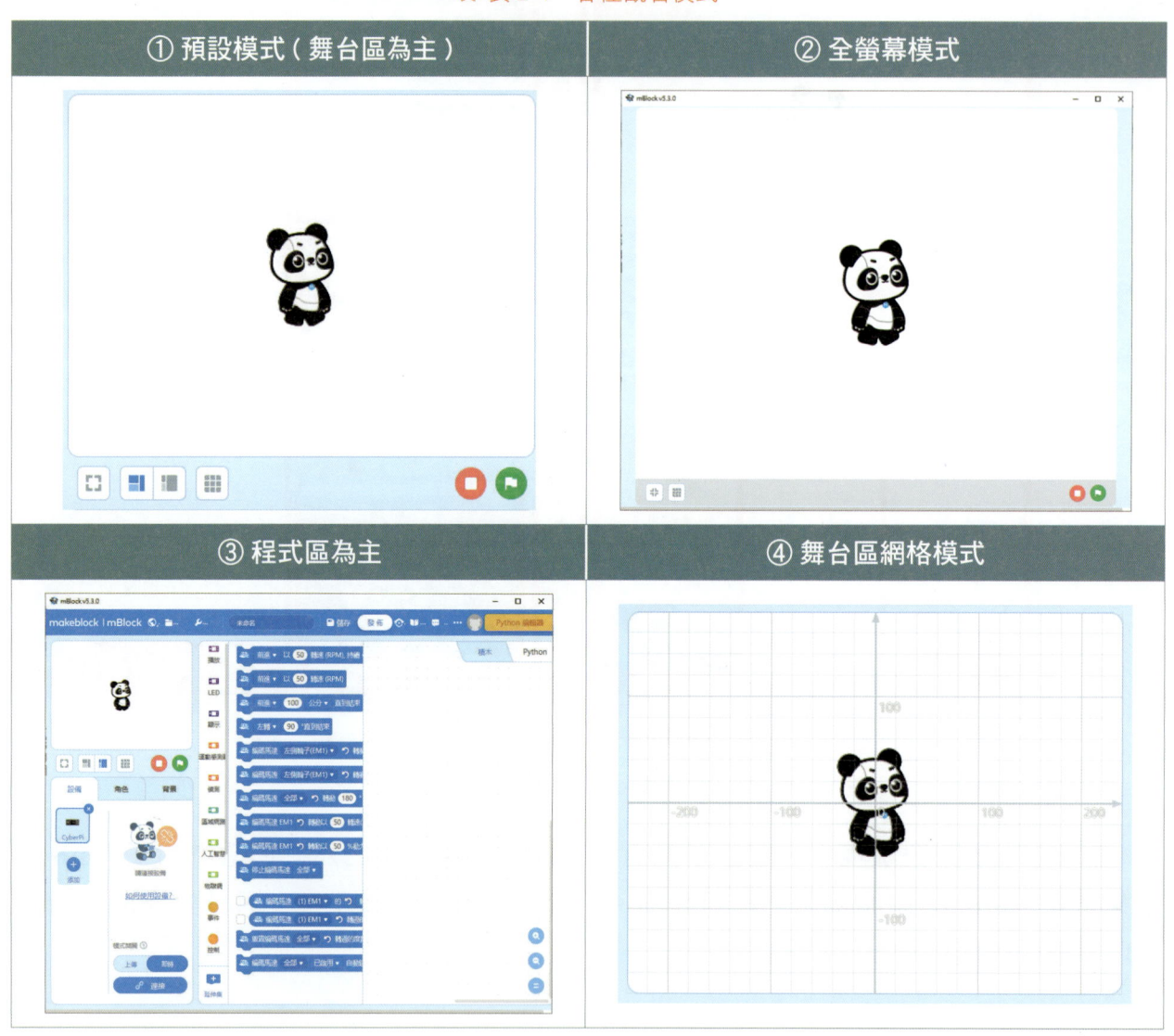

★ 表 2-4　各種觀看模式

① 預設模式（舞台區為主）	② 全螢幕模式
③ 程式區為主	④ 舞台區網格模式

二、元件區

在元件區中，它包含了十類不同的功能，並且每一類利用不同的「顏色」來區分。其詳細的說明如下：

★ 表 2-5　元件區

功能列表	① 播放元件	② LED 元件	③ 顯示元件
播放 LED 顯示 運動感測器 偵測 區域網路 人工智慧 物聯網 事件 控制 運算 變數 自定積木	播放 嗨▼ 直到結束 播放 嗨▼ 開始錄音 停止錄音 播放錄音直到結束 播放錄音 播放音階 60 ，持續 0.25 拍 播放音階 小鼓▼ ，持續 0.25 拍 將播放速度提高 10 % 將播放速度設定為 100 % 播放速度 將音量提高 10 % 將音量設定為 30 % 音量(%) 播放音頻 700]赫茲，持續 1 秒 播放音頻 700 赫茲 停止所有聲音	播放 LED 動畫 彩虹▼ 直到結束 顯示 燈光效果往右 1 格移動 LED 所有▼ 顯示 ●，持續 1 秒 LED 所有▼ 顯示 ● LED 所有▼ 顯示紅 255 綠 0 藍 0，持續 1 秒 LED 所有▼ 顯示紅 255 綠 0 藍 0 LED 亮度增加 10 % LED 設定亮度為 30 % LED 亮度(%) LED 所有▼ 熄燈	顯示 makeblock 並換行 顯示 makeblock 設定顯示尺寸 小▼ 以 小▼ 像素，顯示 makeblock 在螢幕 正中央▼ 以 小▼ 像素，顯示 makeblock 在 x 0 y 0 位置 折線圖，新增數據 50 折線圖，設定間距為 5 像素 柱狀圖，新增數據 50 表格，輸入 excel_content 在第 1▼ 行，第 1▼ 列 設定畫筆顏色 設定畫筆顏色，紅 255 綠 255 藍 255 螢幕畫面設定為 顛倒(-90°)▼ 清空畫面

★ 表 2-5　元件區（續）

④ 運動感測器元件	⑤ 偵測元件	⑥ 區域網路元件
控制 Panda 跟著 Cyber Pi 的敏感度為 低(0.2)　　向前傾斜？　　偵測到 向上揮動？　　搖晃力道　　揮動方向(°)　　揮動速度　　向前傾斜 角度(°)　　運動感測器 x 軸的加速度 (m/s²)　　x 軸的角速度(°/s)　　x 軸旋轉的角度 (°)　　所有 軸的旋轉角度歸零　　將偏航角度歸零	搖桿 中間按壓？　　搖桿 中間按壓 的次數　　歸零搖桿 中間按壓 的次數　　按鈕 A 被按下?　　按鈕 A 按壓次數　　歸零按鈕 A 按壓的次數　　音量值　　環境的光線強度　　計時器(秒)　　計時器歸零　　主機名稱　　電池電量(%)	在區網中發送訊息 message　　在區網中發送訊息 message 值 1　　當在區網中收到 message 訊息　　區域網路發送 message 已收到的值

⑦ 人工智慧元件	⑧ 物聯網元件	⑨ 事件元件
連接到 Wi-Fi ssid 密碼 password　　網路已經連線?　　說 自動 hello world　　在 3 秒後，辨識 中文(簡體)　　語音識別結果　　翻譯 hello 成 中文	連接到 Wi-Fi ssid 密碼 password　　網路已經連線?　　發送使用者雲訊息 message　　發送使用者雲訊息 message 附加數值 1　　當我收到使用者雲訊息 message　　使用者雲訊息 message 收到的值　　地區 最高溫度(°C)　　空氣品質 地區 空氣品質指標值　　地區 日出 時間	當 ▶ 被點一下　　當 空白鍵 鍵被按下　　當 CyberPi 啟動時　　當搖桿 向上推↑　　當按鈕 A 按下　　當CyberPi 向左傾斜　　當偵測到 向左揮動　　當 光線 數值 > 50　　當收到廣播訊息 訊息1　　廣播訊息 訊息1　　廣播訊息 訊息1 並等待

Chapter2　mBot2 機器人的程式開發環境　37

★ 表 2-5　元件區（續）

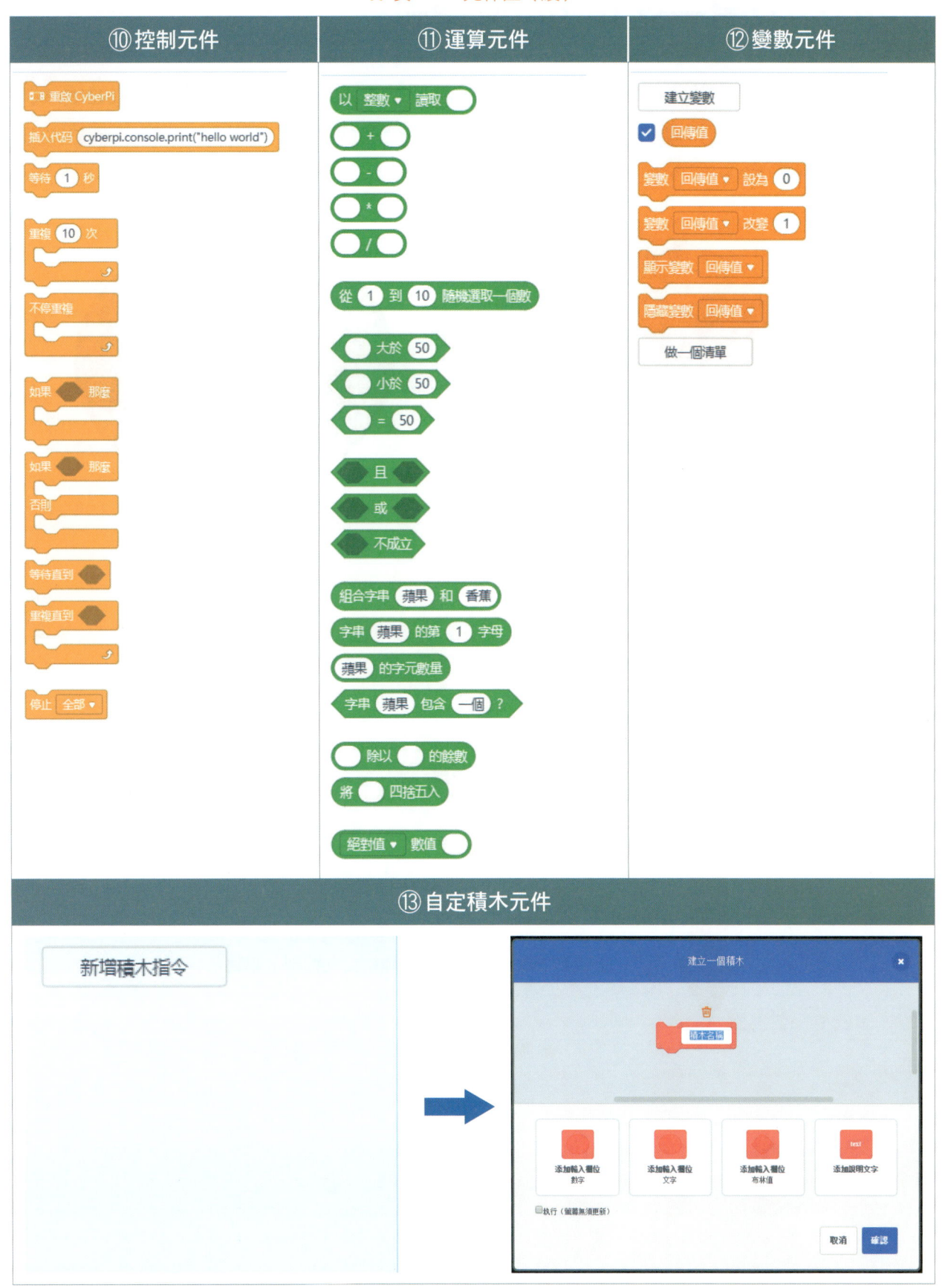

⑩ 控制元件	⑪ 運算元件	⑫ 變數元件

⑬ 自定積木元件

2-7　撰寫第一支 mBlock 程式

在瞭解 mBlock 5 開發環境之後,接下來,我們就可以開始撰寫第一支 mBlock 程式,來控制 mBot2 機器人行動。首先,在執行預置程序之前請先「開啟」mBot2 機器人的開關,以確保正常進入預置程序,如圖 2-11 所示。

★ 圖 2-11　開啟 mBot2 機器人的開關

其完整的步驟如圖 2-12 所示。

連接設定
1. 以下兩種方法選擇
   ・USB連接
   ・藍牙適配器(使用方法,請參考CH1-4)

程式設計
2. 撰寫「拼圖積木程式」
3. 有線或無線的遙控測試
4. 上傳到 mBot2,並進行「離線自主控制」測試

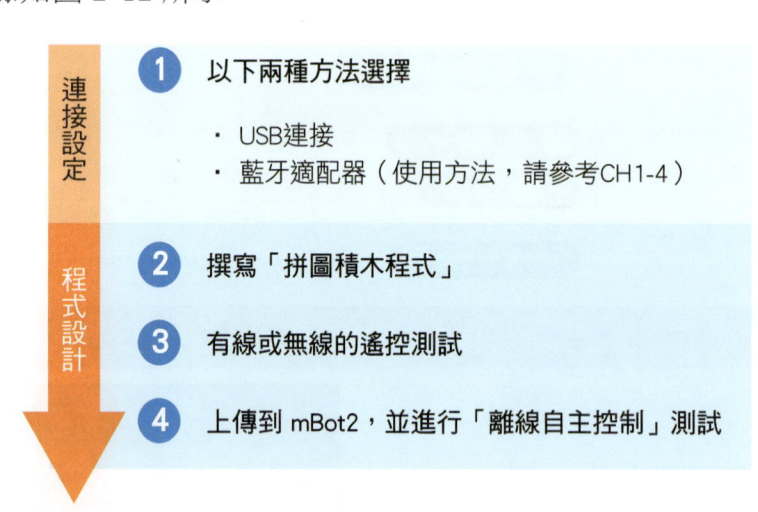

★ 圖 2-12　步驟圖

實作 2-1 請設計 mBot2 機器人的 LED 可以紅燈閃避。

步驟一 連接設備

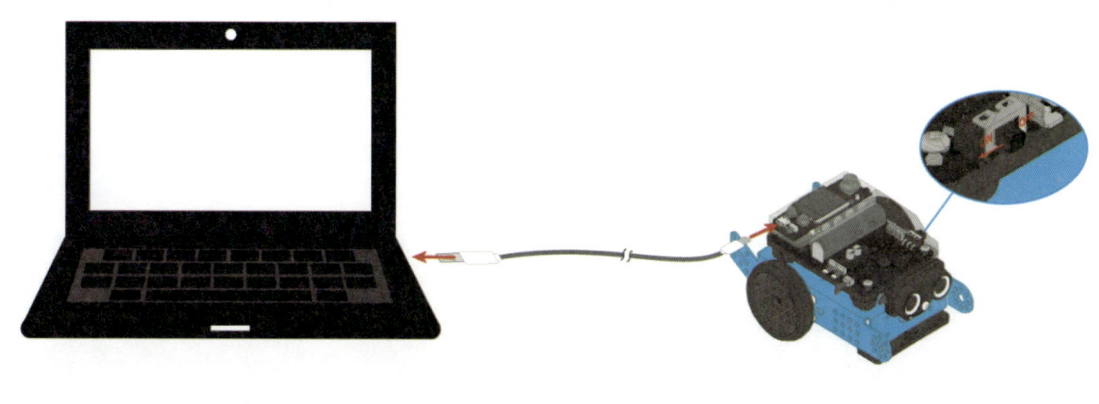

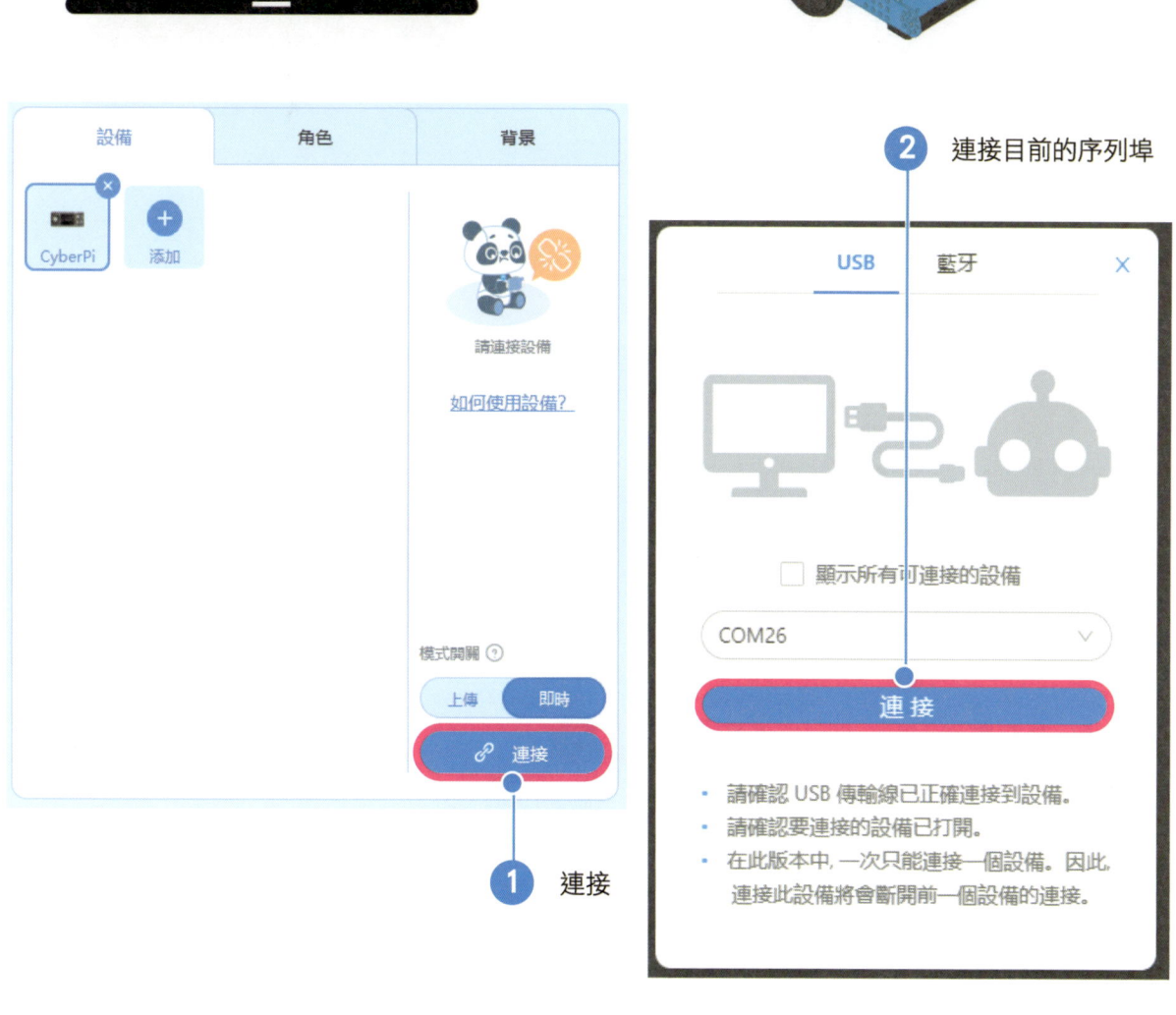

① 連接

② 連接目前的序列埠

- 請確認 USB 傳輸線已正確連接到設備。
- 請確認要連接的設備已打開。
- 在此版本中，一次只能連接一個設備。因此，連接此設備將會斷開前一個設備的連接。

步驟二 撰寫「拼圖積木程式」

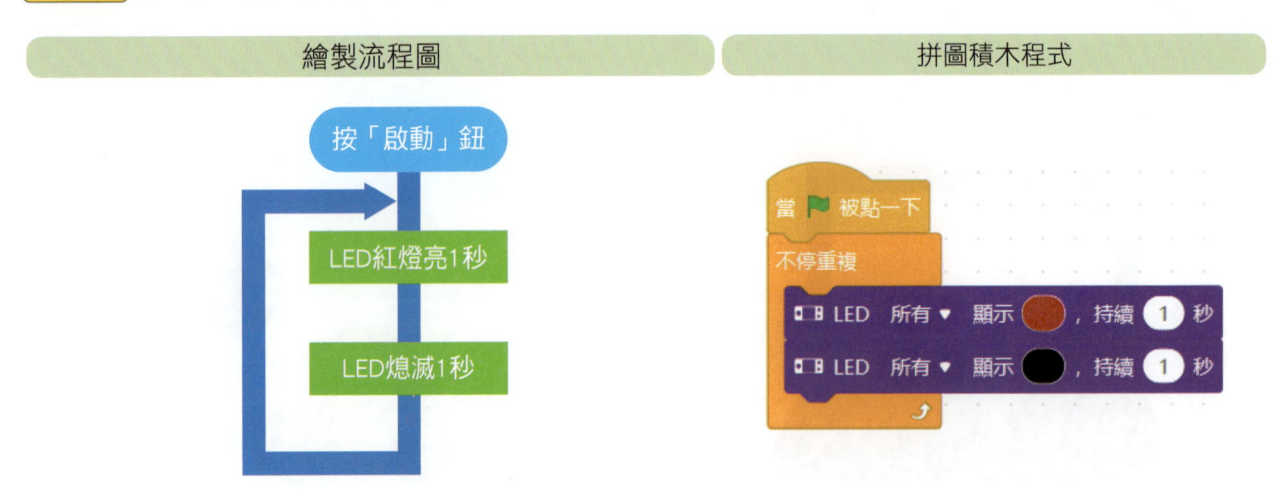

繪製流程圖

按「啟動」鈕
→ LED紅燈亮1秒
→ LED熄滅1秒
（迴圈）

拼圖積木程式

當 🏁 被點一下
不停重複
　LED 所有▼ 顯示 🔴 ，持續 1 秒
　LED 所有▼ 顯示 ⚫ ，持續 1 秒

步驟三 執行測試程式（二種方式皆可）

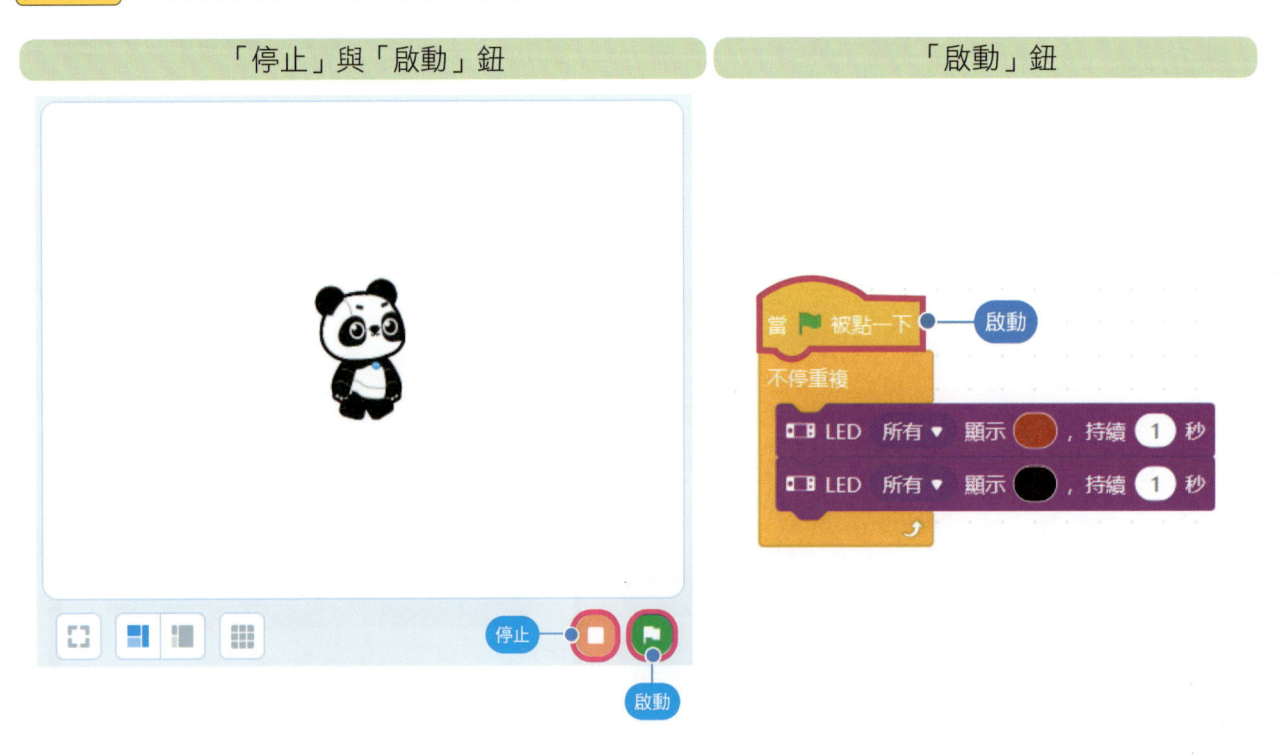

「停止」與「啟動」鈕

停止　啟動

「啟動」鈕

當 🏁 被點一下 ── 啟動
不停重複
　LED 所有▼ 顯示 🔴 ，持續 1 秒
　LED 所有▼ 顯示 ⚫ ，持續 1 秒

步驟四 上傳到 mBot2，並進行「離線自主控制」測試

當您完成前面步驟一到四時，mBot2 機器人就不需要由電腦端來下指令，程式就可以直接從 mBot2 執行。這就是許多機器人比賽中的「自走車」競賽，亦即機器人自主執行命令的模式。最後，別忘記儲存程式碼。

步驟五 檔案 / 儲存到您的電腦

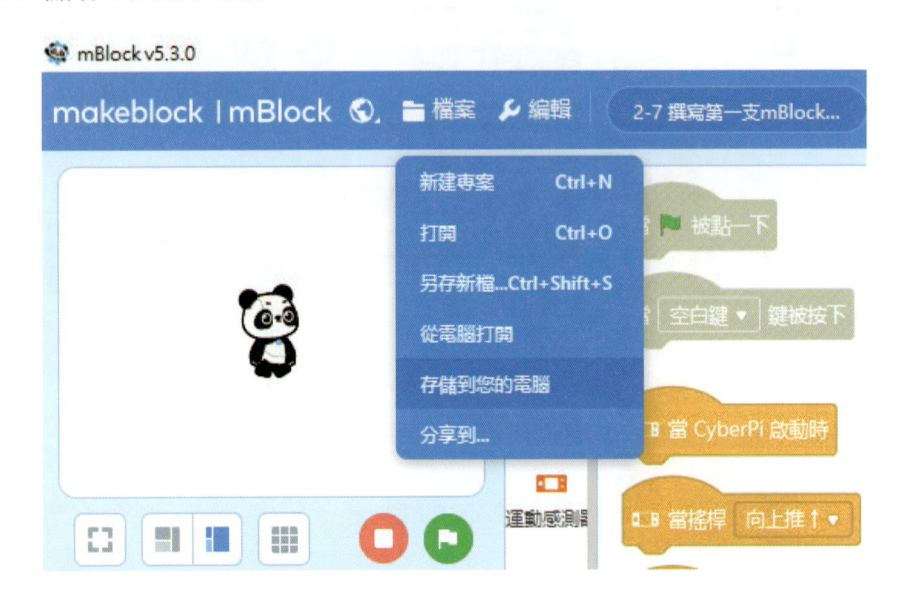

步驟六 選擇儲存的資料夾及檔案名稱

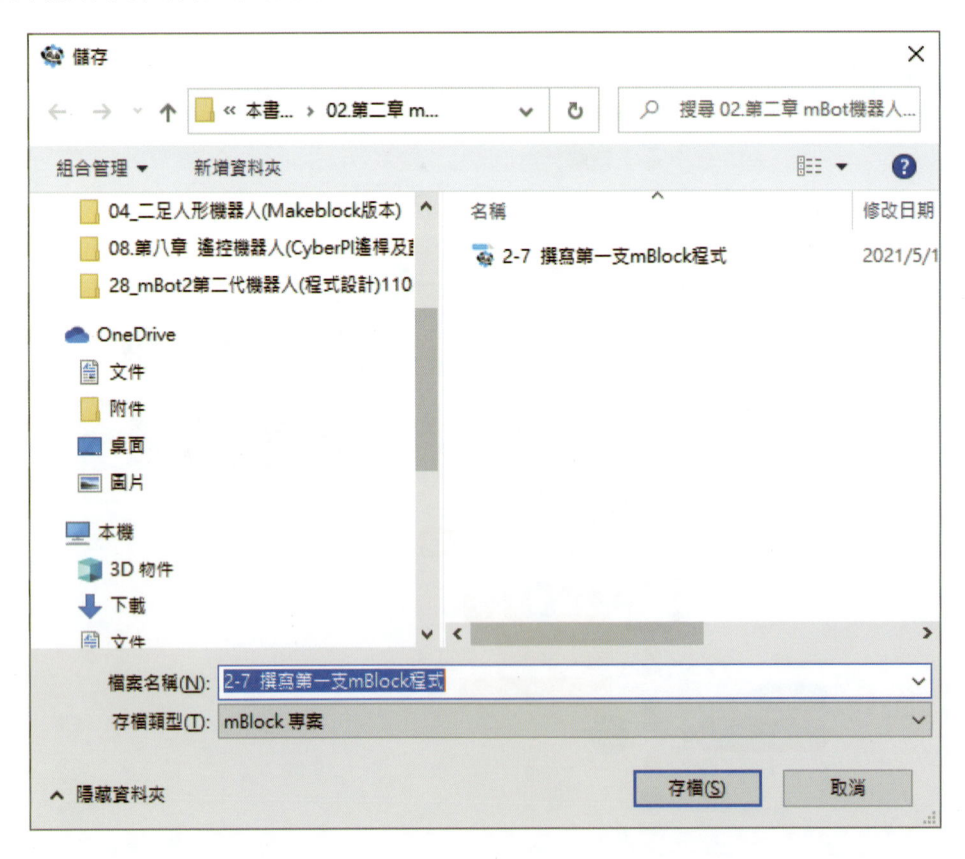

Chapter 2　課後習題

一、請撰寫程式來偵測 CyberPi 主控板中的聲音感測器（麥克風），並顯示音量。

二、承上一題，當音量太大時，LED 亮紅燈，否則亮綠燈。

三、承上一題，當音量太大時，在螢幕上顯示「請保持安靜」。

四、承上一題，當音量太大時，播放「好吵」音效。

Chapter 2　創客實作題

◎ 題目名稱：閃爍警示燈

◎ 題目說明：請讓 mBot2 的 LED 燈能夠閃爍紅燈。

創客題目編號：A039010

20 mins.

・創客指標・

外形	機構	電控	程式	通訊	人工智慧	創客總數
1	1	1	3	0	0	6

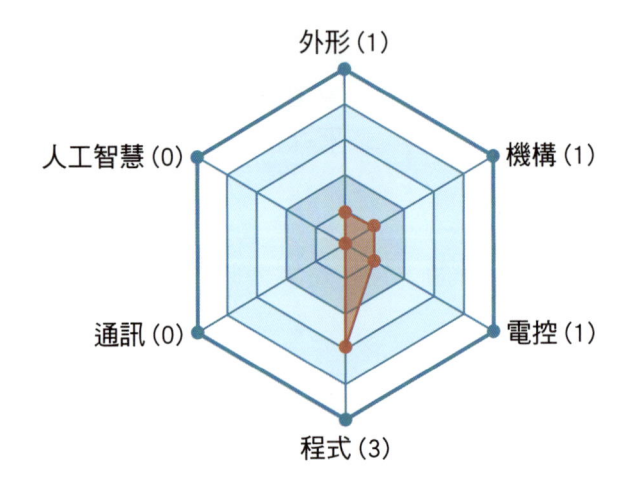

・創客素養力・

空間力	堅毅力	邏輯力	創新力	整合力	團隊力	素養總數
1	1	1	1	1	1	6

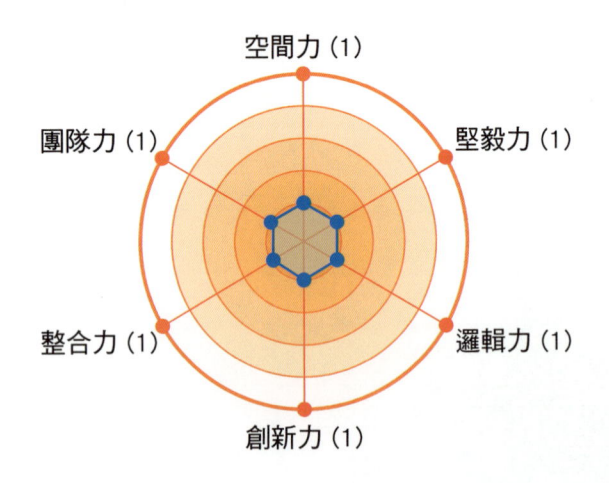

Chapter 3 mBot2 機器人動起來了

- **本章學習目標**
  1. 讓讀者瞭解 mBot2 機器人的動作來源「馬達」的控制方法。
  2. 讓讀者瞭解馬達如何接收其他來源的資料，以作為它的轉速來源。

- **本章內容**
  - 3-1 馬達簡介
  - 3-2 控制馬達的速度及方向
  - 3-3 讓機器人動起來
  - 3-4 機器人繞正方形
  - 3-5 馬達接收其他來源訊息
  - ◎ 課後習題
  - ◎ 創客實作題

3-1 馬達簡介

要讓 mBot2 機器人走動，就必須要先了解馬達基本原理與功能，其實它是用來讓機器人可以自由移動（前、後、左、右及原地迴轉），或執行某個動作的馬達。

一、圖解 mBot2 編碼馬達

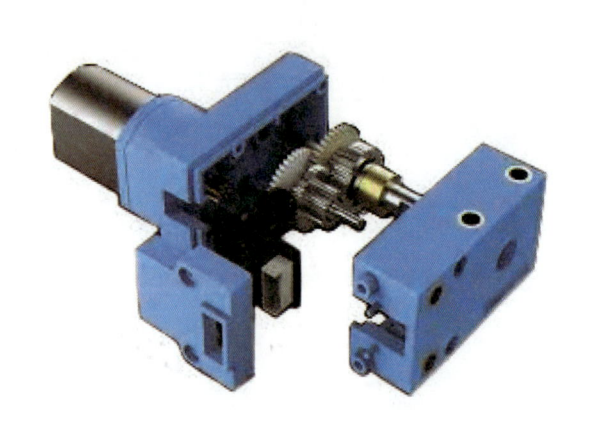

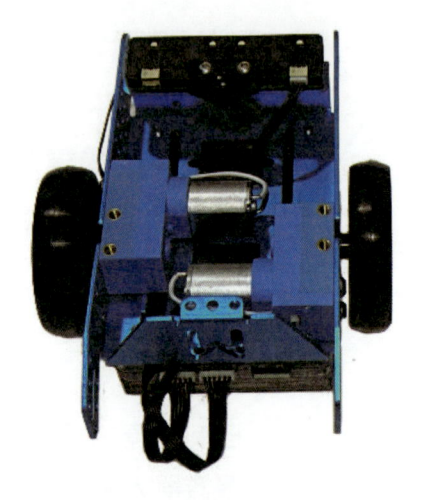

(a) 編碼馬達　　　　　　　　　　(b) mBot2 組裝馬達的位置

★ 圖 3-1　mBot2 編碼馬達

1. **基本功能**：前、後、左、右及原地迴轉。
2. **特色**：與第一代 mBot 直流馬達的差異有以下幾點。
   ❶ 200RPM 轉速，1.5kg・cm 扭矩，1° 檢測精度，強悍性能滿足各類場景需求。
   ❷ 塑膠外殼包裝，純金屬輸出軸設計，有效提升馬達耐用性。
   ❸ 自帶銅螺柱，完美相容 M4 工業金屬結構標準，易於安裝使用。
   ❹ 豐富程式設計介面，可作為角度感測器使用，支援低轉速啟動，角度控制和轉速控制。

二、mBot2 編碼馬達之創意設計

(a) 基本功能（前、後、左及右）

(b) 會轉頭機器人

(c) 二足人形機器人

(d) AI 視覺機器人

★ 圖 3-2　創意設計

3-2　控制馬達的速度及方向

　　想要準確控制 mBot 機器人的「前、後、左、右」行走，我們就必須先瞭解如何設定 mBlock 拼圖程式中「轉速」及「方向」。

一、控制方法

1. 雙馬達控制之拼圖積木程式

說明 mBot2機器人馬達轉速為-100～100

負電力（向後） 正電力（向前）

說明 mBot2機器人行走方向有四種。

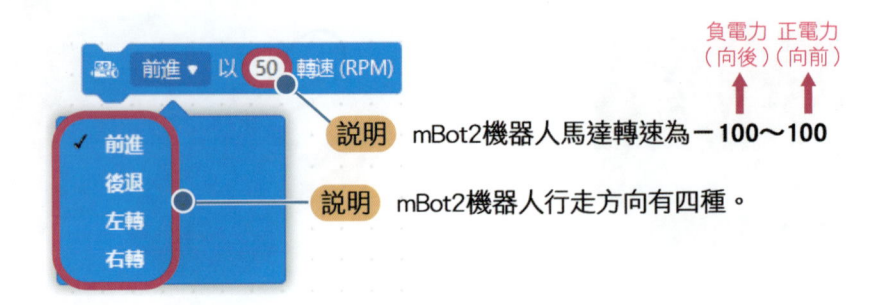

① 車體本身右轉 90 度

② 車體本身左轉 90 度

③ 左轉 90 度、右轉 180 度再回正

④ 前、後、左、右、回正

2. 單馬達控制之拼圖積木程式

① 轉速的範圍：-100 ～ 100，其中，「負電力」時，代表馬達反向轉動。

② 數值愈大，代表速度愈快。

兩顆馬達：轉速相同，EM1= 正值 EM2= 負值 （前進）

兩顆馬達：轉速相同，EM1= 負值、EM2= 正值　（後退）

當 ▶ 被點一下
編碼馬達 EM1 ↻ 轉動以 -50 %動力, 編碼馬達 EM2 ↻ 轉動以 50 %動力

車體本身右轉 90 度，EM1= 正值、EM2= 正值　（右轉）

當 ▶ 被點一下
編碼馬達 EM1 ↻ 轉動以 20 %動力, 編碼馬達 EM2 ↻ 轉動以 20 %動力
等待 0.55 秒
停止編碼馬達 全部 ▼

車體本身左轉 90 度，EM1= 負值、EM2= 負值　（左轉）

當 ▶ 被點一下
編碼馬達 EM1 ↻ 轉動以 -20 %動力, 編碼馬達 EM2 ↻ 轉動以 -20 %動力
等待 0.55 秒
停止編碼馬達 全部 ▼

兩顆馬達：轉速皆為 0　（停止）

當 ▶ 被點一下
前進 ▼ 以 50 轉速 (RPM), 持續 0.5 秒
後退 ▼ 以 50 轉速 (RPM), 持續 0.5 秒
編碼馬達 全部 ▼ ↻ 轉動 -180 °
編碼馬達 全部 ▼ ↻ 轉動 360 °
編碼馬達 全部 ▼ ↻ 轉動 -180 °

二、比較

1. RPM 動力與轉速不同

原地右轉（左輪正轉，右輪反轉）

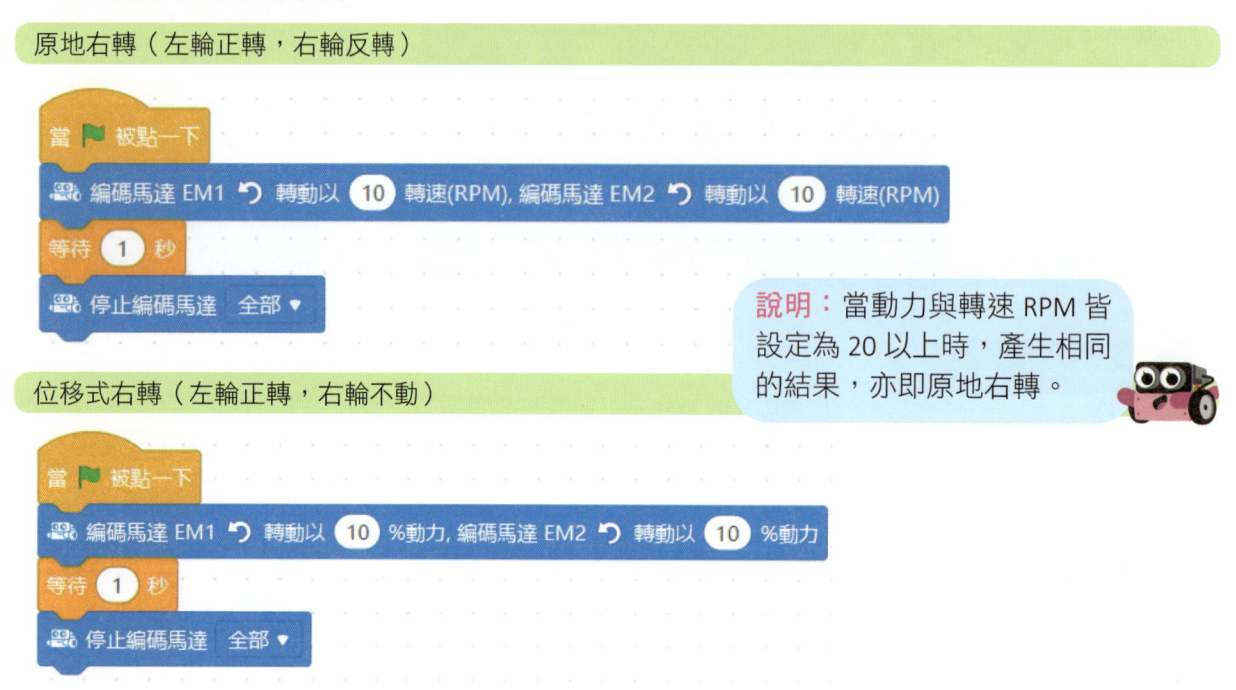

當 ▶ 被點一下
編碼馬達 EM1 ↻ 轉動以 10 轉速(RPM), 編碼馬達 EM2 ↻ 轉動以 10 轉速(RPM)
等待 1 秒
停止編碼馬達 全部 ▼

> 說明：當動力與轉速 RPM 皆設定為 20 以上時，產生相同的結果，亦即原地右轉。

位移式右轉（左輪正轉，右輪不動）

當 ▶ 被點一下
編碼馬達 EM1 ↻ 轉動以 10 %動力, 編碼馬達 EM2 ↻ 轉動以 10 %動力
等待 1 秒
停止編碼馬達 全部 ▼

實作 3-1　當按下「按鈕」時，mBot2 機器人前進 1 秒後退 1 秒。

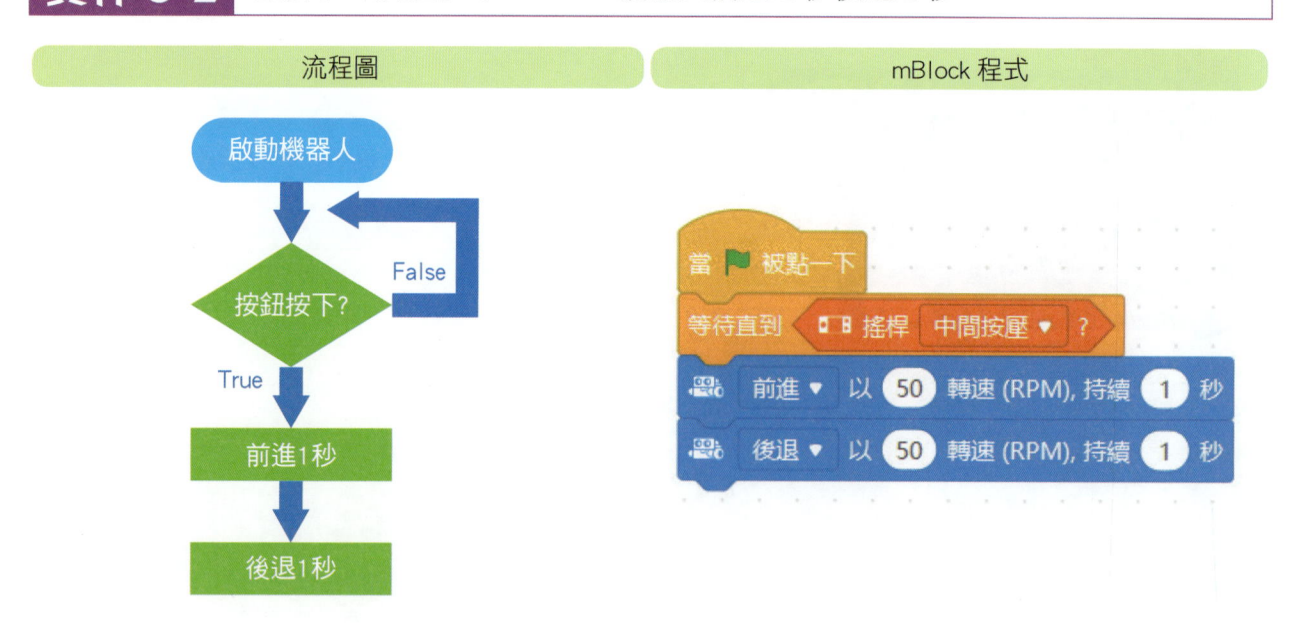

流程圖	mBlock 程式
啟動機器人 → 按鈕按下？（False 迴圈／True）→ 前進1秒 → 後退1秒	當 ▶ 被點一下 等待直到 搖桿 中間按壓 ▼ ? 前進 ▼ 以 50 轉速 (RPM), 持續 1 秒 後退 ▼ 以 50 轉速 (RPM), 持續 1 秒

Chapter 3　mBot2 機器人動起來了　51

實作 3-2　當按下「按鈕」時，mBot2 機器人右自旋轉 1 秒左自旋轉 1 秒。

流程圖

啟動機器人
↓
按鈕按下？ ── False ──↑
↓ True
右自旋轉1秒
↓
左自旋轉1秒

mBlock 程式

- 當 🏳 被點一下
- 等待直到 〈🕹 搖桿 中間按壓▼ ?〉
- 右轉▼ 以 50 轉速 (RPM), 持續 1 秒
- 左轉▼ 以 50 轉速 (RPM), 持續 1 秒

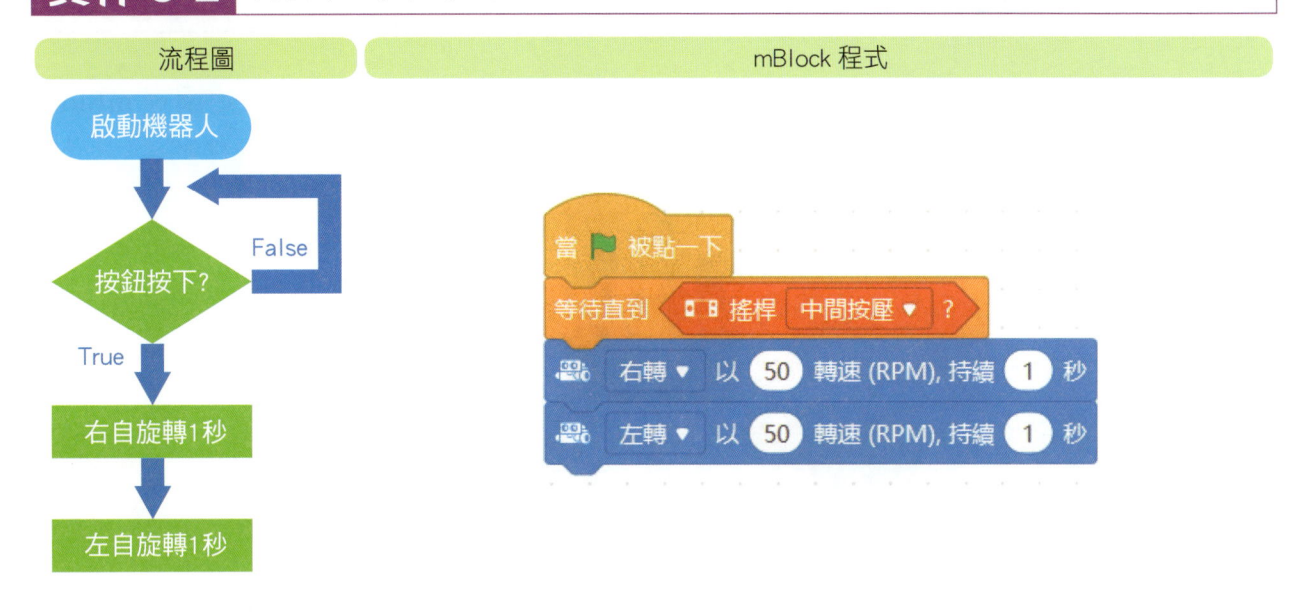

實作 3-3　當按下「按鈕」時，mBot2 機器人右轉 1 秒再左轉 1 秒。

流程圖

啟動機器人
↓
按鈕按下？ ── False ──↑
↓ True
右轉1秒
↓
左轉1秒
↓
機器人停止

mBlock 程式

・第一種寫法（產生位移現象）右轉 1 秒再左轉 1 秒

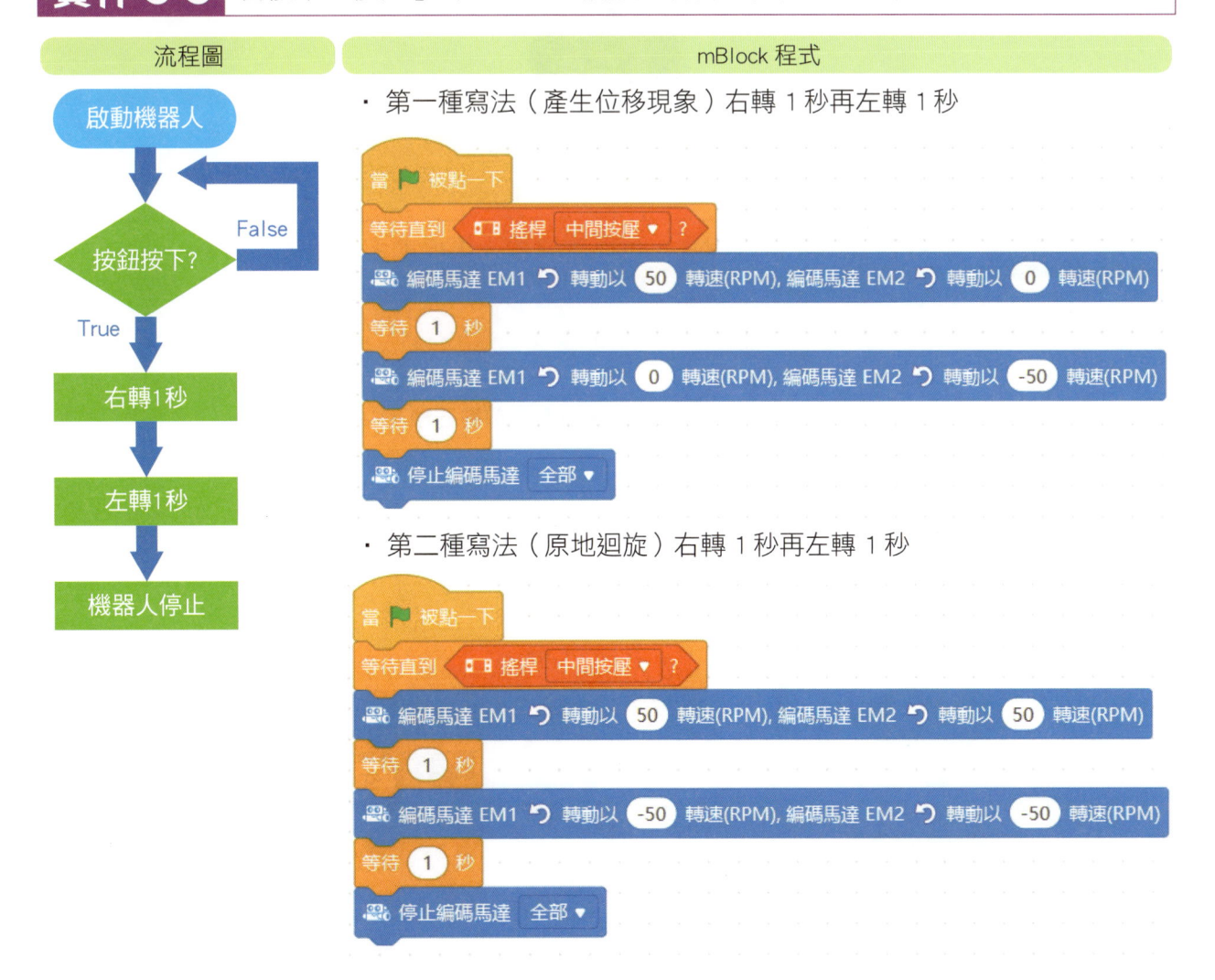

- 當 🏳 被點一下
- 等待直到 〈🕹 搖桿 中間按壓▼ ?〉
- 編碼馬達 EM1 ↻ 轉動以 50 轉速(RPM), 編碼馬達 EM2 ↻ 轉動以 0 轉速(RPM)
- 等待 1 秒
- 編碼馬達 EM1 ↻ 轉動以 0 轉速(RPM), 編碼馬達 EM2 ↻ 轉動以 -50 轉速(RPM)
- 等待 1 秒
- 停止編碼馬達 全部▼

・第二種寫法（原地迴旋）右轉 1 秒再左轉 1 秒

- 當 🏳 被點一下
- 等待直到 〈🕹 搖桿 中間按壓▼ ?〉
- 編碼馬達 EM1 ↻ 轉動以 50 轉速(RPM), 編碼馬達 EM2 ↻ 轉動以 50 轉速(RPM)
- 等待 1 秒
- 編碼馬達 EM1 ↻ 轉動以 -50 轉速(RPM), 編碼馬達 EM2 ↻ 轉動以 -50 轉速(RPM)
- 等待 1 秒
- 停止編碼馬達 全部▼

3-3　讓機器人動起來

在瞭解馬達基本原理及相關的參數設定之後，接下來，我們就可以開始撰寫 mBlock 拼圖程式讓機器人動起來，亦即讓機器人能夠前後行進、左右轉彎、快慢移動。

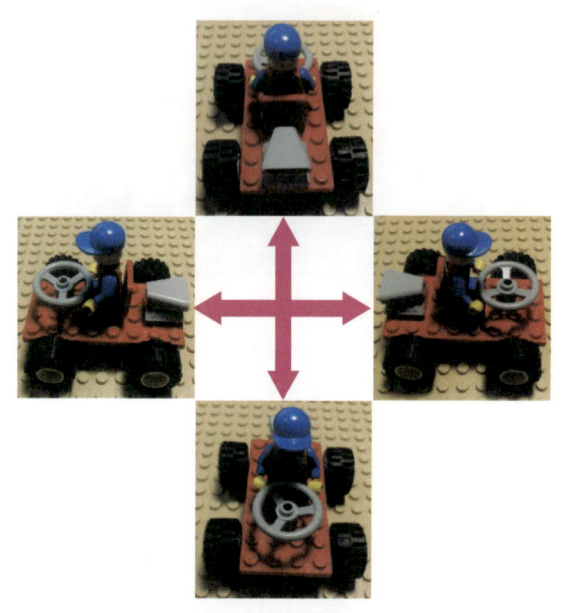

★ 圖 3-3　示意圖：雙馬達驅動的機器人，進行「前、後、左、右」。

實作 3-4　請撰寫 mBlock 拼圖程式，可以讓機器人馬達前進 3 秒後，自動停止。

說明　由右至左前進三秒。

流程圖

啟動機器人 → 按鈕按下？
- False → 回到判斷
- True → 前進3秒

mBlock 程式

當 ▶ 被點一下
等待直到 ＜ 搖桿 中間按壓 ？ ＞
前進 ▼ 以 50 轉速 (RPM), 持續 3 秒

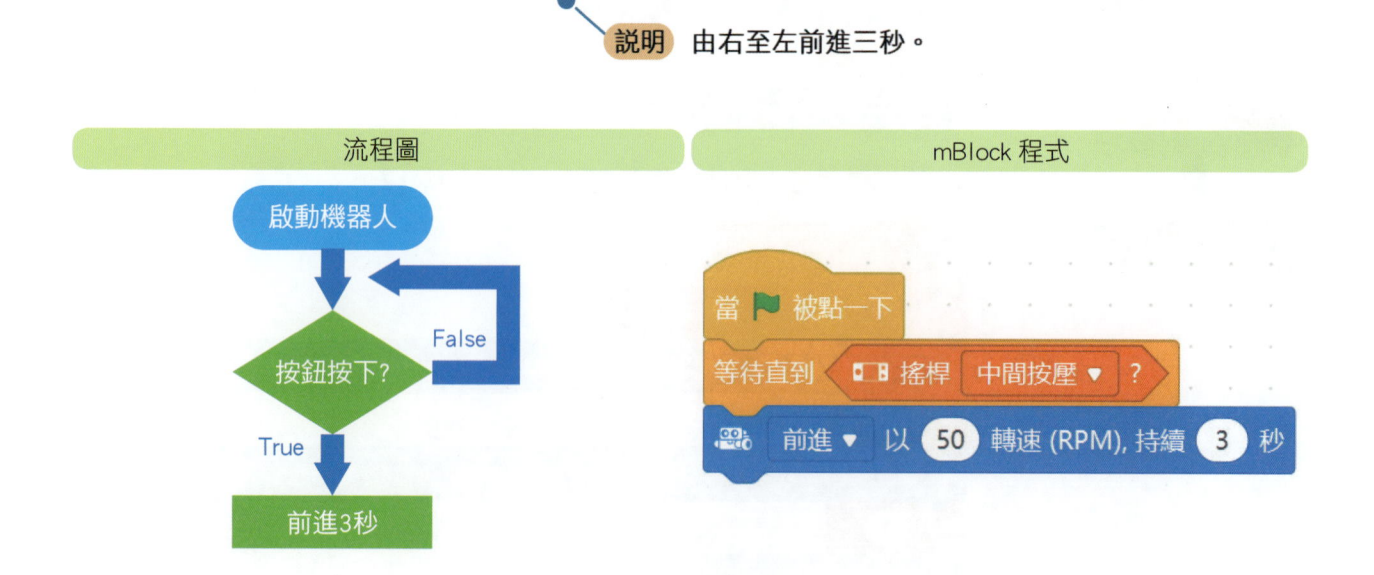

| 實作 3-5 | 請撰寫 mBlock 拼圖程式，當使用者按下「按鈕」時，可以讓機器人馬達前進 3 秒後，機器人本身向右轉 90 度。 |

說明　馬達前進3秒後，向右轉。

流程圖

啟動機器人 → 按鈕按下？ → False（回到啟動機器人）／True → 前進3秒 → 右轉90度

mBlock 程式

- 當 ▶ 被點一下
- 等待直到　搖桿　中間按壓 ▼ ？
- 前進 ▼ 以 50 轉速 (RPM)，持續 3 秒
- 編碼馬達 全部 ▼ 轉動 170°

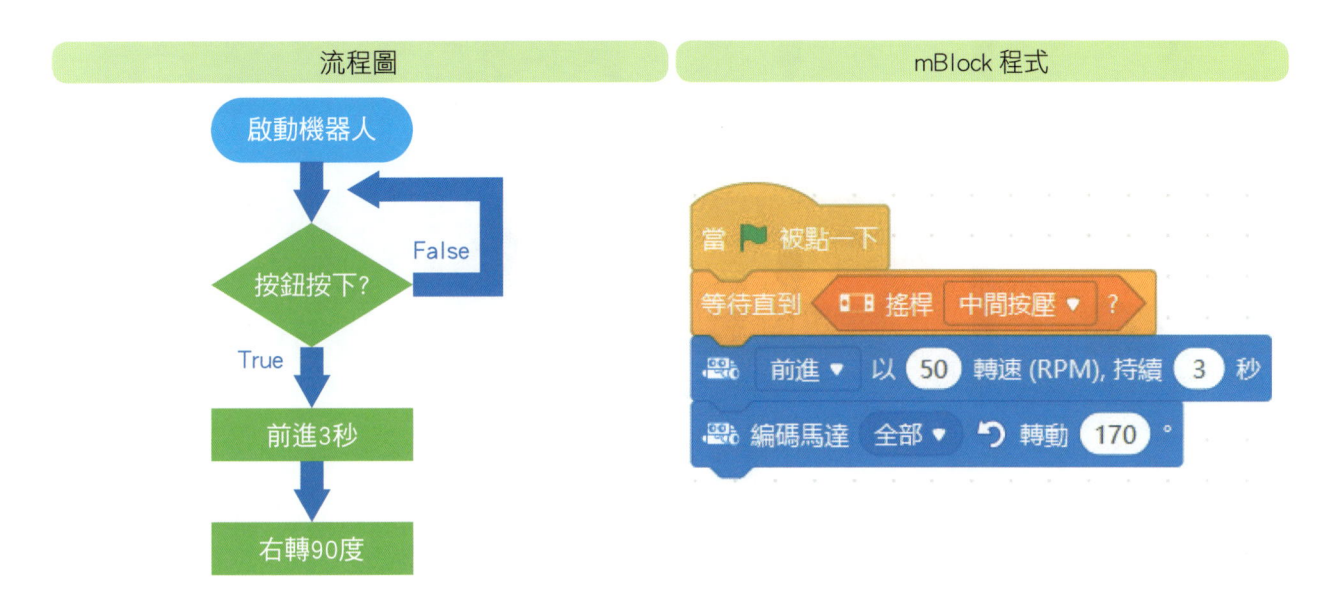

3-4 機器人繞正方形

在前面單元中，我們已經學會如何讓 mBot 機器人，進行「前、後、左、右」四大基本動作，接下來，我們再來設計一個程式可以讓機器人繞正方形。

| 實作 3-6 | 請利用循序結構（沒有使用迴圈），撰寫 mBlock 拼圖程式，當使用者按下「按鈕」時，可以讓機器人繞一個正方形。 |

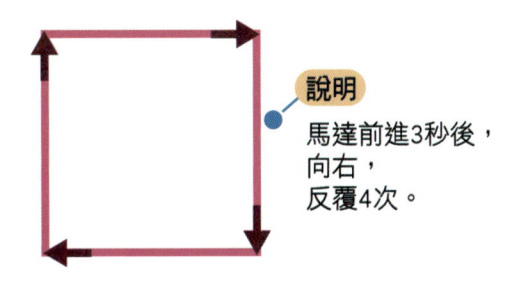

說明
馬達前進3秒後，
向右，
反覆4次。

Scratch3.0（mBlock 5）程式設計

流程圖 / mBlock 程式

流程圖：
啟動機器人 → 按鈕按下？
- False：回到按鈕按下？
- True：前進3秒 → 右轉90度 → 前進3秒 → 右轉90度 → 前進3秒 → 右轉90度 → 前進3秒 → 右轉90度

mBlock 程式：
- 當 CyberPi 啟動時
- 等待直到 搖桿 中間按壓 ?
- 前進 以 50 轉速 (RPM), 持續 3 秒
- 編碼馬達 全部 轉動 170°
- 前進 以 50 轉速 (RPM), 持續 3 秒
- 編碼馬達 全部 轉動 170°
- 前進 以 50 轉速 (RPM), 持續 3 秒
- 編碼馬達 全部 轉動 170°
- 前進 以 50 轉速 (RPM), 持續 3 秒
- 編碼馬達 全部 轉動 170°

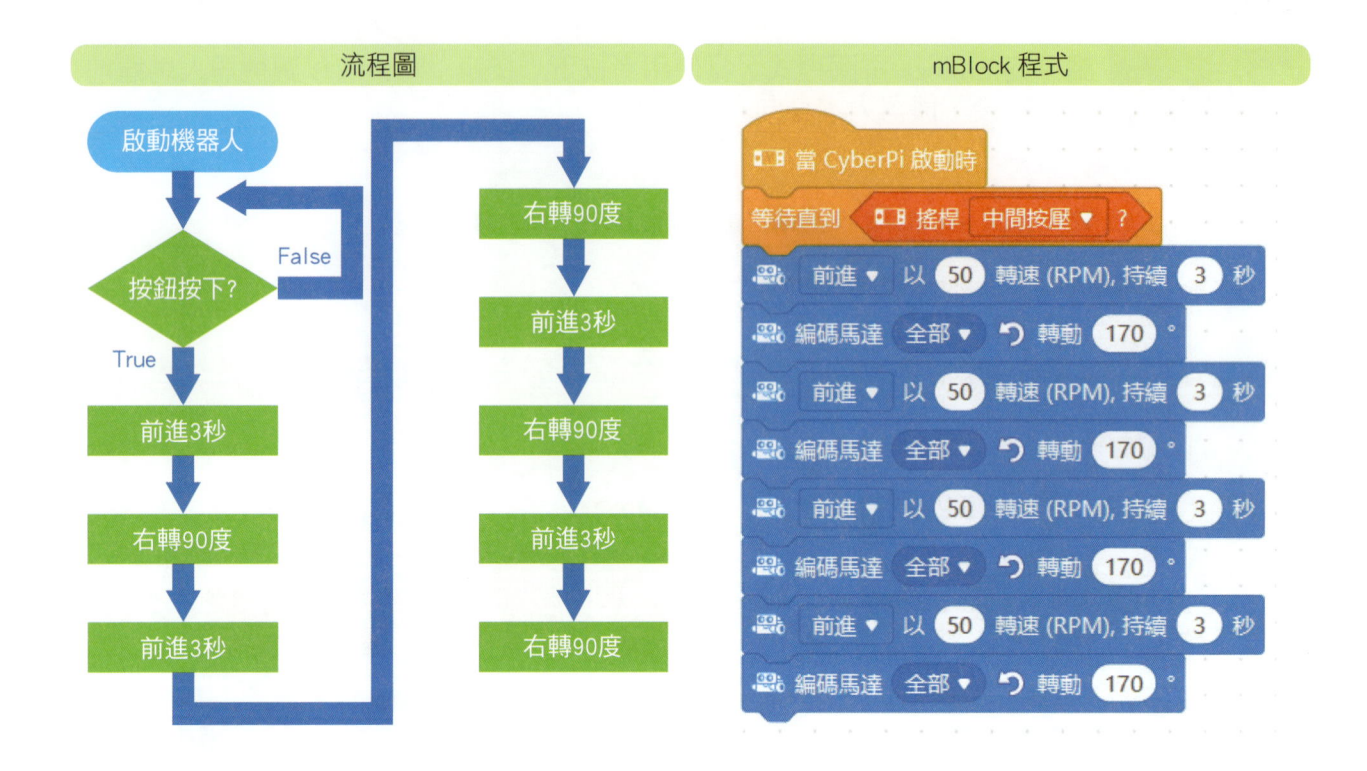

實作 3-7　請利用「Loop 迴圈」結構，撰寫 mBlock 拼圖程式，當使用者按下「按鈕」時，可以讓機器人繞一個正方形。[1]

流程圖 / mBlock 程式

流程圖：
啟動機器人 → 按鈕按下？
- False：回到按鈕按下？
- True：次數＜＝4？
  - 前進3秒 → 右轉90度 → 次數＝次數+1 → 回到 次數＜＝4？
  - 否：機器人停止

mBlock 程式：
- 當 CyberPi 啟動時
- 等待直到 搖桿 中間按壓 ?
- 重複 4 次
  - 前進 以 50 轉速 (RPM), 持續 3 秒
  - 編碼馬達 全部 轉動 170°

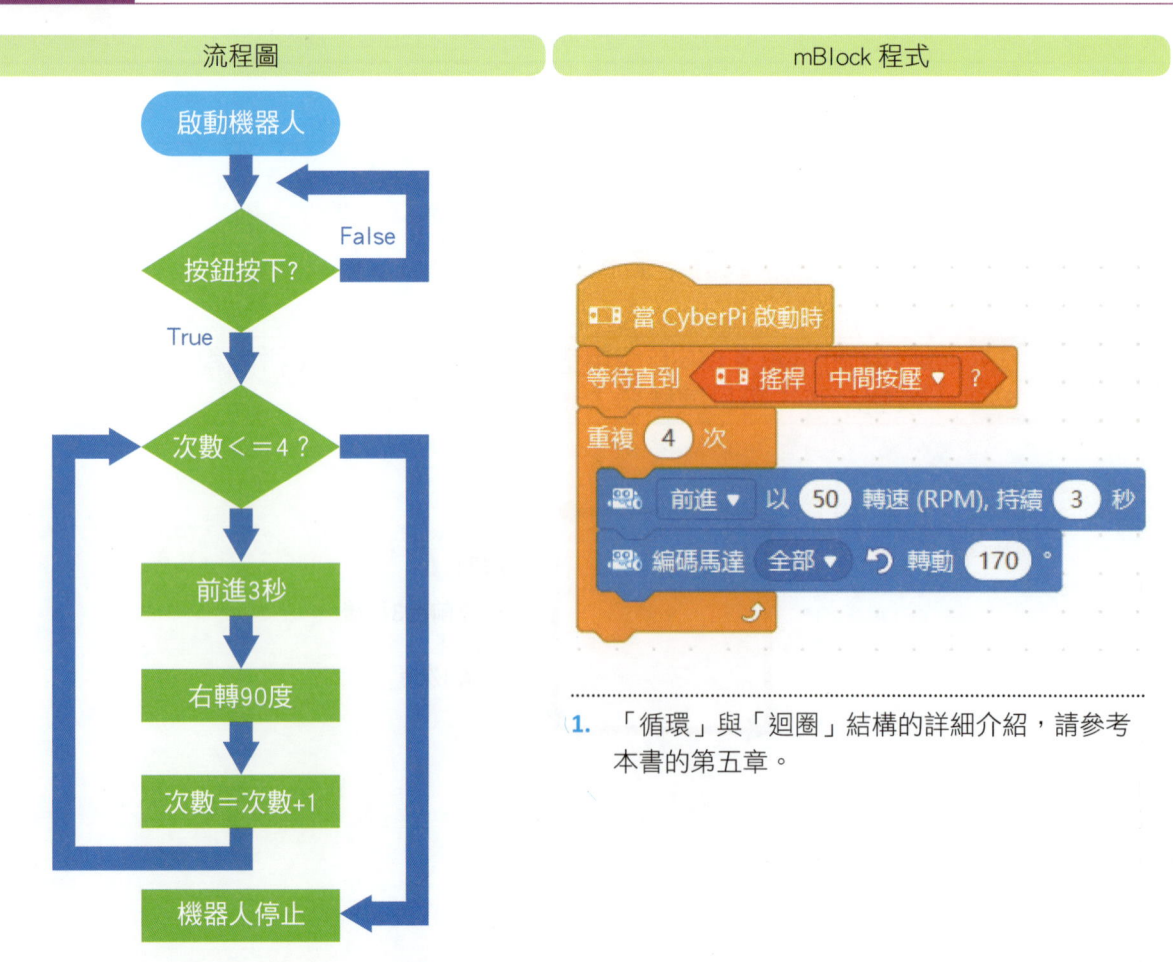

[1]. 「循環」與「迴圈」結構的詳細介紹，請參考本書的第五章。

實作 3-8 機器人前、後、左、右，最後再回正。

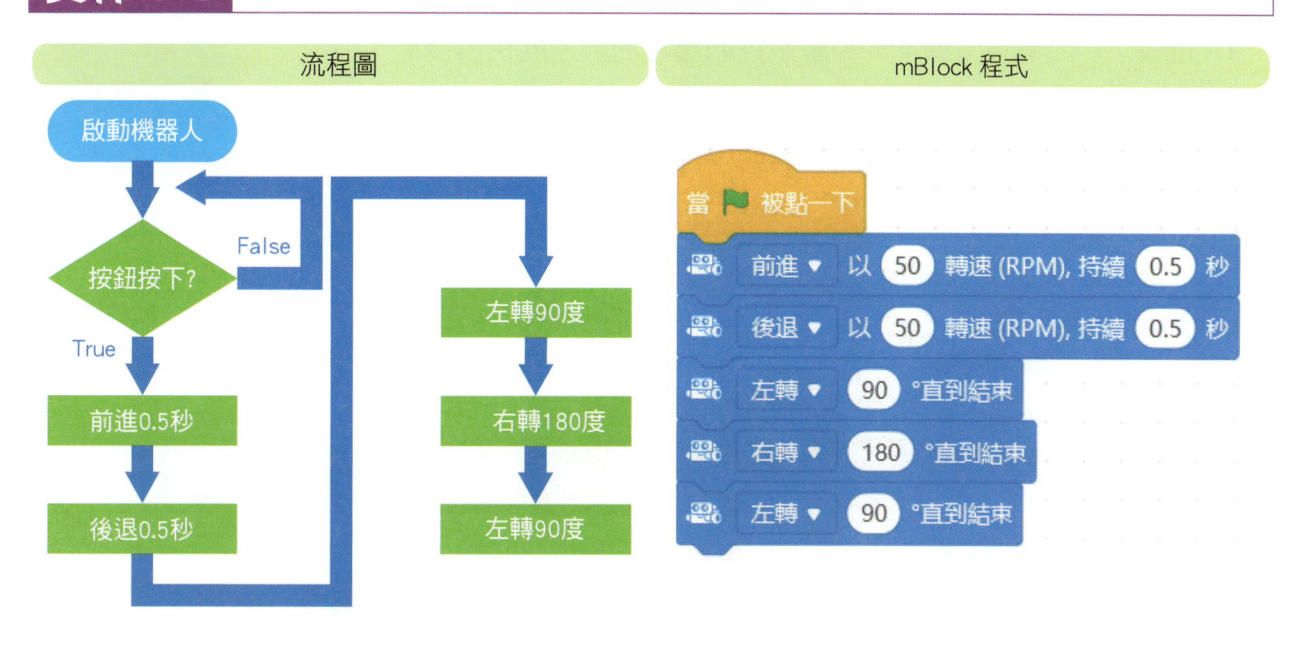

3-5 馬達接收其他來源訊息

假設我們已經組裝完成一台輪型機器人，想讓機器人在前進時，離前方的障礙物越近，則行走的速度就變得愈慢。此時，我們就必須再透過「感應器或亂數的回傳值」來進行傳遞資料。本章節將介紹以下三種控制馬達速度的方式。

1. 以超音波感應器來控制馬達速度快與慢。
2. 以光源感應器來控制馬達快或慢。
3. 以隨機亂數來控制馬達自行轉彎。

一、超音波感應器來控制馬達速度快與慢

1. **定義**：「超音波」偵測的距離來控制馬達的「速度快與慢」。
2. **範例**：將「超音波感應器」偵測的距離輸出後,透過傳遞給「馬達」中的轉速。
3. **實作撰寫程式**:

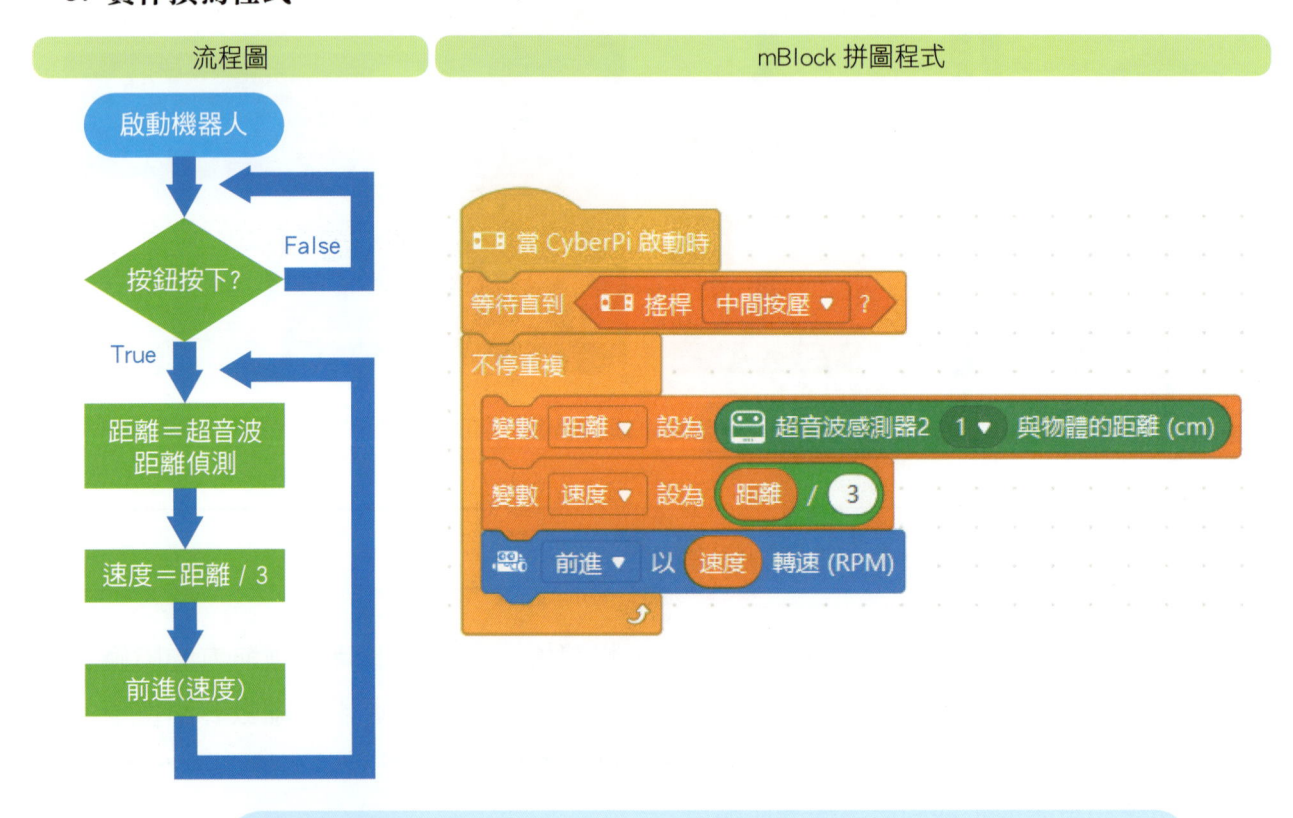

流程圖	mBlock 拼圖程式

啟動機器人 → 按鈕按下?(False迴圈/True) → 距離＝超音波距離偵測 → 速度＝距離 / 3 → 前進(速度)

當 CyberPi 啟動時
等待直到 搖桿 中間按壓 ?
不停重複
　變數 距離 設為 超音波感測器2 1 與物體的距離 (cm)
　變數 速度 設為 距離 / 3
　前進 以 速度 轉速 (RPM)

說明：
① 馬達的轉速的絕對值為 100。
② 超音波感應器的偵測距離長度約為 300cm,因此,300/100=3
③ 所以,每當超音波偵測長度除以 3 就能夠將馬達的轉速正規化。

二、光源感應器來控制馬達快或慢

1. **定義**：藉由「光源感應器」偵測的「光值」來控制馬達的「行走快或慢」。
2. **範例**：「光源感應器」偵測到光值後,傳遞給「馬達」中的轉速。亦即當偵測到的「光值」愈高時,速度就會愈快,反之,則愈慢。

3. 實作撰寫程式：

流程圖：
啟動機器人 → 按鈕按下？ (False 回圈) → True → 光源值＝光線強度偵測 → 前進(速度) → 回圈

mBlock 拼圖程式：
- 當 CyberPi 啟動時
- 等待直到 搖桿 中間按壓？
- 不停重複
  - 變數 光源值 設為 環境的光線強度
  - 前進 以 光源值 轉速(RPM)

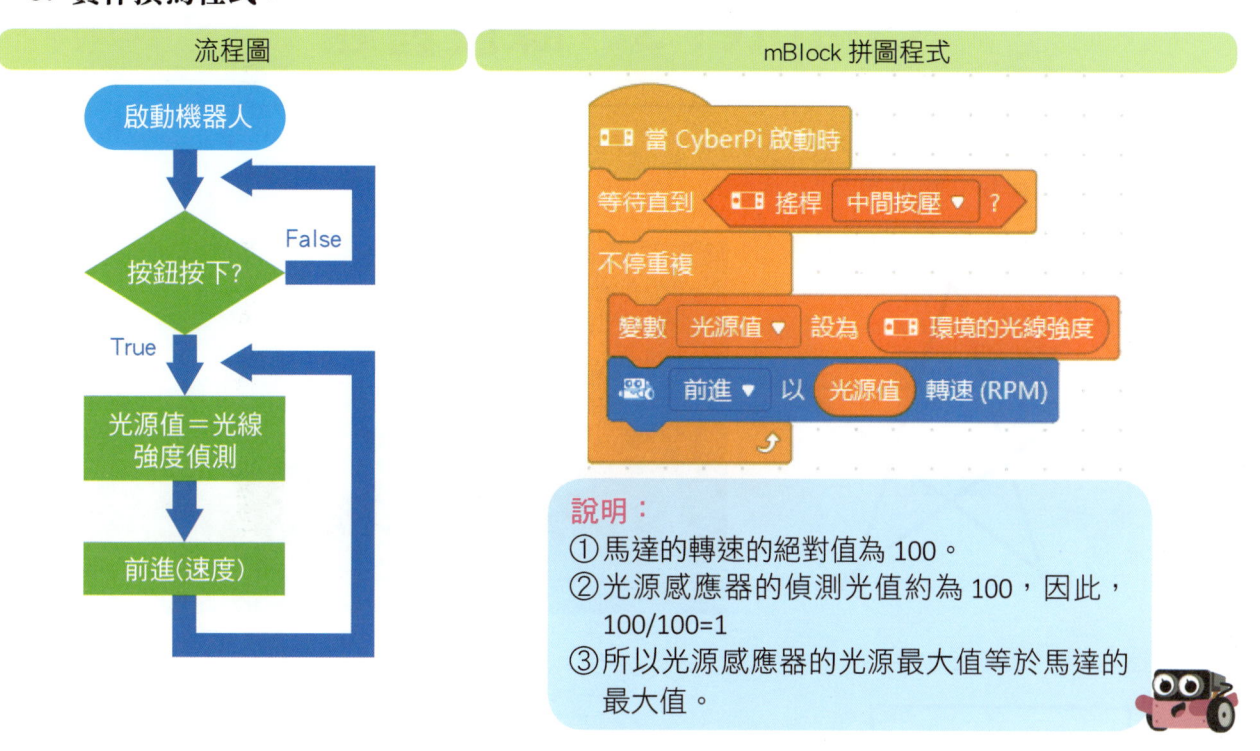

說明：
① 馬達的轉速的絕對值為 100。
② 光源感應器的偵測光值約為 100，因此，100/100=1
③ 所以光源感應器的光源最大值等於馬達的最大值。

三、隨機亂數來控制馬達自行轉彎（會跳舞）

1. **定義**：利用 Random 亂數值來控制馬達的「左轉或右轉」。
2. **範例**：將「Random 拼圖」的傳回值，傳遞給「馬達」中的轉速。亦即讓機器人自己決定機器人的前進方向。
3. **實作撰寫程式：**

流程圖：
啟動機器人 → 按鈕按下？(False 回圈) → True → 左輪速度＝隨機值 → 右輪速度＝隨機值 → 前進(左輪速度，右輪速度) 持續0.2秒 → 回圈

mBlock 拼圖程式：
- 當 CyberPi 啟動時
- 等待直到 搖桿 中間按壓？
- 不停重複
  - 變數 左輪速度 設為 從 -100 到 100 隨機選取一個數
  - 變數 右輪速度 設為 從 -100 到 100 隨機選取一個數
  - 編碼馬達 EM1 轉動以 左輪速度 轉速(RPM)，編碼馬達 EM2 轉動以 右輪速度 轉速(RPM)
  - 等待 0.2 秒

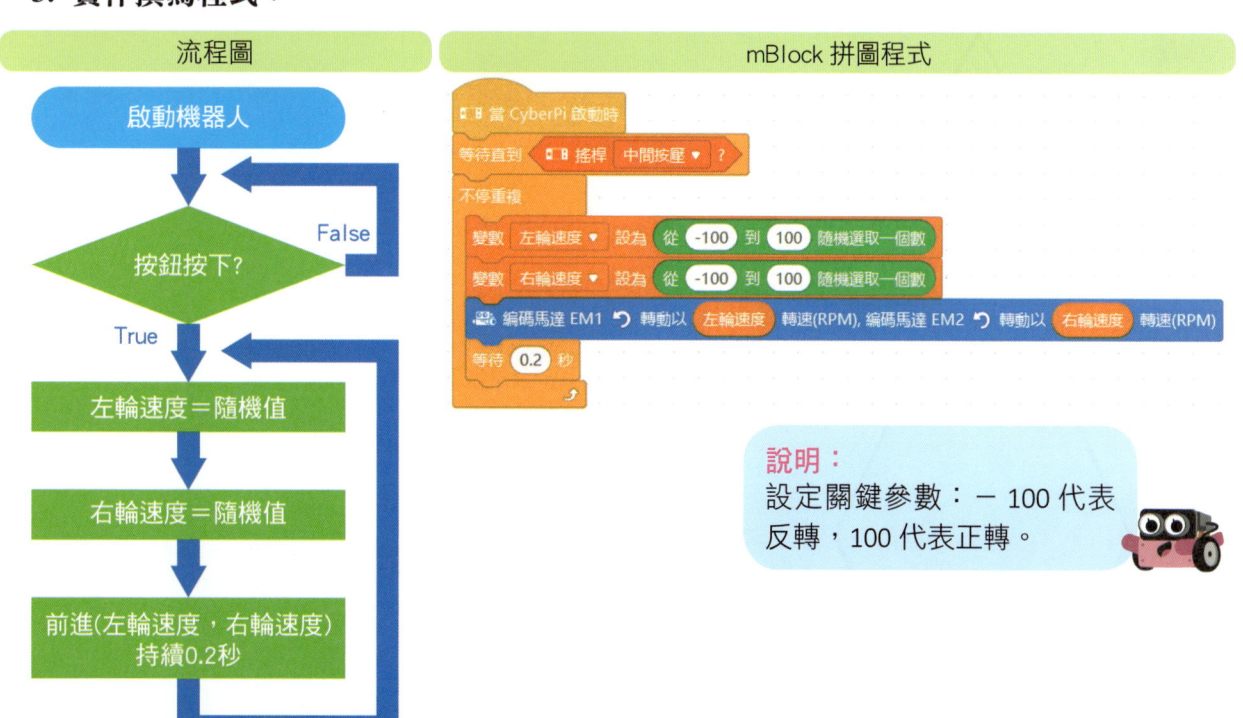

說明：
設定關鍵參數：－100 代表反轉，100 代表正轉。

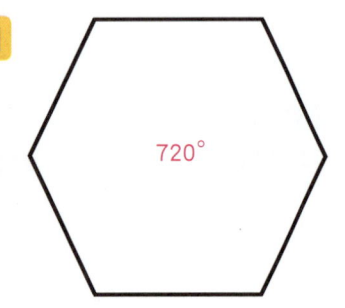

Chapter 3　課後習題

一、機器人繞「星狀」圖形

示意圖

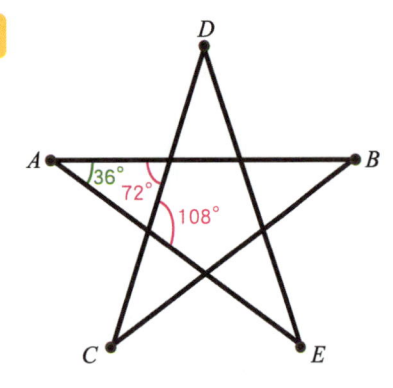

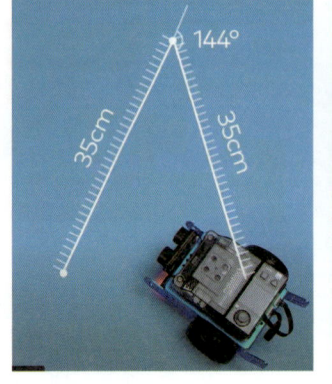

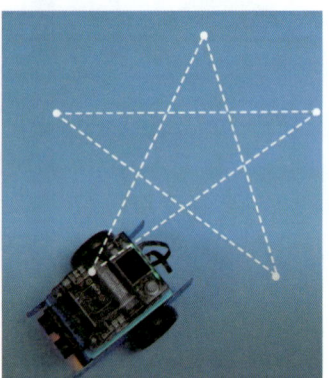

二、機器人繞「正方形」

示意圖

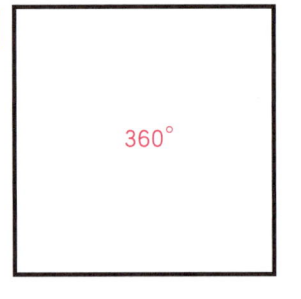

360°

三、機器人繞「正三角形」

示意圖

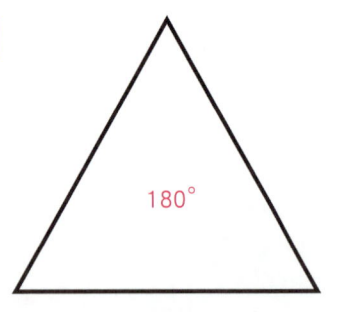

180°

四、機器人繞「六邊形」

示意圖

720°

Chapter 3　創客實作題

◎ **題目名稱**：讓 mBot2 走正方形

◎ **題目說明**：請讓 mBot2 按下「按鈕」時，可以讓機器人繞一個正方形。

創客題目編號：A039011

40 mins

- 創客指標 ·

外形	機構	電控	程式	通訊	人工智慧	創客總數
1	1	1	3	0	0	6

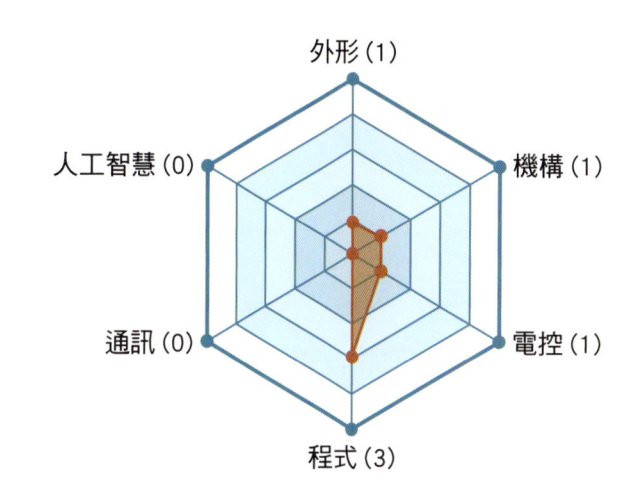

- 創客素養力 ·

空間力	堅毅力	邏輯力	創新力	整合力	團隊力	素養總數
1	1	1	1	1	1	6

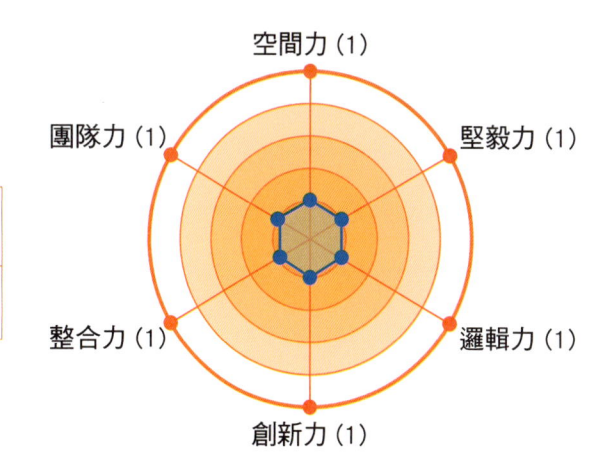

Chapter

4 資料與運算

・本章學習目標

1. 讓讀者瞭解 mBlock 開發環境中，變數的宣告及顯示方式。
2. 讓讀者瞭解 mBlock 開發環境中，清單陣列及副程式的使用方法。

・本章內容

4-1　變數（Variable）
4-2　變數資料的綜合運算
4-3　清單（List）
4-4　清單的綜合運算
4-5　副程式（新增積木指令）
　◎　課後習題
　◎　創客實作題

4-1 變數（Variable）

1. **定義**：是指程式在執行的過程中，其「內容」會隨著程式的執行而改變。

2. **概念**：將「變數」想像成一個「容器」，它是專門用來「儲放資料」的地方，如圖 4-1 所示。

3. **目的**：

   ❶ 向系統要求配置適當的主記憶體空間。

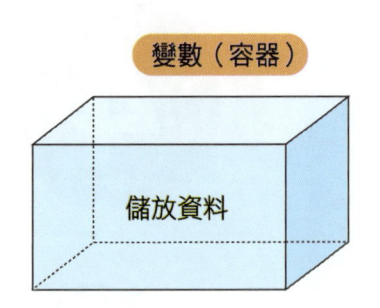

   ❷ 減少邏輯上的錯誤。

★ 圖 4-1　變數概念之示意圖

4. **例如**：A=B+1（其中 A、B 則是變數，其內容是可以改變的），如圖 4-2 所示。

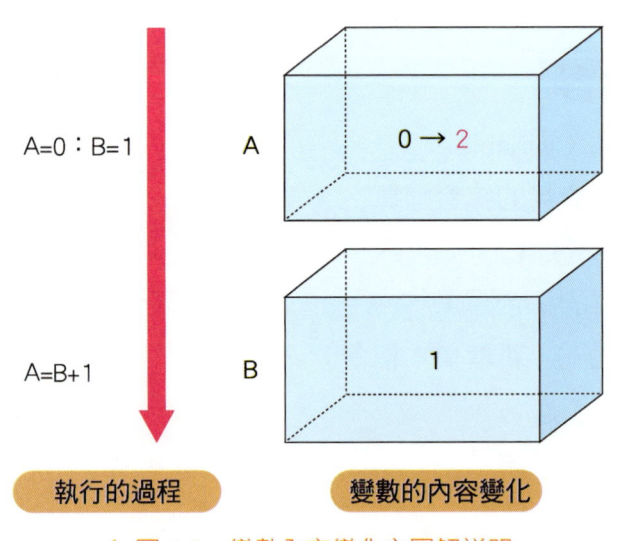

★ 圖 4-2　變數內容變化之圖解說明

5. **mBlock 5 開發環境介面**：

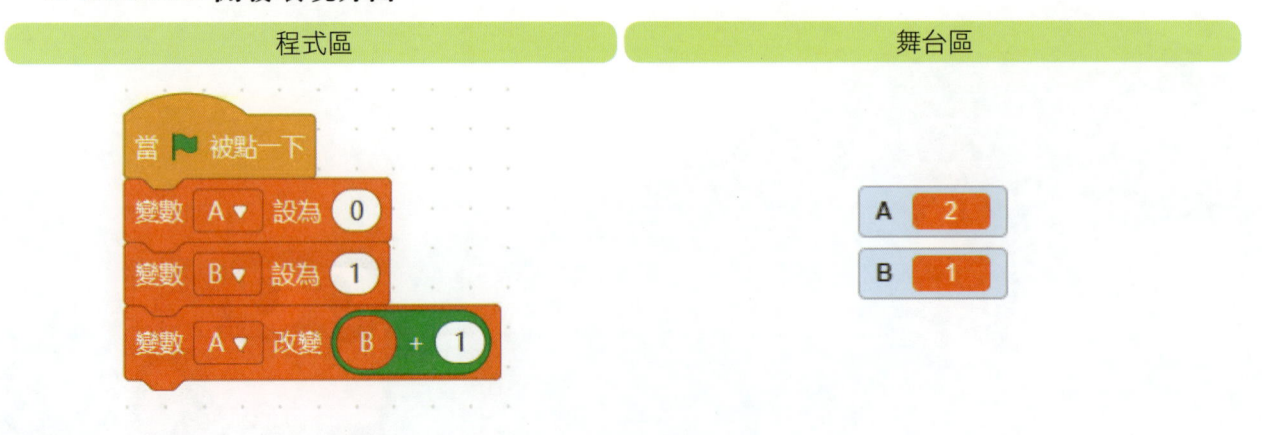

程式區	舞台區

一、宣告變數的步驟

在撰寫 mBlock 拼圖程式時，時常會利用到資料的運算，因此，必須要先學會如何宣告變數。其步驟如下：

步驟一 程式區 / 資料和指令 / 做一個變數

步驟二 宣告一個變數名稱為：距離

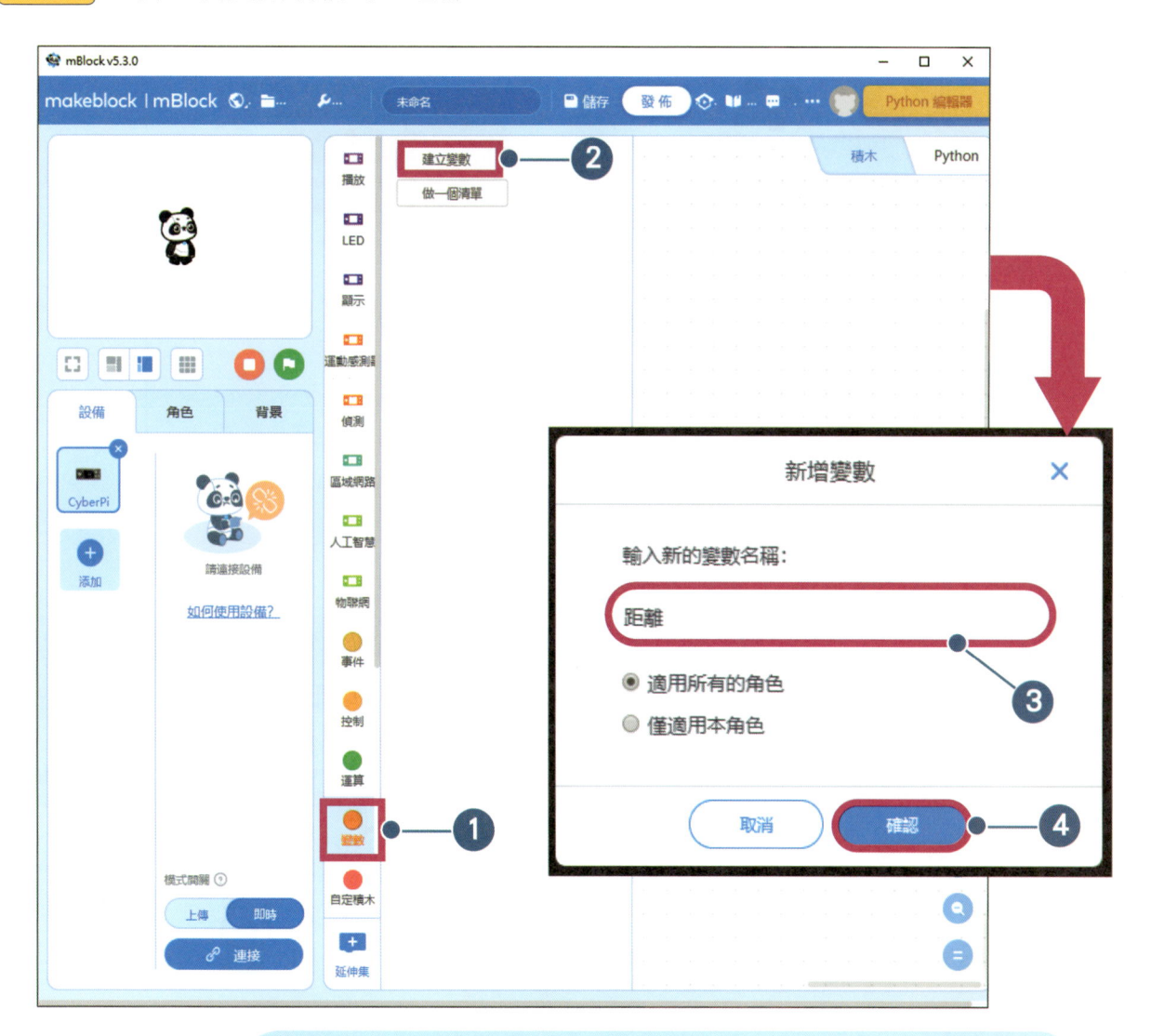

> **說明：**
> 在步驟二中，瞭解變數分為兩種
> ①適用所有的角色：代表「全域性變數」，在本書中以此為主。
> ②僅適用本角色：代表「區域性變數」。

步驟三 顯示「變數」的相關拼圖積木及內容

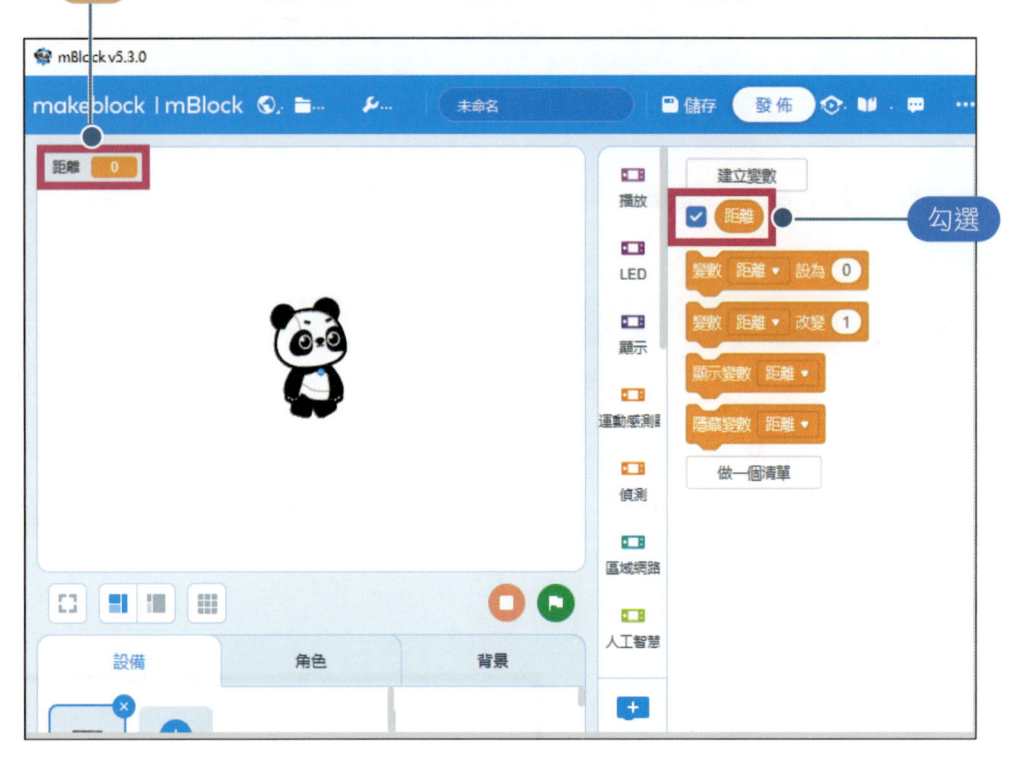

說明 此時在舞台區中的左上角，會顯示目前「距離」變數的內容。

二、變數的呈現

基本上，一旦宣告完成變數之後，它會自動顯示在舞台區中的左上角。

1. **隱藏變數**：如果不想要顯示此變數的內容時，則可以使用以下方法。

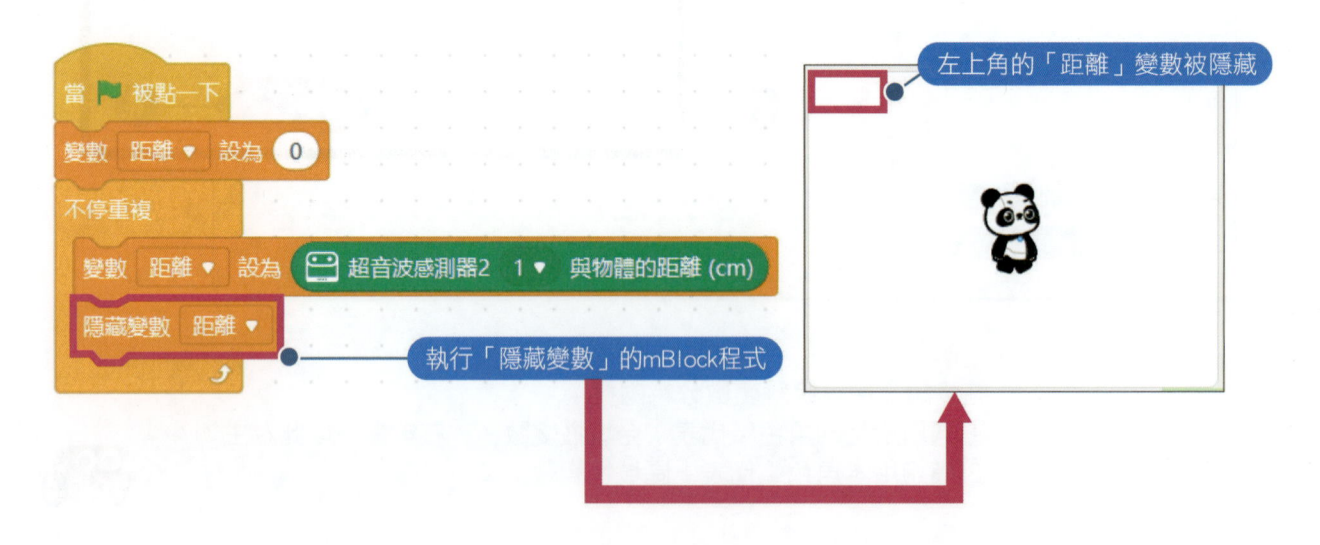

2. 顯示變數：如果又想要顯示此變數的內容時，則可以使用以下方法。

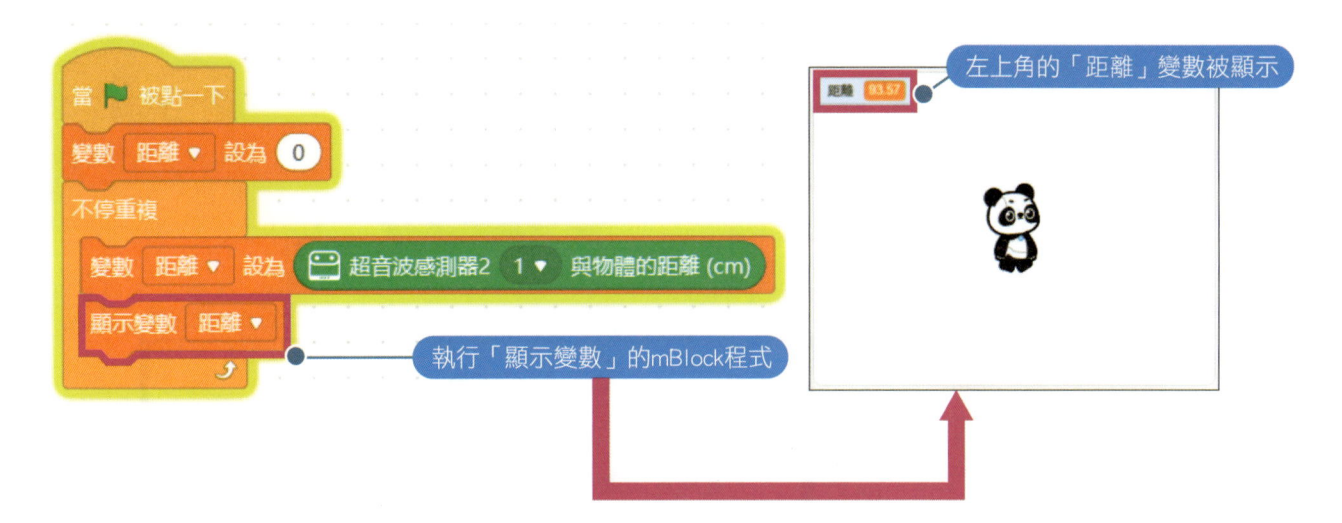

執行「顯示變數」的mBlock程式

左上角的「距離」變數被顯示

3. 常見的三種不同顯示模式：

正常尺寸	大尺寸	滑桿

三、變數的維護

基本上，我們在撰寫資料運算的程式時，往往會宣告不少的變數，如果一開始沒有命名有意義的名稱，會影響爾後的維護工作。因此，當我們想要重新命名變數名稱及刪除某一變數名稱時，其方法如下：

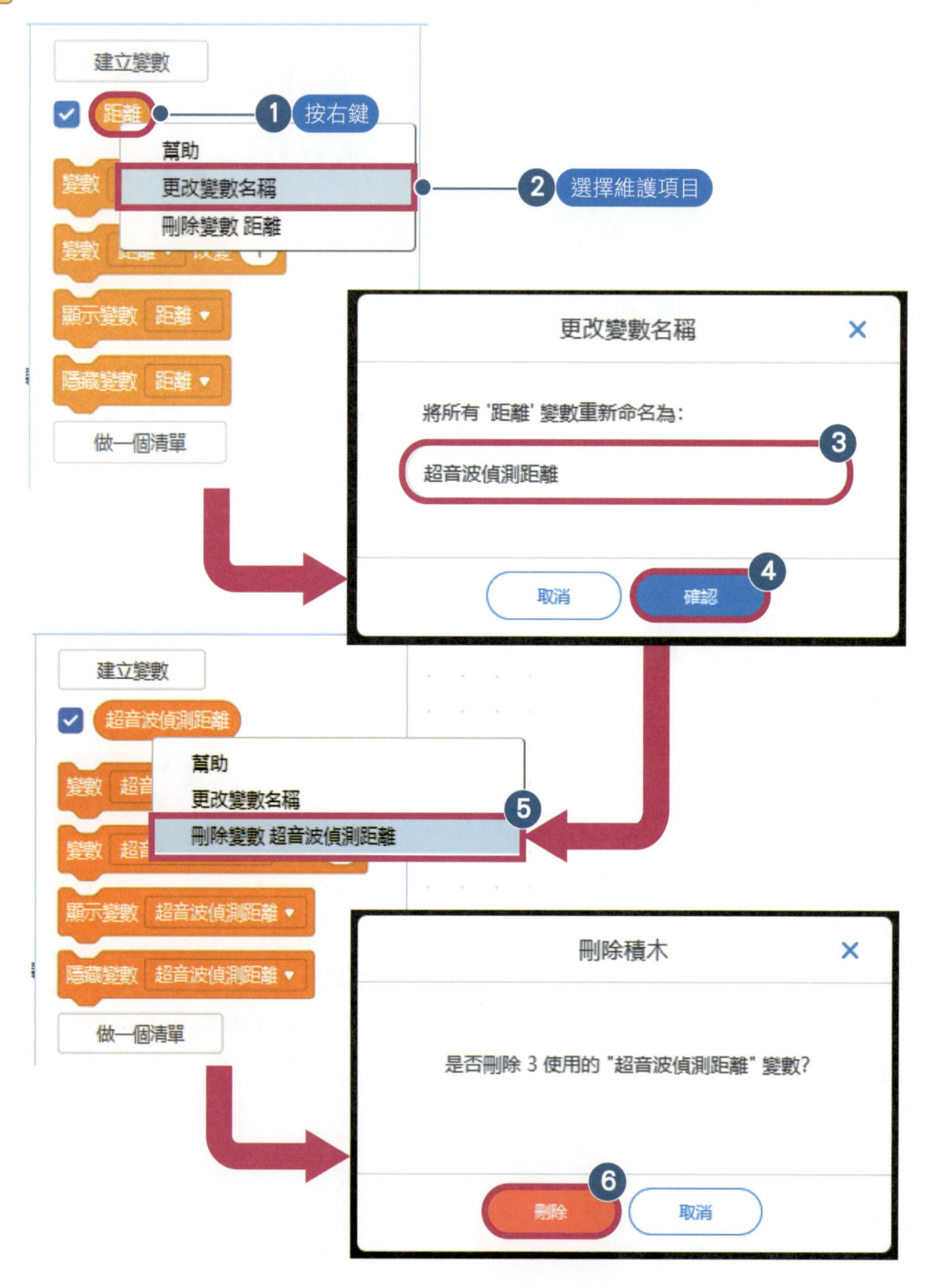

步驟

4-2　變數資料的綜合運算

在 mBlock 拼圖程式中，資料的運算大致上可分為以下五種：

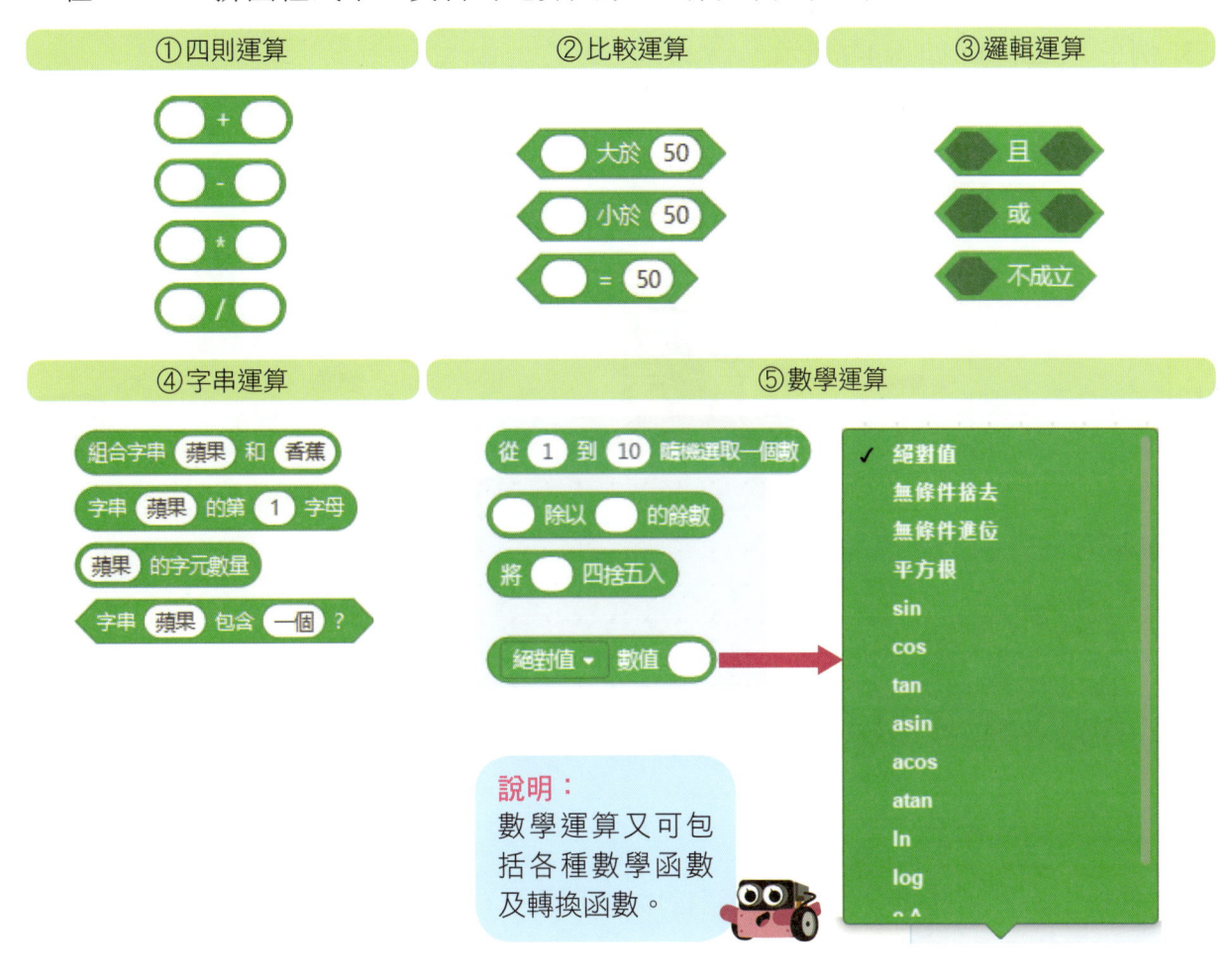

① 四則運算
② 比較運算
③ 邏輯運算
④ 字串運算
⑤ 數學運算

說明：
數學運算又可包括各種數學函數及轉換函數。

資料型態如下圖所示：

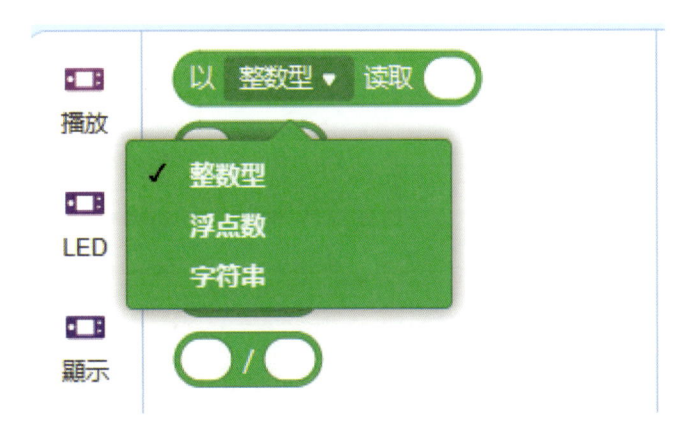

一、指定運算子

1. **定義**：將「右邊」運算式的結果指定給「左邊」的運算元（亦即變數名稱）。
2. **方法**：從「=」指定運算子的右邊開始看。
3. **例子**：Sum=0，如圖 4-3 所示。

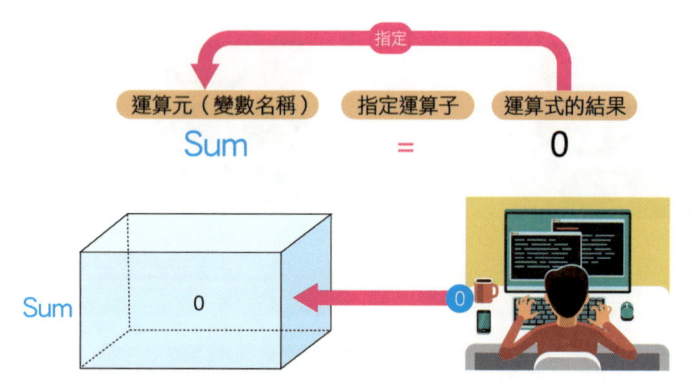

說明：
① 將變數…的值設為…是就「指定運算子」。
② 將右邊的數字 0 指定給左邊的「Sum」變數。換言之，將「Sum」變數設定為 0。

★ 圖 4-3　指定運算子之示意圖

4. **拼圖程式表示方法**：

二、四則運算子

在數學上有四則運算，而在程式語言中也不例外。

1. **目的**：是指用來處理使用者輸入的「數值資料」進行四則運算。
2. **四則運算子的拼圖之優先順序權**：如表 4-1 所示。

★ 表 4-1 四則運算子的拼圖之優先順序權

順序	拼圖	功能	範例	結果
1	*	乘法	變數 Sum 設為 5 * 8	40
1	/	除法	變數 Sum 設為 10 / 3	3.333…
2	+	加法	變數 Sum 設為 14 + 28	42
2	-	減法	變數 Sum 設為 28 - 14	14

Chapter 4　資料與運算

實作 4-1
當使用者每按一下「按鈕」時，Count 計數器變數的值自動加 1，反覆執行。

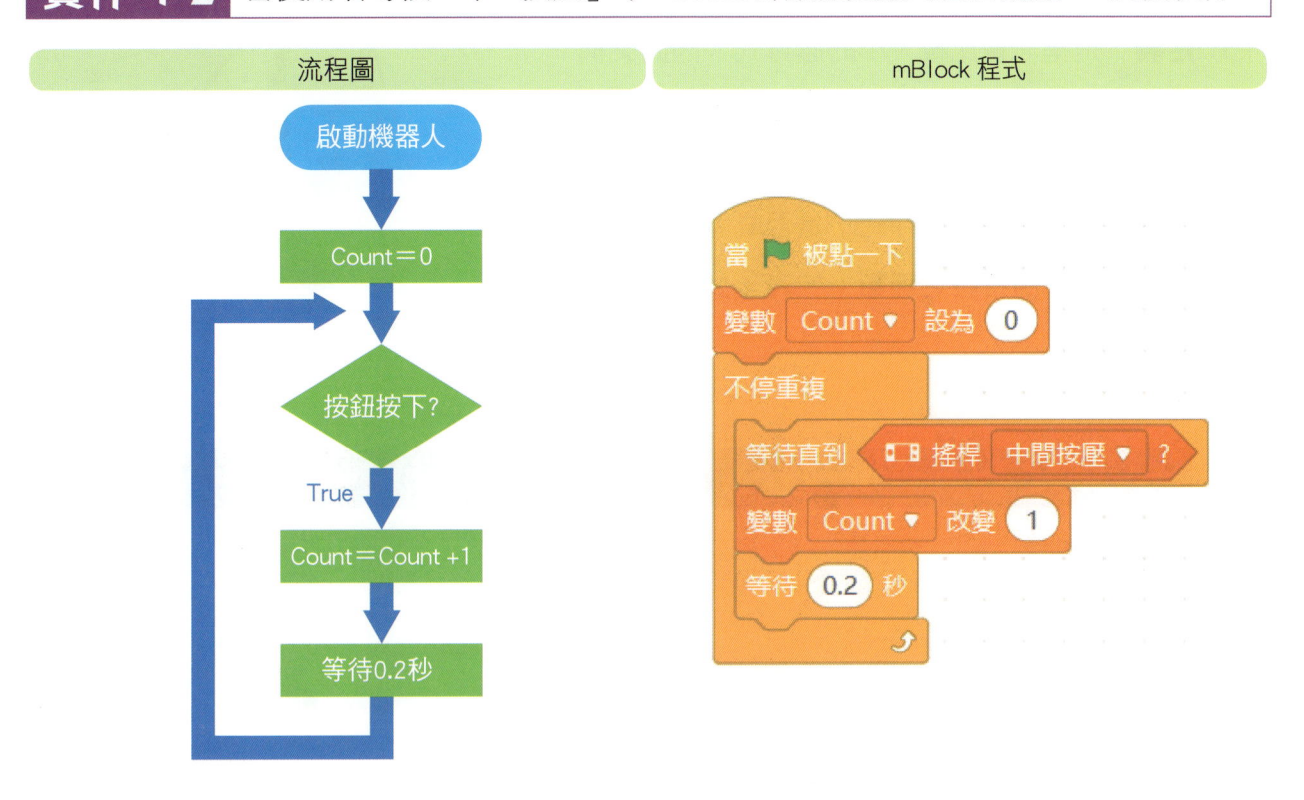

流程圖

啟動機器人
↓
Count＝0
↓
按鈕按下？ — True
↓
Count＝Count+1
↓
等待0.2秒
（迴圈回到「按鈕按下？」）

mBlock 程式

- 當 ▶ 被點一下
- 變數 Count ▼ 設為 0
- 不停重複
  - 等待直到 〈搖桿 中間按壓 ▼ ？〉
  - 變數 Count ▼ 改變 1
  - 等待 0.2 秒

實作 4-2
利用「超音波感測器」來模擬「自動剎車系統」的「距離與聲音頻率的關係」。假設「距離與頻率的方程式」：頻率 (Hz)= -50* 距離 (cm)+2000。

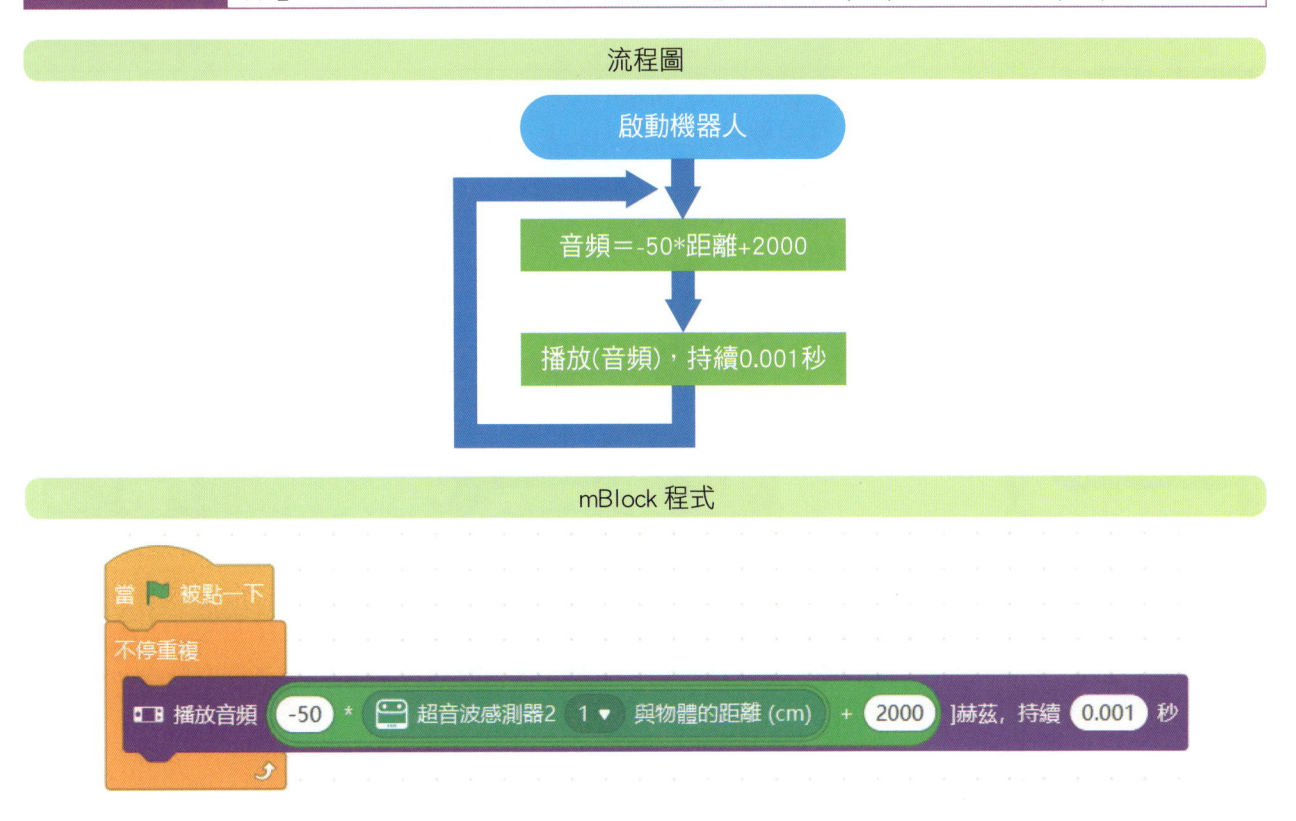

流程圖

啟動機器人
↓
音頻＝-50*距離+2000
↓
播放(音頻)，持續0.001秒
（迴圈）

mBlock 程式

- 當 ▶ 被點一下
- 不停重複
  - 播放音頻 〈-50 * 超音波感測器2 1 ▼ 與物體的距離 (cm) + 2000〉赫茲，持續 0.001 秒

三、關係運算子

1. **定義**：是指一種比較大小的運算式。因此又稱「比較運算式」。
2. **使用時機**：「選擇結構」中的「條件式」。
3. **目的**：用來判斷「條件式」是否成立。
4. **關係運算子的拼圖之種類**：如表 4-2 所示。

★ 圖 4-4　比較大小的關係

★ 表 4-2　關係運算子的拼圖之種類

拼圖	功能	條件式	執行結果
大於 50	大於	變數 Boolean 設為 15 大於 50	False
小於 50	小於	變數 Boolean 設為 15 小於 50	True
= 50	等於	變數 Boolean 設為 50 = 50	True

註：關係運算子的優先順序都相同。

實作 4-3　當使用者按下「按鈕」時，mBot2 機器人的「超音波感應器」會反覆偵測前方 5 公分是否有障礙物，如果有，則停止，否則繼續前進。

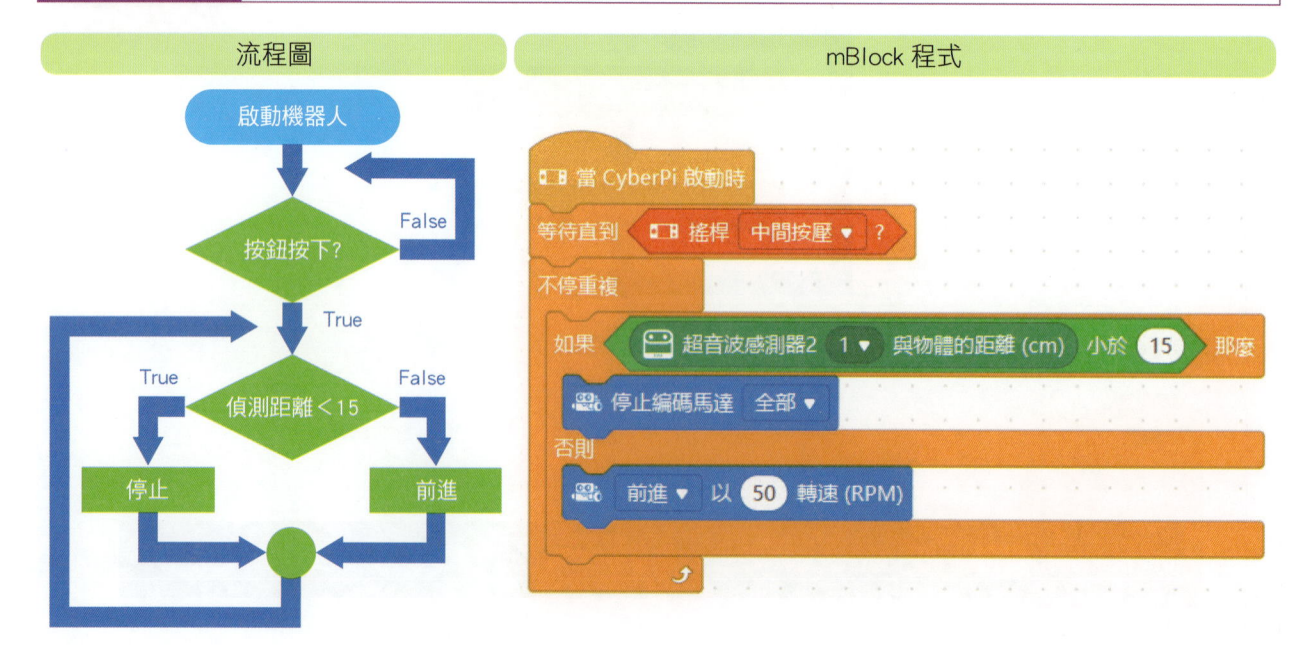

流程圖

啟動機器人
→ 按鈕按下？ (False 迴圈) / True
→ 偵測距離＜15？ True：停止 / False：前進

mBlock 程式

當 CyberPi 啟動時
等待直到 〔搖桿 中間按壓〕？
不停重複
　如果 〔超音波感測器2 1 與物體的距離 (cm) 小於 15〕 那麼
　　停止編碼馬達 全部
　否則
　　前進 以 50 轉速 (RPM)

實作 4-4

當使用者按下「按鈕」時，mBot2 機器人的「光線感應器」會反覆偵測目前光線的亮度，如果大於 50，則前進，否則停止。

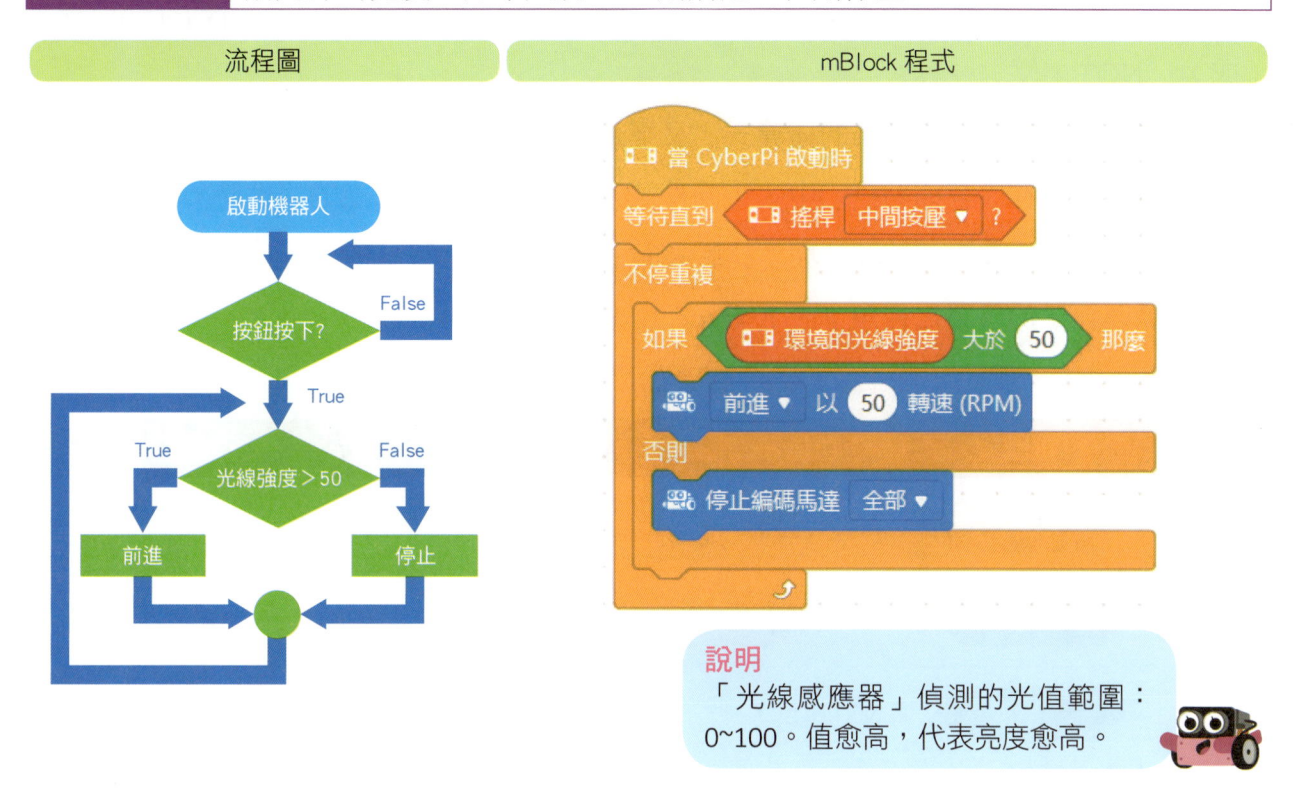

流程圖

啟動機器人
↓
按鈕按下？ False（迴圈）
↓ True
光線強度 > 50？
- True → 前進
- False → 停止
↓（迴圈回到按鈕按下判斷）

mBlock 程式

```
當 CyberPi 啟動時
等待直到 < 搖桿 中間按壓 ?>
不停重複
    如果 < 環境的光線強度 大於 50 > 那麼
        前進 以 50 轉速 (RPM)
    否則
        停止編碼馬達 全部
```

說明
「光線感應器」偵測的光值範圍：0~100。值愈高，代表亮度愈高。

實作 4-5

當使用者按下「按鈕」時，mBot2 機器人的「四路顏色感測器」會反覆偵測地板是否為黑色或白色線，如果偵測黑色線，則停止，否則前進。

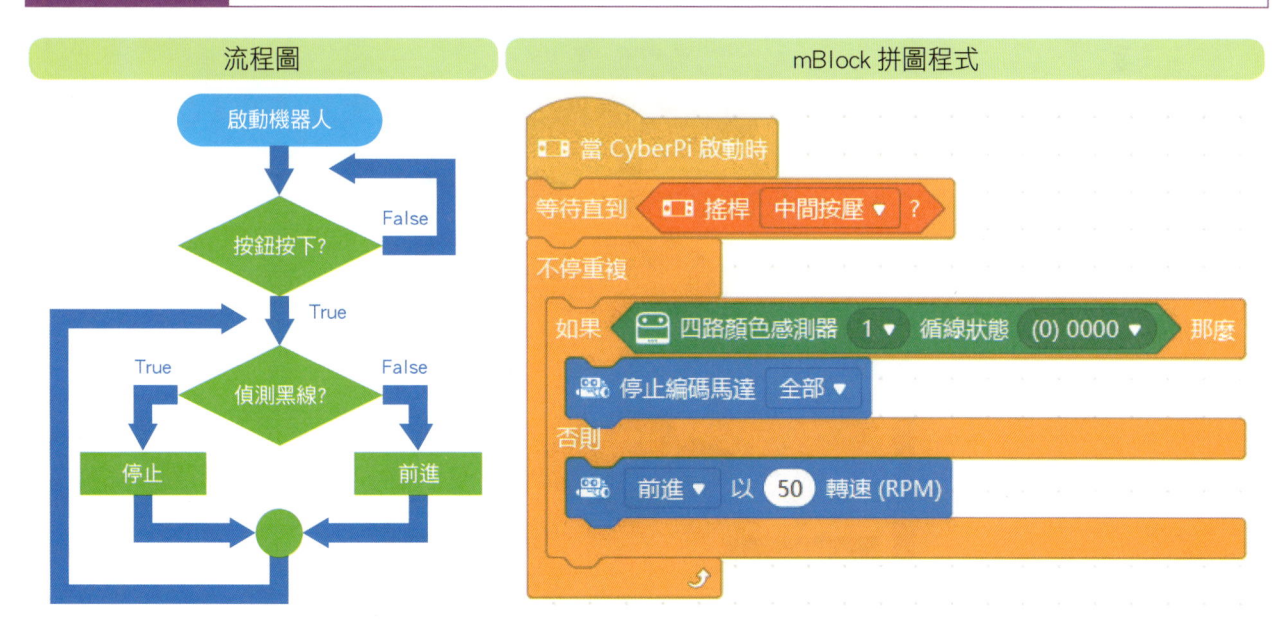

流程圖

啟動機器人
↓
按鈕按下？ False（迴圈）
↓ True
偵測黑線？
- True → 停止
- False → 前進
↓（迴圈回到按鈕按下判斷）

mBlock 拼圖程式

```
當 CyberPi 啟動時
等待直到 < 搖桿 中間按壓 ?>
不停重複
    如果 < 四路顏色感測器 1 循線狀態 (0) 0000 > 那麼
        停止編碼馬達 全部
    否則
        前進 以 50 轉速 (RPM)
```

四、邏輯運算子

邏輯運算子是由數學家布林（Boolean）所發展出來的，包括：AND（且）、OR（或）、NOT（反）…等。

1. **定義**：它是一種比較複雜的運算式，又稱為布林運算。
2. **適用時機**：在「選擇結構」中，「條件式」有兩個（含）以上的條件時。
3. **目的**：結合「邏輯運算子」與「比較運算子」，以加強程式的功能。
4. **關係運算子的拼圖之種類**：設 A=True, B=False，如表 4-3 所示。

★ 表 4-3　關係運算子的拼圖之種類

拼圖	功能	運算式	執行結果
且	AND（且）	A And B	False
或	OR（或）	A Or B	True
不成立	NOT（反）	Not A	False

實作 4-6　當按下「按鈕」時，「四路顏色感測器」偵測到黑色或「光線感應器」偵測到暗光時，mBot2 機器人就會停止，否則就會前進。

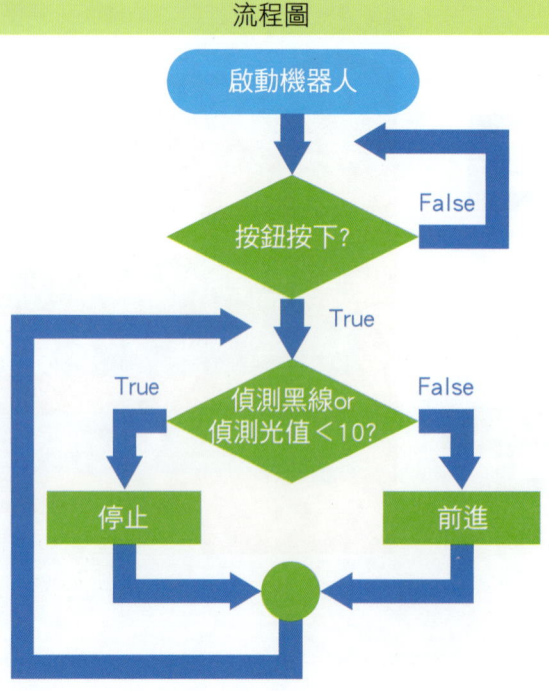

流程圖

啟動機器人
↓
按鈕按下？ —False→（迴圈）
↓ True
偵測黑線 or 偵測光值＜10？
　True → 停止
　False → 前進

Chapter 4　資料與運算

mBlock 拼圖程式

```
當 CyberPi 啟動時
等待直到 <搖桿 中間按壓?>
不停重複
    如果 <<quad rgb sensor 1 's line-following status being (0) 0000?> 或 <環境的光線強度 小於 10>> 那麼
        停止編碼馬達 全部
    否則
        前進 以 50 轉速(RPM)
```

實作 4-7　當按下「按鈕」時,「四路顏色感測器」偵測到黑色並且「超音波感應器」偵測前方有障礙物時,mBot2 機器人就會停止,否則就會前進。

流程圖

啟動機器人 → 按鈕按下？ (False 迴圈) → True → 偵測黑線 And 偵測距離 < 20？
- True → 停止
- False → 前進

mBlock 程式

```
當 CyberPi 啟動時
等待直到 <搖桿 中間按壓?>
不停重複
    如果 <<quad rgb sensor 1 's line-following status being (0) 0000?> 且 <超音波感測器2 1 與物體的距離(cm) 小於 20>> 那麼
        停止編碼馬達 全部
    否則
        前進 以 50 轉速(RPM)
```

實作 4-8 當按下「按鈕」時,「超音波感應器」偵測前方沒有障礙物時,mBot2 機器人就會前進,否則就會停止。

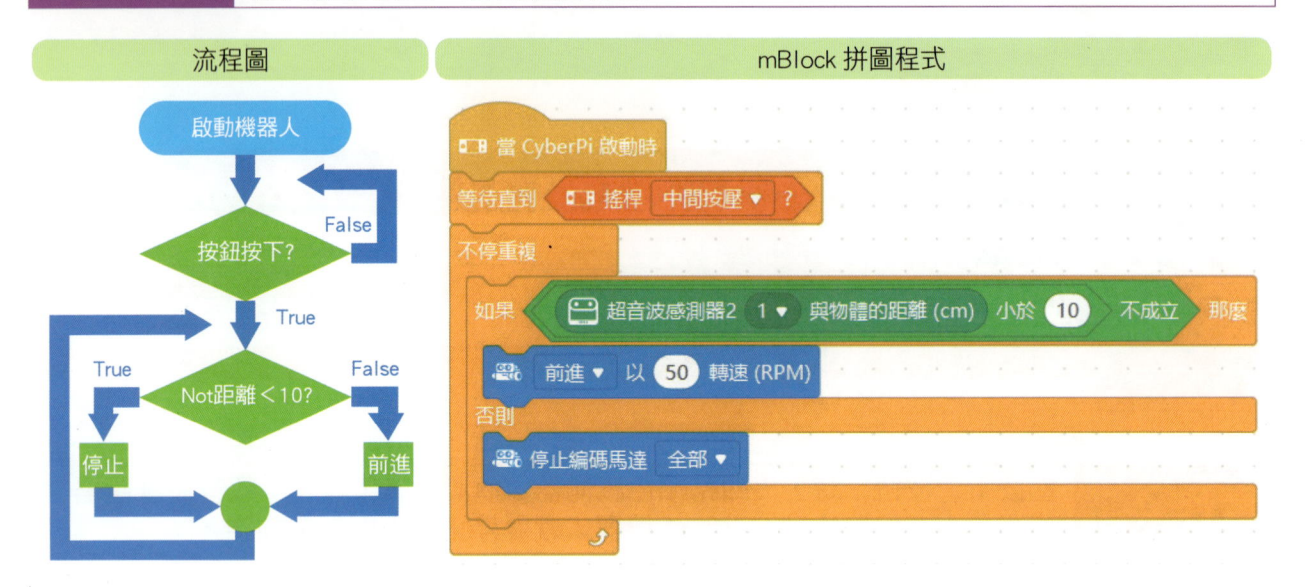

流程圖	mBlock 拼圖程式

五、字串運算子

1. **功能**:用來連結數個字串或字串的相關運算。
2. **目的**:更有彈性的輸出字串資料。
3. **字串運算子的拼圖之種類**:如表 4-4 所示。

★ 表 4-4　字串運算子的拼圖之種類

拼圖	功能	範例
組合字串 蘋果 和 香蕉	合併字串	當 ▶ 被點一下 變數 String ▼ 設為 組合字串 My 和 mBot
	執行結果	String My mBot
字串 蘋果 的第 1 字母	取出第 1 個字元	當 ▶ 被點一下 變數 String ▼ 設為 字串 mBot 的第 1 字母
	執行結果	String m

拼圖	功能	範例
蘋果 的字元數量	計算字串字數	當 ▶ 被點一下 變數 String ▼ 設為 My mBot 的字元數量
	執行結果	String 7

實作 4-9 當按下「按鈕」時，偵測目前環境中的「音量值」，透過「合併字串」拼圖來顯示結果。

流程圖　　　　　　　　　　　　mBlock 程式

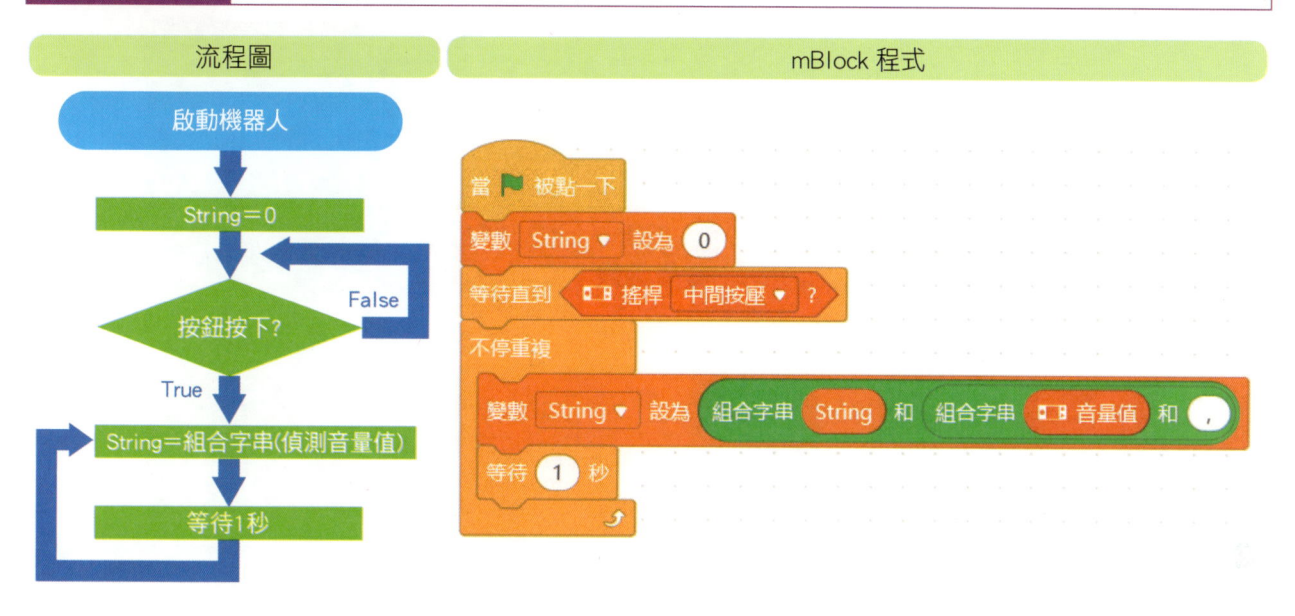

六、數學運算子

1. **功能**：用來處理各種數學上的運算。
2. **目的**：讓 mBot2 機器人具有數學運算的能力。
3. **數學運算子的拼圖之種類**：如表 4-5 所示。

★ 表 4-5　數學運算子的拼圖之種類

拼圖	功能	常見範例
從 1 到 10 隨機選取一個數	亂數	會跳舞的機器人：請參考第三章範例。（利用「亂數值」來決定馬達的方向與速度）
◯ 除以 ◯ 的餘數	取餘數	求奇數或偶數： ①利用「按鈕」按下的次數值，來控制 LCD 左右的亮與不亮。 ②自動開關。（奇數：開；偶數：關）
將 ◯ 四捨五入	四捨五入	將各種感測器的偵測值「整數化」。
絕對值 ▼ 數值	數學函數	絕對值 / 無條件捨去 / 無條件進位 / 平方根 / sin / cos / tan / asin / acos / atan / ln / log

實作 4-10　利用「超音波感測器」偵測前方的距離，使用「四捨五入」拼圖的比較範例。

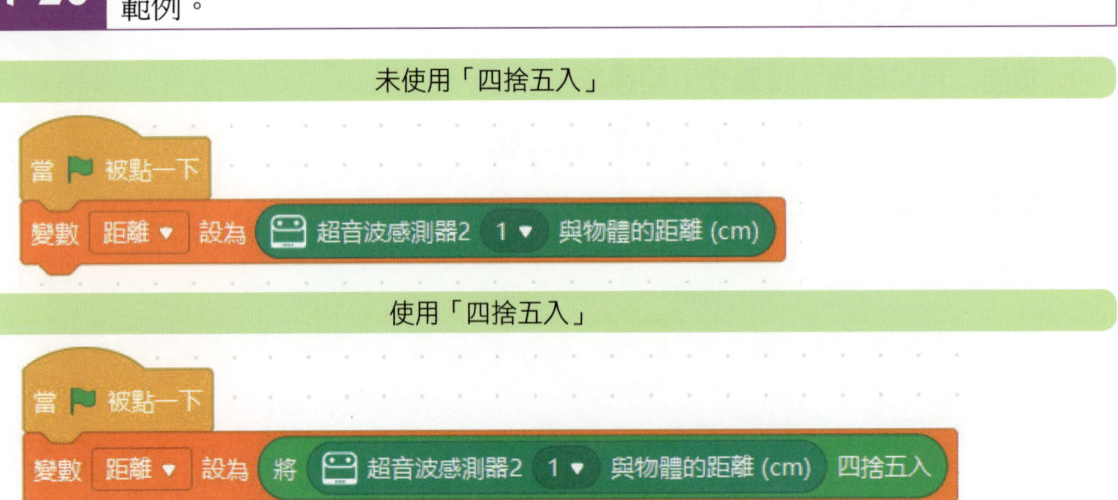

未使用「四捨五入」

當 ▶ 被點一下
變數 距離 ▼ 設為 　超音波感測器2　1 ▼ 與物體的距離 (cm)

使用「四捨五入」

當 ▶ 被點一下
變數 距離 ▼ 設為 將 　超音波感測器2　1 ▼ 與物體的距離 (cm) 四捨五入

Chapter 4　資料與運算　77

實作 4-11　利用「按鈕」按下的次數值，來控制 LED 的亮與不亮。（奇數亮，偶數不亮）。

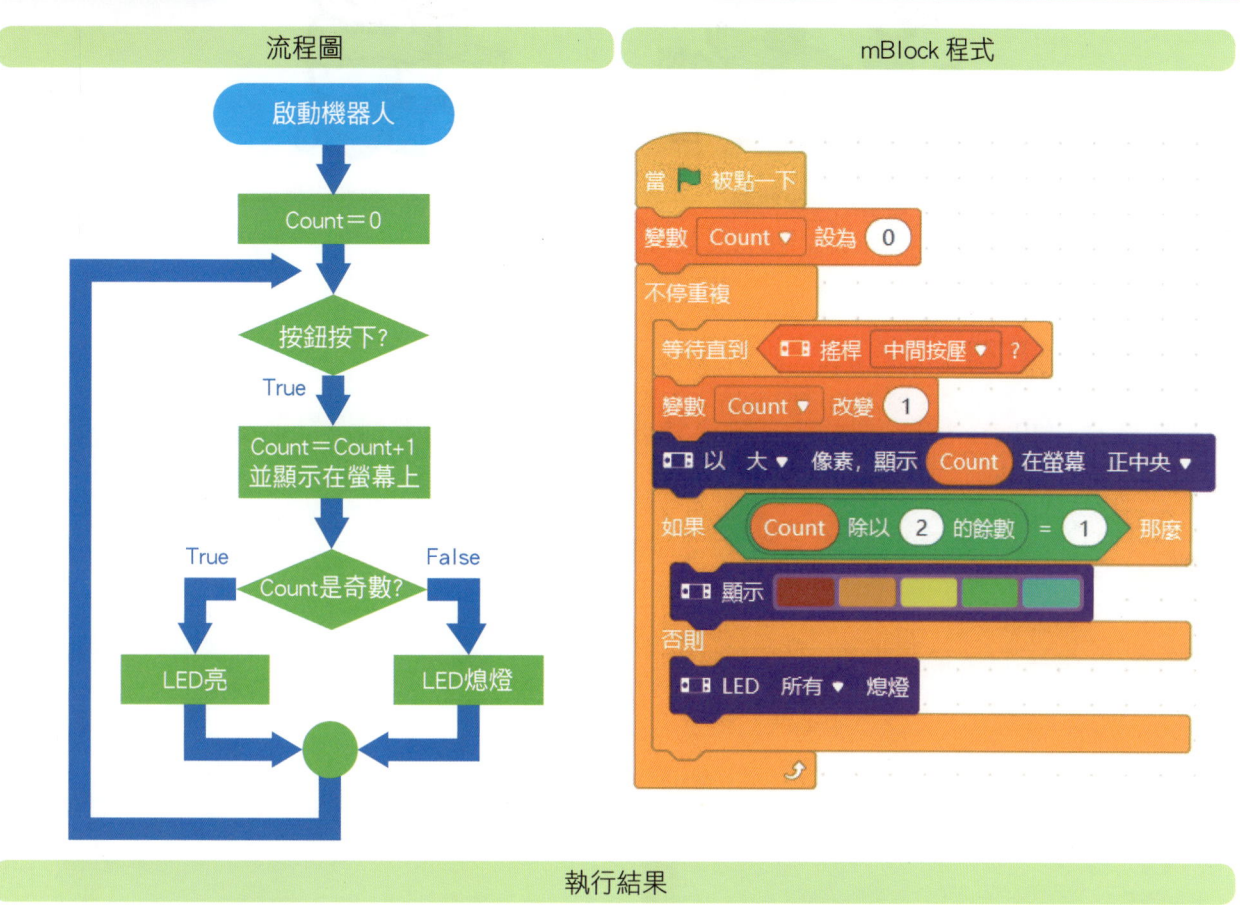

流程圖　　　　　　　　　　　　mBlock 程式

執行結果

按「奇數次」→ LCD 亮　　　　　　　按「偶數次」→ LCD 熄燈

4-3　清單（List）

1. **定義**：是指一群具有「相同名稱」及「資料型態」的變數之集合。
2. **特性**：
   ❶ 占用連續記憶體空間。
   ❷ 用來表示有序串列之一種方式。
   ❸ 各元素的資料型態皆相同。
   ❹ 支援隨機存取（Random Access）與循序存取（Sequential Access）。
   ❺ 插入或刪除元素時較為麻煩，因為必須挪移其他元素。
3. **使用時機**：每間隔一段時間或距離來暫時儲存環境的連續變化值。
4. **例如**：利用溫度感測器，每間隔一小時，記錄溫度一次，並儲存到清單中。

連續記憶體空間　　　各元素的資料型態皆相同

★ 圖 4-5　清單之示意圖

一、建立清單

在撰寫 mBlock 拼圖程式時，如果常要收集連續性的資料，就必須先寫宣告清單陣列。接下來，利用以下步驟來說明。

步驟一 程式區 / 變數 / 做一個清單

步驟二 宣告一個清單名稱為：隨機清單

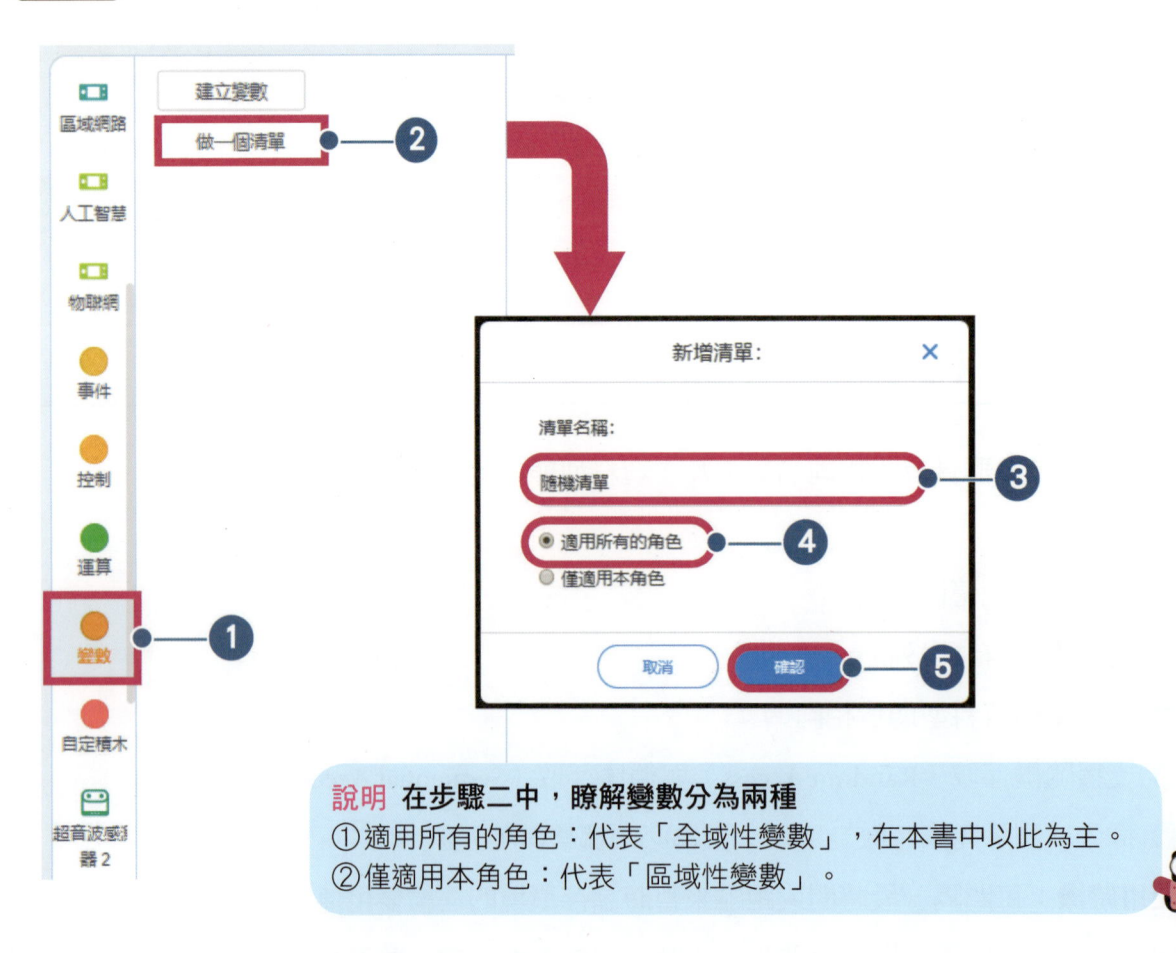

說明 在步驟二中，瞭解變數分為兩種
①適用所有的角色：代表「全域性變數」，在本書中以此為主。
②僅適用本角色：代表「區域性變數」。

步驟三 顯示「清單」的相關拼圖積木及內容

說明　此時在舞台區中的左上角，會顯示目前清單的內容。

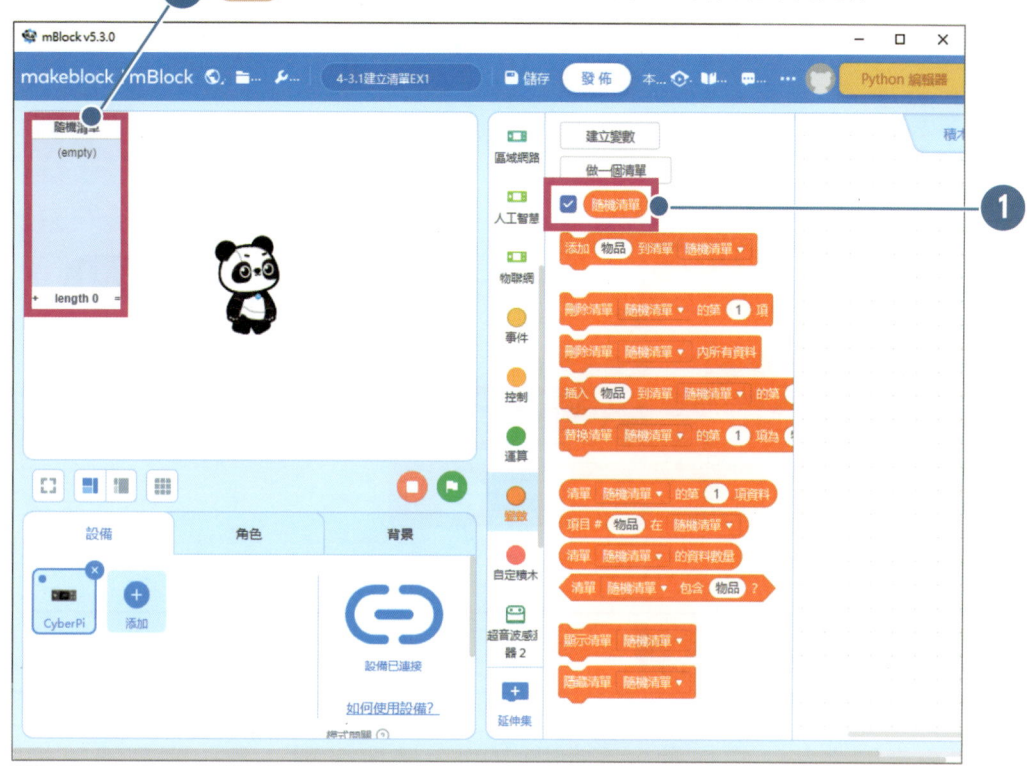

步驟四 手動增加及刪除「隨機清單」的元素。

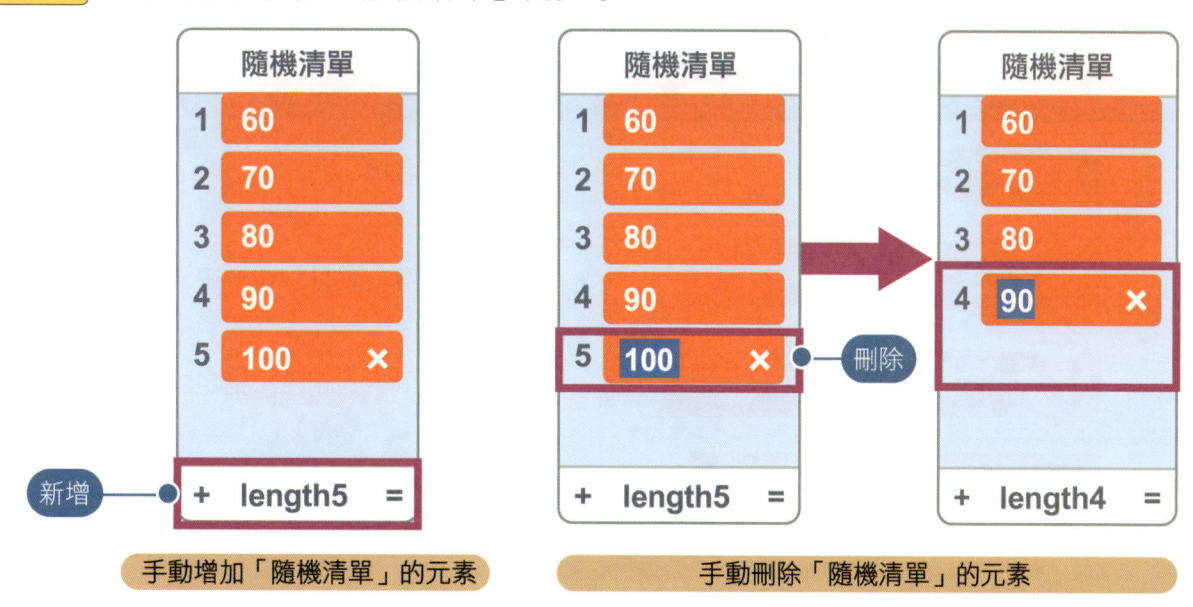

新增

手動增加「隨機清單」的元素　　　　手動刪除「隨機清單」的元素

刪除

二、刪除清單

我們可以利用 mBlock 拼圖程式來建立所需要的「清單」，但是當我們不需要時也可以刪除舊有的清單。接下來，利用以下步驟來說明。

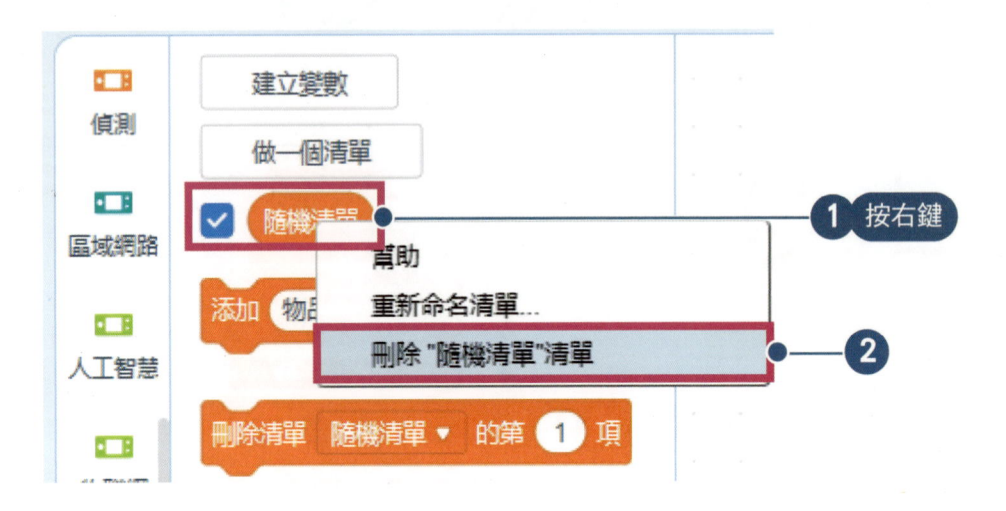

4-4　清單的綜合運算

在完成前一章節之後，它自動會產生指定的「清單名稱」及一系列清單相關拼圖積木，如表 4-6 所示。

★ 表 4-6 清單的相關拼圖積木

項目	拼圖	功能
1	隨機清單	清單名稱
2	添加 物品 到清單 隨機清單	「新增」資料到清單中
3	刪除清單 隨機清單 的第 1 項	從清單中「刪除」指定的資料項
4	刪除清單 隨機清單 內所有資料	「刪除」清單中全部資料項
5	插入 物品 到清單 隨機清單 的第 1 項	「插入」資料到清單中指定位置
6	替換清單 隨機清單 的第 1 項為 物品	「更新」清單中指定位置的內容

★ 表 4-6 清單的相關拼圖積木（續）

項目	拼圖	功能
7	清單 隨機清單▼ 的第 1 項資料	「取得」清單中指定位置的內容
8	項目 # 物品 在 隨機清單▼	「取得」資料項在清單中位置
9	清單 隨機清單▼ 的資料數量	計算某一清單中的元素個數
10	清單 隨機清單▼ 包含 物品 ?	判斷清單中是否有「包含」某一資料項
11	顯示清單 隨機清單▼	「顯示」清單內容在舞台區中
12	隱藏清單 隨機清單▼	「隱藏」清單內容不在舞台區

實作 4-12

當使用者按下「按鈕」時，每一秒會隨機產生一個亂數值（1～100）儲存到清單中，並顯示出來。假設共產生 6 個。

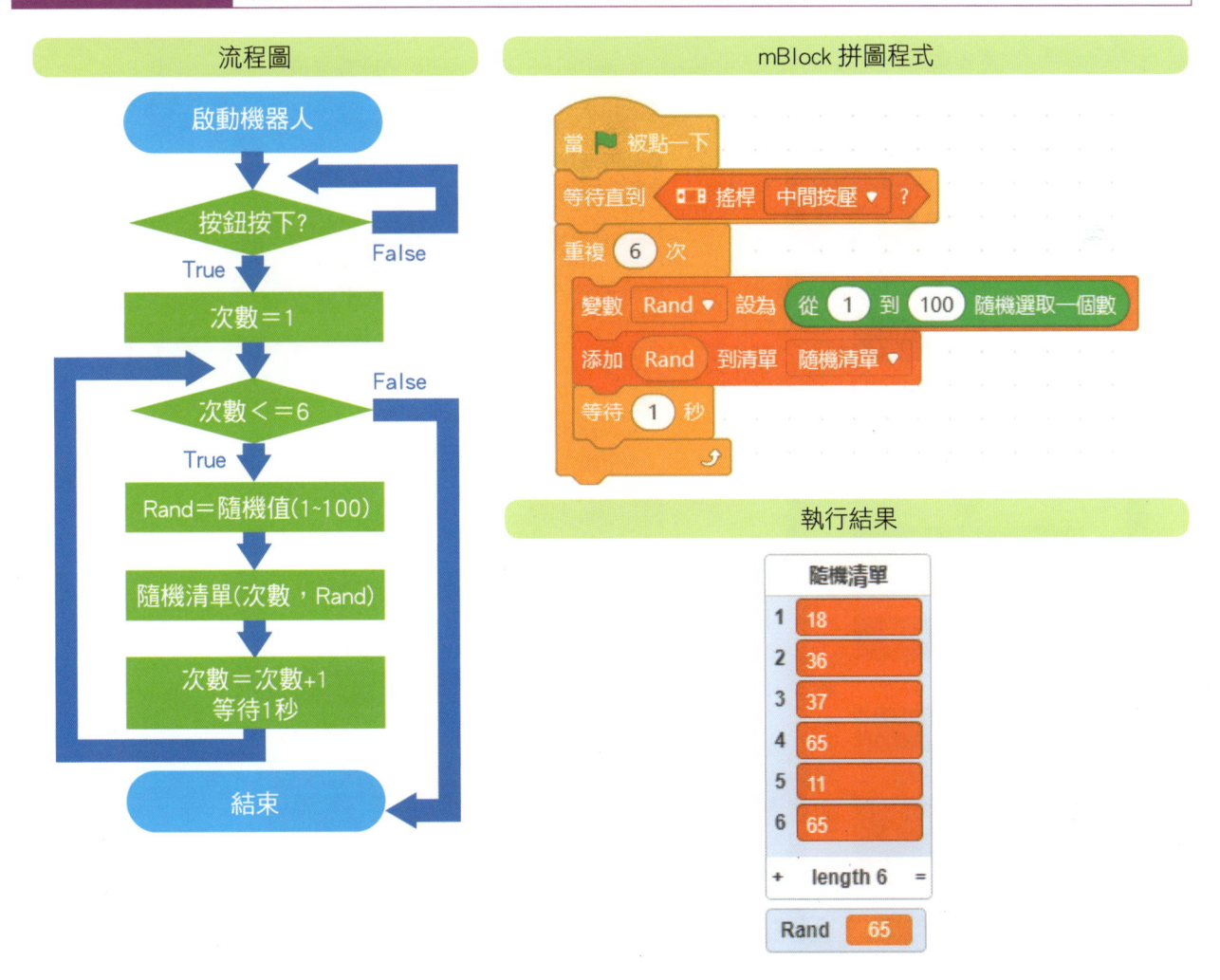

流程圖

啟動機器人
→ 按鈕按下？
 True → 次數＝1
 False ↻
→ 次數＜＝6
 True → Rand＝隨機值(1~100)
 → 隨機清單(次數，Rand)
 → 次數＝次數+1 等待1秒 ↻
 False → 結束

mBlock 拼圖程式

當 ▶ 被點一下
等待直到 〔搖桿 中間按壓▼〕？
重複 6 次
 變數 Rand▼ 設為 從 1 到 100 隨機選取一個數
 添加 Rand 到清單 隨機清單▼
 等待 1 秒

執行結果

隨機清單
1　18
2　36
3　37
4　65
5　11
6　65
+ length 6 =

Rand　65

實作 4-13 承上一題，同時顯示於螢幕上。

mBlock 拼圖程式

實作 4-14 當使用者按下「按鈕」時，每一秒「超音波感測器」會自動偵測前方的距離，再儲存到清單中，並顯示出來。假設共產生 6 個。

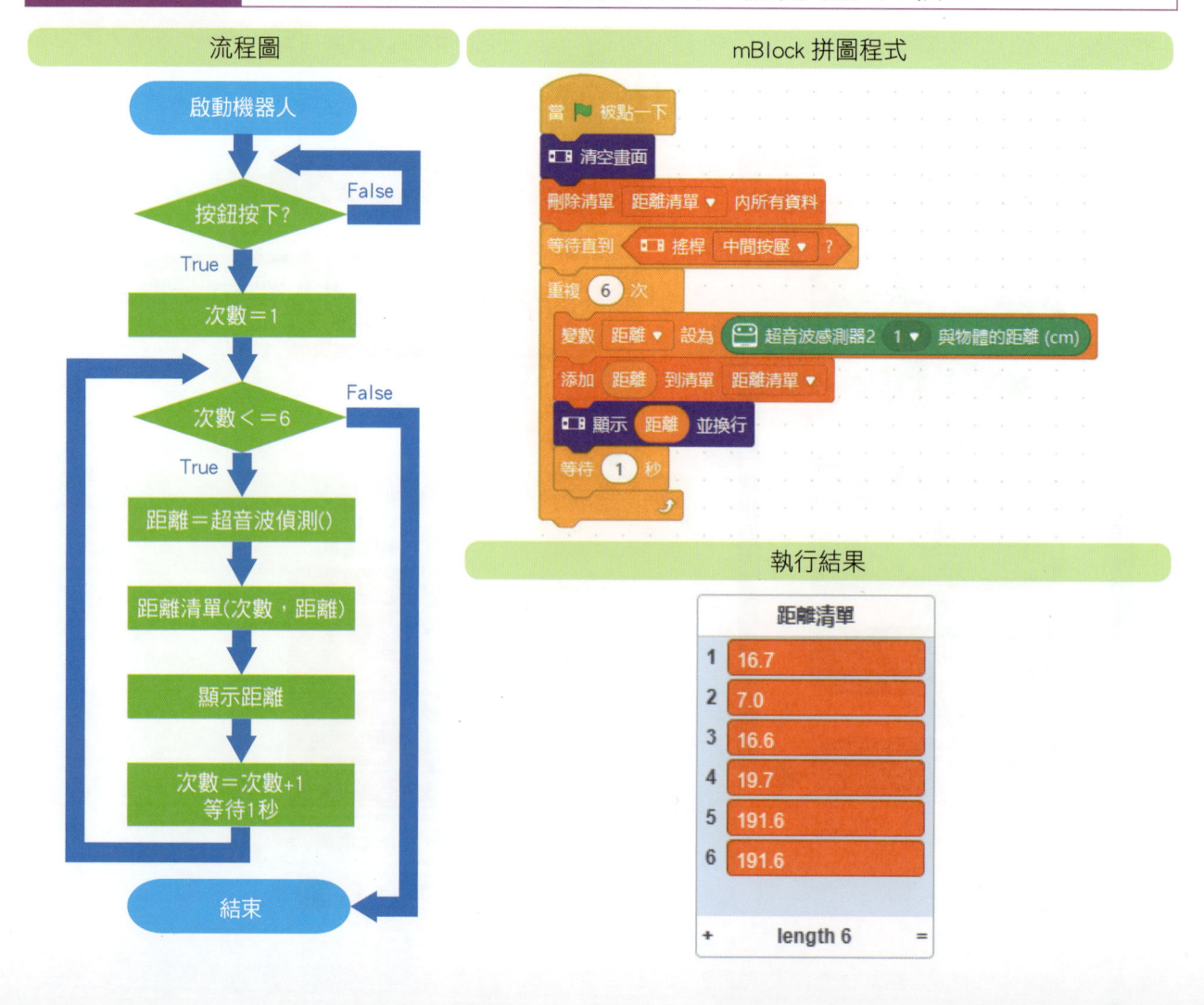

流程圖

mBlock 拼圖程式

執行結果

距離清單	
1	16.7
2	7.0
3	16.6
4	19.7
5	191.6
6	191.6

length 6

4-5 副程式（新增積木指令）

當我們在撰寫程式時，都不希望重複撰寫類似的程式。因此，最簡單的作法就是把某些會「重複的程式」獨立出來，這個獨立出來的程式就稱做副程式（Subroutine）或函式（Function），而在 mBlock 中稱為「新增積木指令」。

1. **定義**：是指具有獨立功能的程式區塊。
2. **作法**：把一些常用且重複撰寫的程式碼，集中在一個獨立程式中。

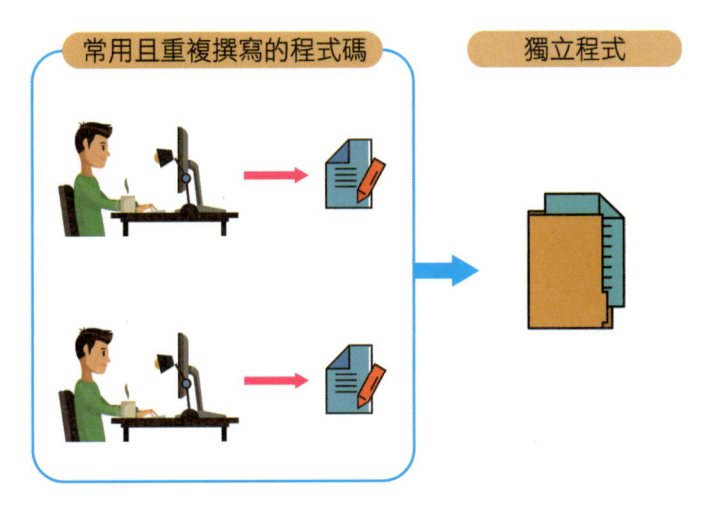

★ 圖 4-6　副程式之示意圖

3. **副程式的運作原理**：一般而言，「原呼叫的程式」稱之為「主程式」，而「被呼叫的程式」稱之為「副程式」。當主程式在呼叫副程式的時候，會把「實際參數」傳遞給副程式的「形式參數」，而當副程式執行完成之後，又會回到主程式呼叫副程式的「下一行程式」開始執行下去。如圖 4-7 所示。

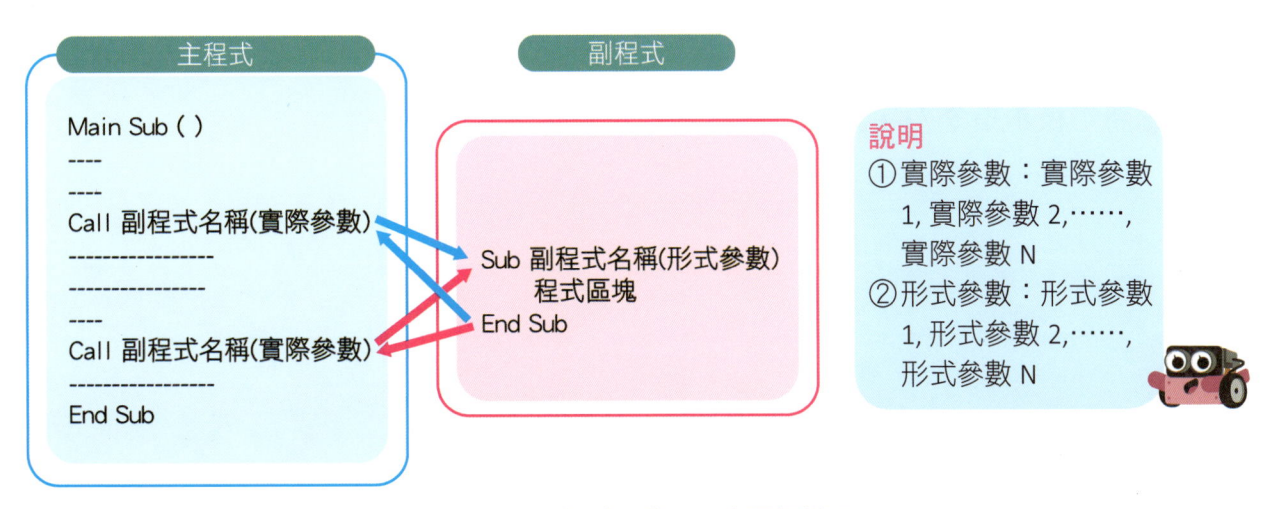

主程式

```
Main Sub ( )
----
----
Call 副程式名稱(實際參數)
----------------
----------------
----
Call 副程式名稱(實際參數)
----------------
End Sub
```

副程式

```
Sub 副程式名稱(形式參數)
   程式區塊
End Sub
```

說明
① 實際參數：實際參數 1, 實際參數 2,……, 實際參數 N
② 形式參數：形式參數 1, 形式參數 2,……, 形式參數 N

★ 圖 4-7　副程式運作原理之圖解說明

4. **拼圖程式**：如圖 4-8 所示。

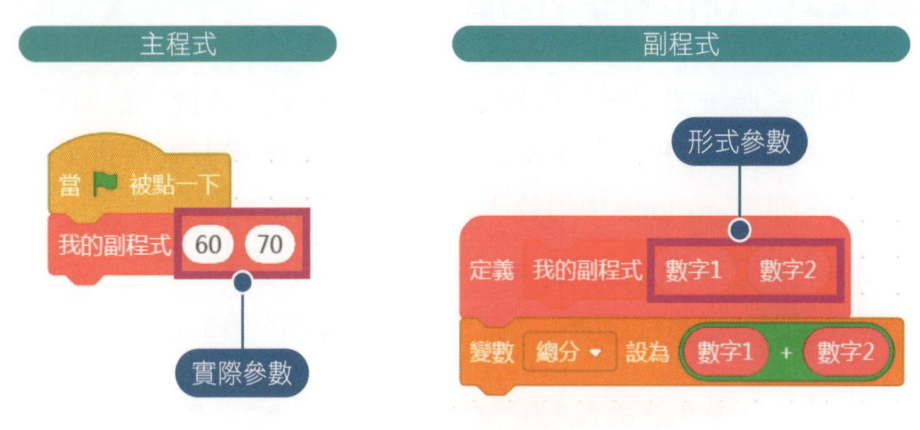

★ 圖 4-8　拼圖程式

5. **優點**：
   ❶ 可以使程式更簡化，因為把重複的程式模組化。
   ❷ 增加程式可讀性。
   ❸ 提高程式維護性。
   ❹ 節省程式所占用的記憶體空間。
   ❺ 節省重複撰寫程式的時間。
6. **缺點**：降低執行效率，因為程式會呼叫來呼叫去。

一、建立副程式

在撰寫 mBlock 拼圖程式時，都會希望將獨立的功能寫成「副程式」，以便爾後的維護工作。接下來，再進一步說明如何建立副程式。

步驟一 指令區 / 自定積木

步驟二 新增積木指令 /++ 建立一個積木：我的副程式

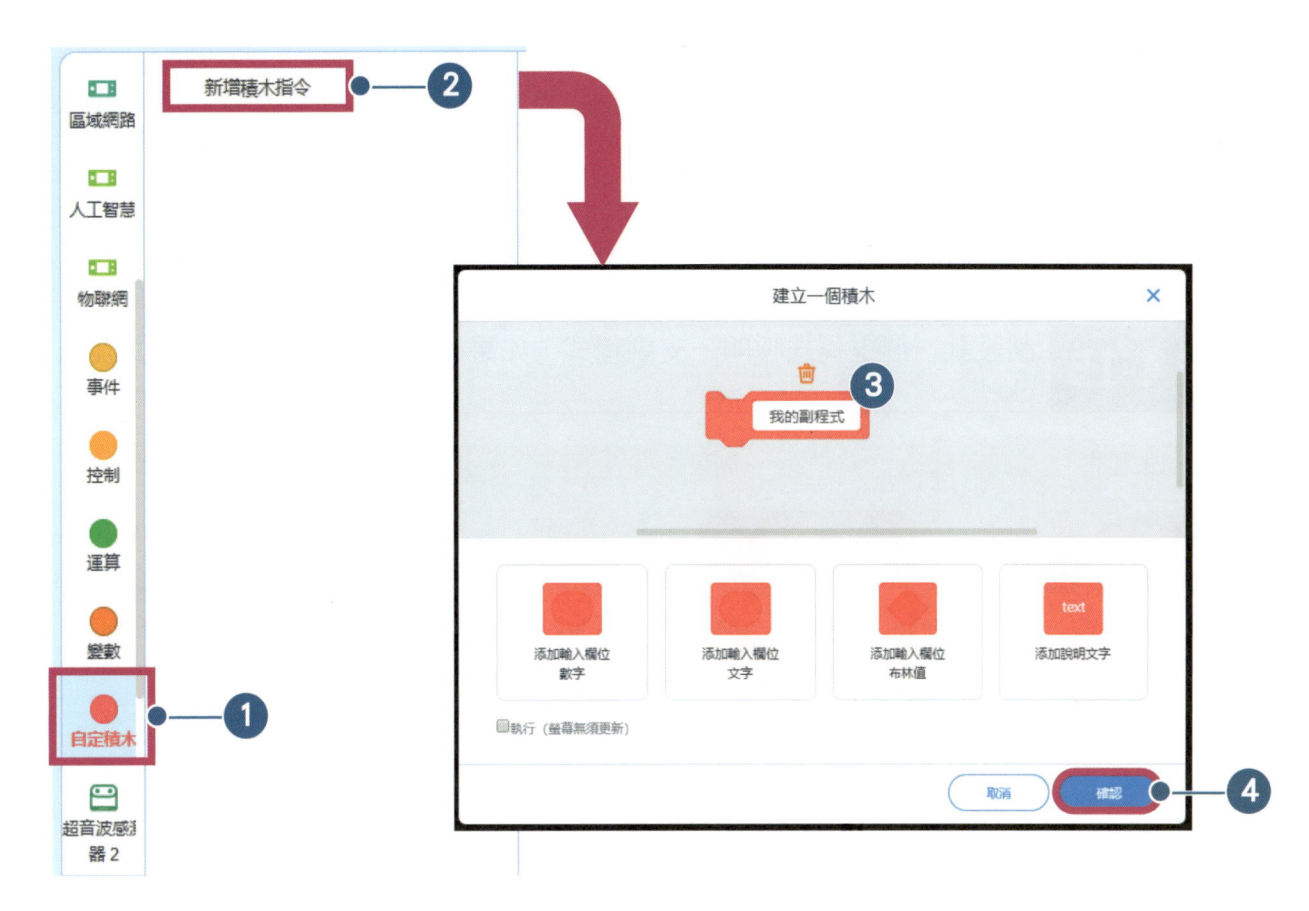

Chapter 4　資料與運算　85

建立完成之後，顯示如下：

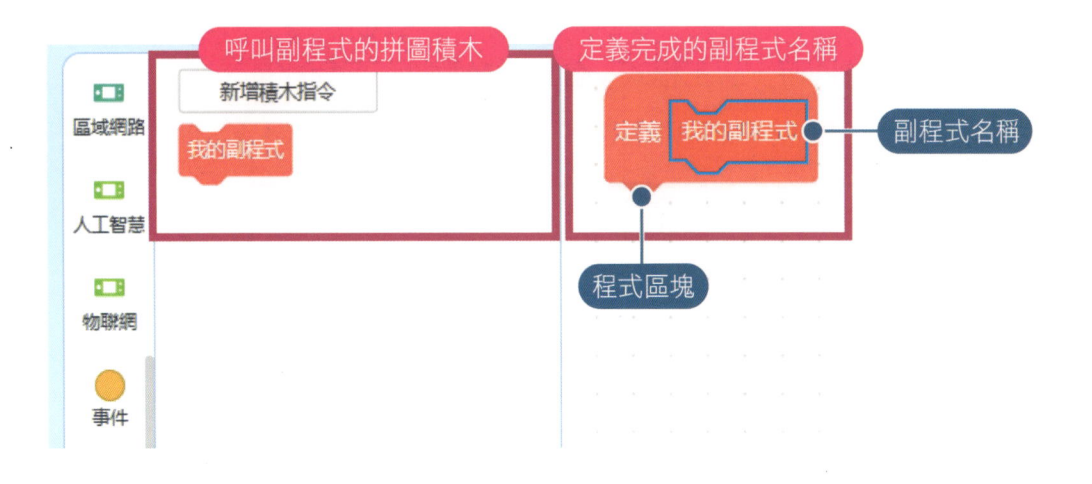

二、無參數的副程式呼叫

1. **定義**：「主程式」呼叫時，沒有傳遞任何的參數給「副程式」，而當「副程式」執行完畢之後，也不傳回值給「主程式」。
2. **作法**：先撰寫「副程式」，再由「主程式」呼叫之。

實作 4-15　請設計一個主程式呼叫一支副程式，如果成功的話，顯示「副程式測試 ok！」

主程式	副程式	執行結果
當 ▶ 被點一下 我的副程式	定義 我的副程式 變數 訊息 ▼ 設為 副程式測試ok!	訊息 副程式測試ok!

三、有參數的副程式呼叫

1. **定義**：「主程式」呼叫時，會傳遞多個參數給「副程式」，但是「副程式」執行完畢之後，不傳回值給「主程式」。
2. **目的**：提高副程式的實用性與彈性。
3. **作法**：在呼叫「副程式」的同時，「主程式」會傳遞參數給「副程式」。
4. **定義具有參數的副程式**：調整中（加入兩個數字參數）如圖 4-9 所示。。

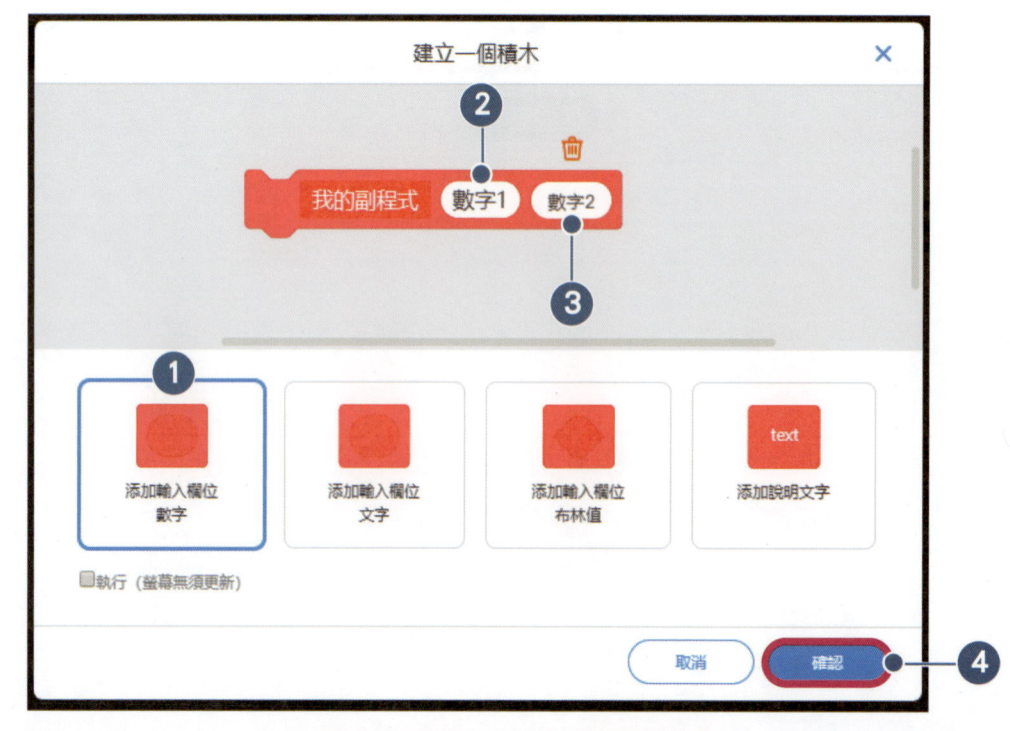

★ 圖 4-9　調整中（加入兩個數字參數）

實作 4-16 請寫一個主程式將「二科成績」傳遞給副程式計算成績的總分。

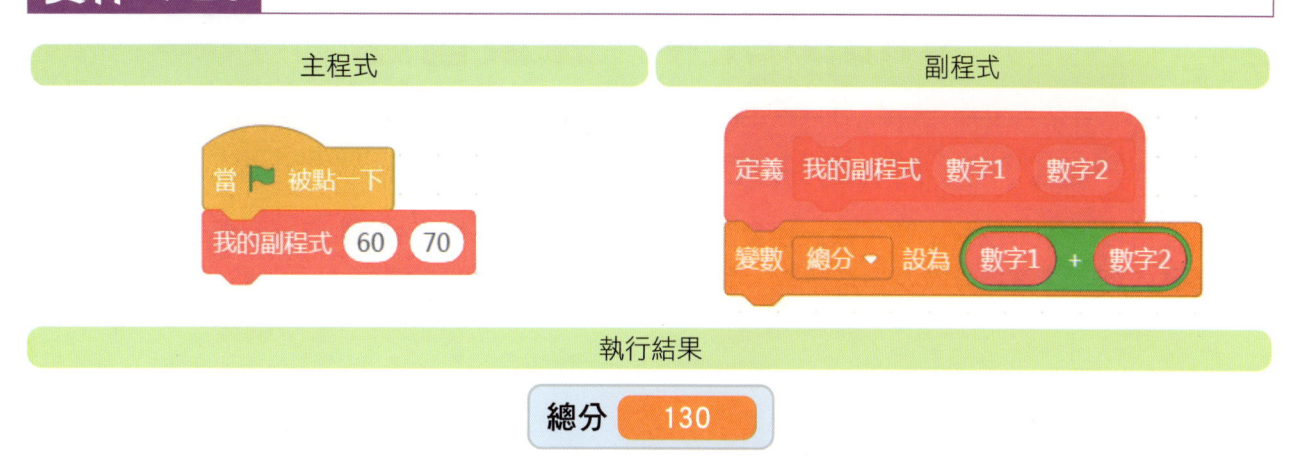

主程式

- 當 ▶ 被點一下
- 我的副程式 60 70

副程式

- 定義 我的副程式 數字1 數字2
- 變數 總分 ▼ 設為 數字1 + 數字2

執行結果

總分 130

Chapter 4　課後習題

一、當使用者按下「按鈕」時，每一秒會隨機產生一個分數（0～100）儲存到清單中，並顯示清單內容、計算總分數及平均分數。假設共產生六門課程的成績。

Chapter 4　創客實作題

◎ 題目名稱：骰子機

◎ 題目說明：按下「按鈕」時，每一秒會隨機產生一個骰子點數（1～6）儲存到清單中，並顯示每一次出現的點數。假設共投擲十二次。並且利用 CyberPi 螢幕顯示二維資料。

	1 列	2 列	3 列
1 行	?	?	?
2 行	?	?	?
3 行	?	?	?
4 行	?	?	?

創客題目編號：A035023

40 mins

・創客指標・

外形	機構	電控	程式	通訊	人工智慧	創客總數
0	0	1	3	0	0	4

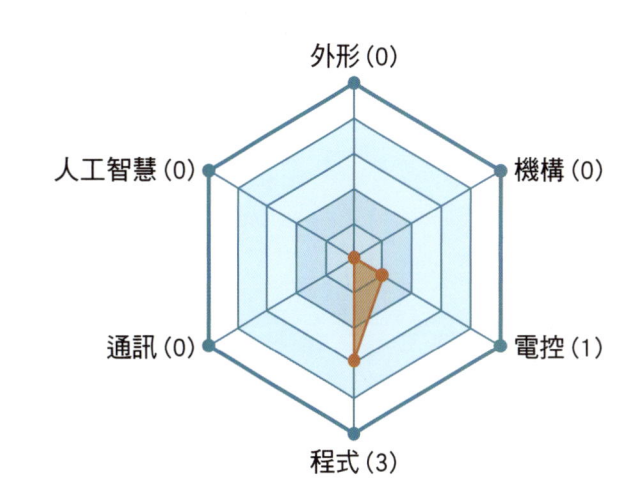

・創客素養力・

空間力	堅毅力	邏輯力	創新力	整合力	團隊力	素養總數
0	0	1	1	1	1	4

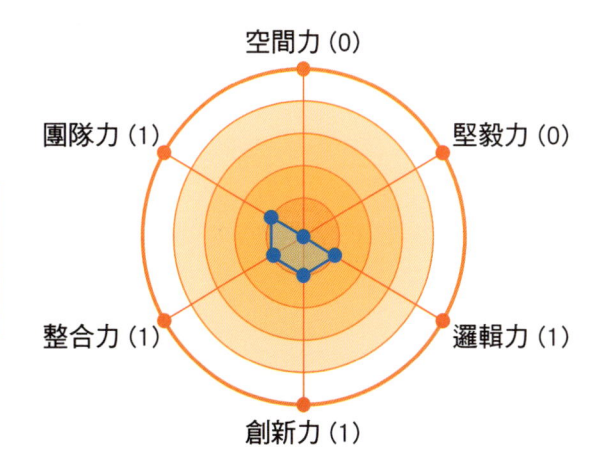

Chapter 5 程式流程控制

- **本章學習目標**
  1. 讓讀者瞭解設計 mBot2 機器人程式中的三種流程控制結構。
  2. 讓讀者瞭解迴圈結構及分岔結構的使用時機及運用方式。

- **本章內容**
  - 5-1 流程控制的三種結構
  - 5-2 循序結構（Sequential）
  - 5-3 分岔結構（Switch）
  - 5-4 迴圈結構（Loop）
  - ◎ 課後習題
  - ◎ 創客實作題

5-1 流程控制的三種結構

當我們在撰寫 mBlock 拼圖程式時，依照題目的需求，往往會撰寫一連串的拼圖命令方塊：當某一事件發生時，它會根據「不同情況」來選擇不同的執行動作，而且反覆地檢查環境變化。因此，我們想要完成以上的程序，就必須學會拼圖程式的三種流程控制結構。

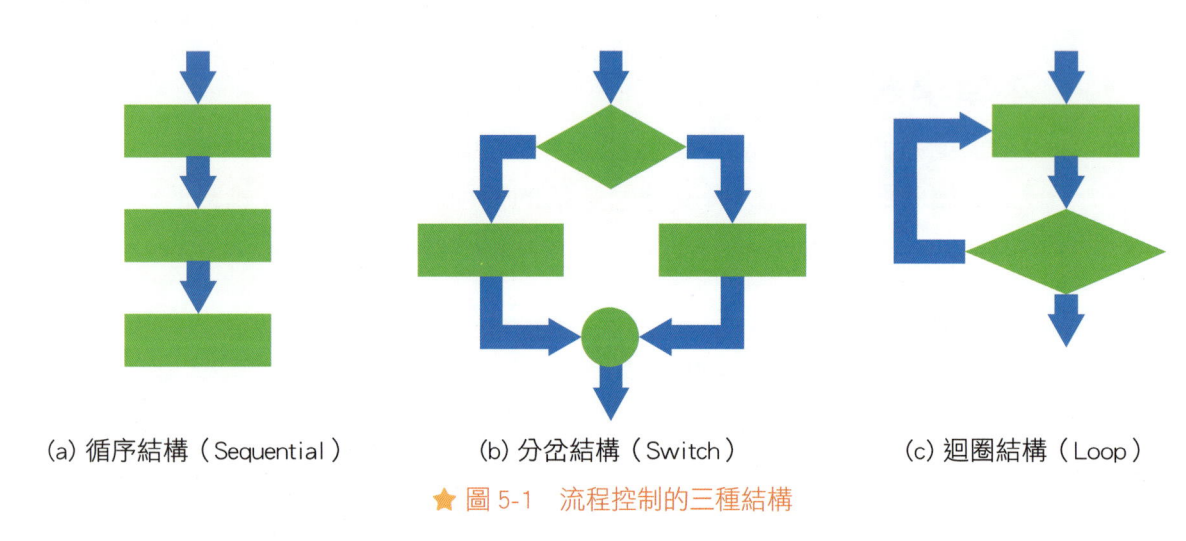

(a) 循序結構（Sequential）　　(b) 分岔結構（Switch）　　(c) 迴圈結構（Loop）

★ 圖 5-1　流程控制的三種結構

而 mBot 程式都是由以上三種基本結構組合而成的。

一、循序結構（Sequential）

1. **定義**：是指程式由上至下，逐一執行。
2. **範例**：等待使用者按下「按鈕」時，mBot2 機器人前進 3 秒後停止，再發出「嗶嗶」聲。

| 流程圖 | mBlock 拼圖程式 |

二、分岔結構（Switch）

1. **定義**：是指根據「條件式」來選擇不同的執行路徑。
2. **範例**：等待使用者按下「按鈕」時，如果「光線感測器」的光值大於 50 時，則 mBot2 機器人前進，否則機器人停止並發出「嗶嗶」聲。

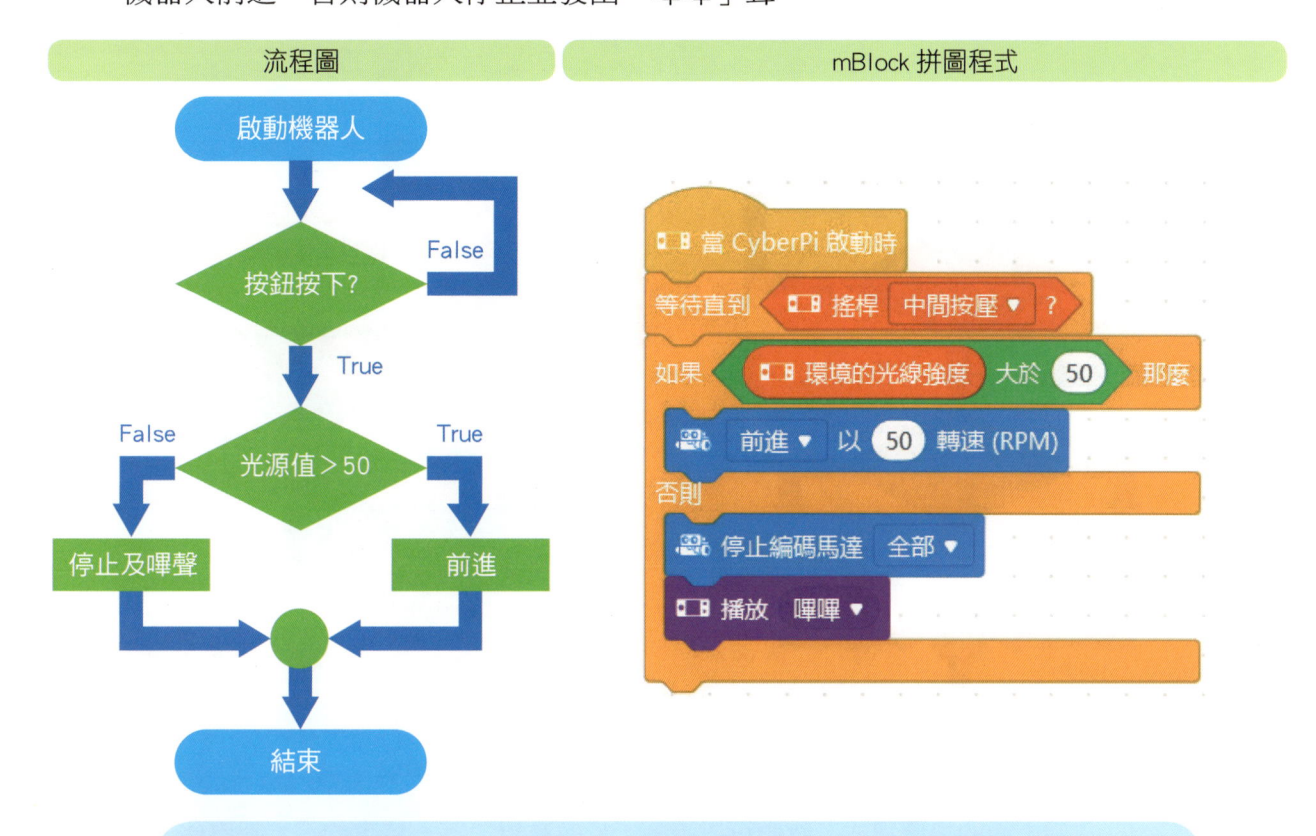

流程圖	mBlock 拼圖程式

說明

① 關於「光線感測器」的詳細介紹，請參考第八章。
② 如果單獨使用分岔結構（Switch），只能偵測一次，無法反覆偵測執行。
　　解決方法：搭配「迴圈結構（Loop）」，可以讓你反覆操作此機器人的動作。

三、迴圈結構（Loop）

1. **定義**：是指某一段「拼圖方塊」反覆執行多次。
2. **範例**：等待使用者按下「按鈕」時，如果「光線感測器」的光值大於 50 時，則 mBot2 機器人前進，否則會「嗶」一聲，反覆此動作。

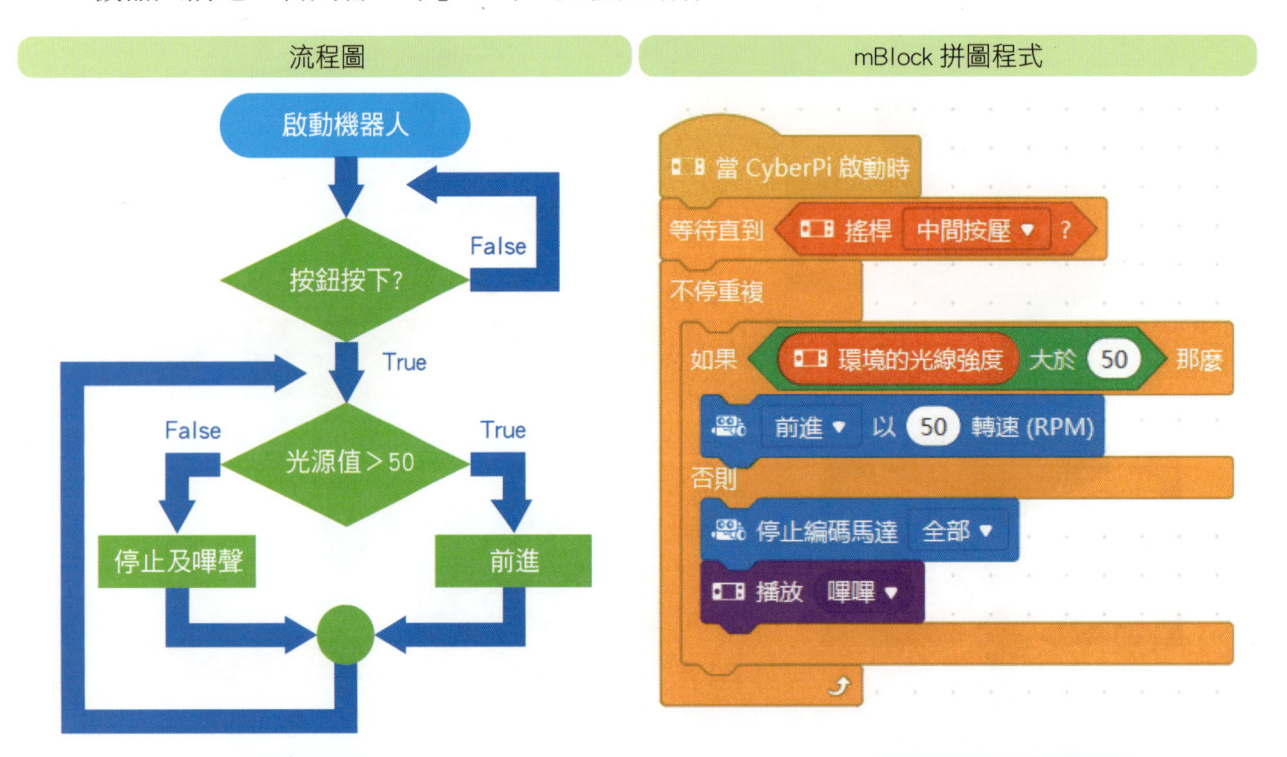

流程圖	mBlock 拼圖程式

說明

從上面的拼圖程式，我們可以瞭解「反覆執行」某一特定的「判斷事件」就必須使用「迴圈（Loop）＋分岔（Switch）」結構。

5-2 循序結構（Sequential）

1. **定義**：是指程式由上而下，逐一執行一連串的拼圖程式，其間並沒有分岔及迴圈的情況，稱之。

2. **常用的拼圖方塊**：

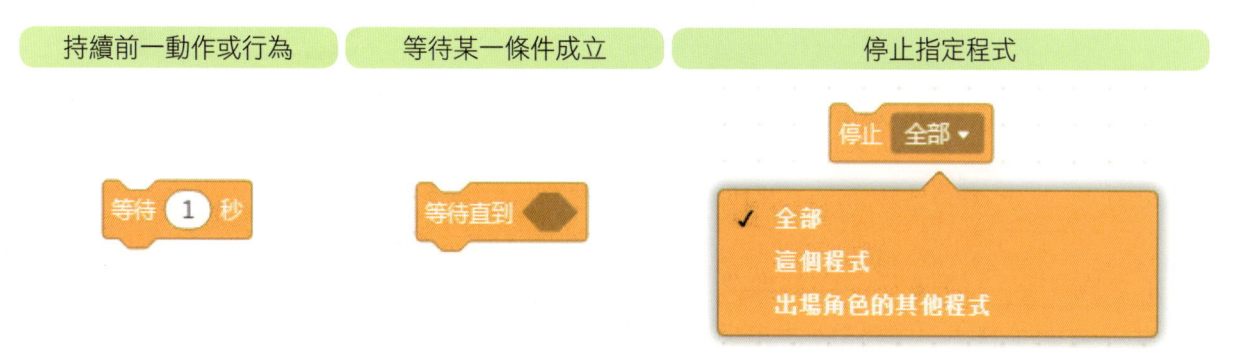

持續前一動作或行為	等待某一條件成立	停止指定程式

   - 等待 1 秒
   - 等待直到
   - 停止 全部 ▼
     - ✓ 全部
     - 這個程式
     - 出場角色的其他程式

3. **範例**：當 mBot2 機器人的「按鈕」被壓下時，就會開始向前走，等待「超音波感測器」偵測前方有牆壁時，機器人就會回頭，並向前走，直到「循線感測器」偵測黑線時，機器人就會停止。

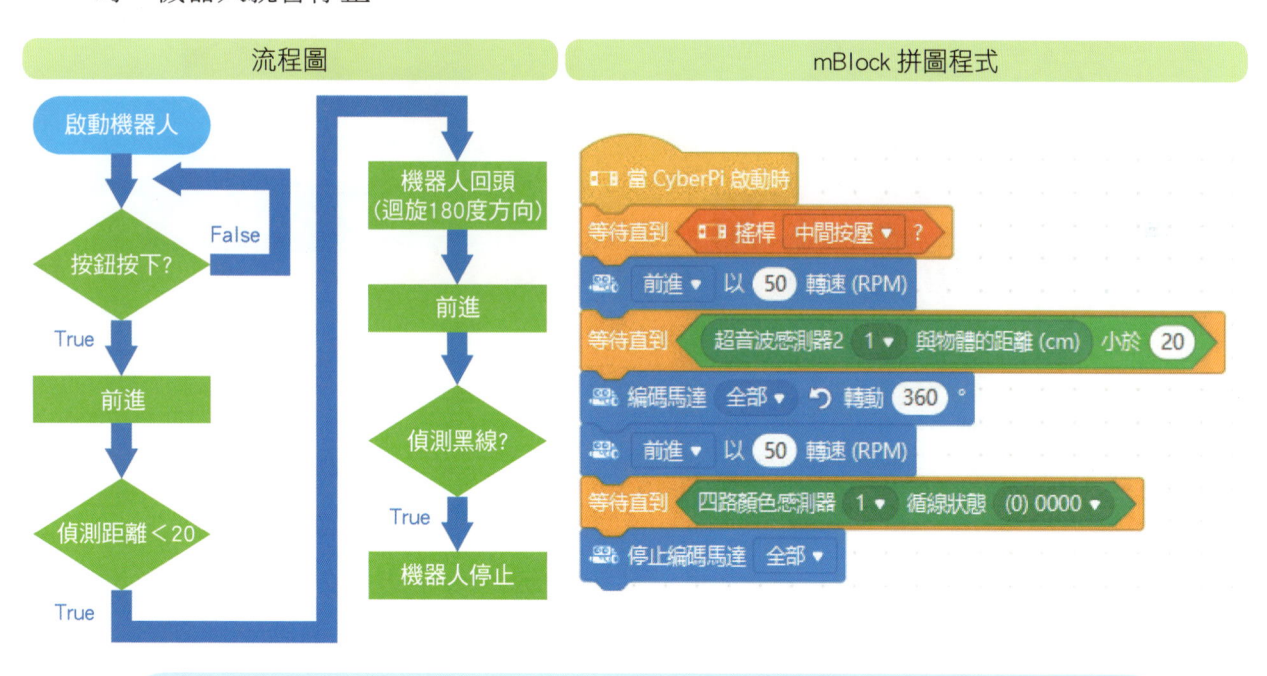

流程圖	mBlock 拼圖程式

   流程圖：
   - 啟動機器人
   - 按鈕按下？ → False 迴圈回到啟動機器人前
   - True → 前進
   - 偵測距離 < 20
   - True → 機器人回頭（迴旋180度方向）→ 前進 → 偵測黑線？ → True → 機器人停止

   mBlock 拼圖程式：
   - 當 CyberPi 啟動時
   - 等待直到 搖桿 中間按壓 ▼ ?
   - 前進 ▼ 以 50 轉速 (RPM)
   - 等待直到 超音波感測器2 1 ▼ 與物體的距離 (cm) 小於 20
   - 編碼馬達 全部 ▼ ↻ 轉動 360°
   - 前進 ▼ 以 50 轉速 (RPM)
   - 等待直到 四路顏色感測器 1 ▼ 循線狀態 (0) 0000 ▼
   - 停止編碼馬達 全部 ▼

   說明
   ① 優點
   　・由左至右，非常容易閱讀。
   　・結構比較單純，沒有複雜的變化。
   ② 缺點
   　・無法表達複雜性的條件結構。
   　・雖然可以表達重複性的迴圈結構，但是往往要撰寫較長的拼圖程式。
   ③ 適用時機
   　・不需進行判斷的情況。
   　・沒有重複撰寫的情況。

4. 實例分析：

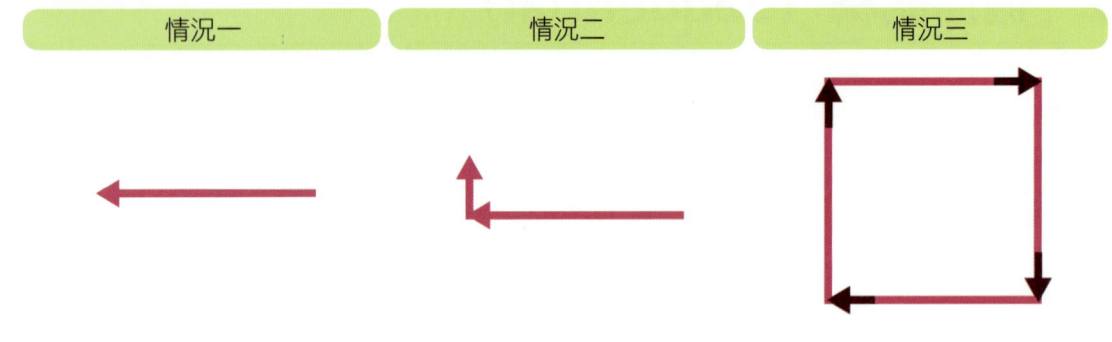

情況一	情況二	情況三

讓機器人馬達前進 3 秒後，自動停止。

讓機器人馬達前進 3 秒後，向右轉 90 度，再向前走 3 秒。

讓機器人繞一個正方形。

在上圖中，「情況三」作法雖然可以使用「循序結構」，但是拼圖程式會較長，並且非常不專業。因此，最好改使用「迴圈結構」，如圖 5-2 所示：

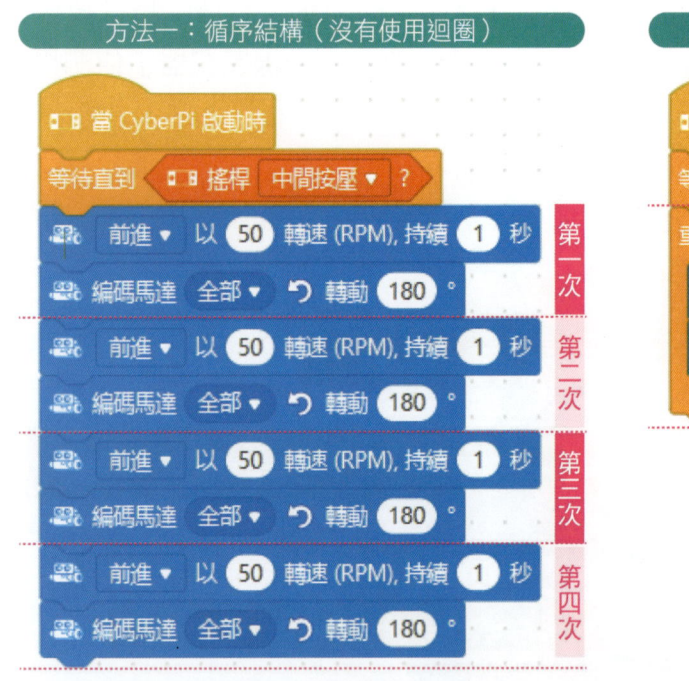

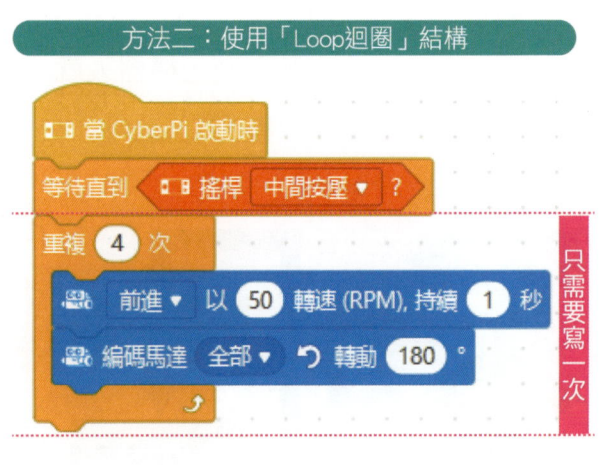

★ 圖 5-2 「機器人繞一個正方形」的兩種方法之比較

在上圖中，第一種方法拼圖方塊共重複出現四次「前進 3 秒，向右轉」。因此，將一組「前進 3 秒，向右轉」抽出來，外層加入一個「Loop 迴圈」4 次即可。關於迴圈結構的介紹，請參考後面的章節。

5-3 分岔結構（Switch）

所謂的分岔結構，是指根據「條件式」來選擇不同的執行路徑，如圖 5-3 所件。

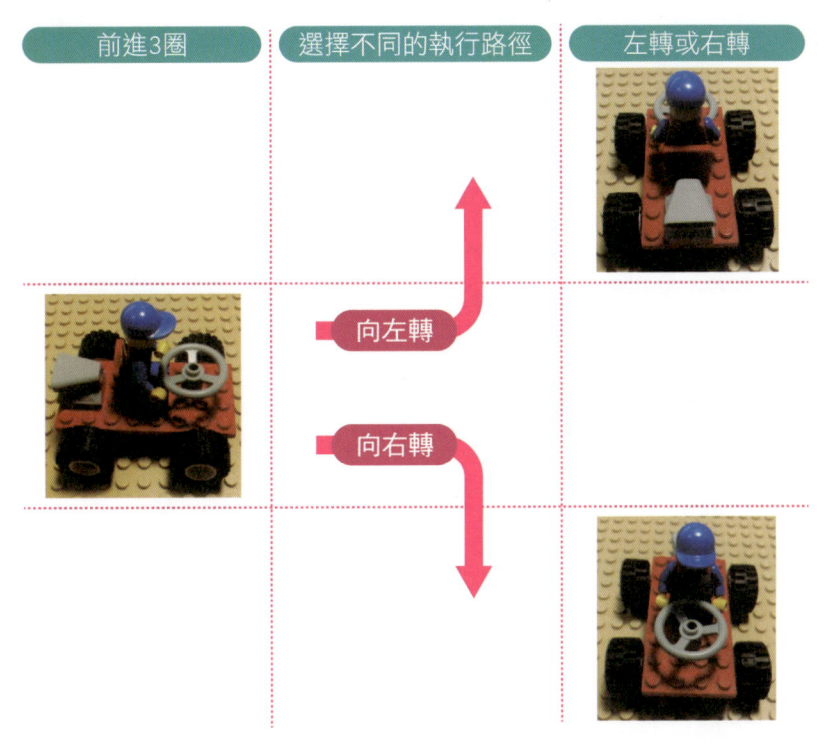

★ 圖 5-3 分岔結構示意圖

其常用的拼圖方塊如下所示，分為單一分岔結構與雙重分岔結構：

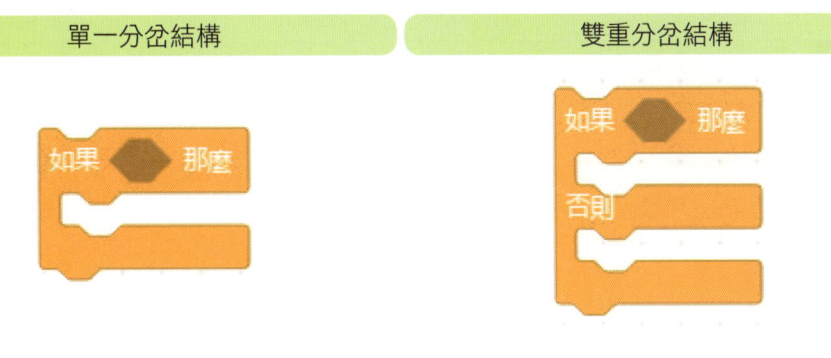

單一分岔結構　　　　　　　　雙重分岔結構

說明
①優點：可以判斷出各種不同的情況。
②缺點：當條件式過多時，結構比較複雜，初學者較難馬上瞭解。
③適用時機：當條件式有二種或二種以上。

一、單一分岔結構

1. **定義**：是指「如果…就…」。亦即只會執行「條件成立」時的敘述。

2. **分類**：可分為單行敘述與多行敘述。

   ① 單行敘述：指當條件式成立之後，所要執行的敘述式只有一行稱之。其拼圖程式如右圖所示。

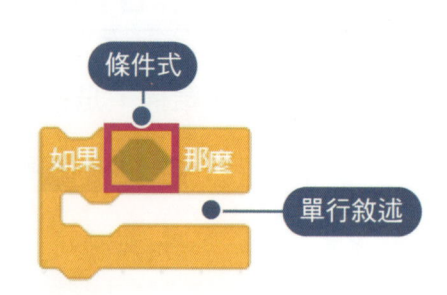

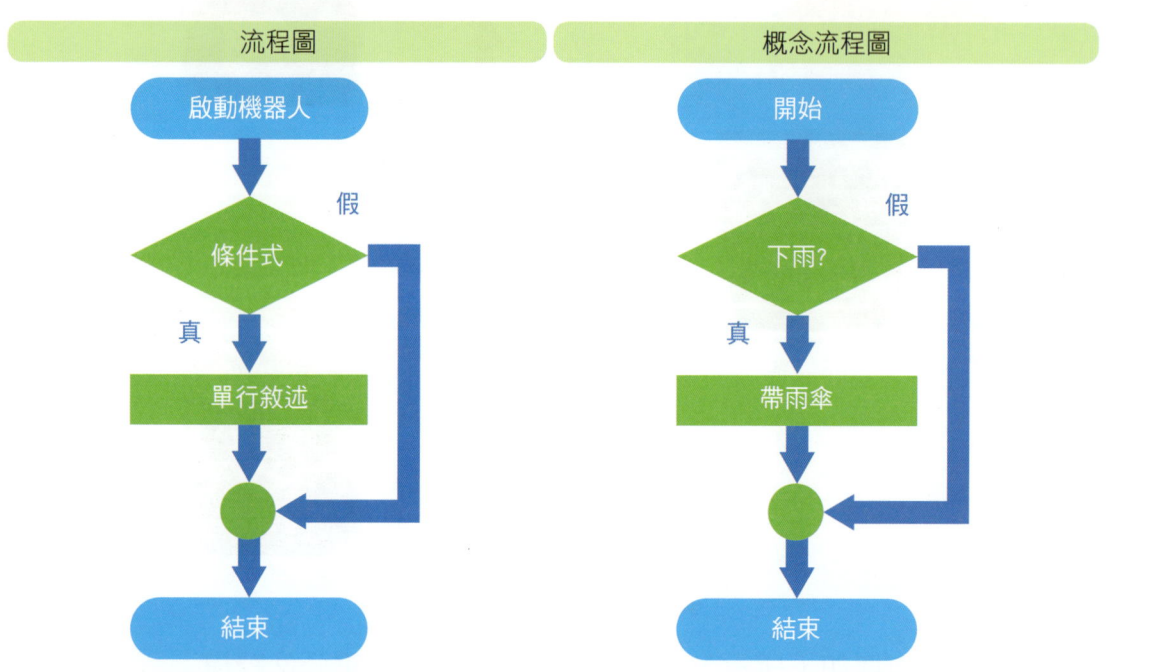

流程圖

啟動機器人 → 條件式 —假→ ↓
真 ↓
單行敘述
↓
結束

概念流程圖

開始 → 下雨? —假→ ↓
真 ↓
帶雨傘
↓
結束

實作 5-1 如果「按鈕」被按時，LED 燈就會亮。

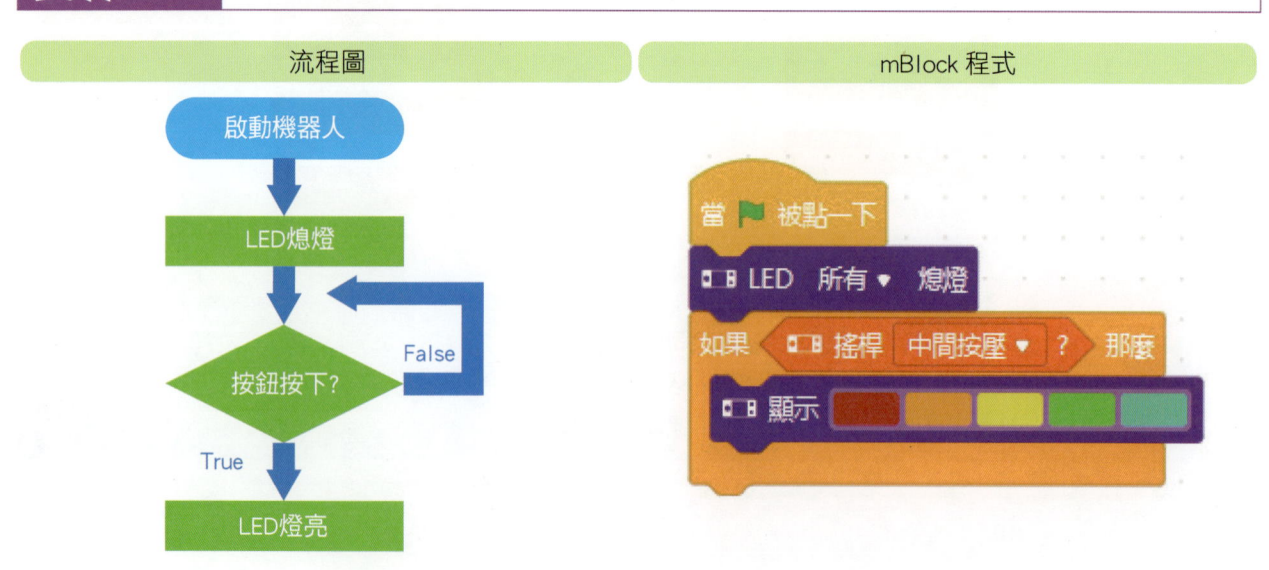

流程圖

啟動機器人
↓
LED熄燈
↓
按鈕按下？ —False→ ↑
True ↓
LED燈亮

mBlock 程式

當 ▶ 被點一下
LED 所有 ▼ 熄燈
如果 ◼ 搖桿 中間按壓 ▼ ？ 那麼
　顯示 🔴🟠🟡🟢🟢

Chapter 5　程式流程控制　99

❷ 多行敘述：指當條件式成立之後，所要執行的敘述式超過一行以上則稱之。其拼圖程式如右圖所示。

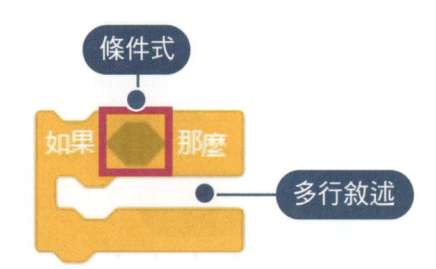

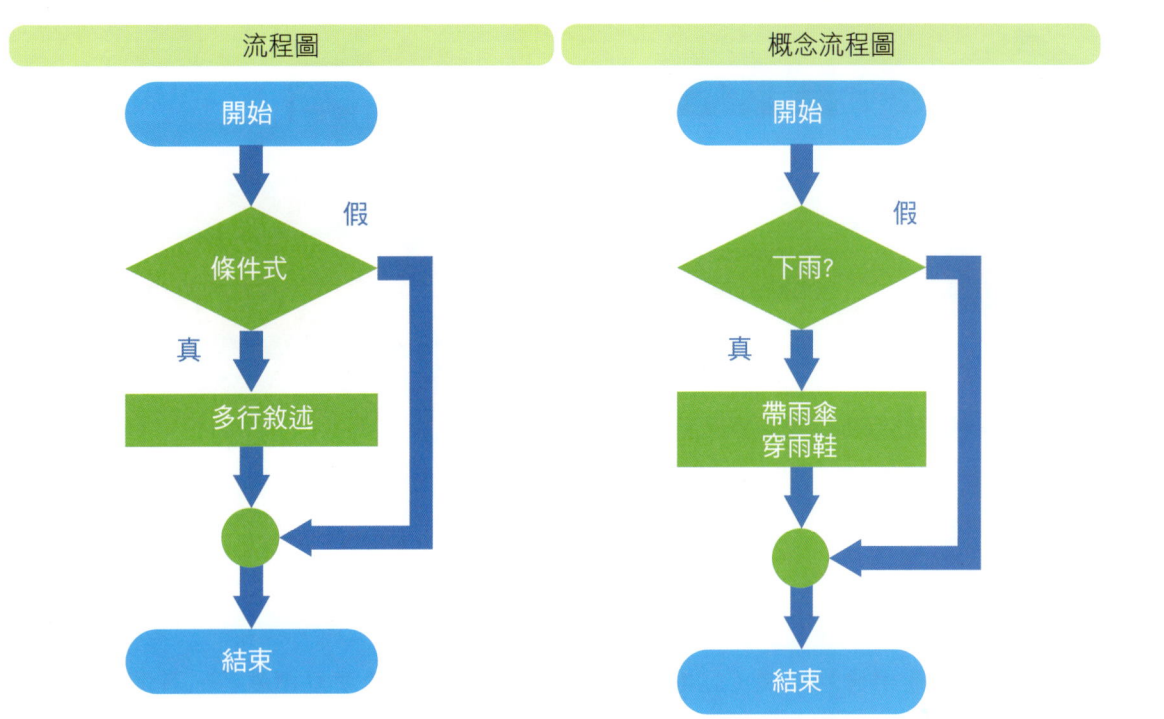

流程圖	概念流程圖

開始 → 條件式 → 真 → 多行敘述 → 結束；條件式假 → 結束

開始 → 下雨? → 真 → 帶雨傘 穿雨鞋 → 結束；下雨?假 → 結束

實作 5-2　如果「按鈕」被按時，LED 會亮及發出嗶聲。

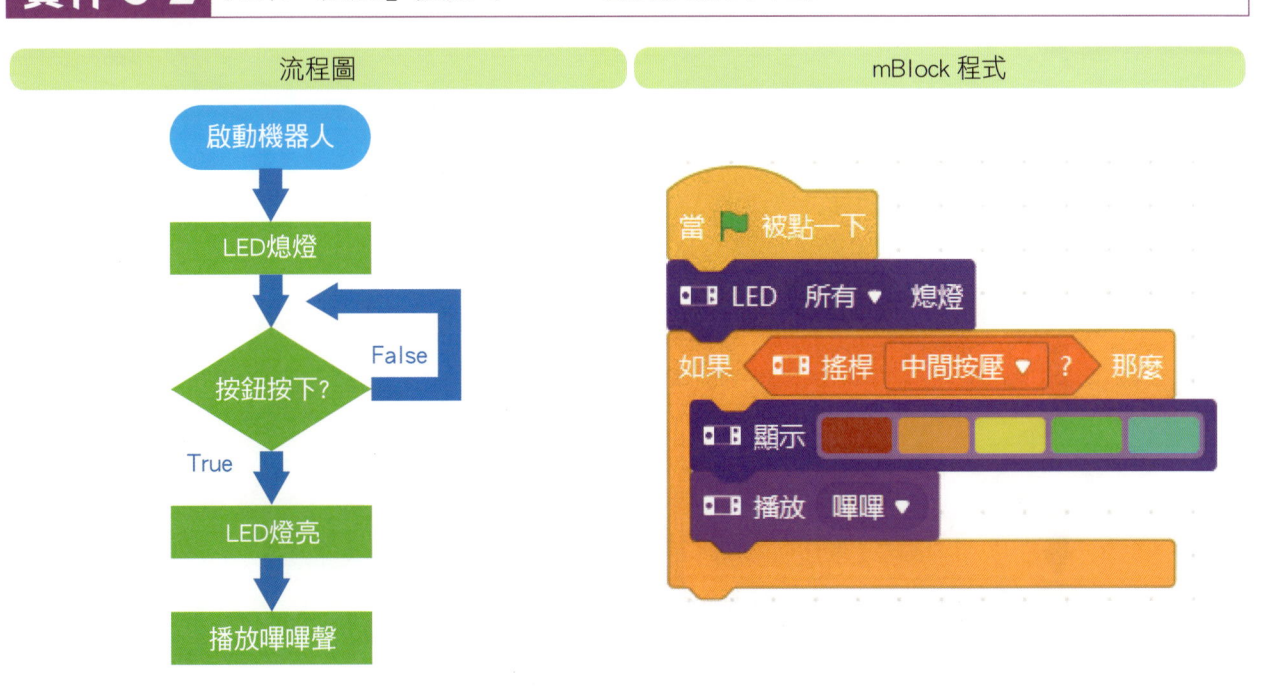

流程圖	mBlock 程式

啟動機器人 → LED熄燈 → 按鈕按下？ False 迴圈；True → LED燈亮 → 播放嗶嗶聲

當 ▶ 被點一下
LED 所有 熄燈
如果 搖桿 中間按壓 ? 那麼
　顯示 （顏色）
　播放 嗶嗶

實作 5-3   如果「搖桿」中間被按下時，LED 會亮，如果「搖桿」向上推時，就不亮。

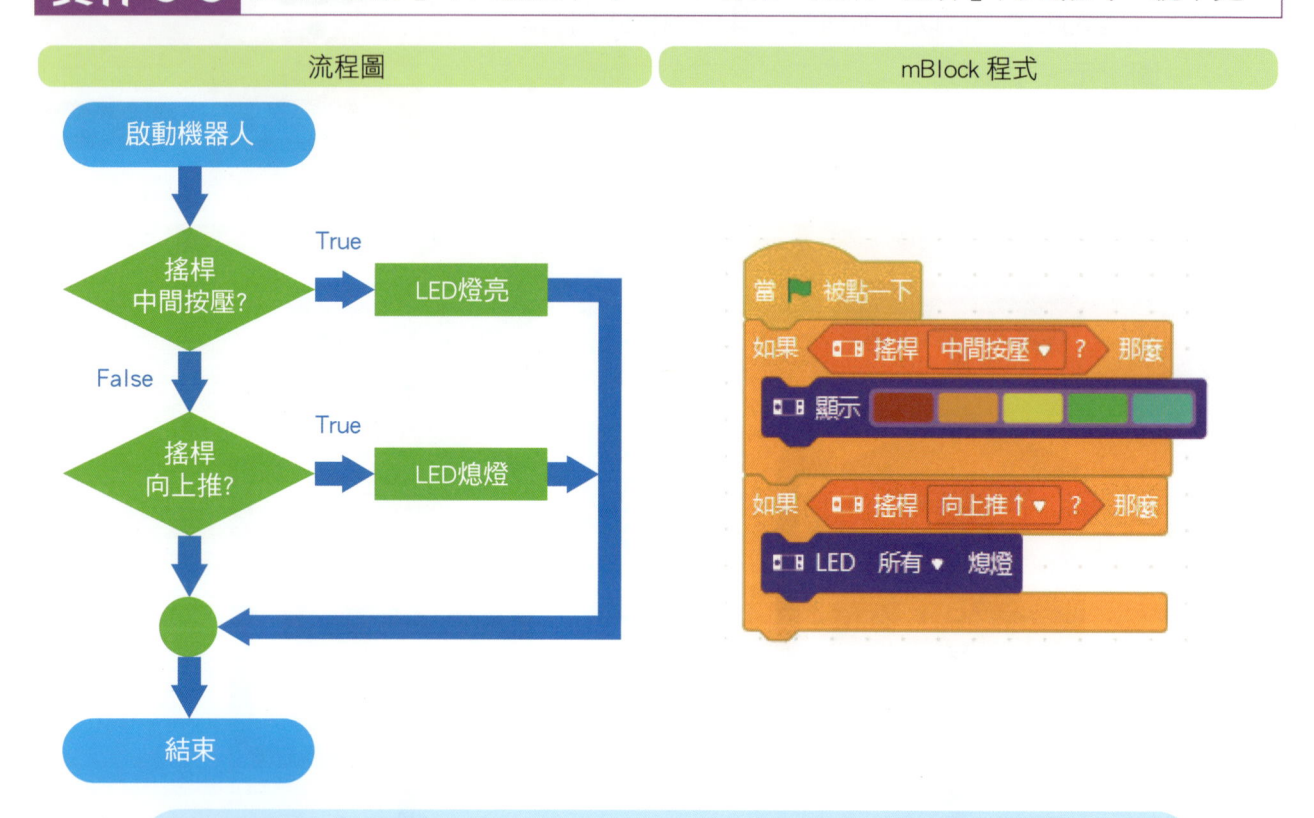

流程圖

啟動機器人 → 搖桿中間按壓? → True → LED燈亮
搖桿中間按壓? → False → 搖桿向上推? → True → LED熄燈
→ 結束

mBlock 程式

當 ▶ 被點一下
如果 〈🕹 搖桿 中間按壓▼ ?〉 那麼
　🕹 顯示 🟥🟧🟨🟩🟦
如果 〈🕹 搖桿 向上推↑▼ ?〉 那麼
　🕹 LED 所有▼ 熄燈

> **說明**
> 如果單獨使用分岔結構（Switch），只能偵測一次，無法反覆執行。其解決方法就是要搭配「迴圈結構（Loop）」，它就可以讓你反覆操作此機器人的動作。

實作 5-4   承上一題，加入「迴圈結構（Loop）」，可以讓我們反覆操作此機器人的動作。

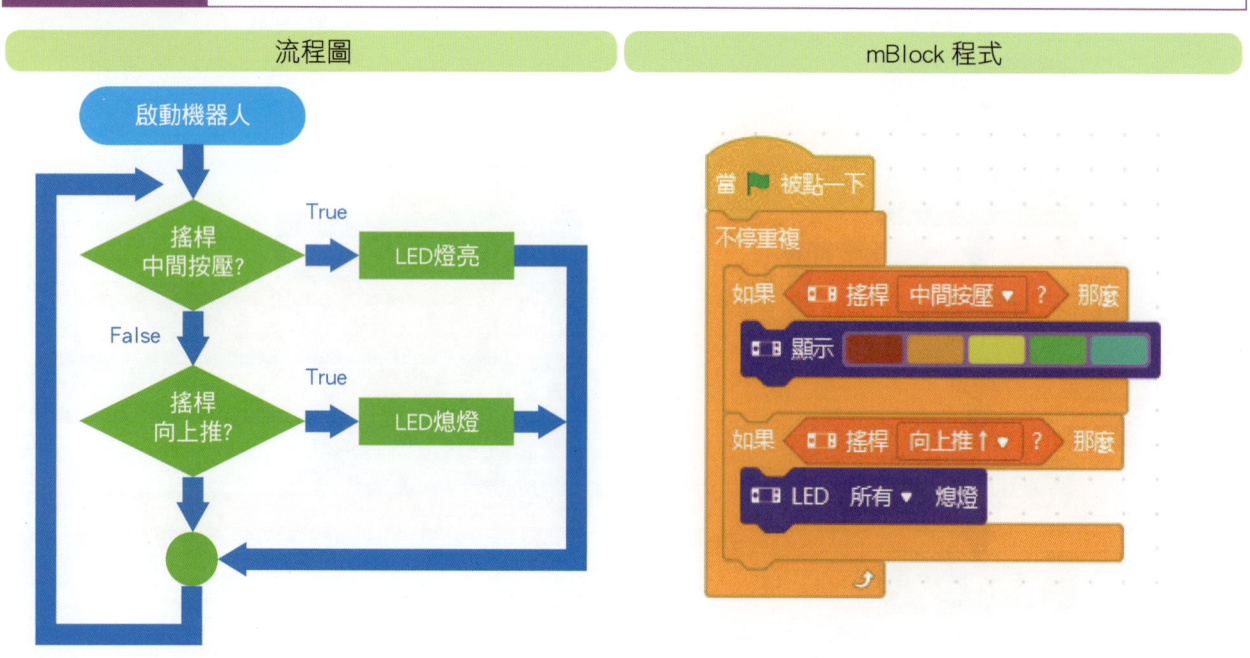

流程圖

啟動機器人 → 搖桿中間按壓? → True → LED燈亮 → (迴圈回到判斷)
搖桿中間按壓? → False → 搖桿向上推? → True → LED熄燈 → (迴圈回到判斷)

mBlock 程式

當 ▶ 被點一下
不停重複
　如果 〈🕹 搖桿 中間按壓▼ ?〉 那麼
　　🕹 顯示 🟥🟧🟨🟩🟦
　如果 〈🕹 搖桿 向上推↑▼ ?〉 那麼
　　🕹 LED 所有▼ 熄燈

二、雙重選擇結構

1. **定義**：是指依照「條件式」成立與否，來執行不同的敘述。
2. **例如**：判斷「前進」與「後退」、判斷「左轉」與「右轉」…等情況。

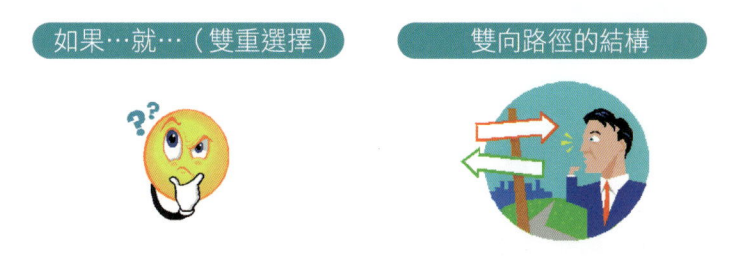

★ 圖 5-4　雙重選擇結構之示意圖

3. **使用時機**：當條件只有二種情況。
4. **拼圖程式**：如下圖所示。

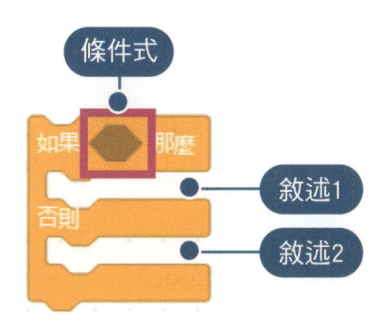

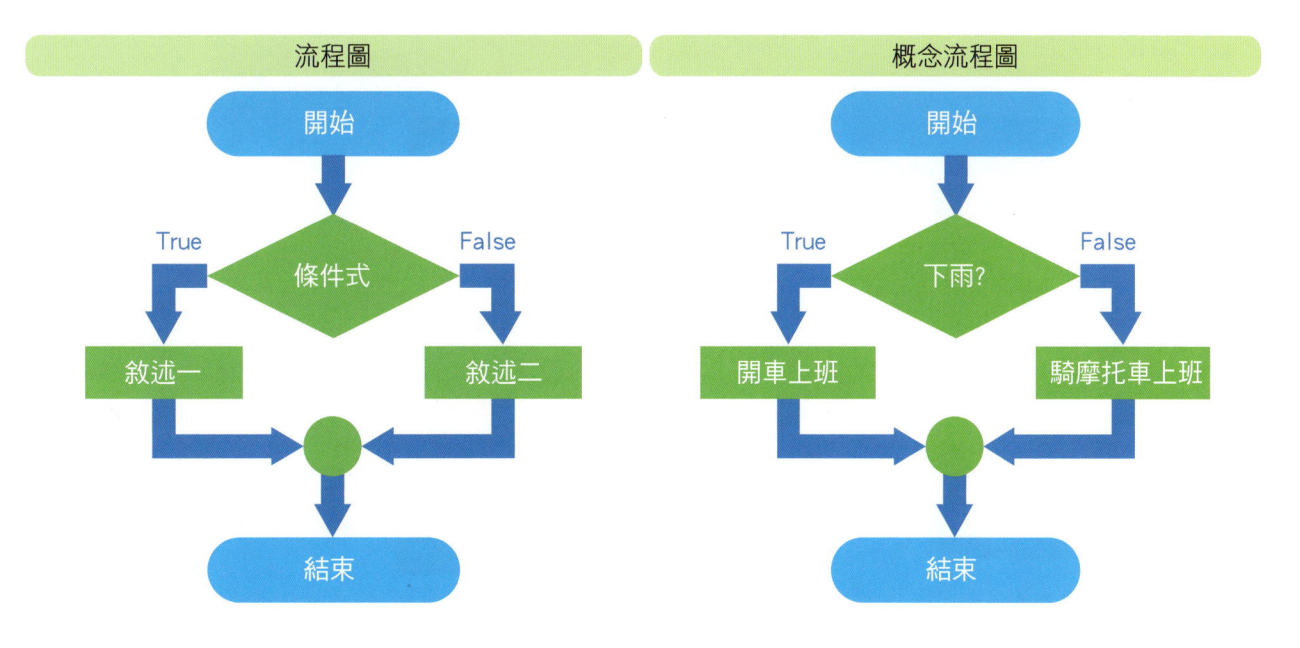

實作 5-5　如果「按鈕」已按下時，LED 亮燈，否則就不亮。

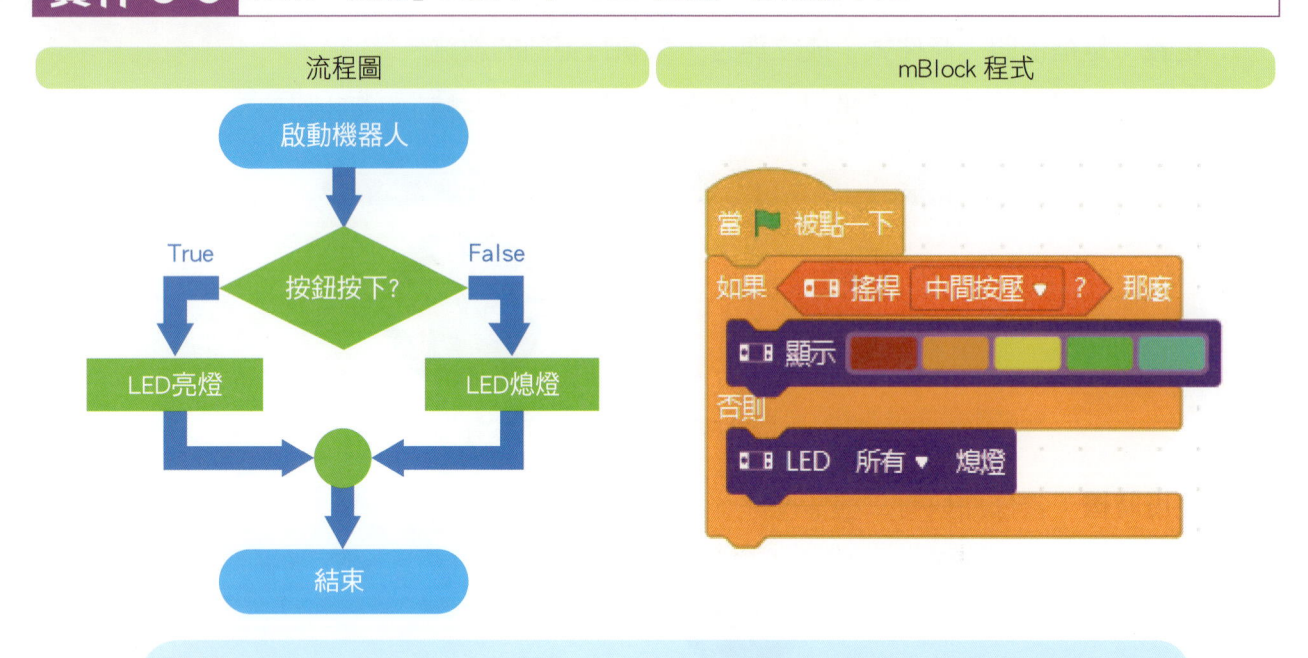

流程圖

啟動機器人 → 按鈕按下？
- True → LED亮燈
- False → LED熄燈

→ 結束

mBlock 程式

```
當 ▶ 被點一下
如果 〈 搖桿 中間按壓 ？ 〉 那麼
    顯示 [紅橙黃綠藍]
否則
    LED 所有 熄燈
```

說明

如果單獨使用分岔結構（Switch），只能偵測一次，無法反覆執行。其解決方法就是要搭配「迴圈結構（Loop）」，它就可以讓你反覆操作此機器人的動作。

實作 5-6　承上一題，加入「迴圈結構 (Loop)」，可以讓我們反覆操作此機器人的動作。

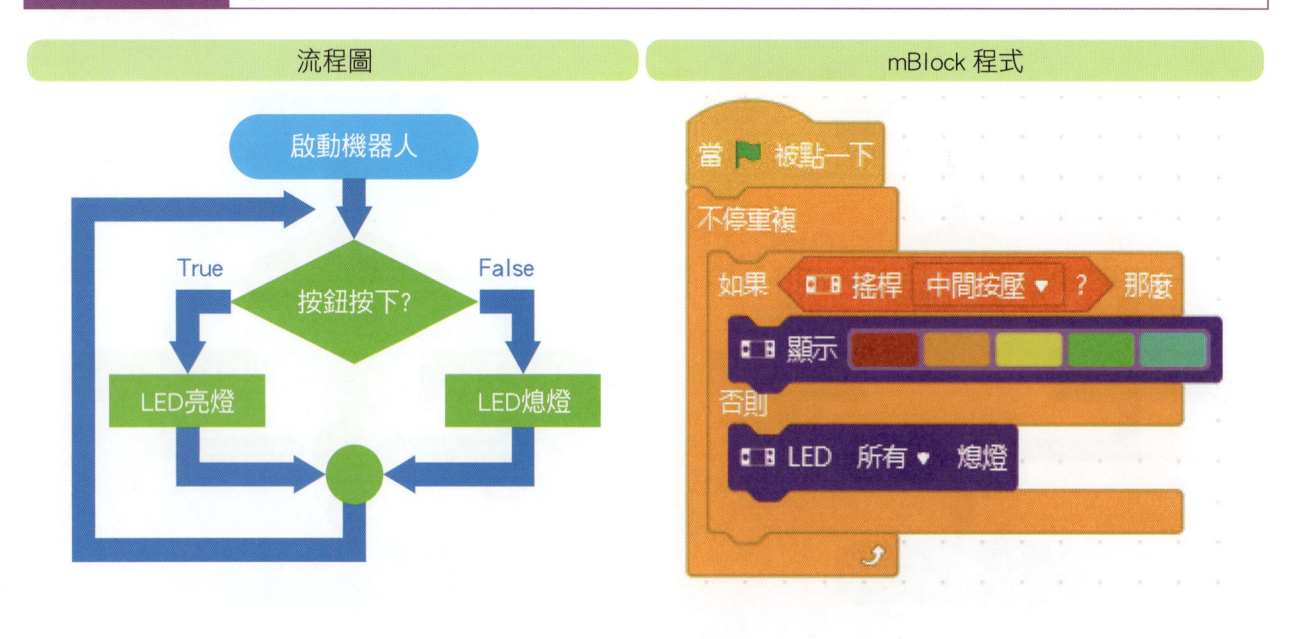

流程圖

啟動機器人 → 按鈕按下？
- True → LED亮燈
- False → LED熄燈

（迴圈回到按鈕按下？判斷）

mBlock 程式

```
當 ▶ 被點一下
不停重複
    如果 〈 搖桿 中間按壓 ？ 〉 那麼
        顯示 [紅橙黃綠藍]
    否則
        LED 所有 熄燈
```

5-4　迴圈結構（Loop）

　　人類發明電腦的目的就是希望用電腦來協助人類處理重複性的問題；想處理重複性的問題，我們可以使用「迴圈結構」。

1. **定義**：是指重複執行某一段「拼圖方塊」。
2. **常用的拼圖方塊**：

　　①計數迴圈　　　　　　②條件迴圈　　　　　　③無窮迴圈

　　重複 10 次　　　　　重複直到 ◆　　　　　不停重複

3. **優點**：容易表達複雜性的條件結構。
4. **缺點**：當使用到巢狀迴圈時，結構比較複雜，初學者較難馬上了解。
5. **適用時機**：處理重複性或有規則的動作。

一、計數迴圈

1. **定義**：是指依照「計數器」的設定值，來依序重複執行。
2. **使用時機**：已知程式的執行次數固定且重複時，使用此種迴圈最適合。
3. **例如**：鬧鐘與碼表。
4. **拼圖程式**：

　　　　基本迴圈　　　　　　　　　　巢狀迴圈

　　　重複 10 次　　　　　　　　重複 10 次
　　　　　　　　　　　　　　　　　重複 10 次

5. **分類**：可分為基本迴圈與巢狀迴圈。

　❶ **基本迴圈**：是指單層次的迴圈結構，在程式語言中，它是最基本的迴圈敘述。
　　・使用時機：適用於「單一變數」的重複變化。
　　・典型例子：「1+2+3+…+10」、「計時器或倒數計時」、機器人走正方形（請參考第三章）」。

實作 5-7　當使用者每按一下「按鈕」時，動態顯示 1 加到 10，並顯示出來。

流程圖

啟動機器人
↓
i＝0，Sum＝0
↓
按鈕按下？ → False（迴圈回）
↓ True
次數＜＝10 ？ → False → 結束
↓ True
I＝I+1
↓
Sum＝Sum+1
↓
次數＝次數+1
等待1秒
（回到 次數＜＝10 判斷）

mBlock 程式

1. 第一種寫法

- 當 ▶ 被點一下
- 變數 i ▼ 設為 0
- 變數 Sum ▼ 設為 0
- 等待直到 搖桿 中間按壓 ▼ ?
- 重複 10 次
  - 變數 i ▼ 改變 1
  - 變數 Sum ▼ 設為 Sum + i
  - 等待 1 秒

2. 第二種寫法

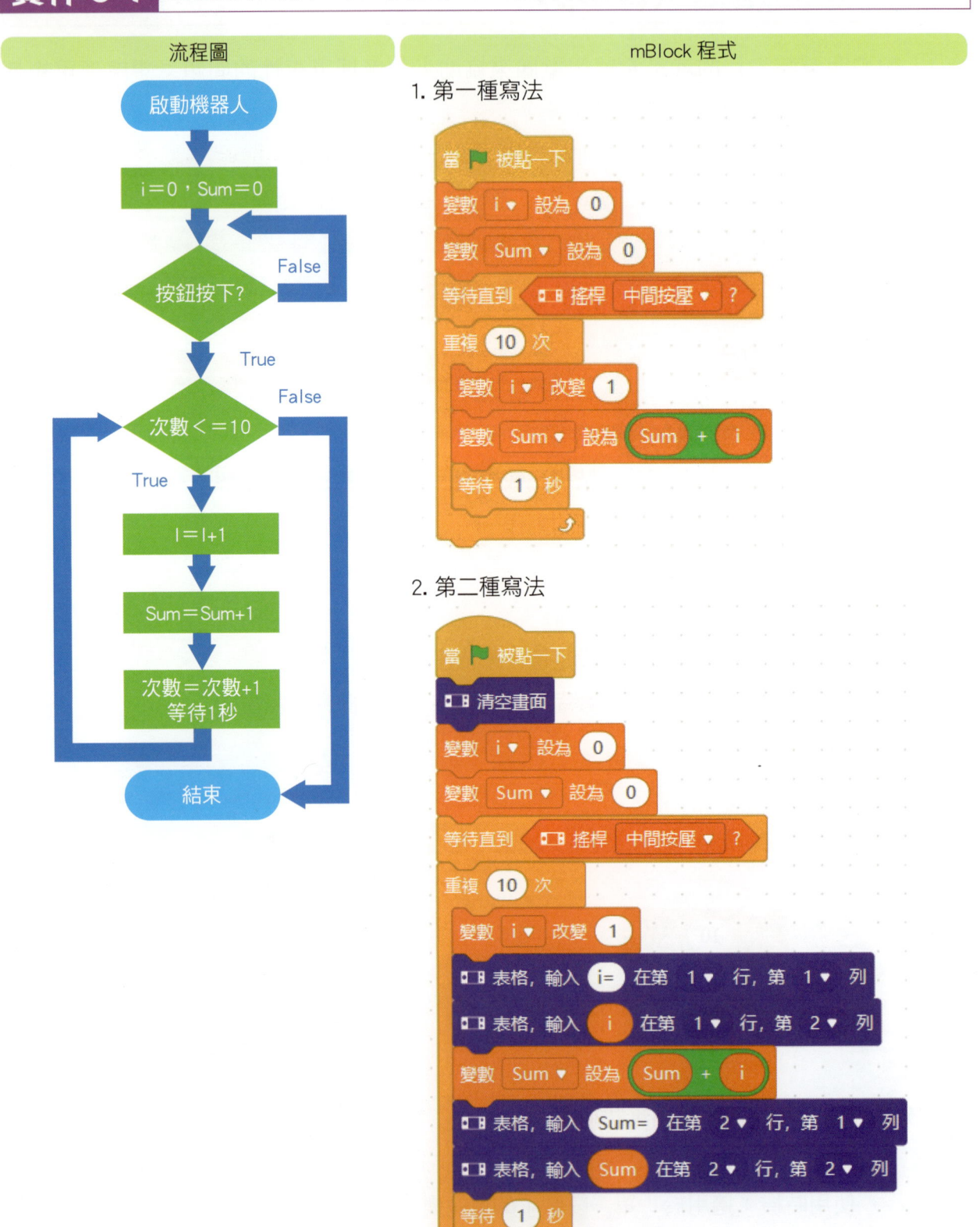

- 當 ▶ 被點一下
- 清空畫面
- 變數 i ▼ 設為 0
- 變數 Sum ▼ 設為 0
- 等待直到 搖桿 中間按壓 ▼ ?
- 重複 10 次
  - 變數 i ▼ 改變 1
  - 表格, 輸入 i= 在第 1 ▼ 行, 第 1 ▼ 列
  - 表格, 輸入 i 在第 1 ▼ 行, 第 2 ▼ 列
  - 變數 Sum ▼ 設為 Sum + i
  - 表格, 輸入 Sum= 在第 2 ▼ 行, 第 1 ▼ 列
  - 表格, 輸入 Sum 在第 2 ▼ 行, 第 2 ▼ 列
  - 等待 1 秒

實作 5-8

當使用者每按一下「按鈕」時，從 10 進行倒數計時，直到 0 時發出「嗶聲」，並顯示出來。

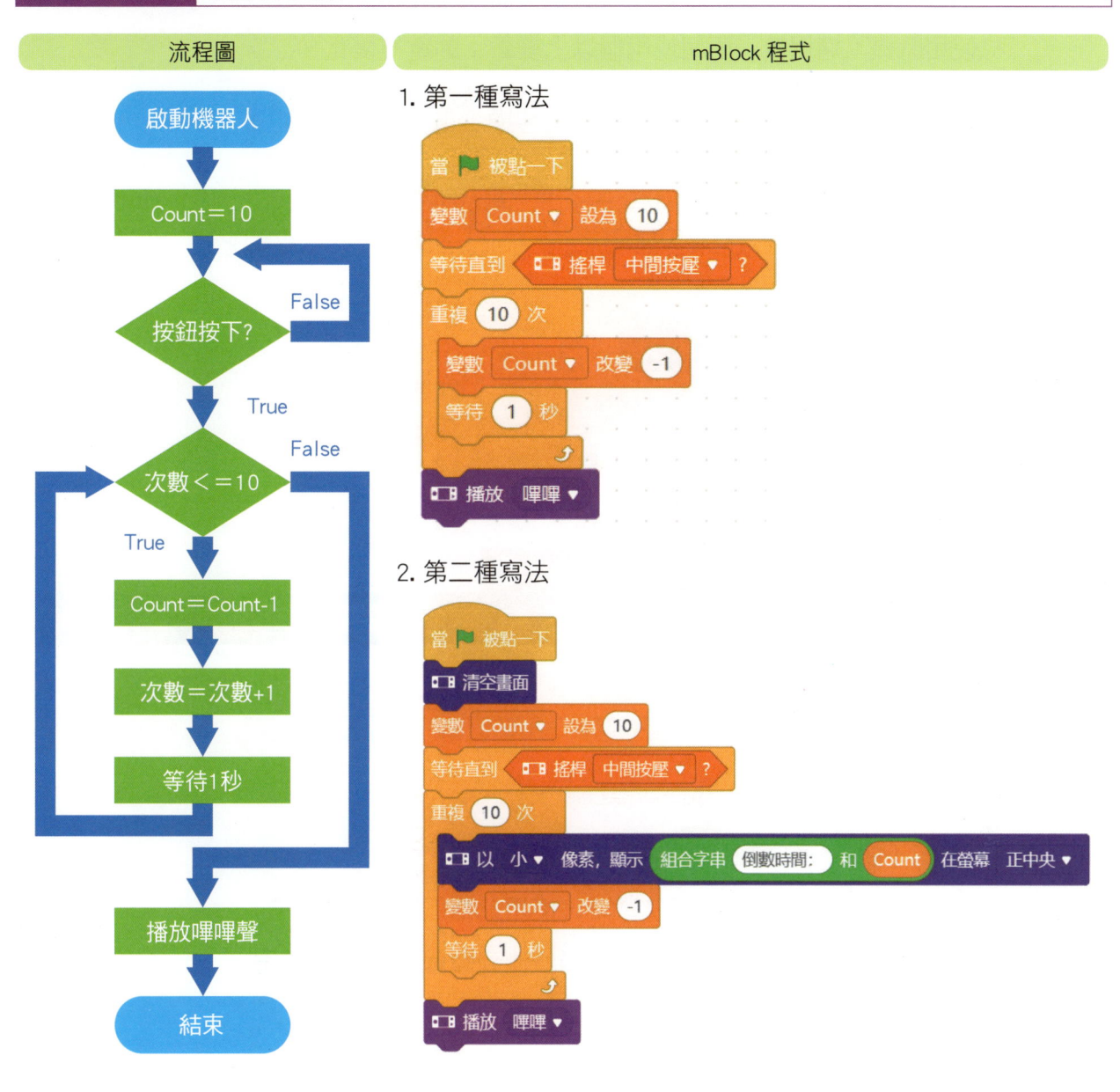

流程圖

啟動機器人
↓
Count＝10
↓
按鈕按下？ — False →（回到上方）
↓ True
次數＜＝10 — False →（離開迴圈）
↓ True
Count＝Count-1
↓
次數＝次數+1
↓
等待1秒
↓（回到次數＜＝10）

播放嗶嗶聲
↓
結束

mBlock 程式

1. 第一種寫法

- 當 ▶ 被點一下
- 變數 Count 設為 10
- 等待直到 〈搖桿 中間按壓？〉
- 重複 10 次
  - 變數 Count 改變 -1
  - 等待 1 秒
- 播放 嗶嗶

2. 第二種寫法

- 當 ▶ 被點一下
- 清空畫面
- 變數 Count 設為 10
- 等待直到 〈搖桿 中間按壓？〉
- 重複 10 次
  - 以 小 像素，顯示 組合字串 〈倒數時間：〉 和 〈Count〉 在螢幕 正中央
  - 變數 Count 改變 -1
  - 等待 1 秒
- 播放 嗶嗶

❷ 巢狀迴圈：是指迴圈內還有其他的迴圈，是一種多層次的迴圈結構。
- 概念：它像鳥巢一樣，是由一層層組合而成。
- 使用時機：適用於「兩個或兩個以上變數」的重複變化。

實作 5-9 當使用者按一下「按鈕」時，動態顯示電子碼表數值由 1 ～ 100。

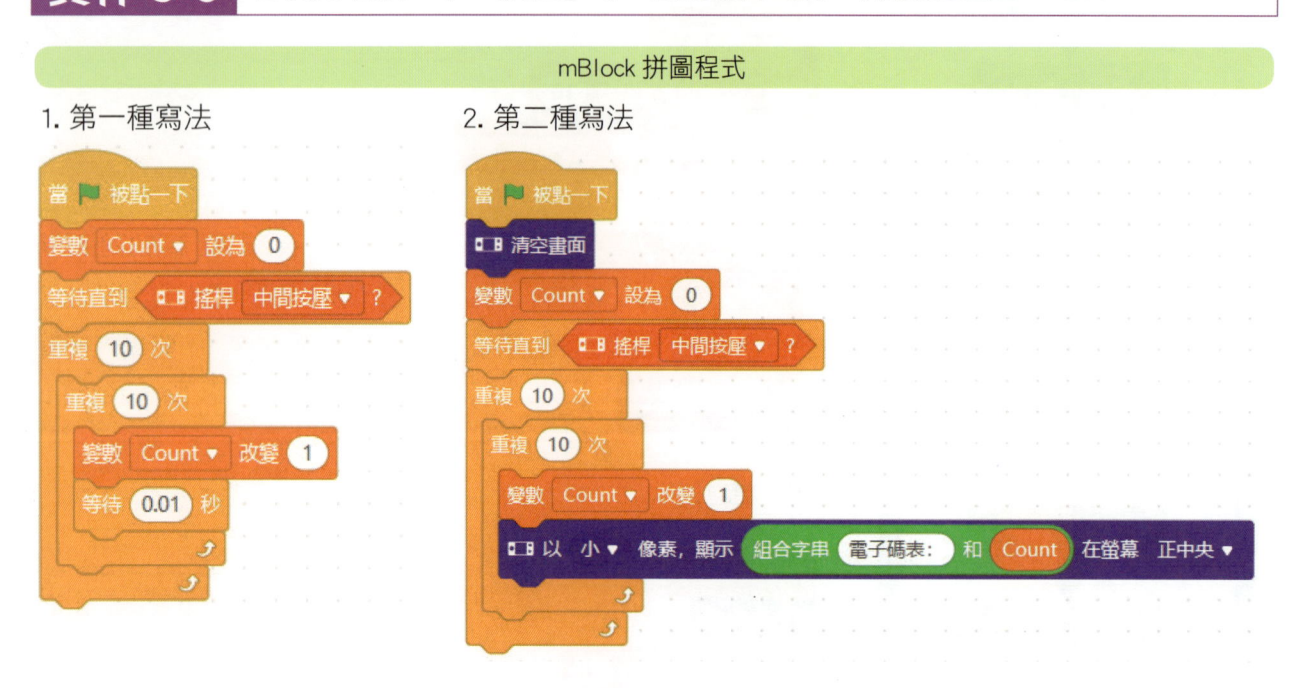

mBlock 拼圖程式

1. 第一種寫法
2. 第二種寫法

二、條件迴圈

1. **定義**：是指不能預先知道迴圈的次數。
2. **使用時機**：無法得知程式的執行次數時，使用此種迴圈最適合。
3. **例如**：機器人往前走，直到超音波感測器偵測到障礙物，才會停止。
4. **拼圖程式**：如下圖所示。

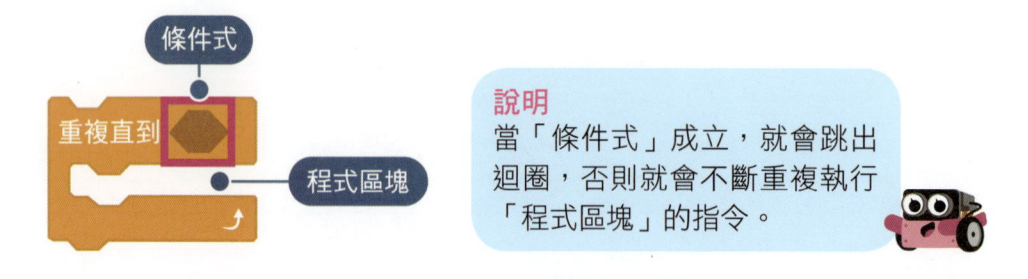

說明
當「條件式」成立，就會跳出迴圈，否則就會不斷重複執行「程式區塊」的指令。

Chapter 5　程式流程控制　107

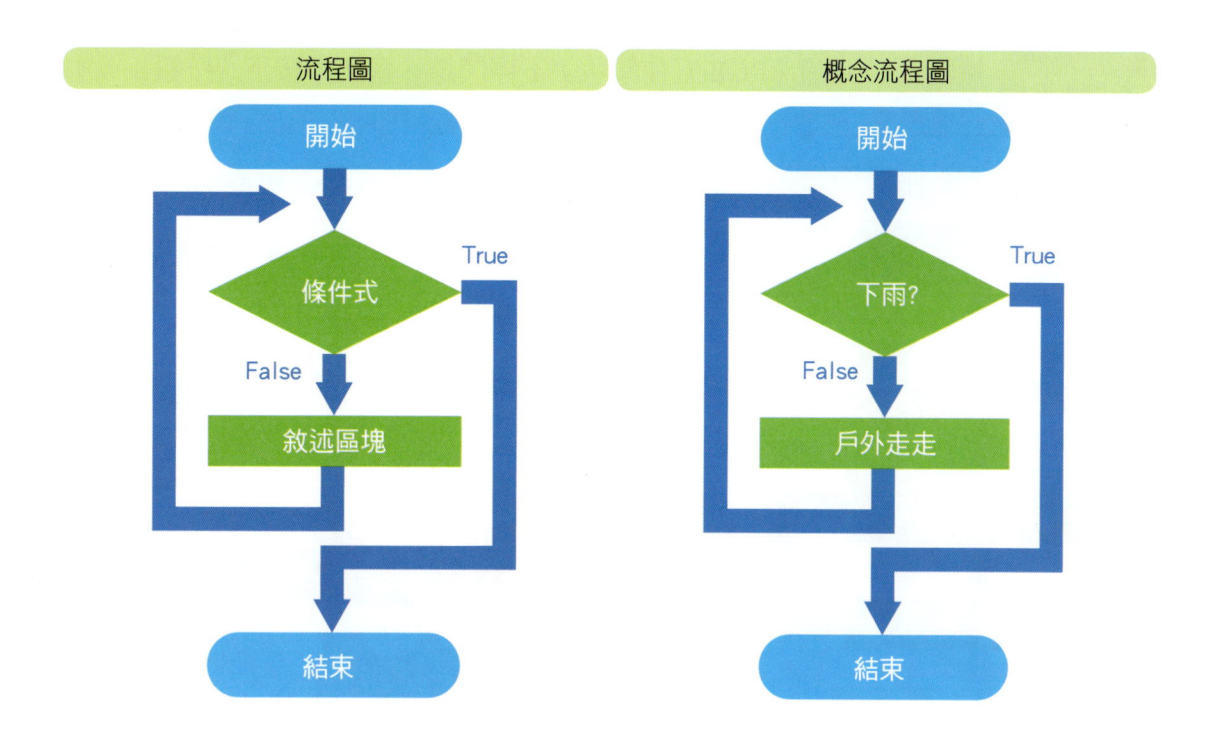

| 流程圖 | 概念流程圖 |

開始 → 條件式 — True → (迴圈回到條件式)
條件式 — False → 敘述區塊 → 結束

開始 → 下雨？ — True → (迴圈回到下雨？)
下雨？ — False → 戶外走走 → 結束

實作 5-10　當使用者按下「按鈕」時，機器人往前走，直到超音波感測器偵測到障礙物，才會停止。

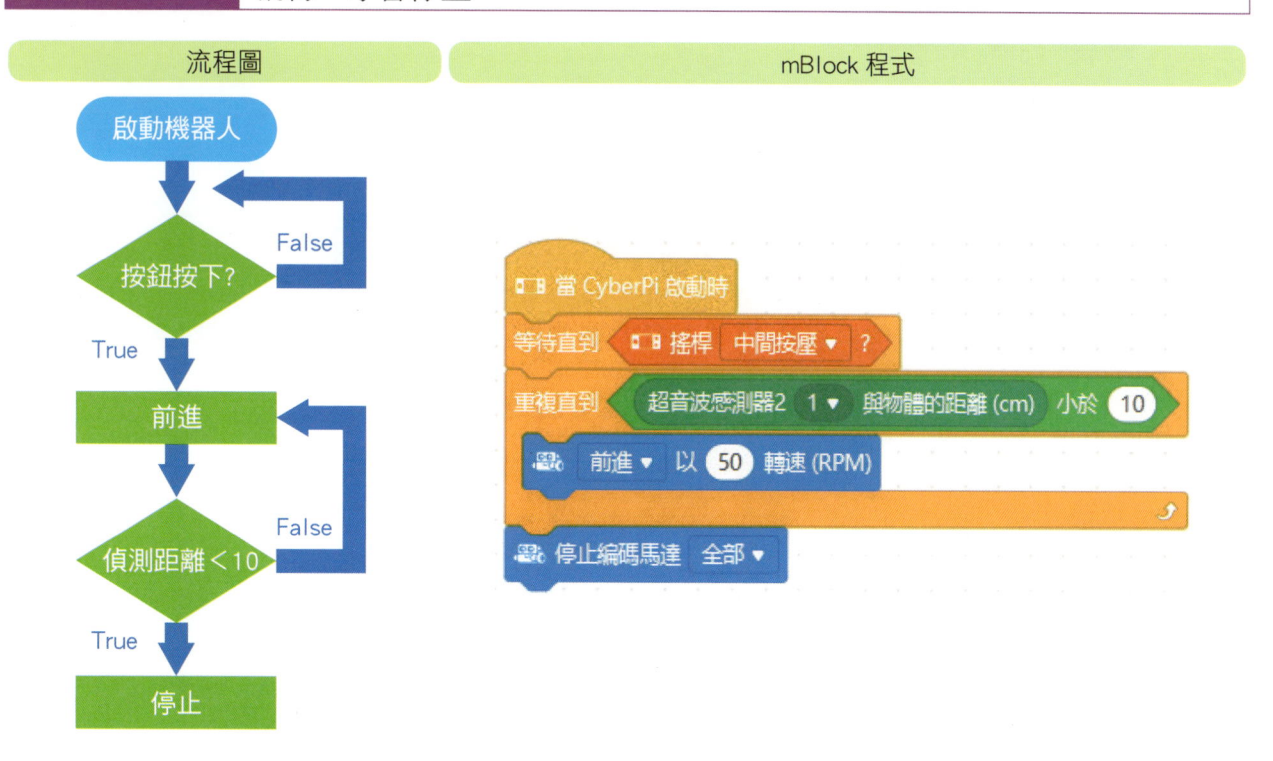

| 流程圖 | mBlock 程式 |

啟動機器人 → 按鈕按下？
　False → 回到按鈕按下？
　True → 前進 → 偵測距離＜10
　　False → 回到前進
　　True → 停止

```
當 CyberPi 啟動時
等待直到　搖桿　中間按壓 ?
重複直到　超音波感測器2　1　與物體的距離(cm) 小於 10
    前進　以 50 轉速(RPM)
停止編碼馬達 全部
```

實作 5-11　機器人 LED 燈（RGB 五種顏色）不停閃爍，直到再按下「按鈕」，才會停止。

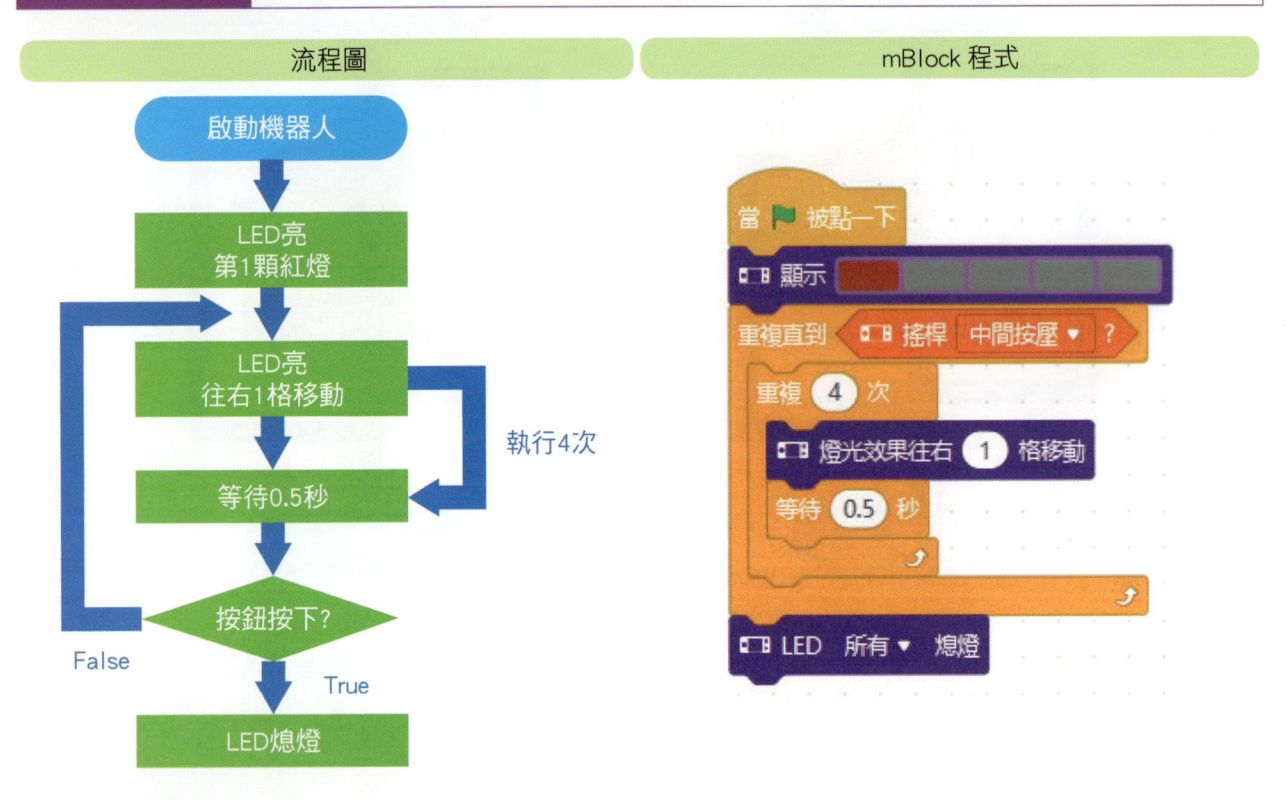

流程圖

啟動機器人
↓
LED亮
第1顆紅燈
↓
LED亮
往右1格移動
↓
等待0.5秒
↓（執行4次）
↓
按鈕按下？
False → 回到「LED亮 往右1格移動」
True ↓
LED熄燈

mBlock 程式

當 ▶ 被點一下
顯示 ■■■■■
重複直到 搖桿 中間按壓 ?
　重複 4 次
　　燈光效果往右 1 格移動
　　等待 0.5 秒
LED 所有 ▼ 熄燈

三、無窮迴圈

1. **定義**：是指當沒有符合某一條件時，迴圈會永遠被執行。
2. **使用時機**：讓機器人持續偵測某一物件。
3. **例如**：利用機器人的超音波感測器，持續偵測前方是否有「顧客」經過，如果有則計數器自動加 1。
4. **拼圖程式**：如下圖所示。

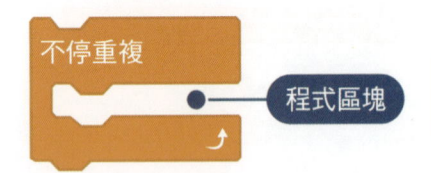

不停重複
　程式區塊

說明
① 在迴圈內的「程式區塊」指令會重複被執行。
② 一般而言，它會搭配分岔結構（Switch）來使用。

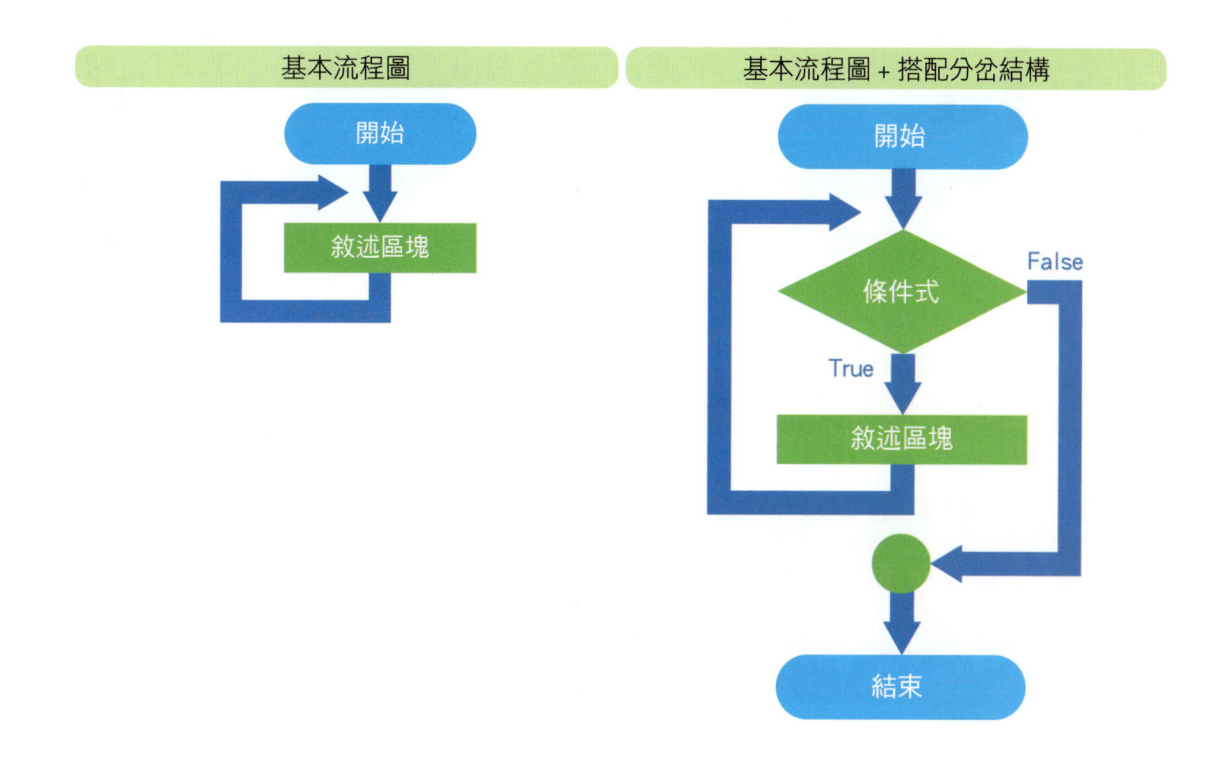

Chapter 5　程式流程控制　109

基本流程圖

開始 → 敘述區塊 （迴圈）

基本流程圖 + 搭配分岔結構

開始 → 條件式 — True → 敘述區塊 → (迴圈回條件式)；False → 結束

實作 5-12

當使用者按下「按鈕」時，機器人會利用超音波感測器，每一秒偵測前方是否有「顧客」入場，如果有則計數器自動加 1。

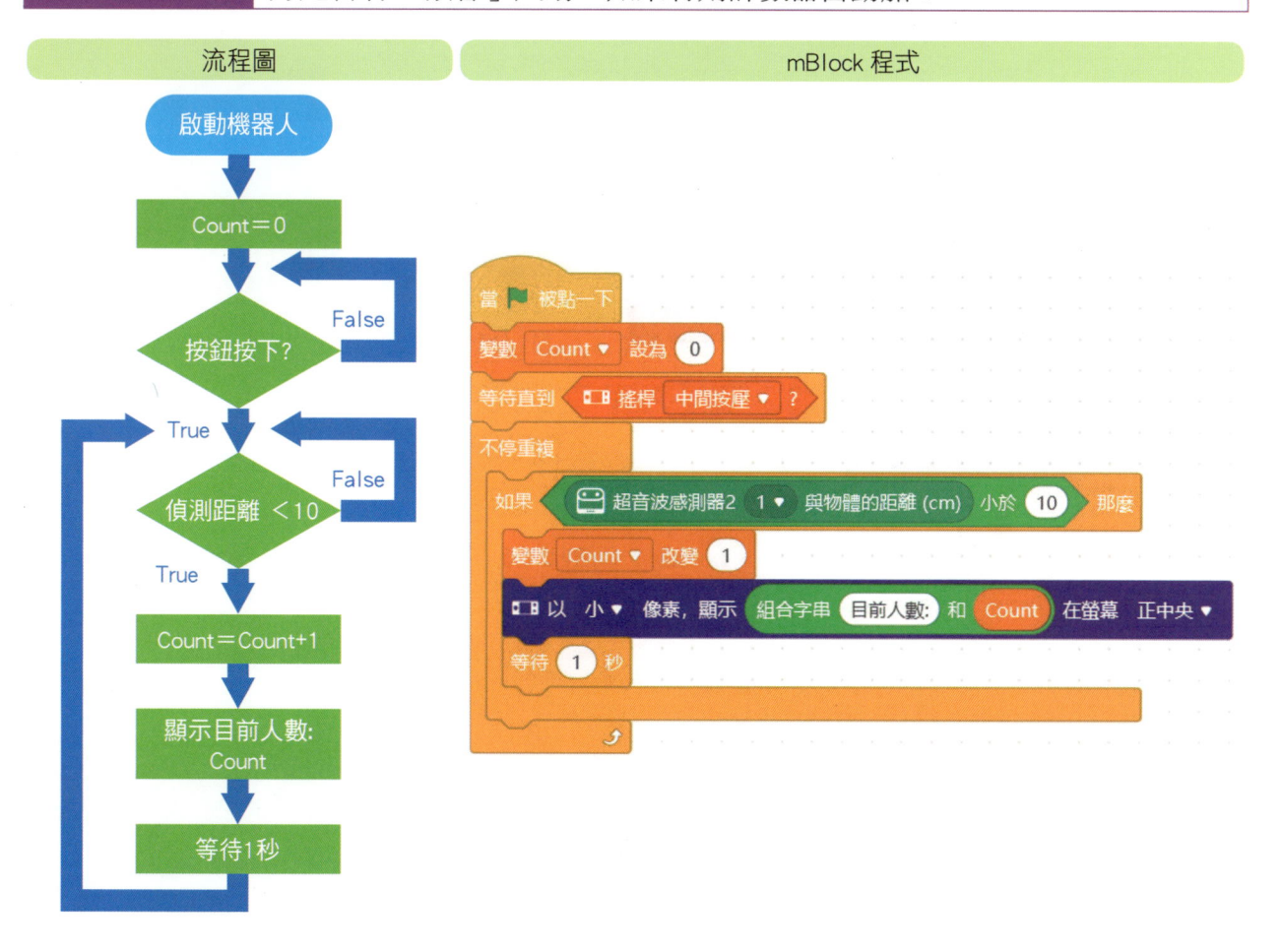

流程圖

啟動機器人
↓
Count＝0
↓
按鈕按下？ — False（迴圈）
↓ True
偵測距離＜10 — False（迴圈回按鈕按下？）
↓ True
Count＝Count+1
↓
顯示目前人數：Count
↓
等待1秒
（迴圈回偵測距離＜10）

mBlock 程式

當 🚩 被點一下
變數 Count ▼ 設為 0
等待直到 ＜ 搖桿 中間按壓 ▼ ？ ＞
不停重複
　如果 ＜ 超音波感測器2 1 ▼ 與物體的距離 (cm) 小於 10 ＞ 那麼
　　變數 Count ▼ 改變 1
　　以 小 ▼ 像素，顯示 組合字串 目前人數： 和 Count 在螢幕 正中央 ▼
　　等待 1 秒

實作 5-13

承上一題,「顧客」入場時,就會發出「警告聲」,亦即「LED 閃爍 + 嗶聲」。

mBlock 拼圖程式(偵測並顯示「顧客」入場)

```
當 ▶ 被點一下
變數 Count ▼ 設為 0
等待直到 < 搖桿 中間按壓 ▼ ?>
不停重複
    如果 < 超音波感測器2 1 ▼ 與物體的距離 (cm) 小於 10 > 那麼
        變數 Count ▼ 改變 1
        以 小 ▼ 像素,顯示 組合字串 (目前人數:) 和 (Count) 在螢幕 正中央 ▼
        LED閃爍及嗶聲
        等待 1 秒
```

mBlock 拼圖程式(定義「LED 閃爍 + 嗶聲」之副程式)

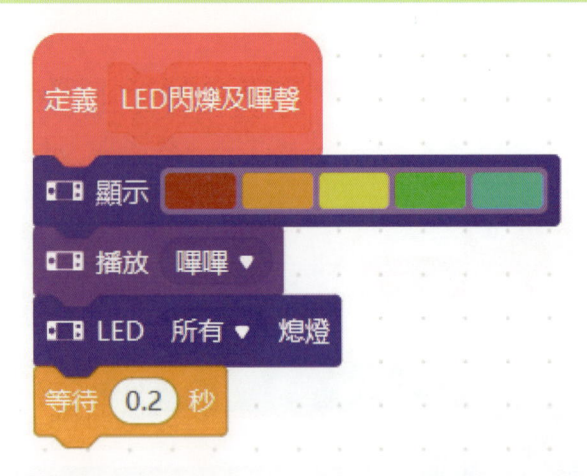

```
定義 LED閃爍及嗶聲
顯示 [■■■■■]
播放 嗶嗶 ▼
LED 所有 ▼ 熄燈
等待 0.2 秒
```

Chapter 5　課後習題

一、請設計一個警報系統，亦即當使用者按下「按鈕」時，會就發出警告聲，並亮兩顆 LED 紅燈。

二、請設計一個大賣場顧客人數管控系統，亦即如果「顧客」入場人數超過 10 人時，就會發出「警告聲」，產生「LED 閃爍 + 嗶聲」。

Chapter 5　創客實作題

◎ 題目名稱：遙控 mBot2 機器人

◎ 題目說明：請設計一個搖桿控制機器人裝置，亦即如果「搖桿」向上推時，機器人前進，如果「中間搖桿」被按壓時，機器人就會停止，反覆操作。

創客題目編號：A039012　　40 mins

・創客指標・

外形	機構	電控	程式	通訊	人工智慧	創客總數
1	1	1	3	2	0	8

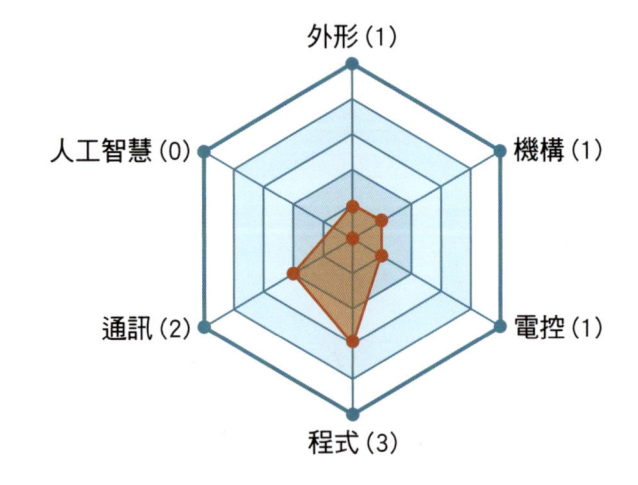

・創客素養力・

空間力	堅毅力	邏輯力	創新力	整合力	團隊力	素養總數
1	1	1	1	1	1	6

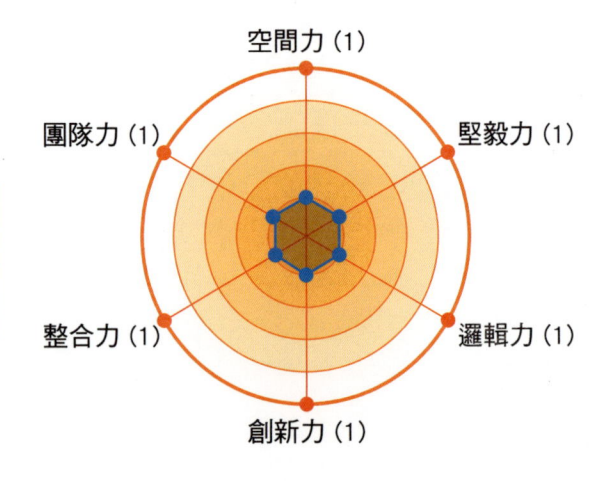

Chapter 6 機器人走迷宮（超音波感測器）

- **本章學習目標**
  1. 讓讀者瞭解 mBot2 機器人輸入端的「超音波感測器」之定義及反射光原理。
  2. 讓讀者瞭解 mBot2 機器人的「超音波感測器」各種使用方法。

- **本章內容**
  - 6-1　認識超音波感測器
  - 6-2　等待模組（Wait）的超音波感測器
  - 6-3　分岔模組（Switch）的超音波感測器
  - 6-4　迴圈模組（Loop）的超音波感測器
  - 6-5　mBot2 機器人走迷宮
  - 6-6　超音波感測器控制其他拼圖模組
  - 6-7　防撞警示系統
  - 6-8　看家狗
  - ◎　課後習題
  - ◎　創客實作題

6-1 認識超音波感測器

一、超音波感測器簡介

1. **定義**：類似人類的眼睛，可以偵測距離的遠近。
2. **目的**：可以偵測前方是否有「障礙物」或「目標物」，以讓機器人進行不同的動作。
3. **說明**：超音波感測器的前端分為「TX 發射端」與「RX 接收端」兩端，感測器主要是作為偵測前方物體的距離。

★ 圖 6-1 外觀圖示

4. **特色**：
   ① 具有八顆可程式化的氛圍燈，提升機器人情緒表達能力。
   ② 塑膠外殼包裝，有效降低靜電和碰撞風險。
   ③ 回傳資訊：可分為公分（cm）的距離單位。
   ④ 量測距離：5~300 公分（高於或低於讀值範圍時，讀值保留在 300）。
   ⑤ 讀值誤差：±5%。

5. **原理**：利用「聲納」技術，「超音波」發射後，撞到物體表面並接收「反射波」，從「發射」到「接收」的時間差，即可求出「感應器與物體」之間的「距離」，如圖 6-2 所示。

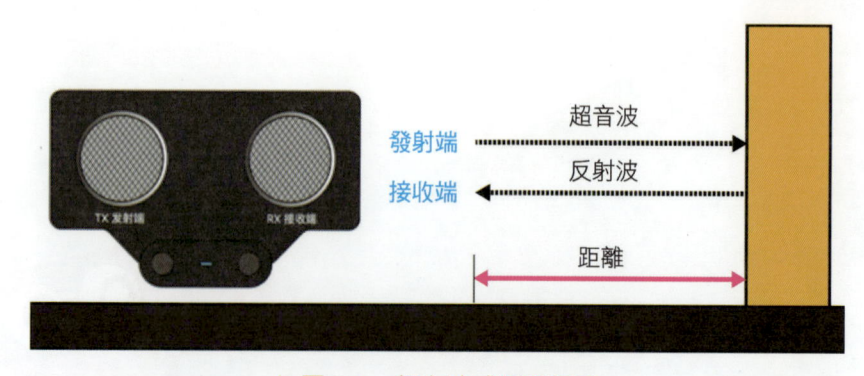

★ 圖 6-2 超音波感測器原理

6. **適用時機**：① 偵測物件靠近。② 量測距離。③ 氛圍燈。

二、偵測超音波感測器的值

想要學習如何使用「感測器」，首要工作就是先學會將感測器偵測的數值回傳。以下為最常見的兩種方法：

1. 第一種方法：利用變數

mBlock 拼圖程式

測試距離

用手放在超音波感測器前方　　　　　　　　手慢慢地水平移動

測試結果

距離 7.6　　　　　　　　　　　　　　距離 181.2

偵測的距離（比較近）　　　　　　　　偵測的距離（比較遠）

2. 第二種方法 1：勾選「☑ 超音波感測器2 1▼ 與物體的距離 (cm)」

不需撰寫 mBlock 拼圖程式	測試結果
☑ 超音波感測器2 1▼ 與物體的距離 (cm)	距離 181.6 CyberPi: 超音波感測器2 1 與物體的距離 (cm) 181.6

三、三種常用功能區塊

超音波感測器在 mBlock 常被使用的三種功能區塊（Block），如表 6-1 所示。

★ 表 6-1　常使用的三種功能區塊

項目	名　稱	圖　示
1	等待模組（Wait）	等待直到 超音波感測器2 1▼ 與物體的距離 (cm) 小於 25
2	判斷模組（Switch）	如果 超音波感測器2 1▼ 與物體的距離 (cm) 小於 25 那麼 否則
3	迴圈模組（Loop）	重複直到 超音波感測器2 1▼ 與物體的距離 (cm) 小於 25

6-2　等待模組（Wait）的超音波感測器

等待模組的功能是：用來設定等待「超音波感測器」偵測前方障礙物小於「門檻值」時，再繼續執行下一個動作，其拼圖程式如下圖所示。

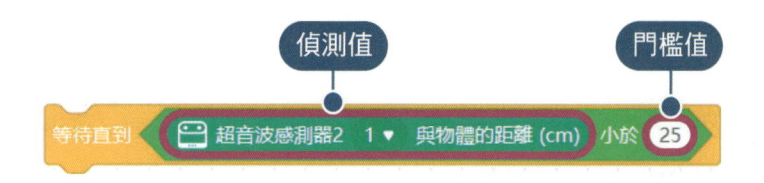

說明
當等待模組中的「條件式」成立時，才會繼續執行下一個動作，否則，下面的全部指令都不會被執行。

實作 6-1　利用「超音波感測器」來製作警示器：播放「音頻赫茲」

mBlock 拼圖程式

當單擊 🚩 圖示時，執行後續拼圖程式。

播放700赫茲的音頻持續0.1秒。

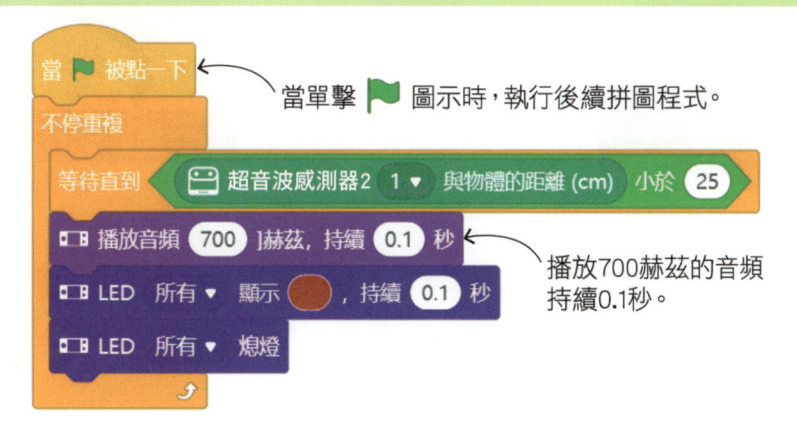

實作 6-2　利用「超音波感測器」來製作警示器：播放「內建 - 嗶嗶音效」。

mBlock 拼圖程式

當單擊 🚩 圖示時，執行後續拼圖程式。

播放嗶嗶的音效。

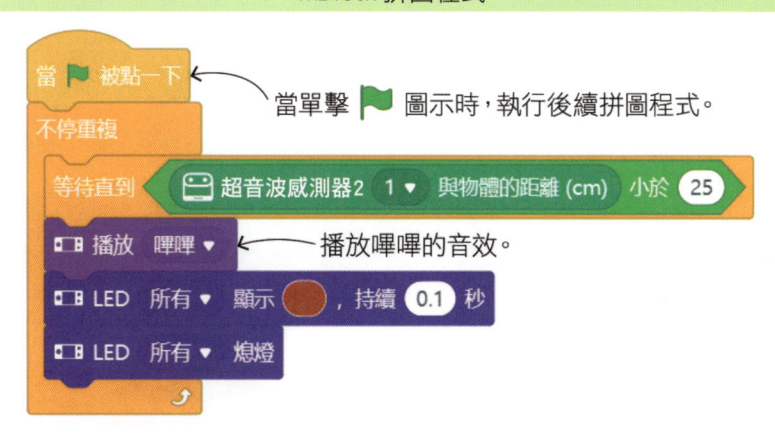

一、mBot2 機器人偵測到障礙物自動停止

在前面章節中，我們已經瞭解「超音波感測器」的適用時機及偵測距離，接下來，就可以開始撰寫如何「讓 mBot2 機器人在行走的過程中，偵測到障礙物自動停止」。

| 實作 6-3 | mBot2 機器人往前走，直到「超音波感測器」偵測前方 25 公分處有「障礙物」時，就會「停止」。請利用等待模組（Wait）。 |

示意圖

牆壁

25公分

流程圖

啟動機器人 → 前進 → 距離＜25 ─False→（回到前進）
距離＜25 ─True→ 停止

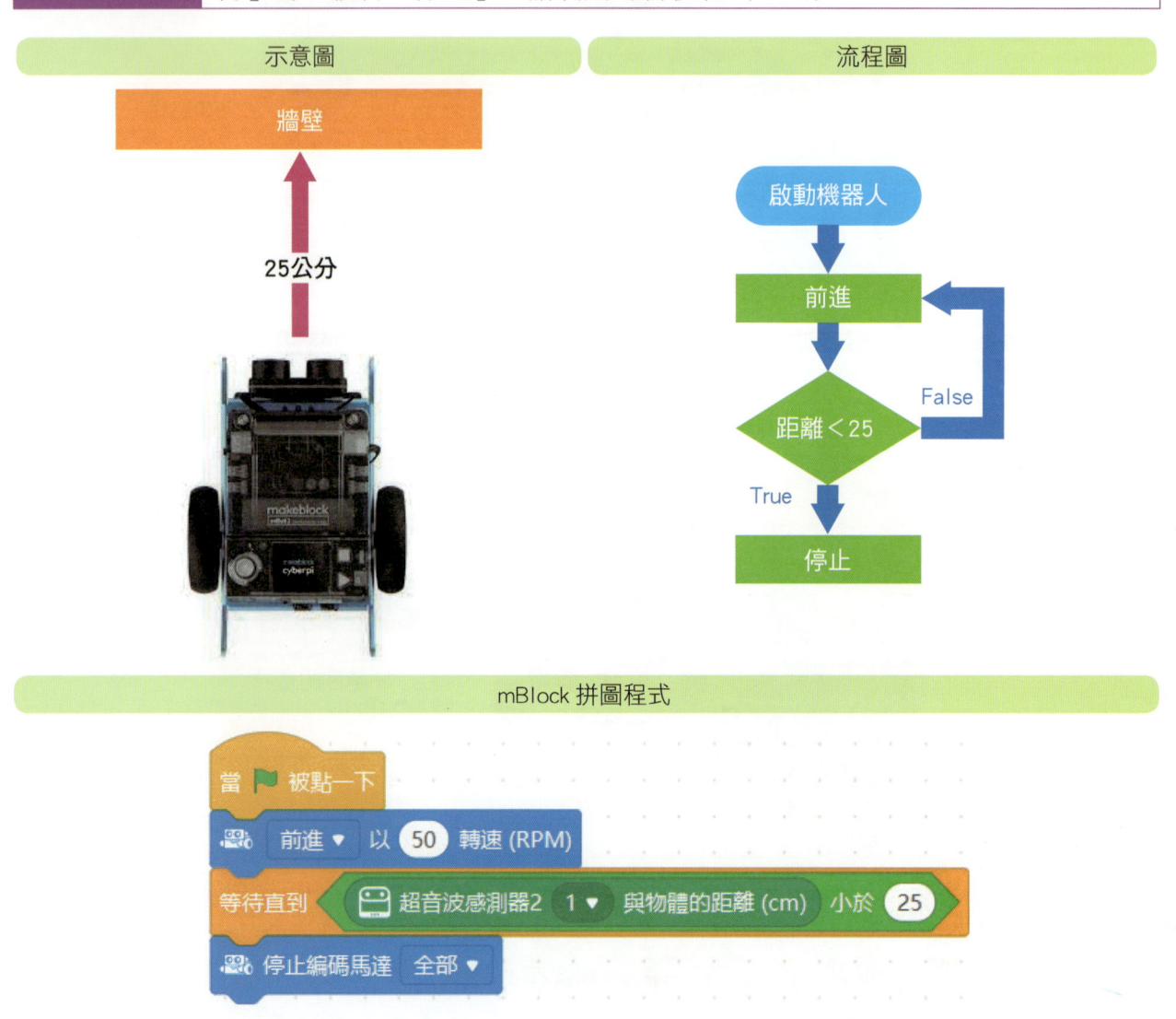

mBlock 拼圖程式

```
當 ▶ 被點一下
前進 ▼ 以 50 轉速 (RPM)
等待直到　超音波感測器2　1 ▼ 與物體的距離 (cm) 小於 25
停止編碼馬達 全部 ▼
```

二、mBot2 機器人偵測到障礙物停止並發出警鈴聲

學習讓 mBot2 機器人「在行走的過程中，如果有偵測到障礙物自動停止」之後，再新增一個功能，也就是讓它會自動發出警鈴聲。

實作 6-4　mBot2 機器人往前走，直到「超音波感測器」偵測前方 25 公分處有「障礙物」時，就會「停止」並發出警鈴聲。請利用等待模組（Wait）。

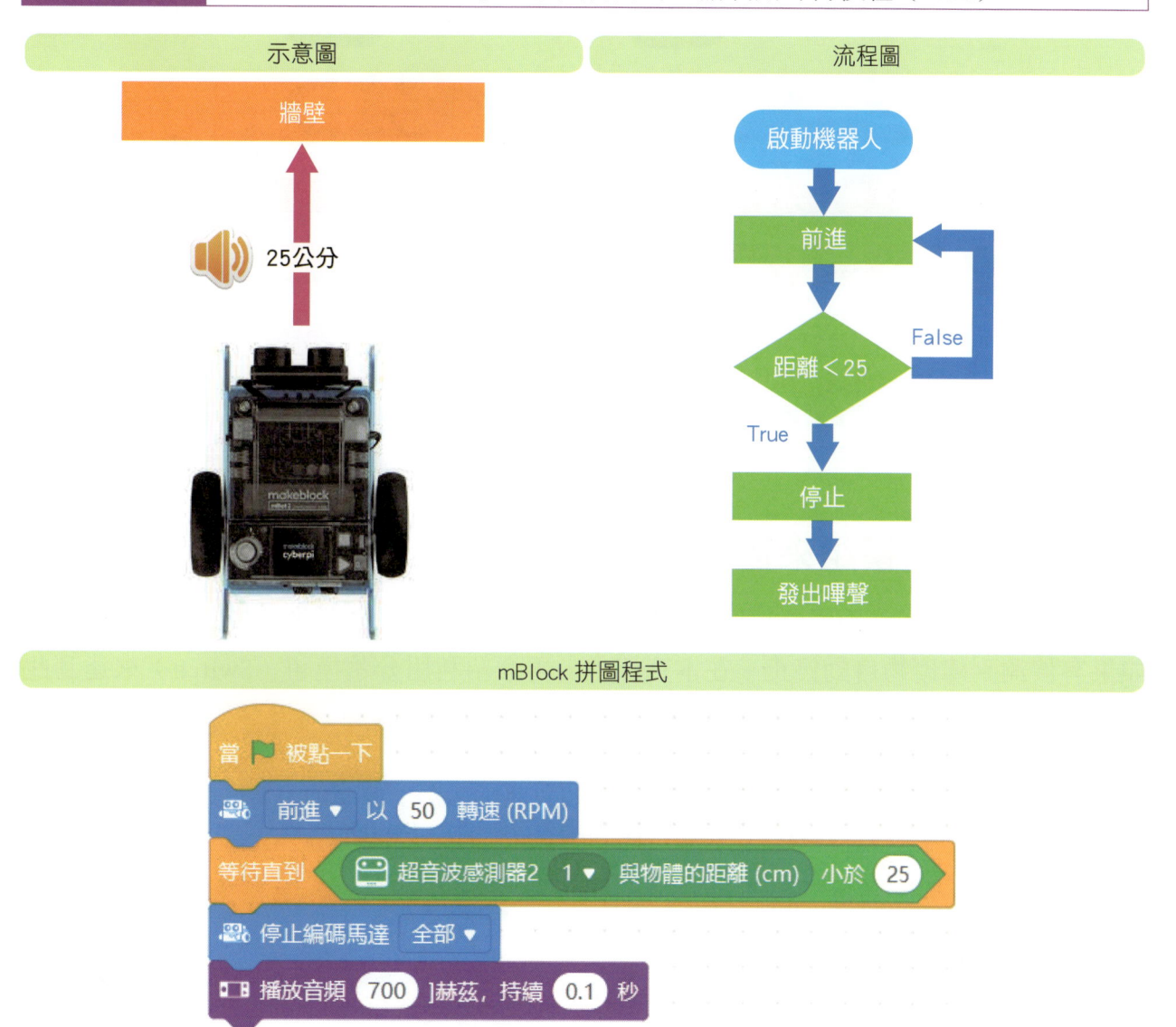

示意圖

牆壁

25公分

流程圖

啟動機器人 → 前進 → 距離<25 ?
- False → 前進（迴圈）
- True → 停止 → 發出嗶聲

mBlock 拼圖程式

- 當 ▶ 被點一下
- 前進 ▼ 以 50 轉速 (RPM)
- 等待直到 超音波感測器2 1▼ 與物體的距離 (cm) 小於 25
- 停止編碼馬達 全部 ▼
- 播放音頻 700 赫茲，持續 0.1 秒

6-3 分岔模組（Switch）的超音波感測器

分岔模組的功能是用來判斷：「超音波感測器」偵測距離是否小於「門檻值」，如果「是」，則執行「上面」的分支，否則就會執行「下面」的分支。其拼圖程式如下圖所示：

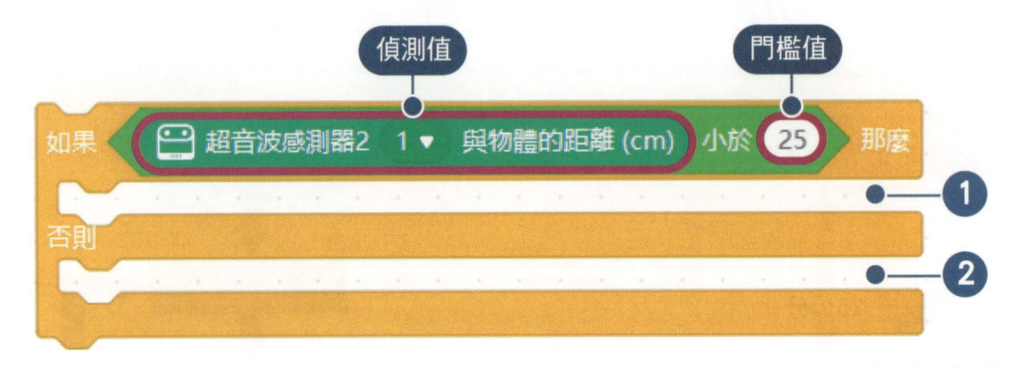

偵測值　　門檻值

如果　超音波感測器2　1▼　與物體的距離 (cm)　小於　25　那麼　①

否則　②

說明
① 當條件式「成立」時，則執行「上面」的分支。
② 當條件式「不成立」時，則執行「下面」的分支。
③ 因此，當「偵測值」小於「門檻值」，就會執行「上面」的分支。

一、利用分岔模組來控制機器人停止

在前面章節中，我們學會利用等待模組（Wait）來讓 mBot2 機器人在行走的過程中，如果有偵測到障礙物自動停止。在本章節中，再介紹利用分岔模組（Switch）來達到此功能。

實作 6-5 mBot2 機器人往前走，直到「超音波感測器」偵測前方 25 公分處有「障礙物」時，就會「停止」。請利用分岔模組（Switch）。

示意圖　　　　　　　　　　　　流程圖

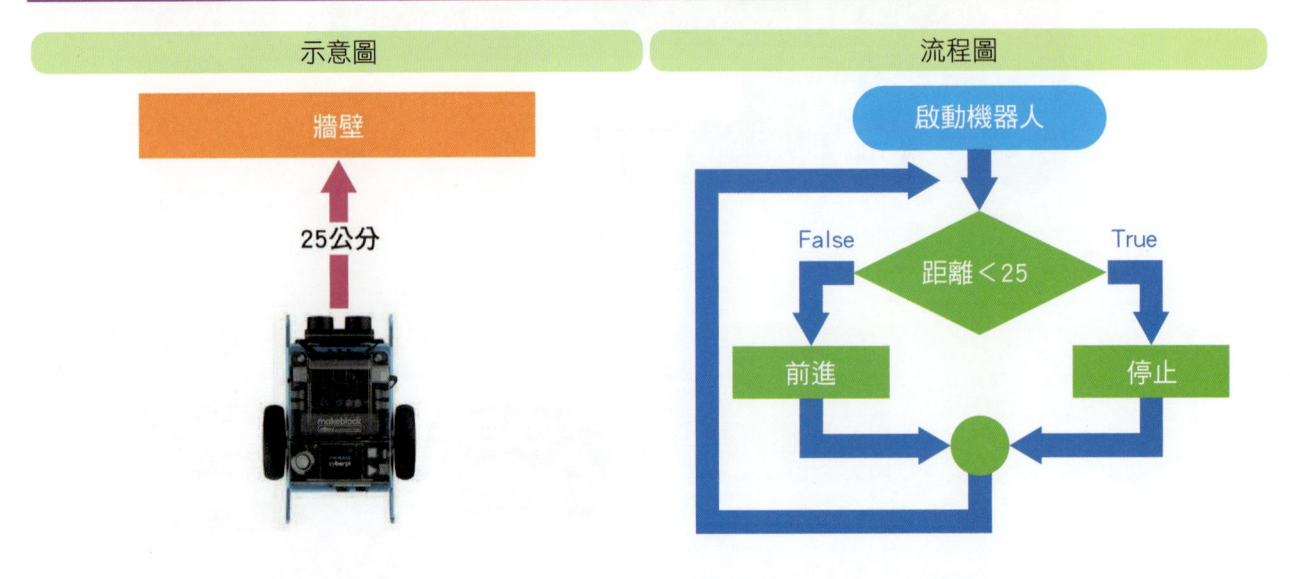

牆壁　　　　　　　　　　　　啟動機器人

25公分　　　　　False　　　距離＜25　　　True

　　　　　　　　前進　　　　　　　　　　停止

> mBlock 拼圖程式

當 ▶ 被點一下 → 當單擊 ▶ 圖示時，執行後續拼圖程式。
不停重複
　如果　超音波感測器2　1▼　與物體的距離 (cm)　小於　25　那麼
　　停止編碼馬達　全部▼ → 馬達停止轉動。
　否則
　　前進▼　以　50　轉速 (RPM)

分岔模組

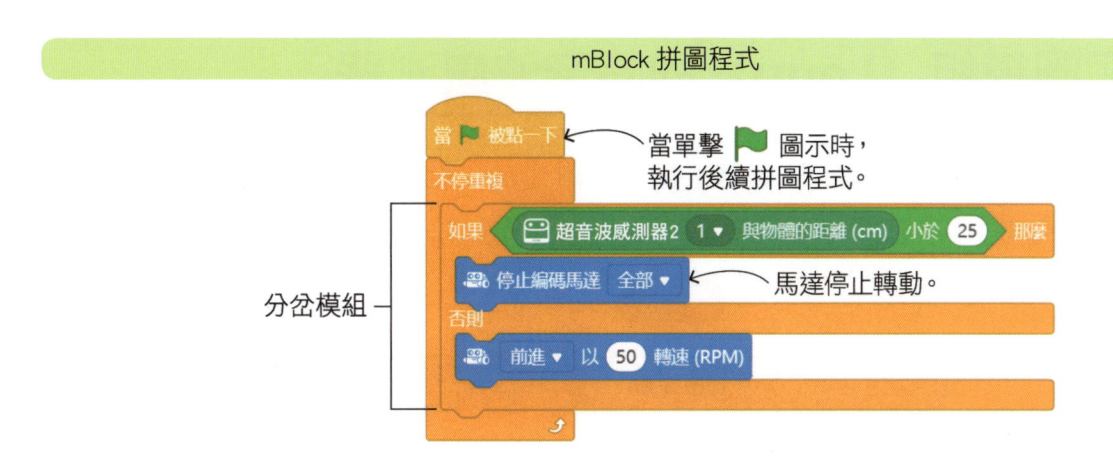

二、利用分岔模組來控制機器人停止並發出警鈴聲

除了可以讓 mBot2 機器人在行走的過程中，偵測到障礙物就自動停止，在本章節中，再介紹利用分岔模組（Switch）來新增功能：讓它自動發出警鈴聲。

實作 6-6　mBot2 機器人往前走，直到「超音波感測器」偵測前方 25 公分處有「障礙物」時，就會「停止」並發出警鈴聲。

示意圖　　　　　　　　　　　　　流程圖

牆壁　25公分

啟動機器人 → 距離＜25 → True：停止 發出警鈴聲　／　False：前進

> mBlock 拼圖程式

當 ▶ 被點一下 → 當單擊 ▶ 圖示時，執行後續拼圖程式。
不停重複
　如果　超音波感測器2　1▼　與物體的距離 (cm)　小於　25　那麼
　　停止編碼馬達　全部▼ → 馬達停止轉動。
　　播放音頻　700　赫茲，持續　0.2　秒 → 發出警鈴聲。
　否則
　　前進▼　以　50　轉速 (RPM)

分岔模組

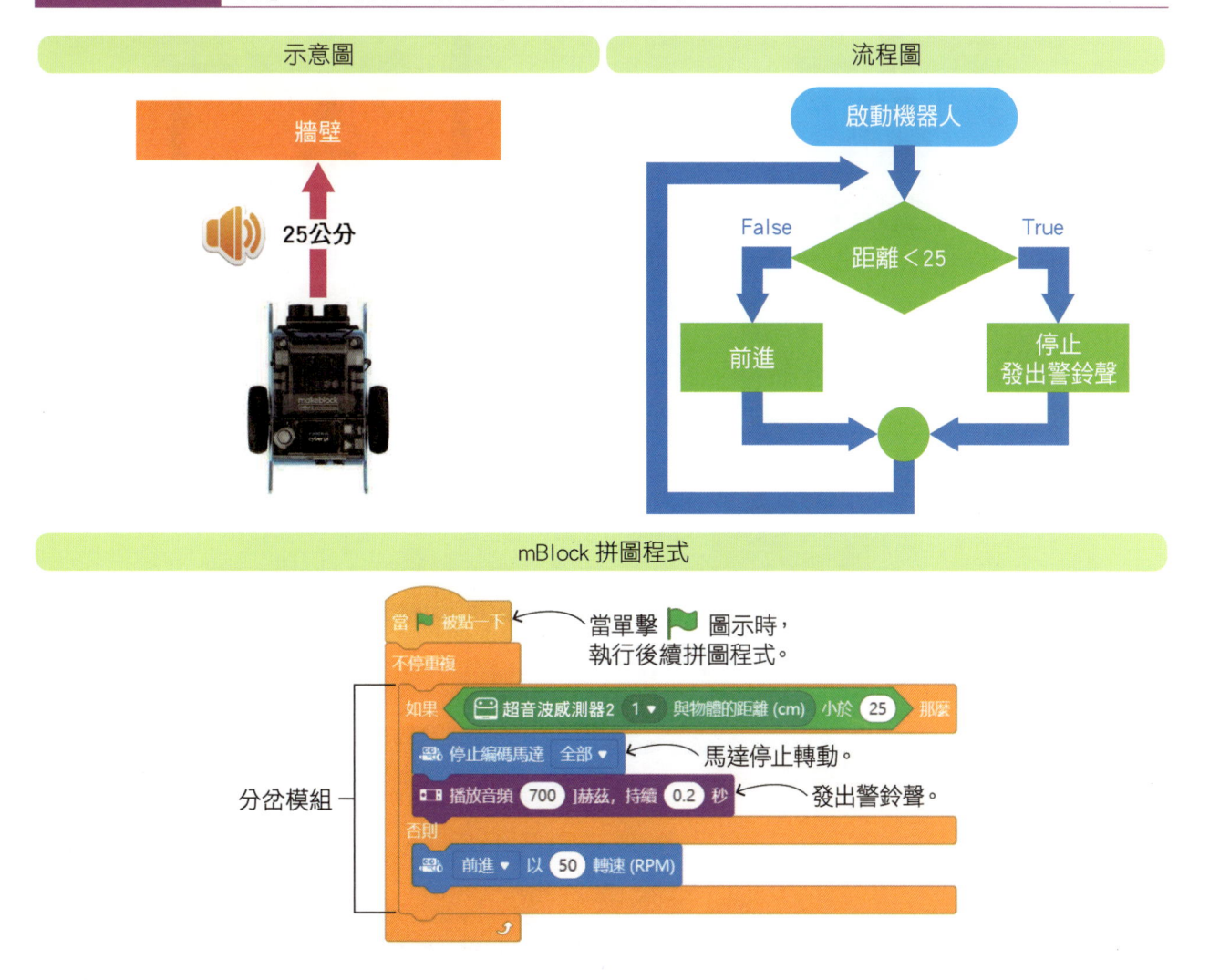

6-4　迴圈模組（Loop）的超音波感測器

迴圈模組是用來等待「超音波感測器」偵測距離小於「門檻值」時，就會結束迴圈。其拼圖程式如下圖所示：

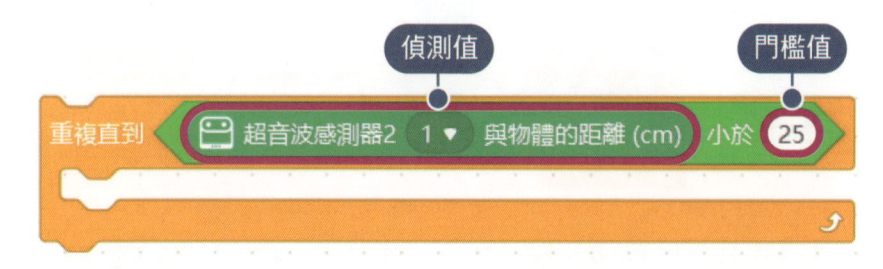

實作 6-7　機器人向前走，直到超音波感測器偵測到前方有「障礙物」時，就會結束迴圈。

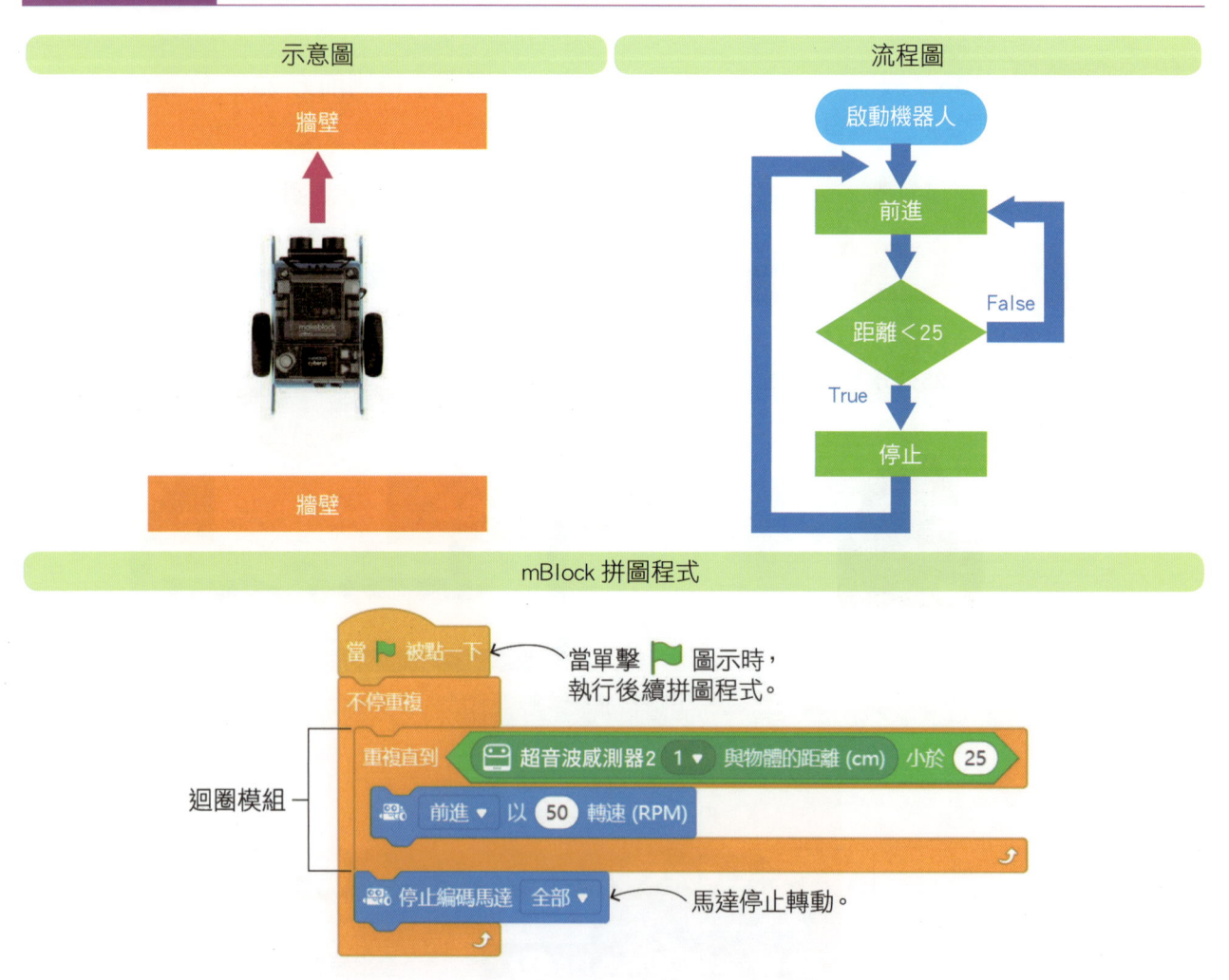

6-5　mBot2 機器人走迷宮

在國際奧林匹克機器人競賽（World Robot Olympiad, WRO）經常出現的「機器人走迷宮」，它就是利用超音波感測器來完成，如圖 6-3 所示。

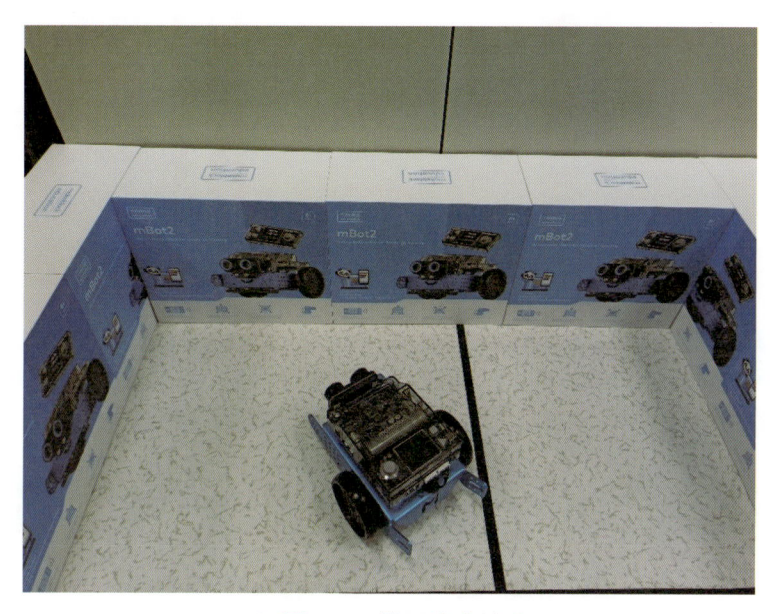

★ 圖 6-3　機器人走迷宮

一、解析

1. 機器人的「超音波感測器」偵測前方有「障礙物」時，「向右轉」或「向左轉」，否則向前走。
2. 如果單獨使用「等待模組」，只能執行一次，無法反覆執行。
3. 解決方法：搭配無限制的「迴圈結構 (Loop)」，可以反覆操作此機器人的動作。

二、常見的兩種情況

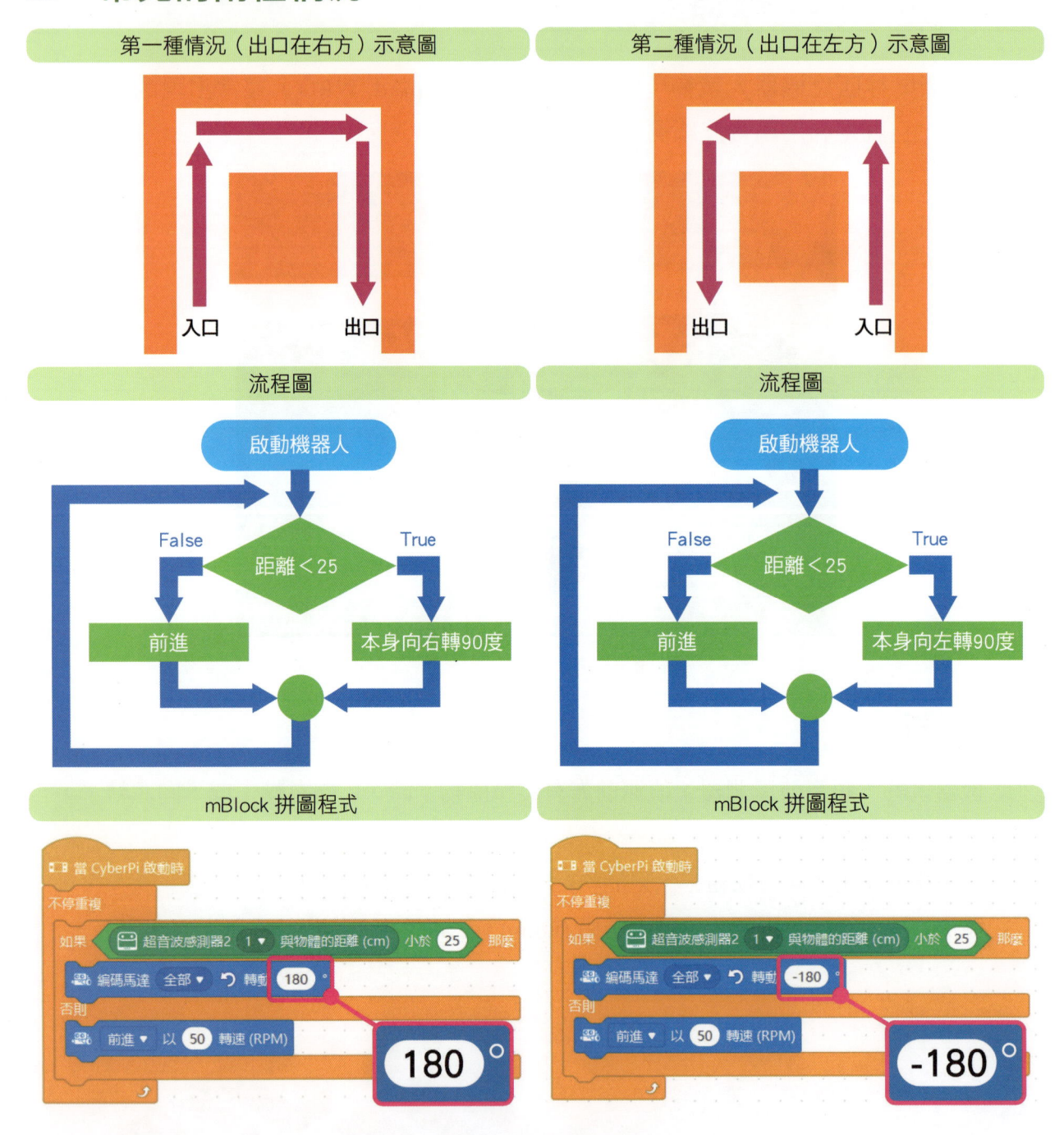

第一種情況（出口在右方）示意圖

入口　出口

第二種情況（出口在左方）示意圖

出口　入口

流程圖

啟動機器人 → 距離＜25
- False：前進
- True：本身向右轉90度

流程圖

啟動機器人 → 距離＜25
- False：前進
- True：本身向左轉90度

mBlock 拼圖程式

當 CyberPi 啟動時
不停重複
　如果 超音波感測器2 1▼ 與物體的距離 (cm) 小於 25 那麼
　　編碼馬達 全部▼ 轉動 180 °
　否則
　　前進▼ 以 50 轉速 (RPM)

180°

mBlock 拼圖程式

當 CyberPi 啟動時
不停重複
　如果 超音波感測器2 1▼ 與物體的距離 (cm) 小於 25 那麼
　　編碼馬達 全部▼ 轉動 -180 °
　否則
　　前進▼ 以 50 轉速 (RPM)

-180°

6-6　超音波感測器控制其他拼圖模組

　　假設我們已經組裝完成一台機器人，想讓機器人依照偵測距離的遠近來決定前進的快慢；亦即機器人越接近障礙物時，速度越慢。此時，我們必須要透過「超音波感應器」來偵測前方障礙物的「距離」，並且將此「距離的數值資料」傳給「馬達」中的轉速。

實作 6-8 超音波偵測的距離來控制馬達的速度（將「超音波感應器」偵測的距離，輸出給馬達當作為它的「馬力」輸入。）

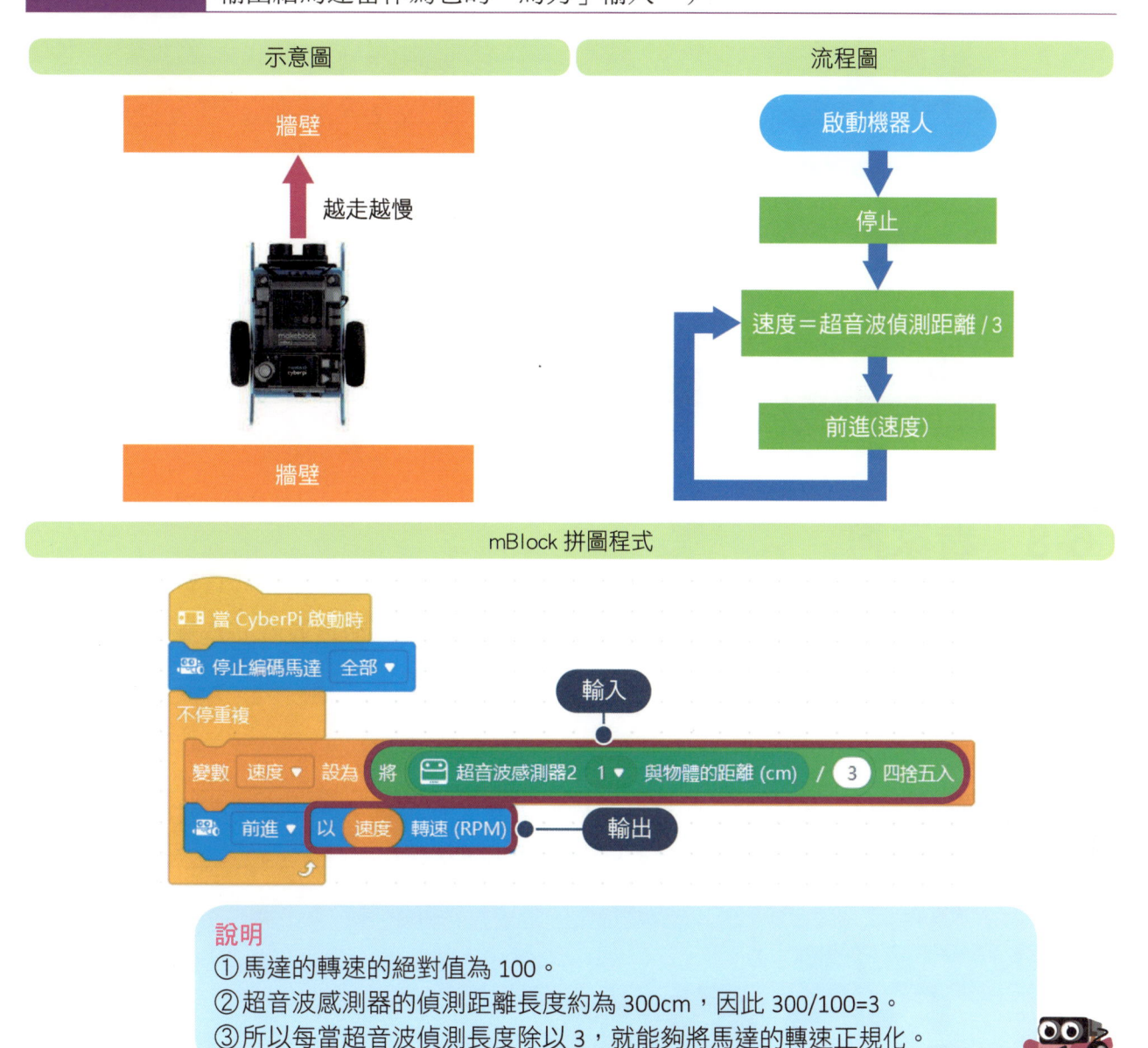

示意圖

越走越慢

牆壁／牆壁

流程圖

啟動機器人 → 停止 → 速度＝超音波偵測距離 / 3 → 前進(速度) →（迴圈回到速度計算）

mBlock 拼圖程式

說明
① 馬達的轉速的絕對值為 100。
② 超音波感測器的偵測距離長度約為 300cm，因此 300/100=3。
③ 所以每當超音波偵測長度除以 3，就能夠將馬達的轉速正規化。

6-7　防撞警示系統

　　目前的汽車大部分都具有防撞警示系統，讓駕駛人可以依照不同的情況來發出不同的音頻，以達到提醒的效果。首先，我們必須要瞭解「距離與聲音頻率的關係」。假設「距離與頻率的方程式」：頻率 (Hz)＝ −50 × 距離 (cm) ＋ 2000。

| 實作 6-9 | 利用「超音波感測器」來模擬「防撞警示系統」的「距離與聲音頻率的關係」。 |

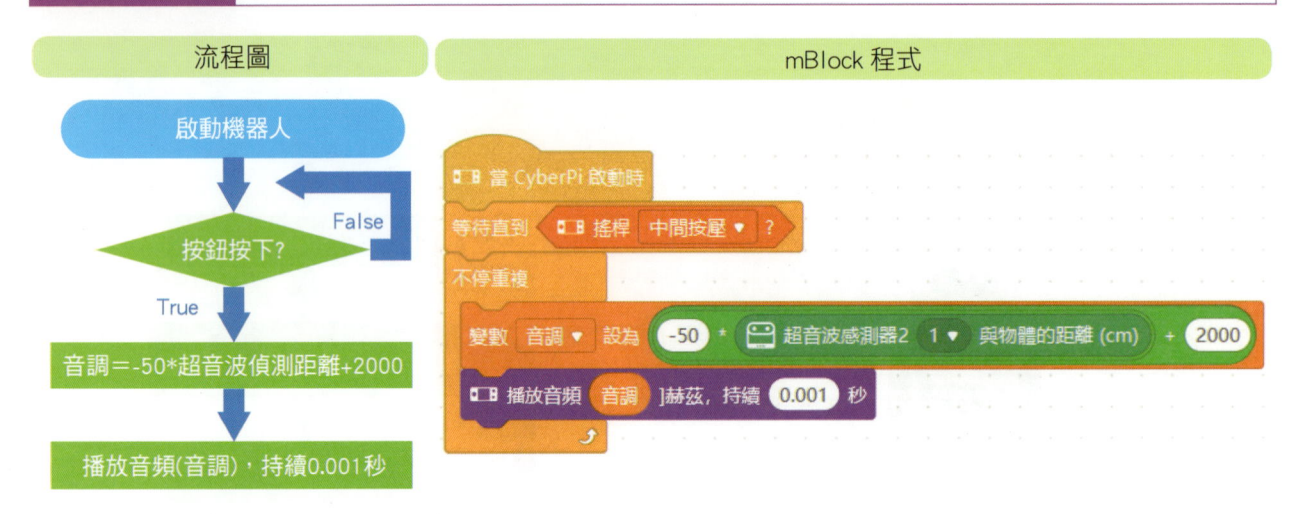

流程圖	mBlock 程式
啟動機器人 → 按鈕按下？(False迴圈/True) → 音調＝-50*超音波偵測距離+2000 → 播放音頻(音調)，持續0.001秒	當 CyberPi 啟動時 等待直到 搖桿 中間按壓 ? 不停重複 　變數 音調 設為 -50 * 超音波感測器2 1 與物體的距離 (cm) + 2000 　播放音頻 音調]赫茲，持續 0.001 秒

6-8 看家狗

目前大部分家庭都會想養小寵物，但有些人雖然喜歡，卻沒有真正飼養的勇氣，畢竟還要花時間照顧。此時就可以考慮設計「電子狗」，電子狗除了可以當作寵物狗，還可以幫我們看家。

| 實作 6-10 | 利用「超音波感測器」來模擬「看家狗系統」。〔假設「前進速度與距離的方程式」：速度 = (距離 (cm)－30)×5)。 |

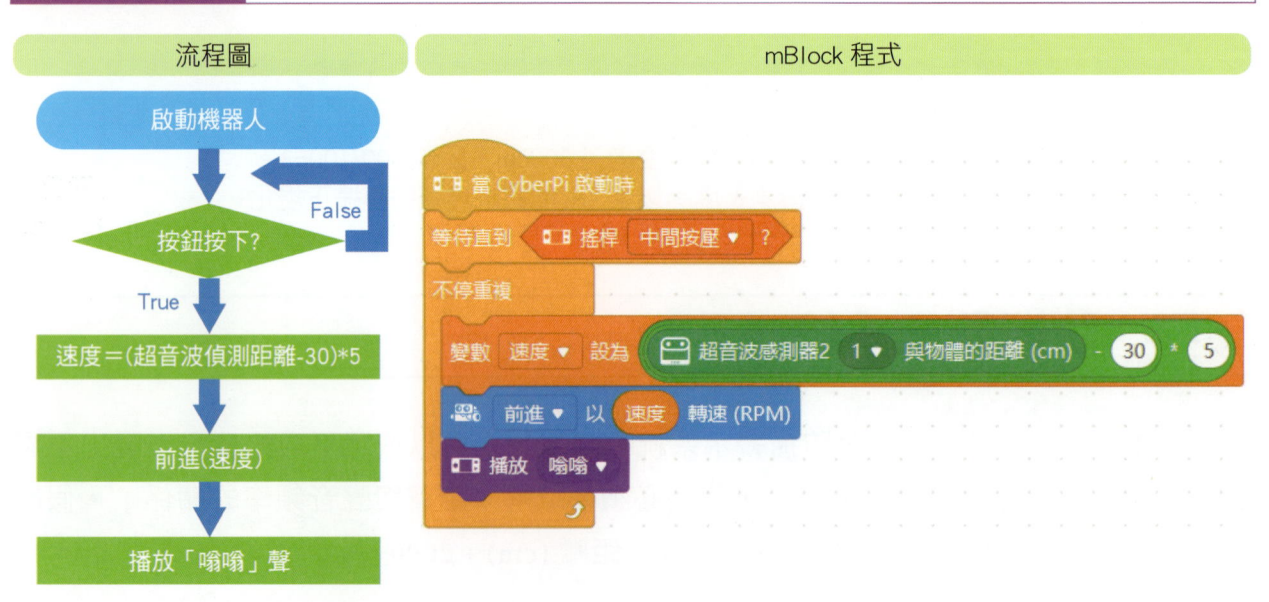

流程圖	mBlock 程式
啟動機器人 → 按鈕按下？(False迴圈/True) → 速度＝(超音波偵測距離-30)*5 → 前進(速度) → 播放「嗡嗡」聲	當 CyberPi 啟動時 等待直到 搖桿 中間按壓 ? 不停重複 　變數 速度 設為 超音波感測器2 1 與物體的距離 (cm) - 30 * 5 　前進 以 速度 轉速 (RPM) 　播放 嗡嗡

Chapter 6　課後習題

一、請設計機器人避障車，完成下圖之直角路徑。

示意圖

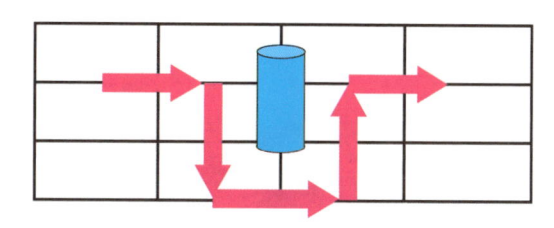

二、請設計機器人避障車，完成下圖之三角形路徑

示意圖

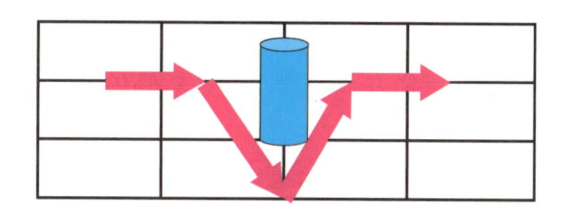

三、利用「超音波感測器」來製作「模擬眼睛閃爍」。

示意圖

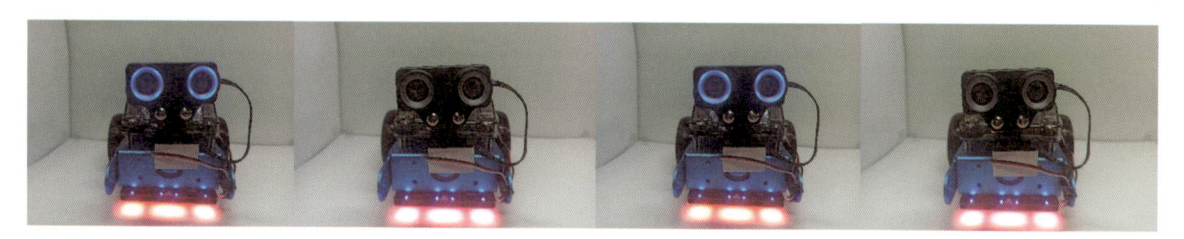

四、利用「超音波感測器」來製作「模擬眼睛逐步入睡」。

示意圖

| 兩顆眼睛全亮 | 兩顆眼睛亮下半邊 | 兩顆眼睛全暗 |

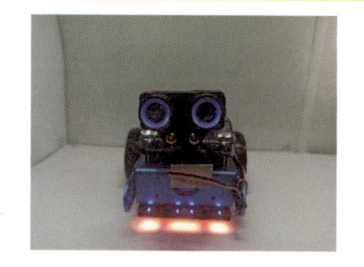

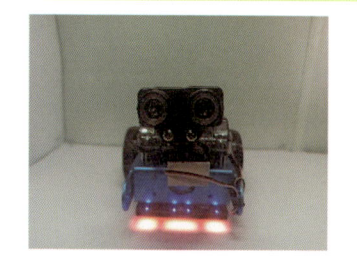

五、請設計一個智慧型走迷宮機器人，模擬人類遇到障礙物時，會左右轉身來查看左右通道的距離，如果左通道沒有障礙就會往左行走，反之，往右行走。

示意圖 1

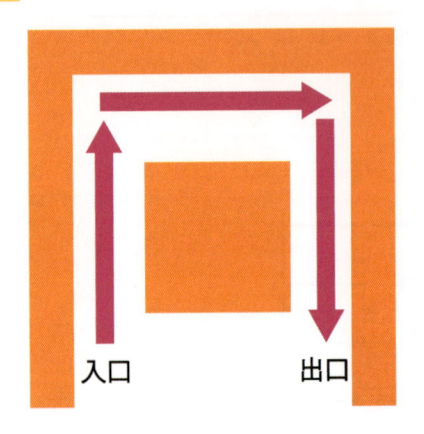

示意圖 2

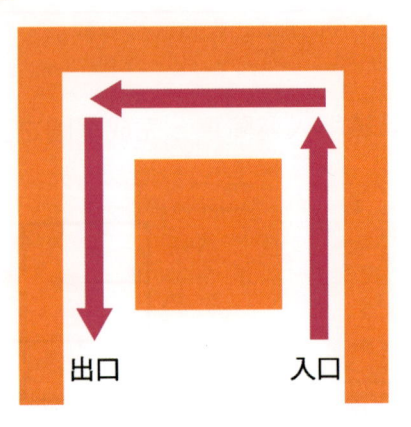

說明
1. 機器人前進，遇到障礙物時；
2. 先左轉偵測前方的距離；
3. 再右轉偵測前方的距離；
4. 如果右側距離大於左側距離，則往右側前進，反之，往左側前進。

Chapter 6　創客實作題

◎ **題目名稱**：mBot2 避障機器人

◎ **題目說明**：請設計機器人避障車，遇到障礙物時可以圓弧形路徑繞過障礙物。

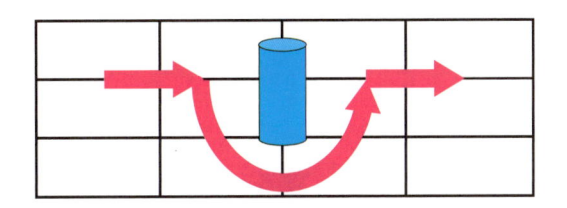

創客題目編號：A039013

60 mins

· 創客指標 ·

外形	機構	電控	程式	通訊	人工智慧	創客總數
1	1	1	3	0	0	6

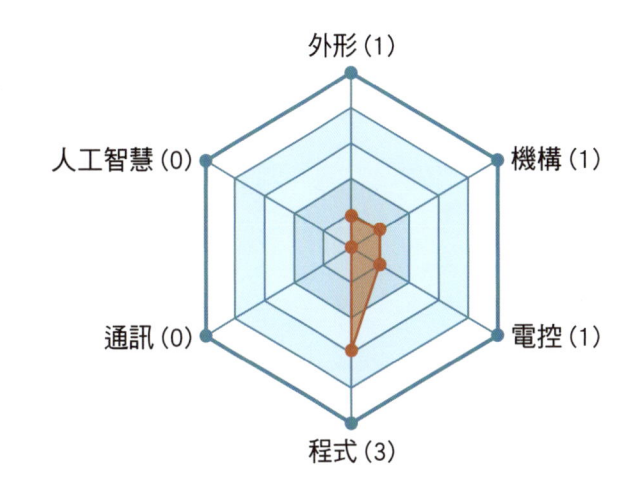

外形(1)　機構(1)　電控(1)　程式(3)　通訊(0)　人工智慧(0)

· 創客素養力 ·

空間力	堅毅力	邏輯力	創新力	整合力	團隊力	素養總數
1	1	1	1	1	1	6

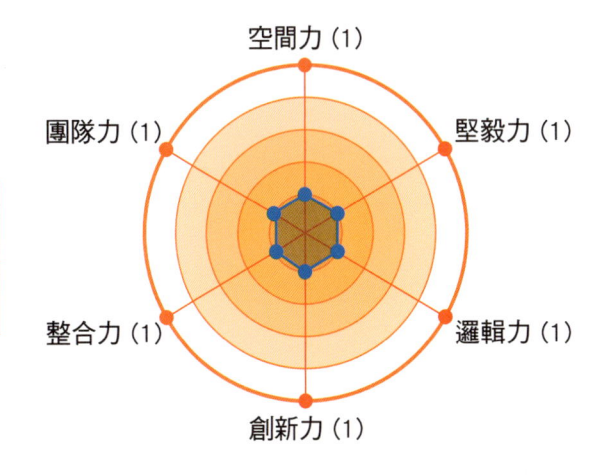

空間力(1)　堅毅力(1)　邏輯力(1)　創新力(1)　整合力(1)　團隊力(1)

Chapter 7 機器人循跡車（循線感測器）

・本章學習目標

1. 讓讀者瞭解 mBot2 機器人輸入端的「循線感測器」之定義及原理。
2. 讓讀者瞭解 mBot2 機器人的「循線感測器」之應用。

・本章內容

7-1　認識循線感測器（四路顏色感測器）
7-2　偵測四路顏色感測器之回傳值
7-3　等待模組（Wait）的循線感應器
7-4　分岔模組（Switch）的循線感測器
7-5　迴圈模組（Loop）的循線感測器
7-6　機器人循跡車
　◎　課後習題
　◎　創客實作題

7-1 認識循線感測器（四路顏色感測器）

一、循線感測器簡介

1. **定義**：四路顏色感測器，又稱為循線感測器，它是由四顆指示燈所組成，可以用來偵測不同的狀態。因此，當偵測到「背景」時，指示燈亮起，否則，指示燈不亮，代表偵測到「線」。其中，「背景」是指較淺的顏色，「線」是指較深的顏色，它可以用來識別八種顏色（白、紅、黃、綠、青、藍、紫、黑），並且新增了補光燈功能，降低環境光對顏色識別的干擾。

2. **目的**：偵測地板上的不同顏色，使機器人進行不同的動作。

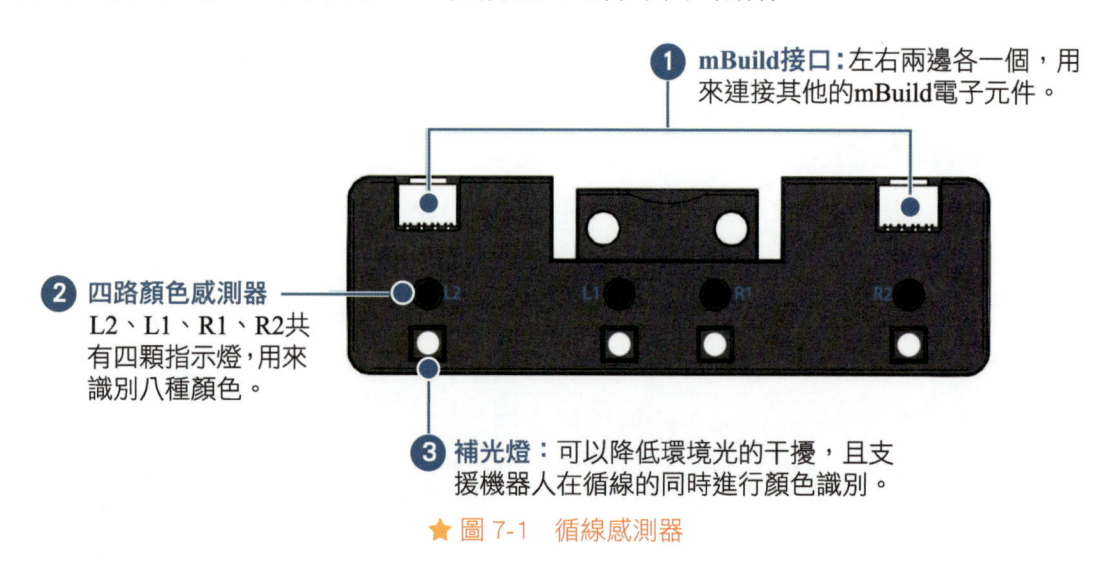

❶ **mBuild接口**：左右兩邊各一個，用來連接其他的mBuild電子元件。

❷ **四路顏色感測器** L2、L1、R1、R2共有四顆指示燈，用來識別八種顏色。

❸ **補光燈**：可以降低環境光的干擾，且支援機器人在循線的同時進行顏色識別。

★ 圖 7-1　循線感測器

3. **特色**：與 mBot 第一代循線感測器的差異。

   ❶ 具有「補光燈」功能，更符合人眼直覺。

   ❷ 具有「自我調整學習」功能，從容應對環境光變化。

   ❸ 同時具有「循線＋識別顏色」功能。

   ❹ 具有「線偏移位置」偵測功能，可以設計更複雜 PID 比例控制。

   ❺ 具有「十字入口檢測」功能，主要是透過四路感測器探頭的循線程式設計。

   ❻ 塑膠外殼包裝，有效降低靜電和碰撞風險。

4. 應用範例：

① 循跡機器人（沿著線來行走）。

② 垃圾車（循跡車 + 超音波感測器）。

二、從「循線狀態」來分析「車與線」的位置關係

四路顏色感測器是由 4 位二進位數所組成，回傳值範圍：0000 ～ 1111。

1. 對應十進位數值為：0 ～ 15。
2. 從「高位值」到「低位值」，依次為 L2、L1、R1、R2
3. 當偵測到「背景」色時，回傳值為 1；當偵測到「線」色時，回傳值為 0。

★ 表 7-1　回傳值狀態與感測器偵測結果的對應表

L2 狀態	L1 狀態	R1 狀態	R2 狀態	回傳值（二進位）	回傳值（十進位）
線	線	線	線	0000	0
線	線	線	背景	0001	1
線	線	背景	線	0010	2
線	線	背景	背景	0011	3
線	背景	線	線	0100	4
線	背景	線	背景	0101	5
線	背景	背景	線	0110	6
線	背景	背景	背景	0111	7
背景	線	線	線	1000	8
背景	線	線	背景	1001	9
背景	線	背景	線	1010	10
背景	線	背景	背景	1011	11
背景	背景	線	線	1100	12
背景	背景	線	背景	1101	13
背景	背景	背景	線	1110	14
背景	背景	背景	背景	1111	15

7-2 偵測四路顏色感測器之回傳值

在前一章節中，已經瞭解四路顏色感測器的偵測原理之後，接下來，我們再實際撰寫程式來偵測四路顏色感測器之回傳值。

一、方法一：利用變數來顯示回傳值

1. **程式碼**：如下圖所示。

2. **測試回傳值**：mBot2 循線感應器偵測黑色線，如圖 7-2 所示，其判斷所得回傳值有 16 種情況，如表 7-2 所示。

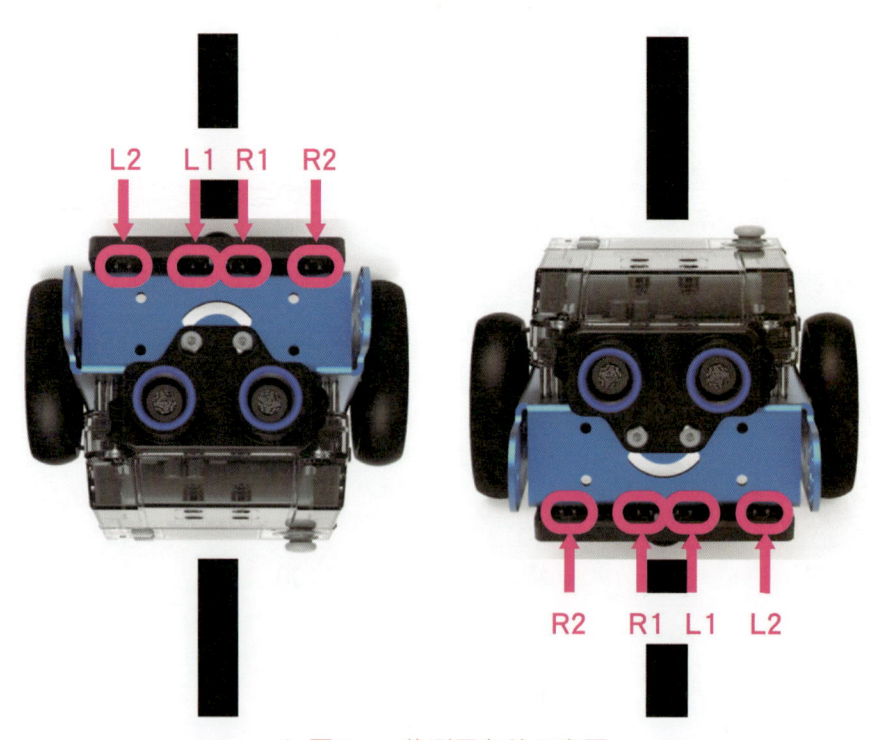

★ 圖 7-2　偵測黑色線示意圖

第 7 章　機器人循跡車（循線感測器）　135

★ 表 7-2　測試回傳值的十六種情況

高位值 ➡ 低位值

8	4	2	1				
L2（左2）	L1（左1）	R1（右1）	R2（右2）	回傳值（二進位）	回傳值（十進位）	小車狀態	示意圖（可能的情況）
0	0	0	0	0000	0	皆在黑線上	
0	0	0	1	0001	1	剛到 90 度轉角	
0	0	1	0	0010	2	跨越左上方	
0	0	1	1	0011	3	低度偏右邊	
0	1	0	0	0100	4	跨越右下方	
0	1	0	1	0101	5		
0	1	1	0	0110	6	跨越兩邊	
0	1	1	1	0111	7	高度偏右邊	
1	0	0	0	1000	8	遇到轉角	

1	0	0	1	1001	9	黑線正中間	
1	0	1	0	1010	10		
1	0	1	1	1011	11	左轉過彎	
1	1	0	0	1100	12	低度偏左邊	
1	1	0	1	1101	13		
1	1	1	0	1110	14	高度偏左邊	
1	1	1	1	1111	15	出軌了	

二、方法二：偵測偏差值

1. **程式碼**：如下圖所示。

第 7 章　機器人循跡車（循線感測器）　137

2. 示意圖：如圖 7-3 所示。

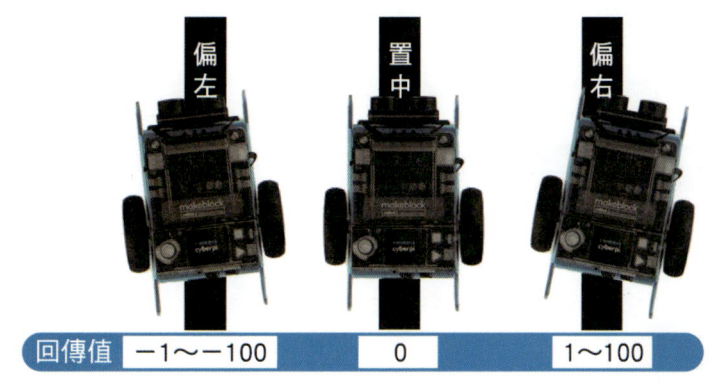

偏左	置中	偏右
回傳值 −1～−100	0	1～100

圖 7-3 示意圖

三、方法三：直接勾選四路顏色感測器

不需撰寫 mBlock 程式：☑ 四路顏色感測器 1▼ 循線狀態數值(0~15)

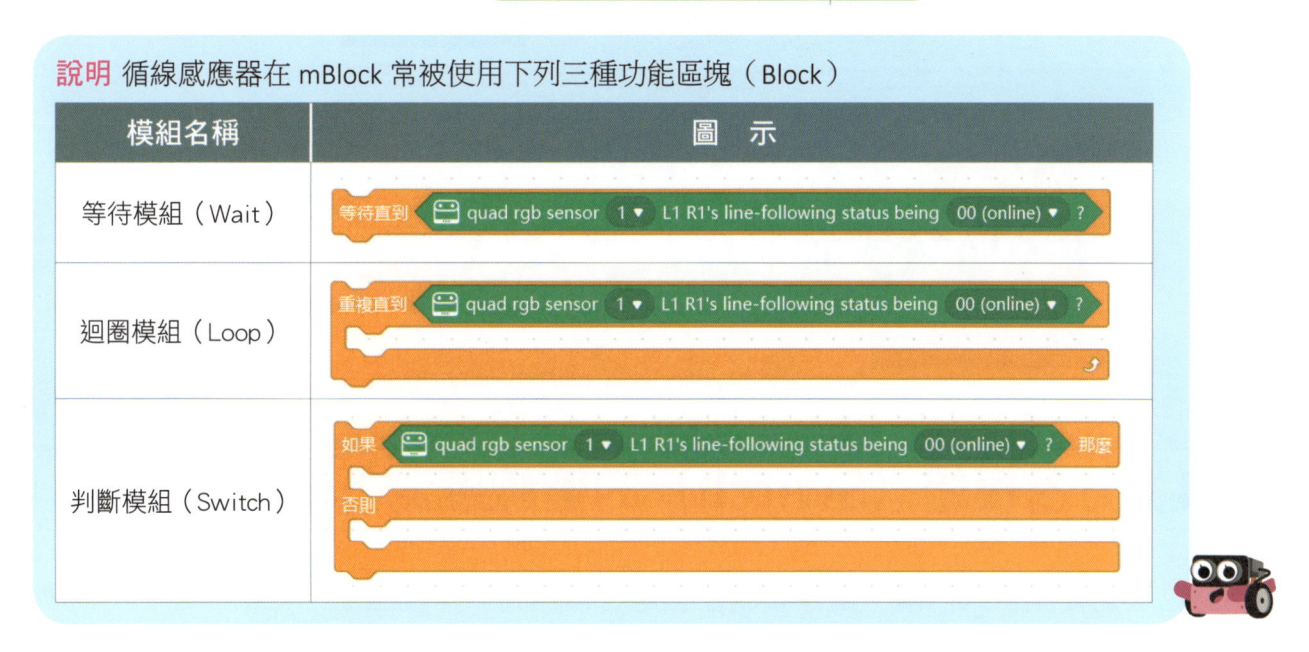

說明 循線感應器在 mBlock 常被使用下列三種功能區塊（Block）

模組名稱	圖示
等待模組（Wait）	等待直到 quad rgb sensor 1▼ L1 R1's line-following status being 00 (online)▼ ?
迴圈模組（Loop）	重複直到 quad rgb sensor 1▼ L1 R1's line-following status being 00 (online)▼ ?
判斷模組（Switch）	如果 quad rgb sensor 1▼ L1 R1's line-following status being 00 (online)▼ ? 那麼　否則

7-3　等待模組（Wait）的循線感應器

等待模組是用來設定等待「循線感應器」偵測到「門檻值（線）」時，再繼續執行下一個動作。其拼圖程式如下圖所示：

偵測值

等待直到 quad rgb sensor 1▼ L1 R1's line-following status being 00 (online)▼ ?

實作 7-1 機器人往前走,等到「循線感測器」偵測到「線」時,就會「停止」。(請利用等待模組。)

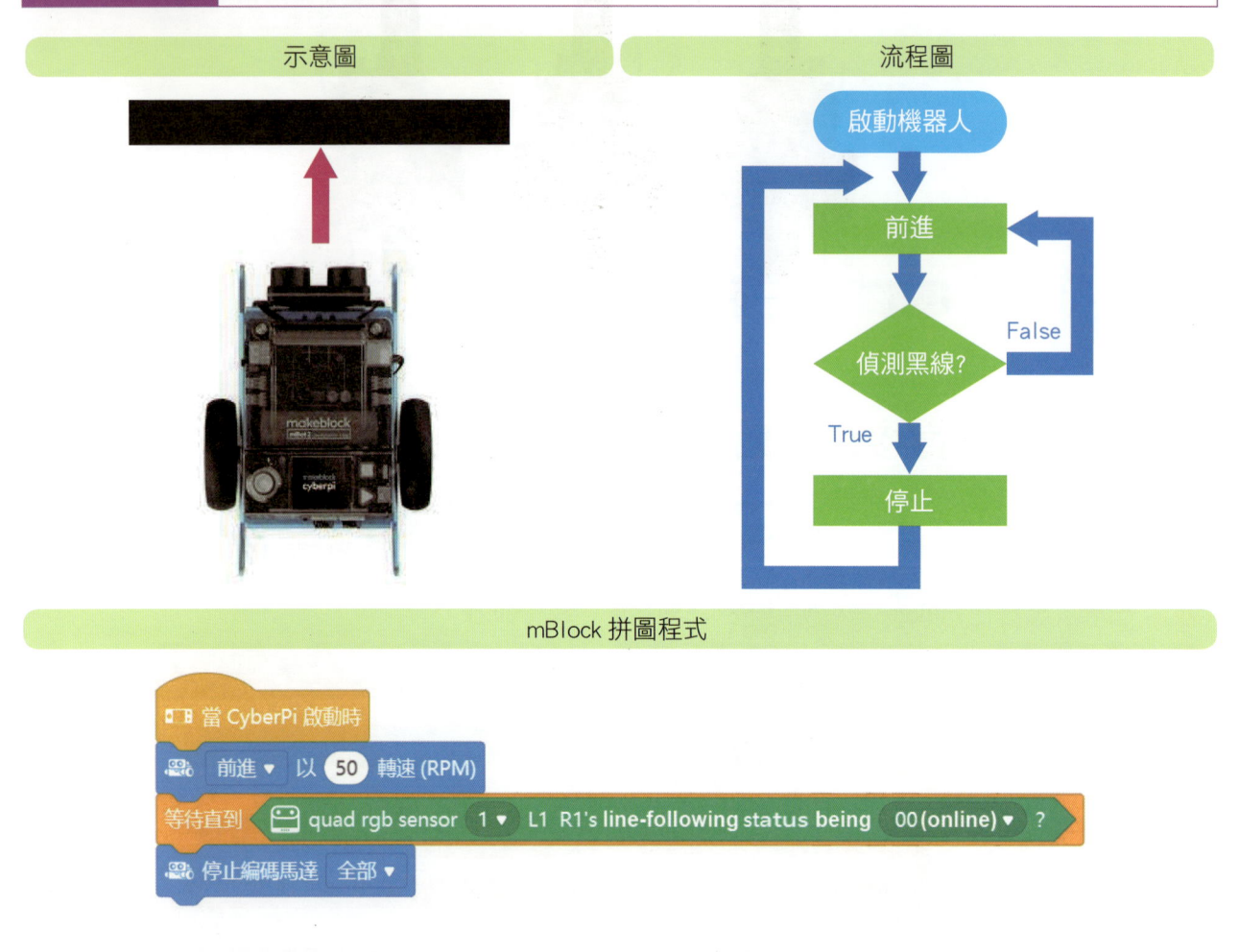

示意圖　　　　　　　　　　　流程圖

mBlock 拼圖程式

7-4　分岔模組(Switch)的循線感測器

　　分岔模組是指用來判斷「循線感測器」是否偵測到「黑色線」,如果「是」,則執行「上面」的分支,否則就會執行「下面」的分支。其拼圖程式如下圖所示:

第 7 章　機器人循跡車（循線感測器）　139

```
如果 [quad rgb sensor  1▼  L1 R1's line-following status being  00 (online)▼ ?] 那麼
                                                                            ●—①
否則
                                                                            ●—②
```

說明
①當條件式「成立」時，則執行「上面」的分支。
②當條件式「不成立」時，則執行「下面」的分支。

實作 7-2

機器人往前走，等到「循線感測器」偵測到「黑色線」，就會「停止」。（請利用分岔模組。）

示意圖

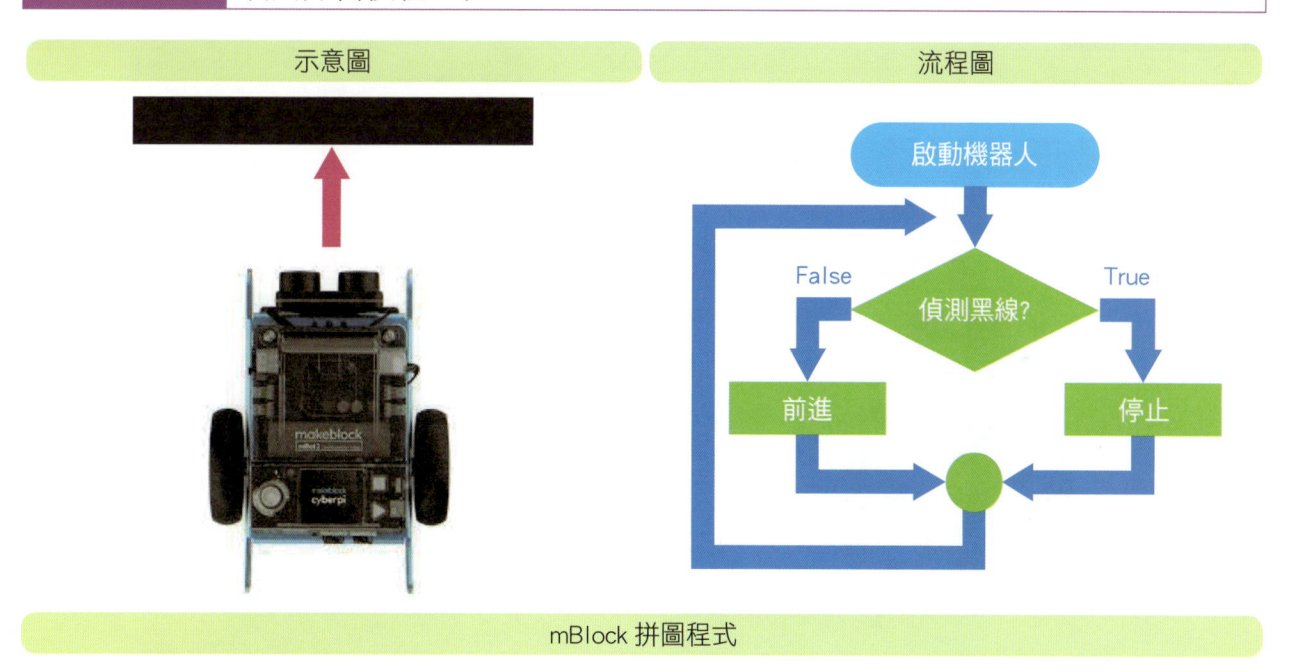

流程圖

啟動機器人 → 偵測黑線？
- True → 停止
- False → 前進

mBlock 拼圖程式

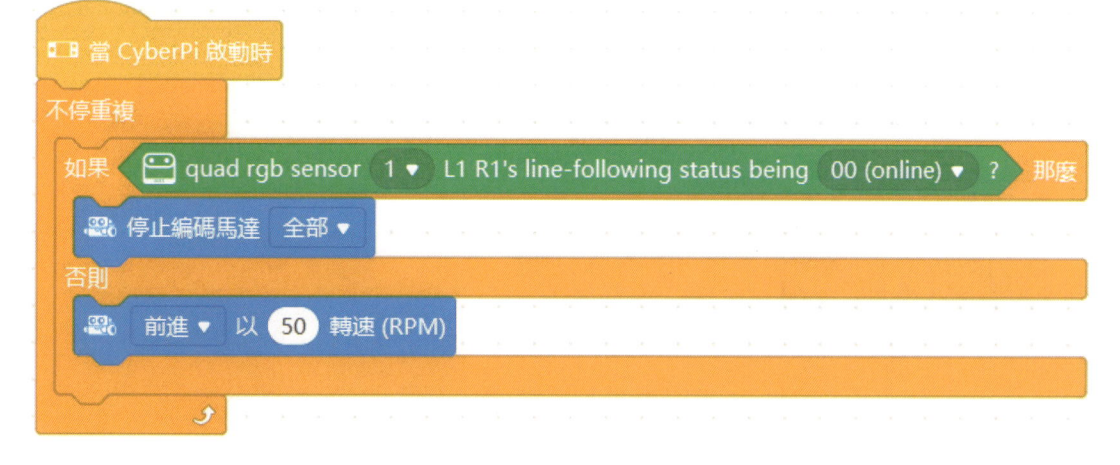

```
當 CyberPi 啟動時
不停重複
    如果 [quad rgb sensor 1▼ L1 R1's line-following status being 00 (online)▼ ?] 那麼
        停止編碼馬達 全部▼
    否則
        前進▼ 以 50 轉速 (RPM)
```

7-5　迴圈模組（Loop）的循線感測器

迴圈模組是指用來等待「循線感測器」是否偵測到「黑色線」，如果「是」，則結束迴圈。其拼圖程式如下圖所示：

實作 7-3　機器人往前走，直到「循線感測器」偵測黑色線，就會「停止」。（請利用迴圈模組）。

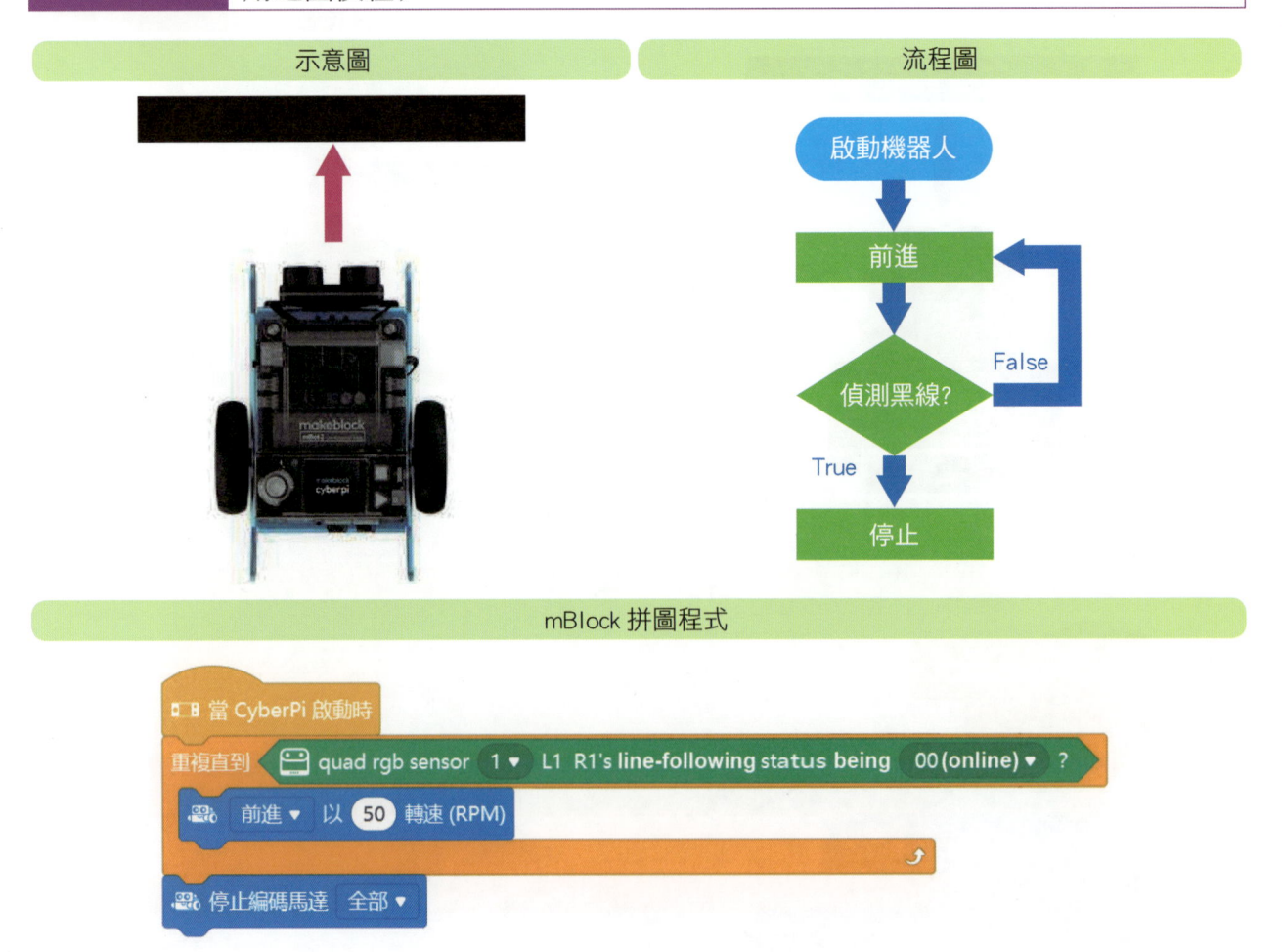

示意圖　　　　　　　　　　　　流程圖

mBlock 拼圖程式

7-6 機器人循跡車

目前在機器人領域中，國內外有非常多的比賽都需要「軌跡」，亦即利用「四路顏色感測器」沿著黑色線前進，如圖 7-4 所示。

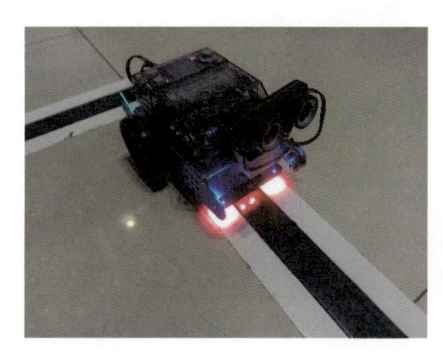

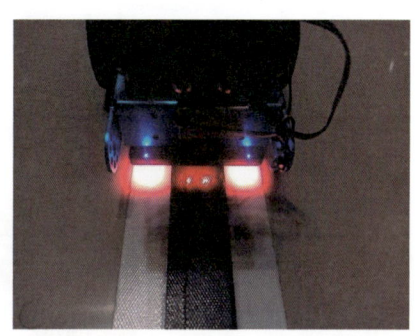

★ 圖 7-4　機器人循跡車

雖然「四路顏色感測器」上有四顆指示燈，但如果機器人循線的路徑較單純，沒有特殊情況，例如十字路口，基本上只需要四顆指示燈中的內部兩顆指示燈即可（L1 及 R1）設計機器人，使之循線。如圖 7-5 所示。

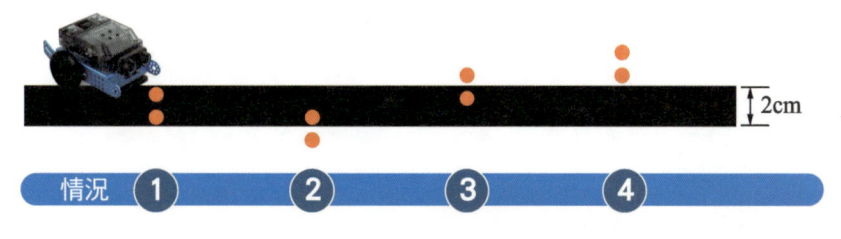

★ 圖 7-5　循環的四種情況

mBot2 機器人在行走過程中，可能會產生以上四種情況，因此，為了達到 mBot2 機器人能沿著黑線行走的效果，我們必須進行各種調整，亦即不同的情況，做不同的調整動作，如表 7-3 所示。

★ 表 7-3　四種情況的調整動作

情況	L1（左邊）	R1（右邊）	回傳值	調整動作
①在黑線上	黑色	黑色	00	往前走
②偏向右邊	黑色	白色	01	往左轉
③偏向左邊	白色	黑色	10	往右轉
④完全偏離黑線	白色	白色	11	兩種情況（見說明）

說明
如果 mBot2 機器人完全偏離黑線時，該往左轉或往右轉必須要先判斷 mBot2 機器人上一次的轉向，如果上一次是向左轉而造成 mBot2 機器人完全偏離黑線時，那就向右轉來調整 mBot2 機器人的行進方向。

實作 7-4
請針對「四路顏色感測器」中的 L1、R1 兩個感測器回傳值之三種情況，來調整 mBot2 機器人沿著黑色線行走。

使用地圖：mBot2 機器人官方的地圖

mBlock 拼圖程式

1. 第一種寫法（L1 及 R1 循線二進位狀態）

```
當 CyberPi 啟動時
等待直到 < 搖桿 中間按壓 ?>
不停重複
    如果 < quad rgb sensor 1 L1 R1's line-following status being 00 (online) ? > 那麼
        前進 以 50 轉速 (RPM)
    如果 < quad rgb sensor 1 L1 R1's line-following status being 01 (line's rightside) ? > 那麼
        左轉 以 20 轉速 (RPM)
    如果 < quad rgb sensor 1 L1 R1's line-following status being 10 (line's rightside) ? > 那麼
        右轉 以 20 轉速 (RPM)
```

2. 第二種寫法（L1 及 R1 循線顏色狀態）

```
當 CyberPi 啟動時
等待直到 < 搖桿 中間按壓 ?>
不停重複
    如果 < 四路顏色感測器 1 偵測口 (3) 左1 偵測到 黑 且 四路顏色感測器 1 偵測口 (2) 右1 偵測到 黑 > 那麼
        前進 以 50 轉速 (RPM)
    如果 < 四路顏色感測器 1 偵測口 (3) 左1 偵測到 黑 且 四路顏色感測器 1 偵測口 (2) 右1 偵測到 白 > 那麼
        左轉 以 20 轉速 (RPM)
    如果 < 四路顏色感測器 1 偵測口 (3) 左1 偵測到 白 且 四路顏色感測器 1 偵測口 (2) 右1 偵測到 黑 > 那麼
        右轉 以 20 轉速 (RPM)
```

3. 第三種寫法（L2、L1、R1、R2 循線二進位狀態）

```
當 CyberPi 啟動時
等待直到 [搖桿 中間按壓▼] ?
不停重複
    如果 [四路顏色感測器 1▼ 循線狀態 (9) 1001▼] 那麼
        前進▼ 以 50 轉速 (RPM)
    如果 [四路顏色感測器 1▼ 循線狀態 (3) 0011▼] 那麼
        左轉▼ 以 20 轉速 (RPM)
    如果 [四路顏色感測器 1▼ 循線狀態 (12) 1100▼] 那麼
        右轉▼ 以 20 轉速 (RPM)
```

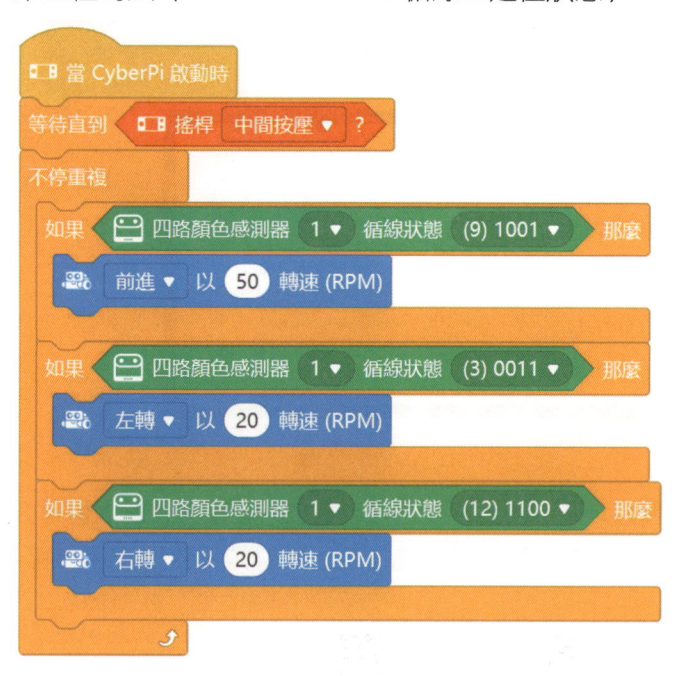

4. 第四種寫法（L2、L1、R1、R2 循線二進位狀態）

```
當 CyberPi 啟動時
等待直到 [搖桿 中間按壓▼] ?
不停重複
    如果 [quad rgb sensor 1▼ 's line-following status being (9) 1001▼] ? 那麼
        前進▼ 以 100 轉速 (RPM)
    如果 [quad rgb sensor 1▼ 's line-following status being (3) 0011▼] ? 那麼
        左轉▼ 以 20 轉速 (RPM)
    如果 [quad rgb sensor 1▼ 's line-following status being (12) 1100▼] ? 那麼
        右轉▼ 以 20 轉速 (RPM)
    如果 [quad rgb sensor 1▼ 's line-following status being (1) 0001▼] ? 那麼
        左轉▼ 以 60 轉速 (RPM)
    如果 [quad rgb sensor 1▼ 's line-following status being (0) 0000▼] ? 那麼
        左轉▼ 以 80 轉速 (RPM)
```

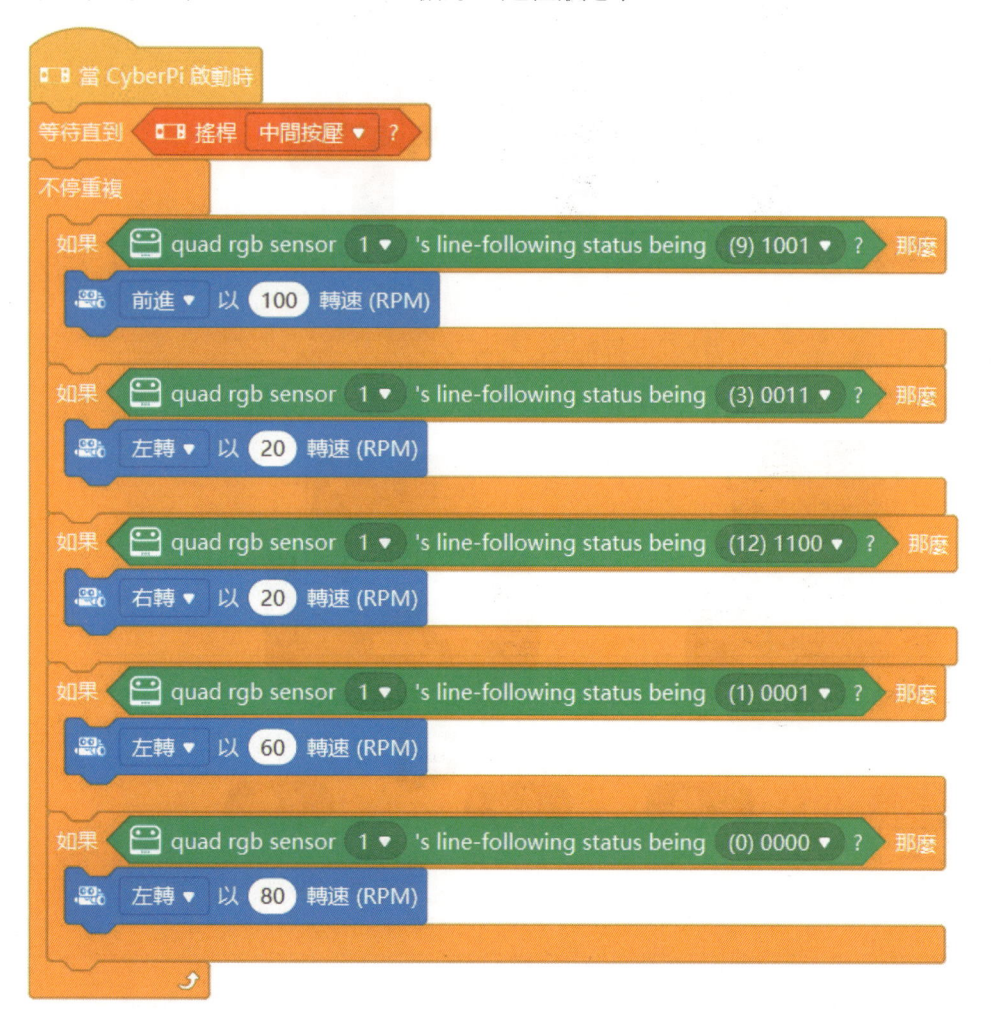

實作 7-5　請針對「四路顏色感測器」來行走「方形地圖」。

使用地圖：筆者製作的方形地圖

在前一個實作中，我們使用 L1、R1 兩個感測器，雖然可以行走官方的圓滑邊地圖，但是卻無法行走方形地圖，因為行走到 90 度轉彎時，會無法順利的左轉或右轉，而導致出軌情況，如圖 7-6 所示：

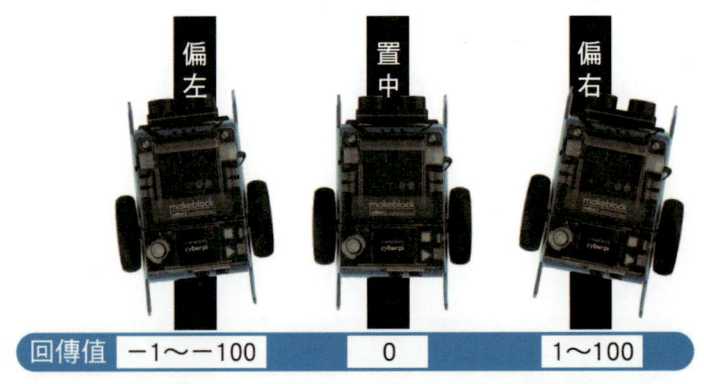

偏左	置中	偏右
回傳值 −1～−100	0	1～100

★ 圖 7-6　各種循線情況可能的偏移值 [1]

分析說明

1. mBot2 編碼馬達標準安裝方式：

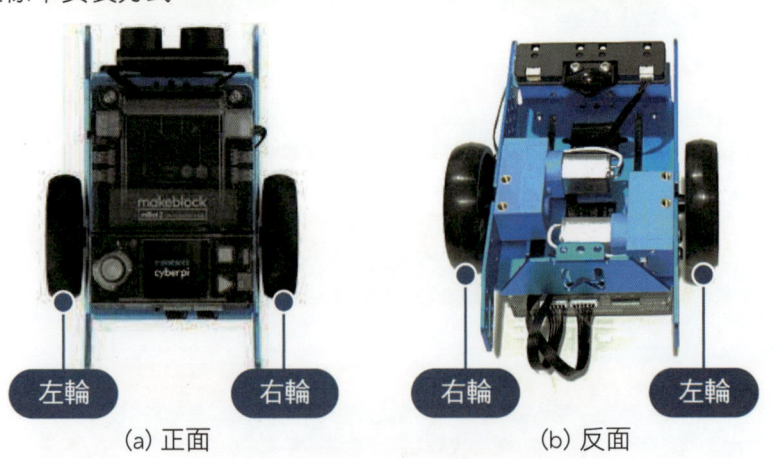

(a) 正面　　　(b) 反面

★ 圖 7-7　mBot2 編碼馬達標準安裝方式

---

1. 資料來源：官方網站。

從上圖中的右邊，我們可以清楚瞭解左、右編碼馬達安裝方式剛好相反，亦即如果想要讓 mBot2 機器人「前進」時：

① 「左輪」做「順時針」轉動。
② 「右輪」做「逆時針」轉動。

因此，設定編碼馬達轉速為如下：左輪 =base_speed，右輪 =-1*base_speed。

> **說明**
> mBot2 機器人「前進」，左輪及右輪馬達都必須要「正向」轉動，因此右輪的「逆時針」轉動必須要乘上「-1」才能得到「正向」轉動，其中 base_speed 代表 mBot2 機器人設定的基本速度。

此外，mBot2 機器人在進行各種循線時，可能會產生上述討論的「左偏或右偏」情況，因此，我們必須要動態地調節馬達的轉速增減大小，從而實現更順滑的循線。

2. 調節馬達的轉速增減大小：

① 第一種情況（偏左）：當感測器位於循線的「左側」時，「偏移值」＜ 0，此時
  ・mBot2 機器人，車頭需「右轉」調整。
  ・mBot2 機器人，「左輪」應「加速」，「右輪」應「減速」。
  ・設定編碼馬達轉速，如表 7-4 所示：

★ 表 7-4　設定編碼馬達轉速

左、右輪調整	實際調整
「左輪」應「加速」	left_speed = base_speed- 偏移值 假設：base_speed 為 40，偏移值為 -50 left_speed =40-(-50)=90
「右輪」應「減速」	right_speed =-1*（base_speed+ 偏移值） 假設：base_speed 為 40，偏移值為 -50 right_speed =-1*(40+(-50))=-1*(-10)=10

② 第二種情況（置中）：當感測器位於循線的「置中」時，「偏移值」=0，此時 mBot2 機器人如果以 base_speed 的速度直線前進，則需要：
  ・「左輪」做「順時針」轉動。
  ・「右輪」做「逆時針」轉動。

③ 第三種情況（偏右）：當感測器位於循線的「右側」時，「偏移值」>0，此時：
  ・mBot2 機器人，車頭需「左轉」調整。
  ・mBot2 機器人，「左輪」應「減速」，「右輪」應「加速」。

★ 表 7-5　設定編碼馬達轉速

左、右輪調整	實際調整
「左輪」應「減速」	left_speed =base_speed- 偏移值 假設：base_speed 為 40，偏移值為 50 left_speed =40-50=-10
「右輪」應「加速」	right_speed =-1*（base_speed+ 偏移值） 假設：base_speed 為 40，偏移值為 50 right_speed =-1*(40+50)=-1*(90)=-90

綜合上述分析，我們可以得到循線時馬達速度設置的公式：
- 左輪馬達速度：left_speed=base_speed- 偏移值
- 右輪馬達速度：right_speed =-1*（base_speed+ 偏移值）

其中 base_speed 是循線的基礎速度，而「偏移值」反應了循線感測器推測的它與循線的位置關係。

mBlock 拼圖程式

（拼圖程式：當 CyberPi 啟動時；等待直到搖桿中間按壓？；變數 base_speed 設為 40；不停重複：變數 left_power 設為 base_speed - 四路顏色感測器 1 偏差值(-100~100)；變數 right_power 設為 -1 * base_speed + 四路顏色感測器 1 偏差值(-100~100)；編碼馬達 EM1 轉動以 left_power %動力, 編碼馬達 EM2 轉動以 right_power %動力）

說明

雖然循線時馬達速度設置的公式，已經可以讓我們的循線更加滑順，但有時候循線的效果也會不盡理想。我們知道當小車左偏時需要右轉，但若右轉不到位或是轉過頭了，就無法實現較好的循線效果。因此，我們需要一個參數來控制「偏差值」對轉彎的程度的影響，這就是「偏差比例係數」Kp 的概念。

①基本公式：
- left_speed=base_speed- 偏移值
- right_speed =-1*（base_speed+ 偏移值）

②PID 比例係數公式：

在引入「Kp」概念後，我們可以將原本的公式改寫為
- left_speed=base_speed-Kp* 偏移值
- right_speed =-1*（base_speed+Kp* 偏移值）

③程式碼：

```
當 CyberPi 啟動時
等待直到 ▢ 搖桿 中間按壓▼ ?
變數 base_speed▼ 設為 40
變數 kp▼ 設為 0.8
不停重複
    變數 left_power▼ 設為 base_speed - kp * 四路顏色感測器 1▼ 偏差值(-100~100)
    變數 right_power▼ 設為 -1 * base_speed + kp * 四路顏色感測器 1▼ 偏差值(-100~100)
    編碼馬達 EM1 ↻ 轉動以 left_power %動力, 編碼馬達 EM2 ↻ 轉動以 right_power %動力
```

④規則：
- 越大的 base_speed 會傾向使用越大的 Kp 值，以防止小車無法及時轉彎。
- 越小的 base_speed 則需要越小的 Kp 值，以防止轉彎過頭。
- 並沒有一成不變的 Kp 值設置，必須根據實際情況和需求選擇最合適的數值。

Chapter 7　課後習題

一、請設計「機器人偵測到第二條黑線就停止」的程式。

示意圖

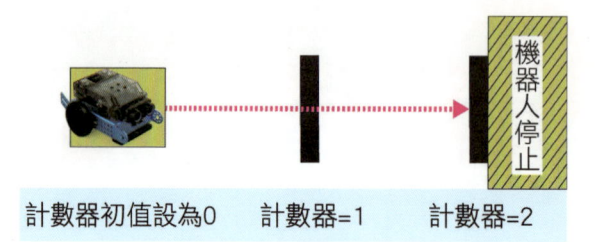

計數器初值設為0　　計數器=1　　計數器=2

二、請設計「機器人循線 5 秒後停止」的程式。

示意圖

5秒後停止

Chapter 7　創客實作題

◎ **題目名稱**：PID 循線避障機器人

◎ **題目說明**：請利用 PID 方式來撰寫「循線避障機器人」的程式。

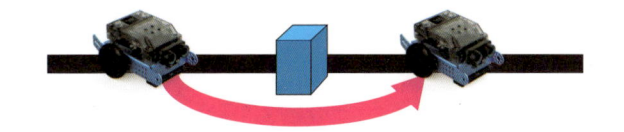

創客題目編號：A039014

60 mins

・創客指標・

外形	機構	電控	程式	通訊	人工智慧	創客總數
1	1	1	4	0	0	7

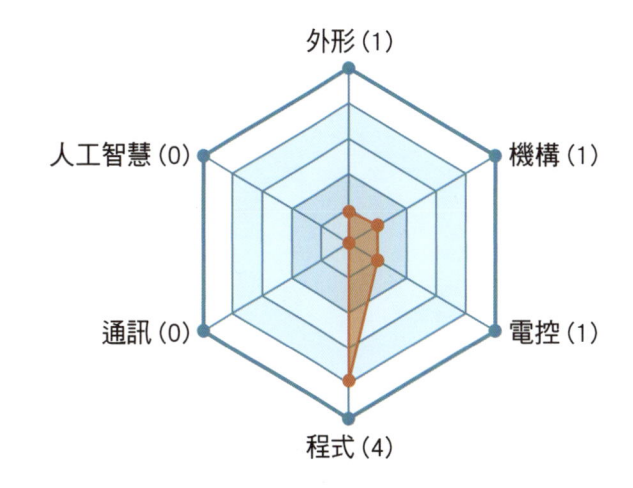

外形 (1)
機構 (1)
電控 (1)
程式 (4)
通訊 (0)
人工智慧 (0)

・創客素養力・

空間力	堅毅力	邏輯力	創新力	整合力	團隊力	素養總數
1	1	1	1	1	1	6

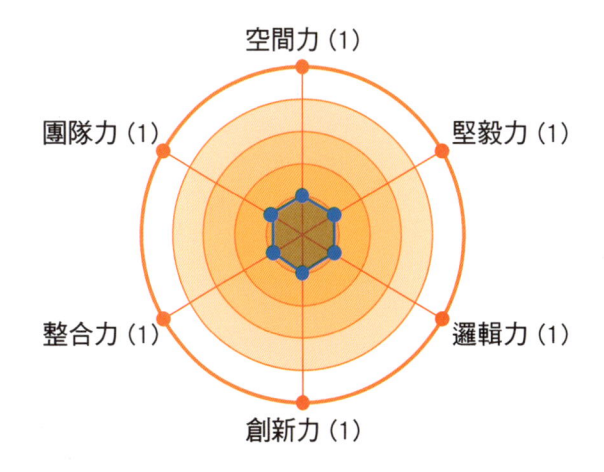

空間力 (1)
堅毅力 (1)
邏輯力 (1)
創新力 (1)
整合力 (1)
團隊力 (1)

Chapter

8 機器人太陽能車（光源感測器）

- **本章學習目標**
  1. 讓讀者瞭解 mBot2 機器人輸入端的「光源感測器」之定義及原理。
  2. 讓讀者瞭解 mBot2 機器人「光源感測器」的各種使用方法。

- **本章內容**
  - 8-1 認識光源感測器
  - 8-2 等待模組（Wait）的光源感測器
  - 8-3 分岔模組（Switch）的光源感測器
  - 8-4 迴圈模組（Loop）的光源感測器
  - 8-5 光源感測器控制其他拼圖模組
  - 8-6 製作一台機器人太陽能車
  - 8-7 製作一台機器人蟑螂車
  - 8-8 製作一座智慧型路燈
  - ◎ 課後習題
  - ◎ 創客實作題

8-1　認識光源感測器

一、光源感測器簡介

　　光源感測，是指用來偵測環境中光值的強度；光源感測器可以取周圍環境不同的光值，讓機器人執行不同的動作。它位在 CyberPi 控制器上的左上方，如圖 8-1 所示。

二、應用範例

1. 製作一台機器人太陽能車。
2. 製作一台機器人蟑螂車。
3. 製作一台智慧型路燈〔白天（亮）→ LED 關，晚上（暗）→ LED 開〕。

★ 圖 8-1　mBot2 光源感測器外觀圖示

三、偵測光源感測器的值

　　學習使用「感測器」的首要工作，就是先學會如何將感測器偵測的數值回傳。以下為最常見的兩種方法：

1. 第一種方法：利用變數

> mBlock 拼圖程式

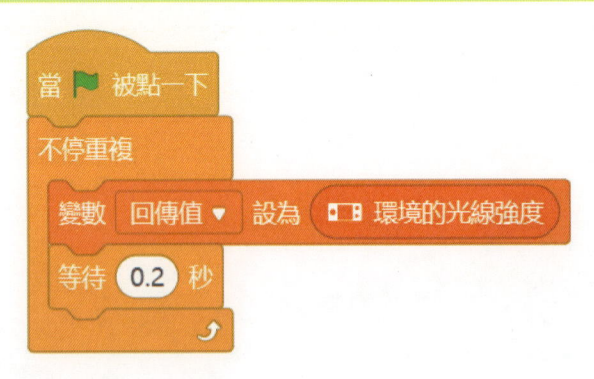

當 ▶ 被點一下
不停重複
　變數 回傳值 ▼ 設為 環境的光線強度
　等待 0.2 秒

Chapter 8　機器人太陽能車（光源感測器）　153

測試光源值

用手放在光線感應器上方約 1 公分　　　　　手慢慢地往上移動

測試結果

回傳值 34　偵測的光值比較低

回傳值 79　偵測的光值比較高

說明　感測值範圍
基本上，光線感應器的感測值範圍為 0~100。
①「室內」的自然光：0 到 50 之間（值愈大，即代表亮度愈大）。
②「室外」的自然光：超過 90（如果在「室內」利用手電筒照射也可）。

2. 第二種方法：勾選「 ✓ 環境的光線強度 」

不需撰寫 mBlock 程式　　　　　　　　　測試結果

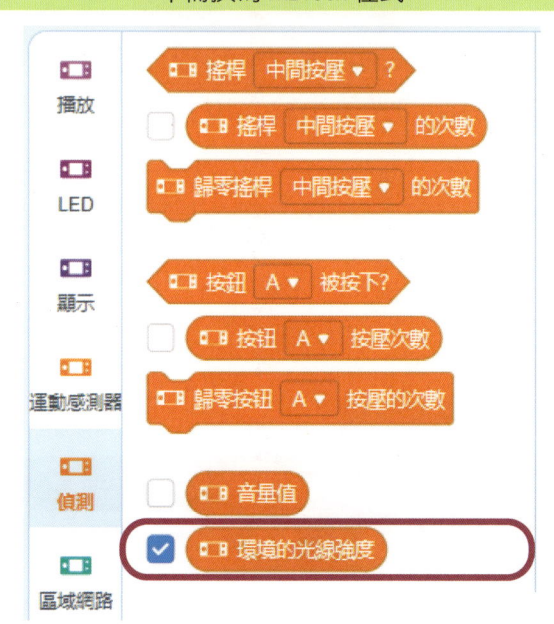

回傳值 72

CyberPi: 環境的光線強度 71

四、光源感應器的三種常用功能區塊

光源感應器在 mBlock 常被使用下列三種功能區塊（Block）。

★ 表 8-1　常使用的三種功能區塊

項目	名　稱	圖　示
1	等待模組（Wait）	等待直到〔環境的光線強度〕小於〔50〕
2	迴圈模組（Loop）	重複直到〔環境的光線強度〕小於〔50〕
3	判斷模組（Switch）	如果〔環境的光線強度〕小於〔50〕那麼／否則

8-2　等待模組（Wait）的光源感測器

等待模組的功能是用來設定等待「光源感測器」偵測到值小於「門檻值」時，再繼續執行下一個動作，其拼圖程式如右圖所示。

偵測值　　門檻值
等待直到〔環境的光線強度〕小於〔50〕

實作 8-1　機器人往前走，等到「光源感測器」偵測的光值小於「10」時，就會「停止」。（請利用等待模組）

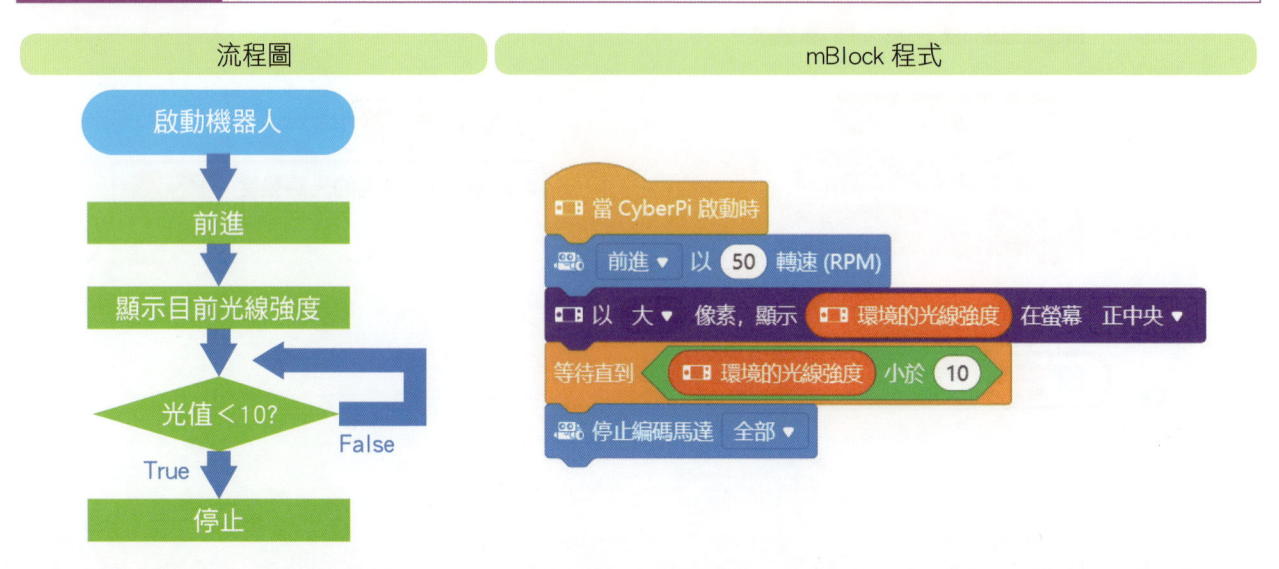

流程圖：
啟動機器人 → 前進 → 顯示目前光線強度 → 光值＜10？
True → 停止
False → 回到顯示目前光線強度

mBlock 程式：
當 CyberPi 啟動時
前進　以 50 轉速（RPM）
以 大 像素，顯示 環境的光線強度 在螢幕 正中央
等待直到 環境的光線強度 小於 10
停止編碼馬達 全部

8-3　分岔模組（Switch）的光源感測器

分岔模組是用來判斷「光源感測器」偵測的反射光是否小於「門檻值」，如果「是」，則執行「上面」的分支，否則就會執行「下面」的分支。其拼圖程式如下圖所示：

① 當條件式**成立**時，則執行**上面**的分支。
② 當條件式**不成立**時，則執行**下面**的分支。

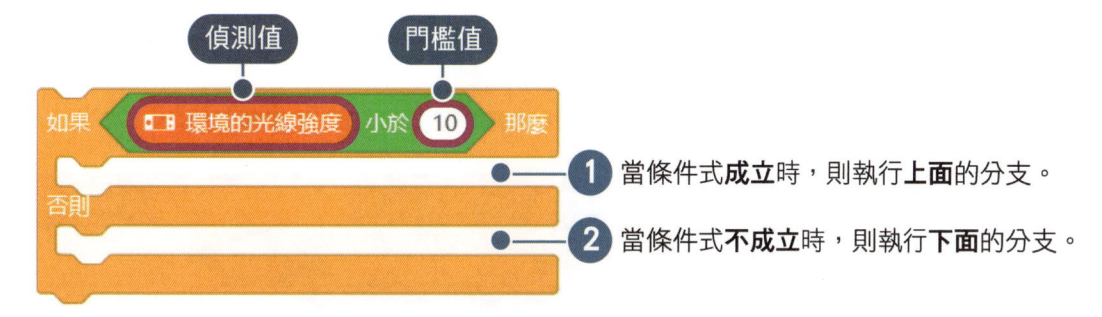

實作 8-2　機器人往前走，等到「光源感應器」偵測的光值小於「10」時，就會「停止」。（請利用分岔模組）

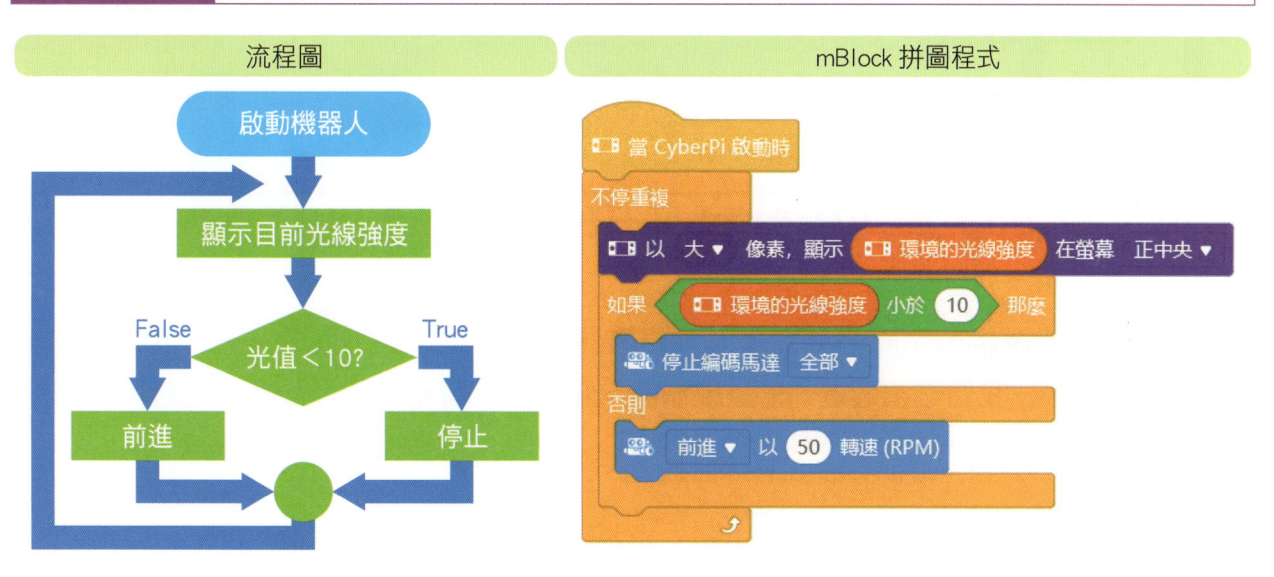

8-4　迴圈模組（Loop）的光源感測器

迴圈模組是用來等待「光源感測器」偵測到光值小於「門檻值」時，就會結束迴圈，其拼圖程式如下圖所示。

實作 8-3 機器人往前走,直到「光源感測器」偵測的光值小於「10」時,就會「停止」。(請利用迴圈模組)

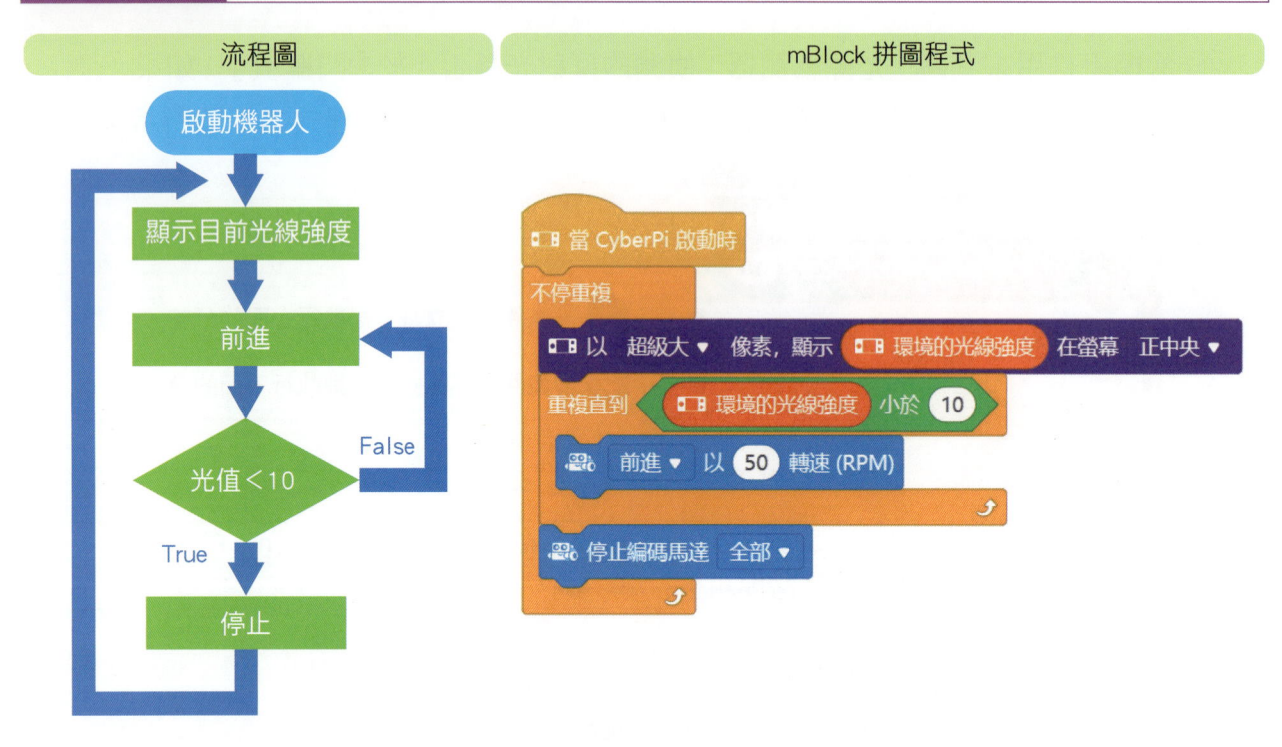

流程圖	mBlock 拼圖程式

啟動機器人 → 顯示目前光線強度 → 前進 → 光值＜10(False回到前進;True→停止)

mBlock 拼圖程式:
- 當 CyberPi 啟動時
- 不停重複
  - 以 超級大 像素,顯示 環境的光線強度 在螢幕 正中央
  - 重複直到 環境的光線強度 小於 10
    - 前進 以 50 轉速 (RPM)
  - 停止編碼馬達 全部

8-5 光源感測器控制其他拼圖模組

假設我們已經組裝完成一台機器人,想讓機器人依照偵測不同的光值大小來決定前進的快慢。此時,我們必須透過「光源感測器」來偵測不同光源的「光值」,並且將此「光值的數值資料」傳給其他「馬達」中的轉速。

實作 8-4 光源控制馬達的速度:將「光源感測器」偵測光源值後,再輸出給馬達作為它的「轉速」。

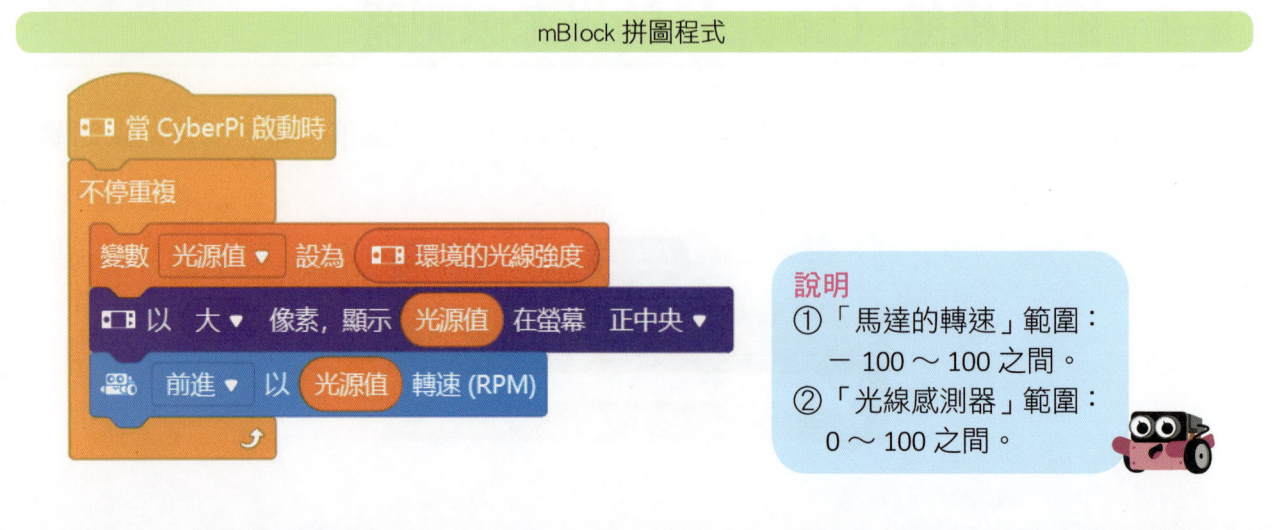

mBlock 拼圖程式:
- 當 CyberPi 啟動時
- 不停重複
  - 變數 光源值 設為 環境的光線強度
  - 以 大 像素,顯示 光源值 在螢幕 正中央
  - 前進 以 光源值 轉速 (RPM)

說明
① 「馬達的轉速」範圍:－100～100 之間。
② 「光線感測器」範圍:0～100 之間。

8-6　製作一台機器人太陽能車

一、太陽能車之規則

1. 以光線照射機器人，機器人開始直線前進。
2. 移開光源，機器人停止不動。

二、場地需求

利用手機中的「手電筒」或傳統的手電筒皆可。

實作 8-5　請撰寫 mBlock 程式來模擬「太陽能車」，亦即有光照射時，就會自動前進，否則就停止不動。

流程圖

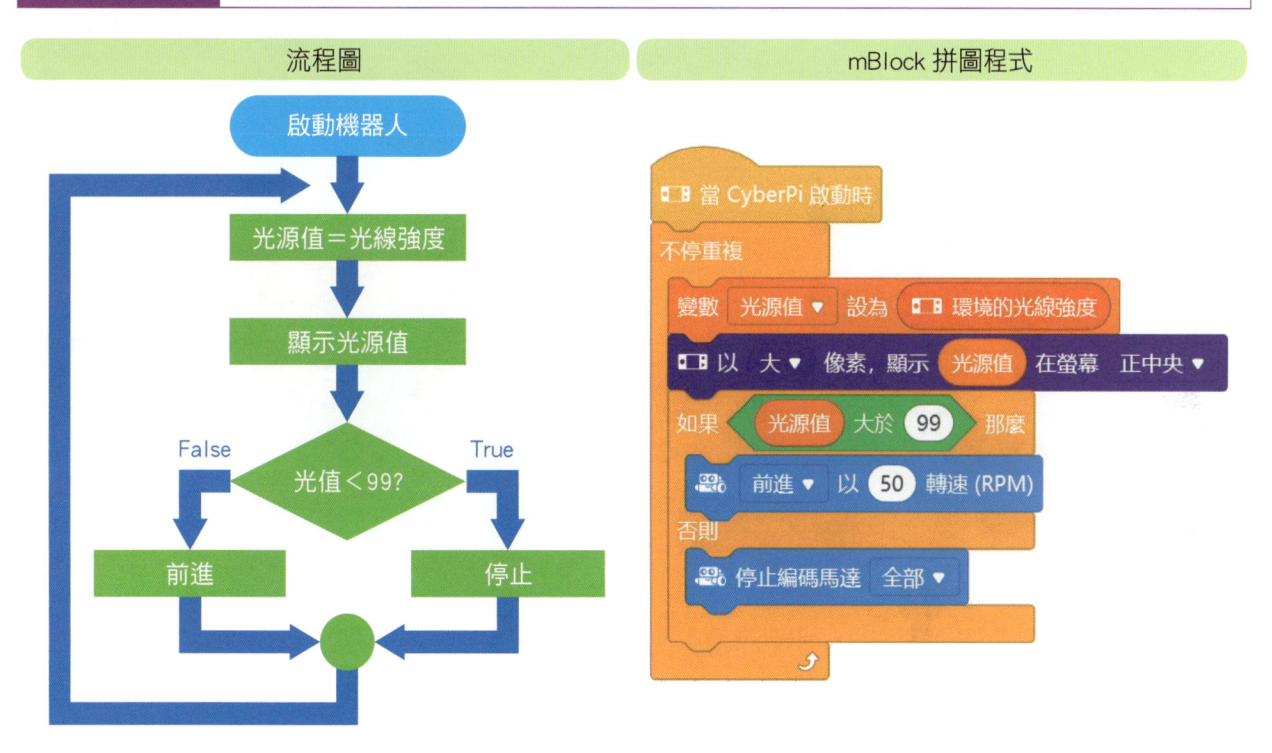

啟動機器人
↓
光源值＝光線強度
↓
顯示光源值
↓
光值＜99?
- False → 前進
- True → 停止

mBlock 拼圖程式

- 當 CyberPi 啟動時
- 不停重複
  - 變數 光源值 設為 環境的光線強度
  - 以 大 像素, 顯示 光源值 在螢幕 正中央
  - 如果 光源值 大於 99 那麼
    - 前進 以 50 轉速 (RPM)
  - 否則
    - 停止編碼馬達 全部

8-7 製作一台機器人蟑螂車

一、蟑螂車之規則

1. 以光線照射機器人，機器人停止不動。
2. 移開光源，機器人直線前進。

二、場地需求

利用手機中的「手電筒」或傳統的手電筒皆可。

實作 8-6 請撰寫 mBlock 程式來模擬「蟑螂車」，亦即有光照射時，就會自動停止，否則就前進。

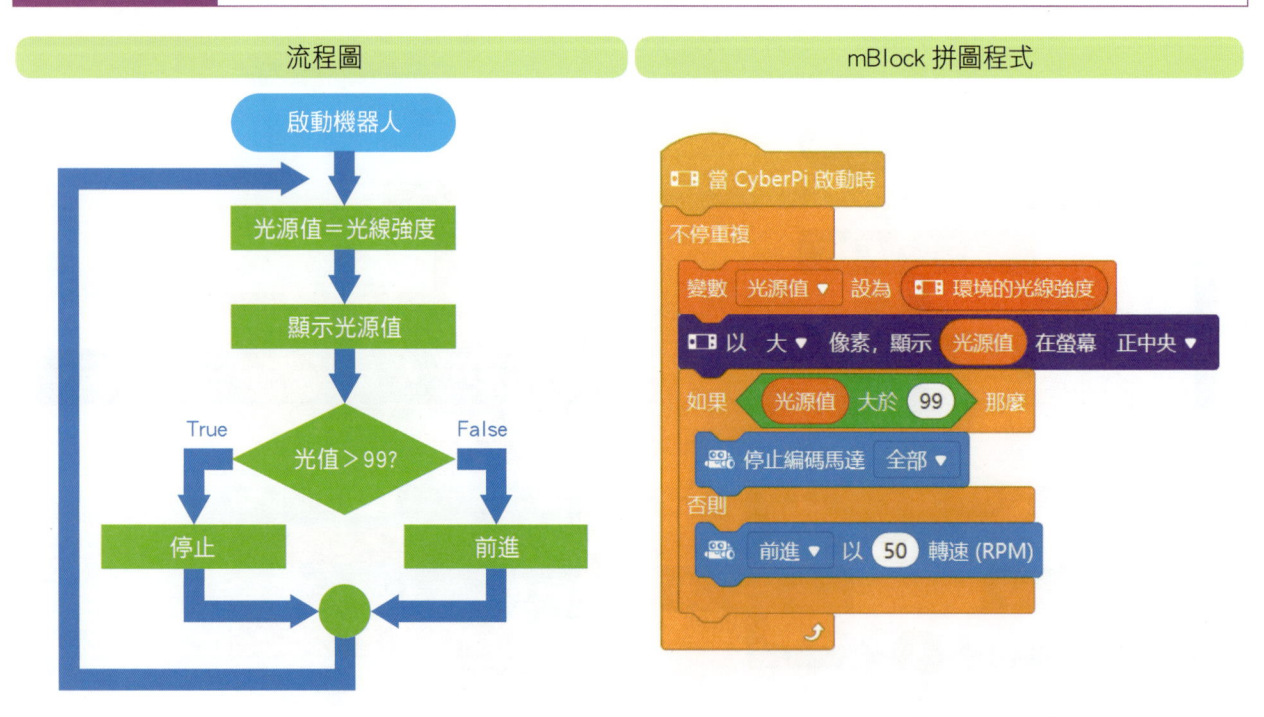

流程圖	mBlock 拼圖程式

流程圖：
- 啟動機器人
- 光源值＝光線強度
- 顯示光源值
- 光值＞99?
  - True → 停止
  - False → 前進

mBlock 拼圖程式：
- 當 CyberPi 啟動時
- 不停重複
  - 變數 光源值 設為 環境的光線強度
  - 以 大 像素，顯示 光源值 在螢幕 正中央
  - 如果 光源值 大於 99 那麼
    - 停止編碼馬達 全部
  - 否則
    - 前進 以 50 轉速 (RPM)

8-8 製作一座智慧型路燈

一、智慧型路燈之規則

1. 白天（亮）→ LED 關。
2. 晚上（暗）→ LED 開。

二、場地需求

利用兩個 LED 燈來模擬智慧型路燈。

實作 8-7 請撰寫 mBlock 程式來模擬「智慧型路燈」，亦即有光照射時，就會自動關閉路燈，否則就打開路燈。

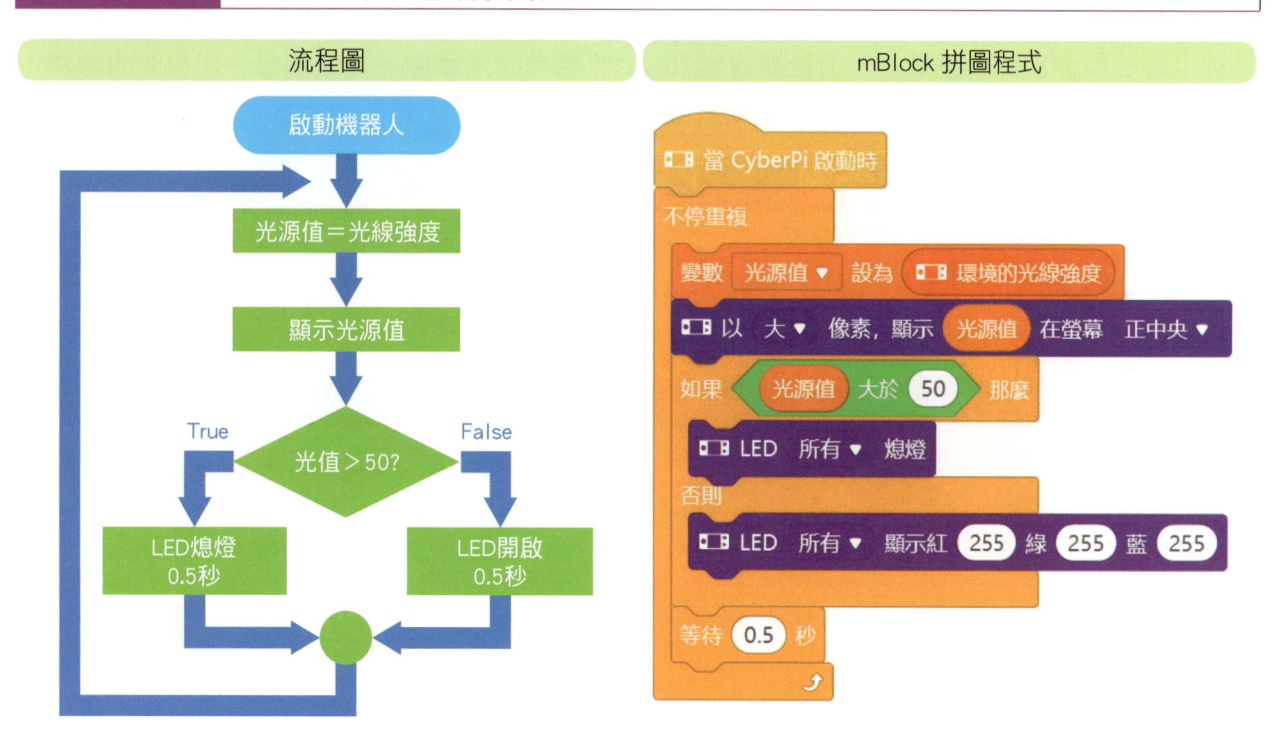

流程圖	mBlock 拼圖程式
啟動機器人 → 光源值＝光線強度 → 顯示光源值 → 光值＞50？ True：LED熄燈 0.5秒 False：LED開啟 0.5秒	當 CyberPi 啟動時 不停重複 變數 光源值 設為 環境的光線強度 以 大 像素，顯示 光源值 在螢幕 正中央 如果 光源值 大於 50 那麼 　LED 所有 熄燈 否則 　LED 所有 顯示紅 255 綠 255 藍 255 等待 0.5 秒

Chapter 8　課後習題

一、請利用「光源感測器」來設計「強光偵測器」的程式。

分析：結合顯示器的折線圖及 LED 燈功能，來動態偵測光源變化情況。如果光源值大於等於 99 時，LED 燈顯示「紅燈」並發出「嗶嗶聲」，代表目前的環境光太強，眼睛受不了。

二、請利用「光源感測器」來設計「收集環境光值數據資料」的程式。

分析：每一秒會自動收集環境光值數據資料 (0~100) 儲存到清單中，並顯示每一次偵測的數據。假設共收集 12 次。並且利用 CyberPi 螢幕顯示二維資料。如下表所示：

	1 列	2 列	3 列
1 行	?	?	?
2 行	?	?	?
3 行	?	?	?
4 行	?	?	?

Chapter 8　創客實作題

◎ **題目名稱**：智能床頭燈

◎ **題目說明**：請利用「光源感測器」來設計「智能床頭燈」的程式。按 A 鈕時，奇數次為開 LED，偶數次為關 LED。按 B 鈕時，啟動「智能床頭燈」，亦即光源值小於 10 時，自動開啟 LED 燈，反之，自動關 LED。

創客題目編號：A035024

40 mins

· 創客指標 ·

外形	機構	電控	程式	通訊	人工智慧	創客總數
0	0	1	4	0	0	5

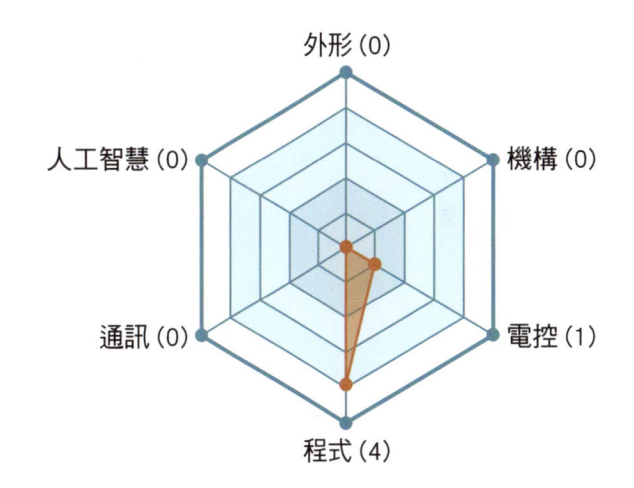

· 創客素養力 ·

空間力	堅毅力	邏輯力	創新力	整合力	團隊力	素養總數
0	0	1	1	1	1	4

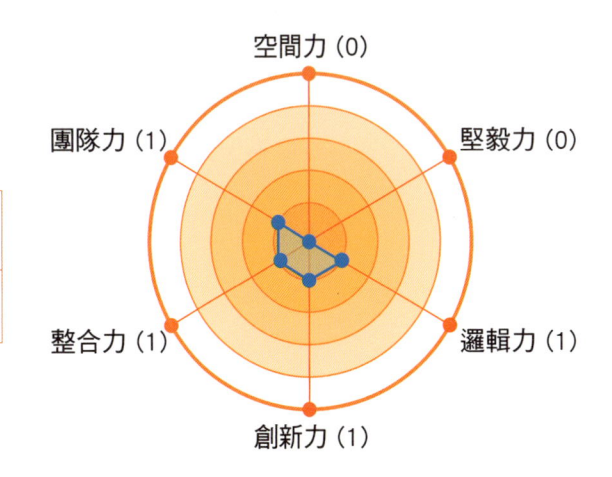

Chapter

9 機器人警車
（按鈕、音效、LED 燈）

- **本章學習目標**
  1. 讓讀者瞭解 mBot2 機器人中的按鈕、蜂鳴器、LED 燈及重置按鈕的功能與原理。
  2. 讓讀者瞭解 mBot2 機器人中的按鈕、蜂鳴器、LED 燈及重置按鈕的各種運用。

- **本章內容**
  - 9-1　按鈕介紹
  - 9-2　按鈕的綜合運用
  - 9-3　蜂鳴器介紹
  - 9-4　LED 燈介紹
  - ◎　課後習題
  - ◎　創客實作題

9-1　按鈕介紹

一、按鈕功能與外觀

在 mBot2 機器人中，CyberPi 主控板上的「按鈕」是用來執行指令，啟動 mBot2 機器人程式。舉例來說，當使用者按下「按鈕」時，機器人即開始進行循線。按鈕的外觀如圖 9-1 所示。

(a) CyperPi 主控板　　(b) 常用三種按鈕

★ 圖 9-1　外觀圖示

二、適用時機

1. 啟動 mBot2 機器人程式。
2. 互動式遊戲機。
3. 計數器。
4. 控制機器手臂的各種動作。

三、在 mBlock 拼圖程式開發環境中偵測「按鈕」的事件

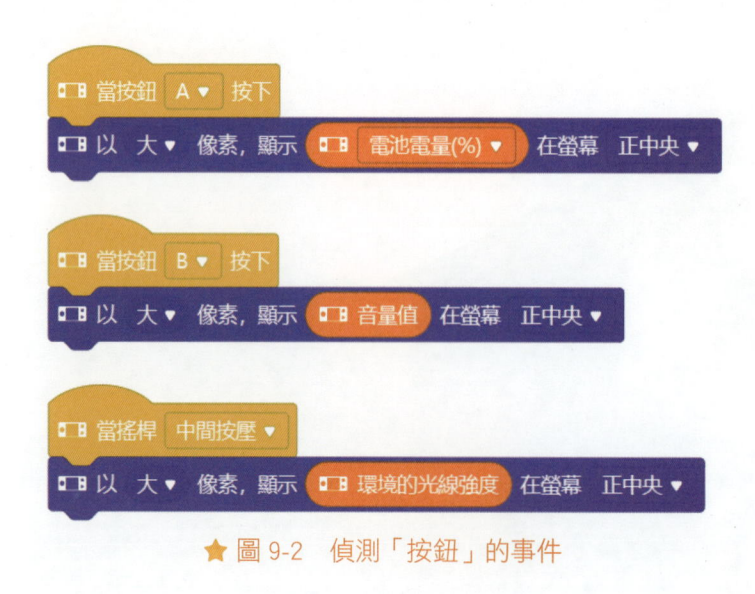

★ 圖 9-2　偵測「按鈕」的事件

四、按鈕的三種常用功能區塊

在 mBlock 中以下三種功能區塊（Block）常被使用，如表 9-1 所示。

★ 表 9-1　三種功能區塊

項目	名　稱	圖　示
1	等待模組（Wait）	等待直到 ⟨搖桿 中間按壓▼⟩ ?
2	迴圈模組（Loop）	重複直到 ⟨按鈕 A▼ 被按下?⟩
3	判斷模組（Switch）	如果 ⟨按鈕 B▼ 被按下?⟩ 那麼 　否則

9-2　按鈕的綜合運用

本章節將介紹如何利用「按鈕」來設計日常生活中的各種運用。常見設計如下：
1. 手按警鈴聲〔利用等待模組（Wait）〕。
2. 手按計數器〔利用判斷模組（Switch）〕。
3. 手按警鈴聲與警示燈〔迴圈模組（Loop）〕。

實作 9-1　手按警鈴聲：當使用者按下「按鈕」時，就會發出「嗶聲」。〔利用等待模組（Wait）〕

流程圖

啟動機器人 → 按鈕按下？
- False → 回到判斷
- True → 發出嗶聲

mBlock 拼圖程式

當 ▶ 被點一下
等待直到 ⟨搖桿 中間按壓▼⟩ ?
播放 嗶嗶▼

實作 9-2

手按計數器:當使用者按下「按鈕」時,就會在舞台區裡的計數器自動加1。〔利用判斷模組(Switch)〕

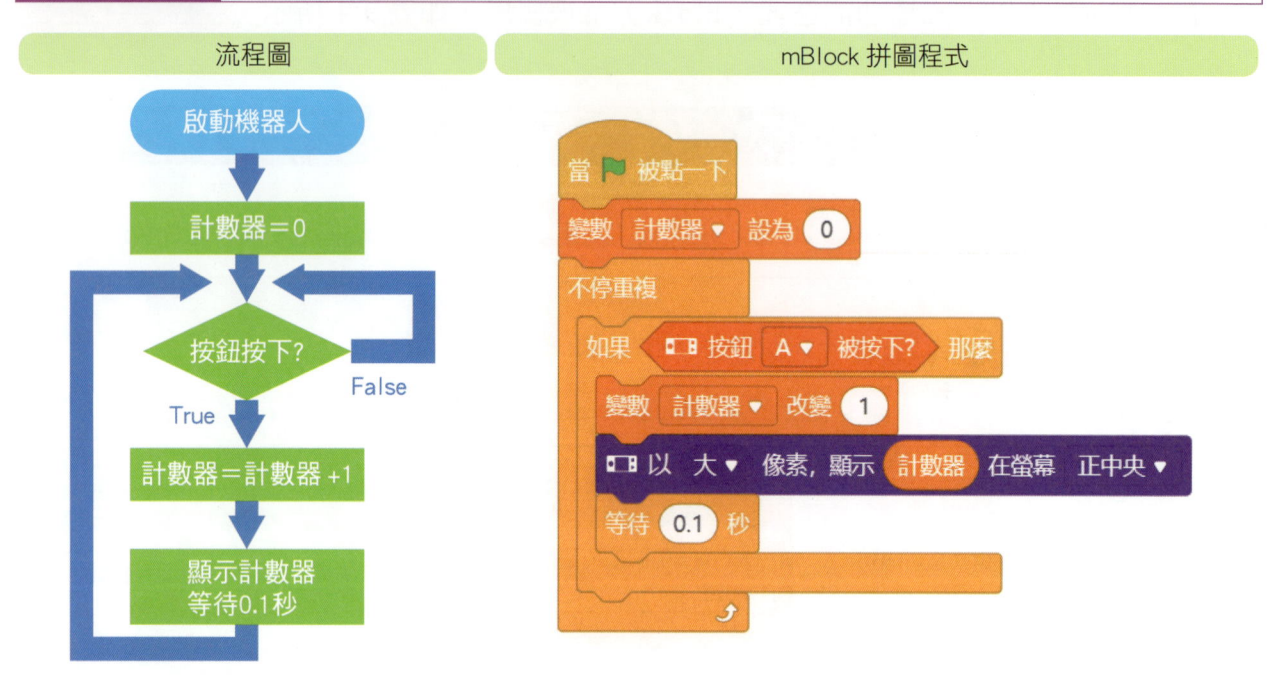

流程圖

啟動機器人
↓
計數器＝0
↓
按鈕按下? — False ↻
↓ True
計數器＝計數器+1
↓
顯示計數器
等待0.1秒
↻

mBlock 拼圖程式

當 🚩 被點一下
變數 計數器 ▼ 設為 0
不停重複
　如果 ⬛ 按鈕 A▼ 被按下? 那麼
　　變數 計數器 ▼ 改變 1
　　⬛ 以 大▼ 像素,顯示 計數器 在螢幕 正中央▼
　　等待 0.1 秒

實作 9-3

手按警鈴聲與警示燈:當使用者按下「按鈕」時,就會發出「警鈴聲」與「警示燈」。〔迴圈模組(Loop)〕

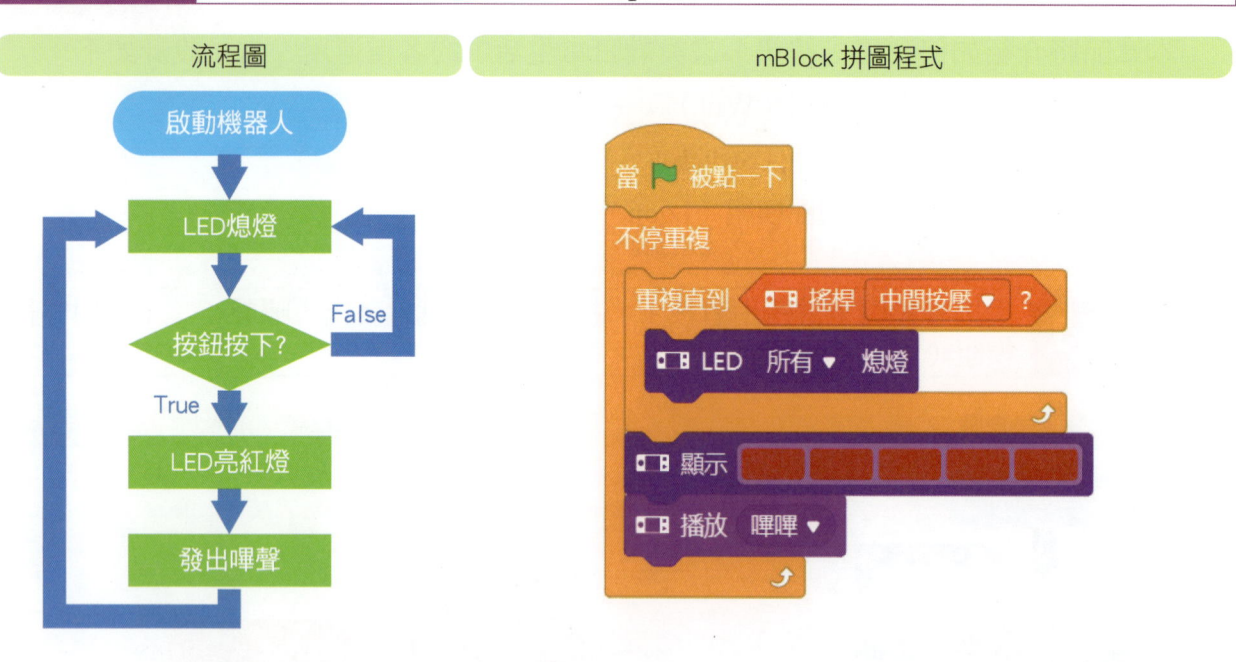

流程圖

啟動機器人
↓
LED熄燈 ←──┐
↓　　　　　│
按鈕按下? — False
↓ True
LED亮紅燈
↓
發出嗶聲
└─────────┘

mBlock 拼圖程式

當 🚩 被點一下
不停重複
　重複直到 ⬛ 搖桿 中間按壓▼ ?
　　⬛ LED 所有▼ 熄燈
　⬛ 顯示 ■■■■■
　⬛ 播放 嗶嗶▼

9-3　蜂鳴器介紹

蜂鳴器可以說是 mBot2 機器人的嘴巴，它可以依照不同的情況，發出不同頻率的聲音。舉例來說，當我們「開機」或「重新設定」時，它都會發出「三個嗶聲」，讓使用者理解目前的狀況。蜂鳴器的外觀如圖 9-3(a) 所示。

(a) CyberPi 主控板

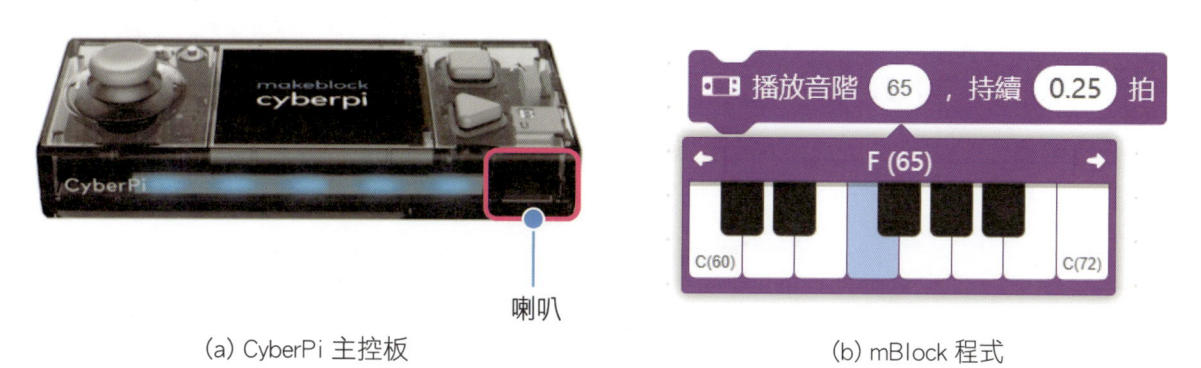

(b) mBlock 程式

★ 圖 9-3　外觀圖示

二、七個音符對照表

在利用蜂鳴器設計各種音樂之前，使用者必須先瞭解七個音符與 mBlock 音頻之關係，其對照如表 9-2 所示。

★ 表 9-2　七個音符之對照表

音階	\multicolumn{7}{c}{mBlock 的音調}

音階	C	D	E	F	G	A	B
頻率（tone）	60	62	64	65	67	69	71
鋼琴音符	Do	Re	Mi	Fa	So	Ra	Si

實作 9-4　請利用 mBot2 的蜂鳴器來發出「小星星」的音樂聲。

小星星簡譜

1155665　4433221　5544332
5544332　1155665　4433221

說明
簡譜的 1 代表手機畫面的 Do，2 代表 Re……，6 代表 Ra，7 代表 Si，空格代表暫停。

mBlock 拼圖程式（前二小段的程式碼）

當 ▶ 被點一下
不停重複
　等待直到　搖桿　中間按壓 ▼　？
　第一小段之副程式
　第二小段之副程式

定義　第一小段之副程式
　播放音階 60，持續 0.5 拍
　播放音階 60，持續 0.5 拍
　播放音階 67，持續 0.5 拍
　播放音階 67，持續 0.5 拍
　播放音階 69，持續 0.5 拍
　播放音階 69，持續 0.5 拍
　播放音階 67，持續 0.5 拍
　等待 0.5 秒

定義　第二小段之副程式
　播放音階 65，持續 0.5 拍
　播放音階 65，持續 0.5 拍
　播放音階 64，持續 0.5 拍
　播放音階 64，持續 0.5 拍
　播放音階 62，持續 0.5 拍
　播放音階 62，持續 0.5 拍
　播放音階 60，持續 0.5 拍
　等待 0.5 秒

實作 9-5　會叫的看家狗：請利用「超音波感測器」來模擬「一隻會叫的看家狗」。
（假設「前進速度與距離的方程式」：速度 =（距離(cm)-30)*5）

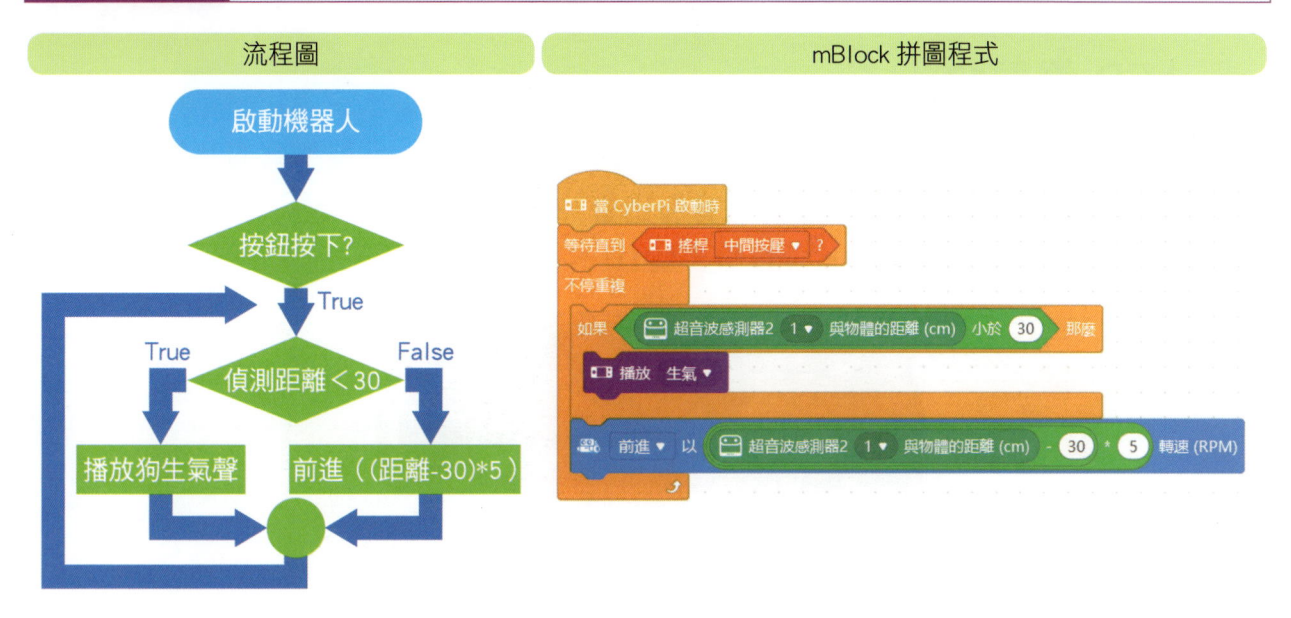

流程圖

啟動機器人 → 按鈕按下？
- True → 偵測距離＜30
  - True → 播放狗生氣聲
  - False → 前進（(距離-30)*5）

mBlock 拼圖程式

當 CyberPi 啟動時
等待直到　搖桿 中間按壓 ？
不停重複
　如果　超音波感測器2　1　與物體的距離(cm)　小於　30　那麼
　　播放　生氣
　前進　以　超音波感測器2　1　與物體的距離(cm)　-　30　*　5　轉速(RPM)

實作 9-6　保全機器人：利用「超音波感測器」來模擬「保全機器人」。

功能

1. 有人靠近時，呈現「紅色 LED」燈
2. 有人靠近時，播放「警告」音效。
3. 有人靠近時，顯示「請勿進入私人區域」內容。

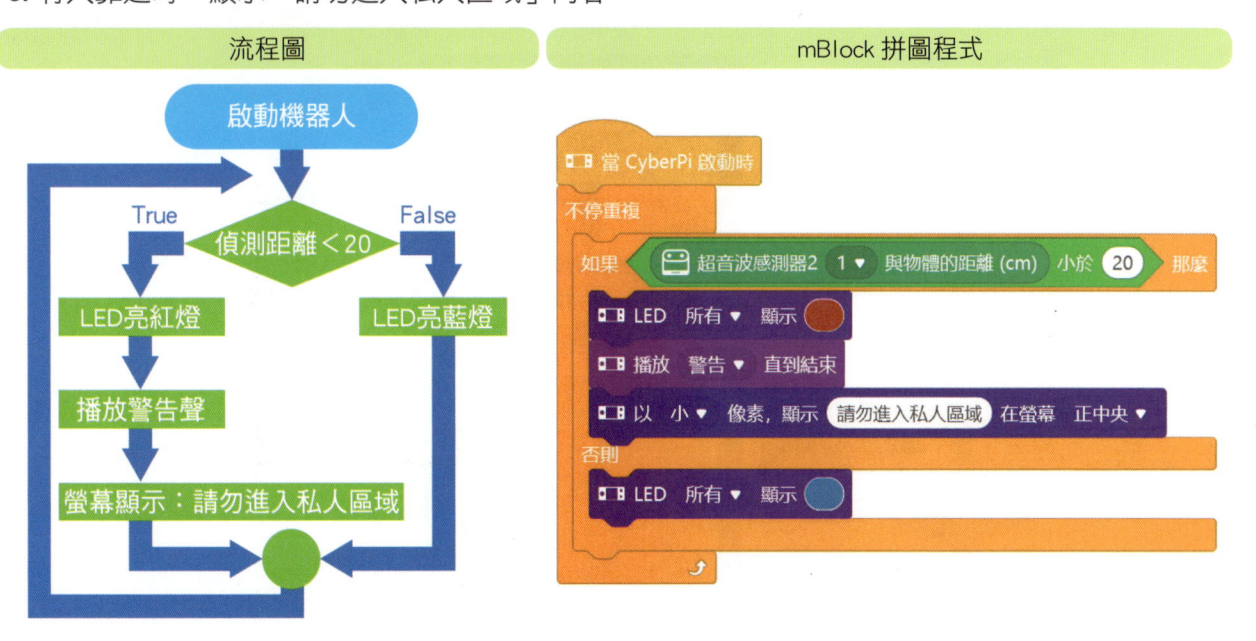

流程圖

啟動機器人 → 偵測距離＜20
- True → LED亮紅燈 → 播放警告聲 → 螢幕顯示：請勿進入私人區域
- False → LED亮藍燈

mBlock 拼圖程式

當 CyberPi 啟動時
不停重複
　如果　超音波感測器2　1　與物體的距離(cm)　小於　20　那麼
　　LED　所有　顯示　●
　　播放　警告　直到結束
　　以　小　像素，顯示　請勿進入私人區域　在螢幕　正中央
　否則
　　LED　所有　顯示　●

9-4　LED 燈介紹

一、LED 燈簡介

在 mBot2 機器人中，LED 燈可以顯示 RGB 的各種顏色，呈現不同的狀態。舉例來說，當使用者按下「按鈕」時，機器人會發出警鈴聲並閃爍 LED 燈。如圖 9-4 所示，在 CyberPi 主控板上會有五個 RGB LED 燈（LED1～LED5）。

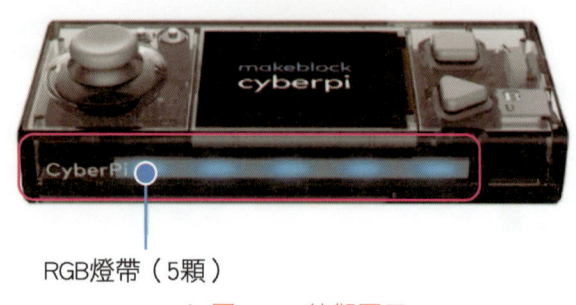

RGB燈帶（5顆）

★ 圖 9-4　外觀圖示

二、按鈕切換 5 顆 LED 顯示

瞭解基本 RGB LED 燈的概念後，接下來，我們再利用按鈕切換 LED 的顯示方式。

實作 9-7　請利用「按鈕」來切換 5 顆 LED 顯示。

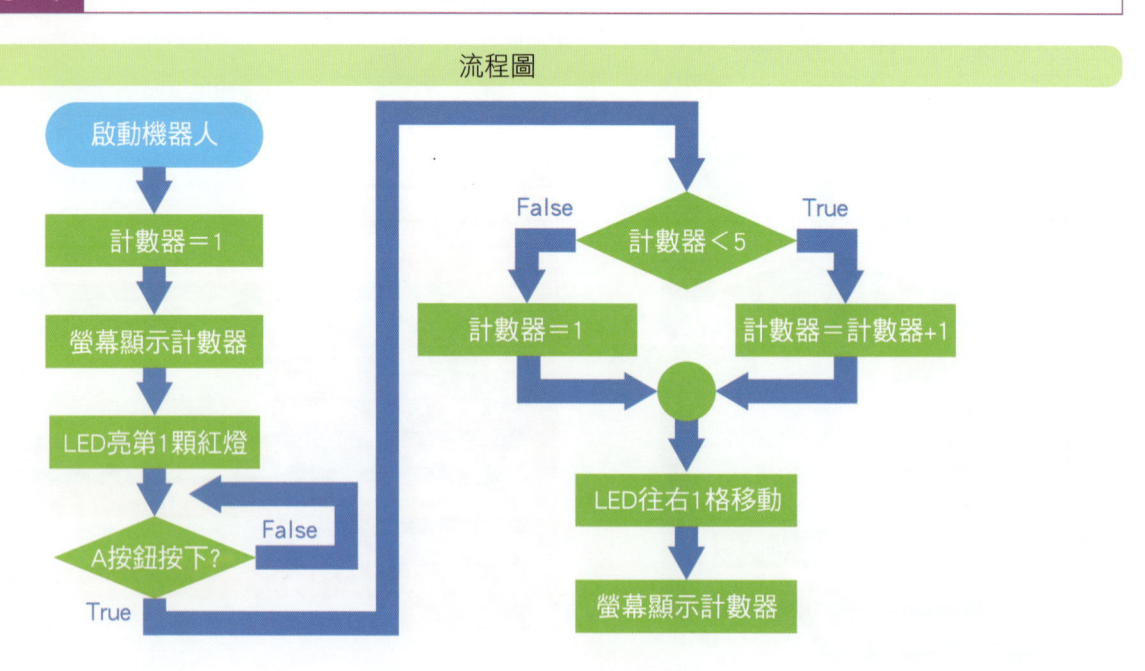

流程圖

啟動機器人 → 計數器＝1 → 螢幕顯示計數器 → LED亮第1顆紅燈 → A按鈕按下？
- False：回到 A按鈕按下？
- True：計數器＜5？
  - True：計數器＝計數器+1
  - False：計數器＝1
- LED往右1格移動 → 螢幕顯示計數器

mBlock 拼圖程式

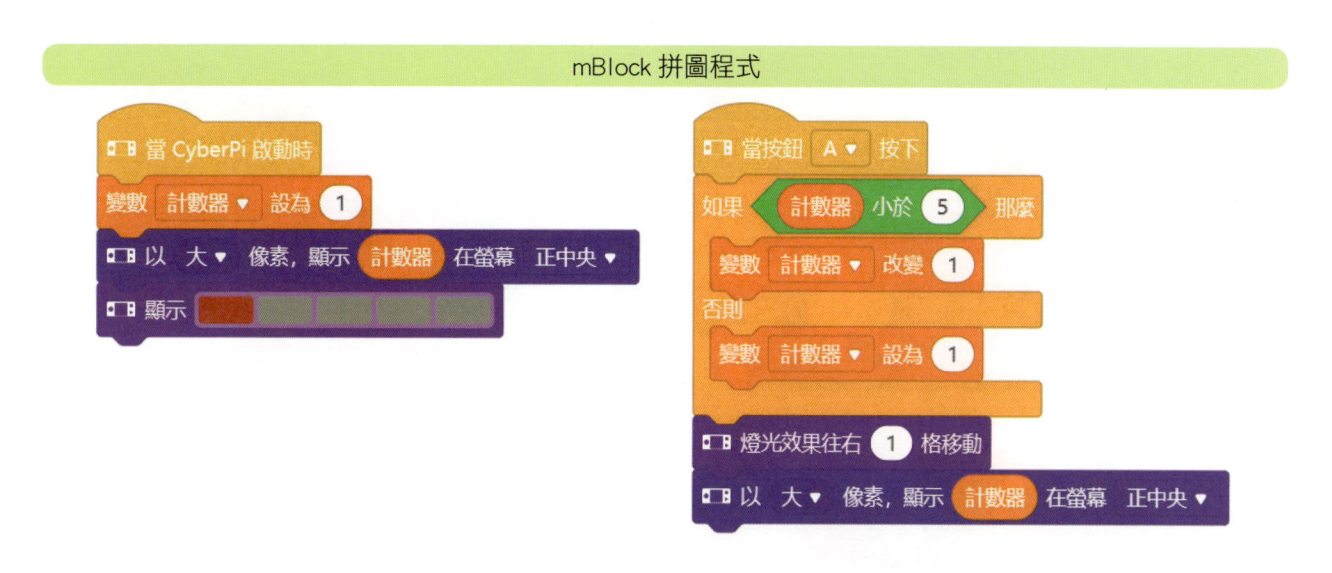

當 CyberPi 啟動時
變數 計數器 設為 1
以 大 像素，顯示 計數器 在螢幕 正中央
顯示 ■■■■■

當按鈕 A 按下
如果 計數器 小於 5 那麼
　變數 計數器 改變 1
否則
　變數 計數器 設為 1
燈光效果往右 1 格移動
以 大 像素，顯示 計數器 在螢幕 正中央

三、按鈕切換 LED 與發出 DoReMi 的聲音

學會五個 RGB LED 燈的基本概念之後，接下來再利用按鈕切換 LED 並發出 Do Re Mi 的聲音。

實作 9-8 請利用「按鈕」來切換五顆 LED 交換顯示，並發出 Do Re Mi 的聲音。

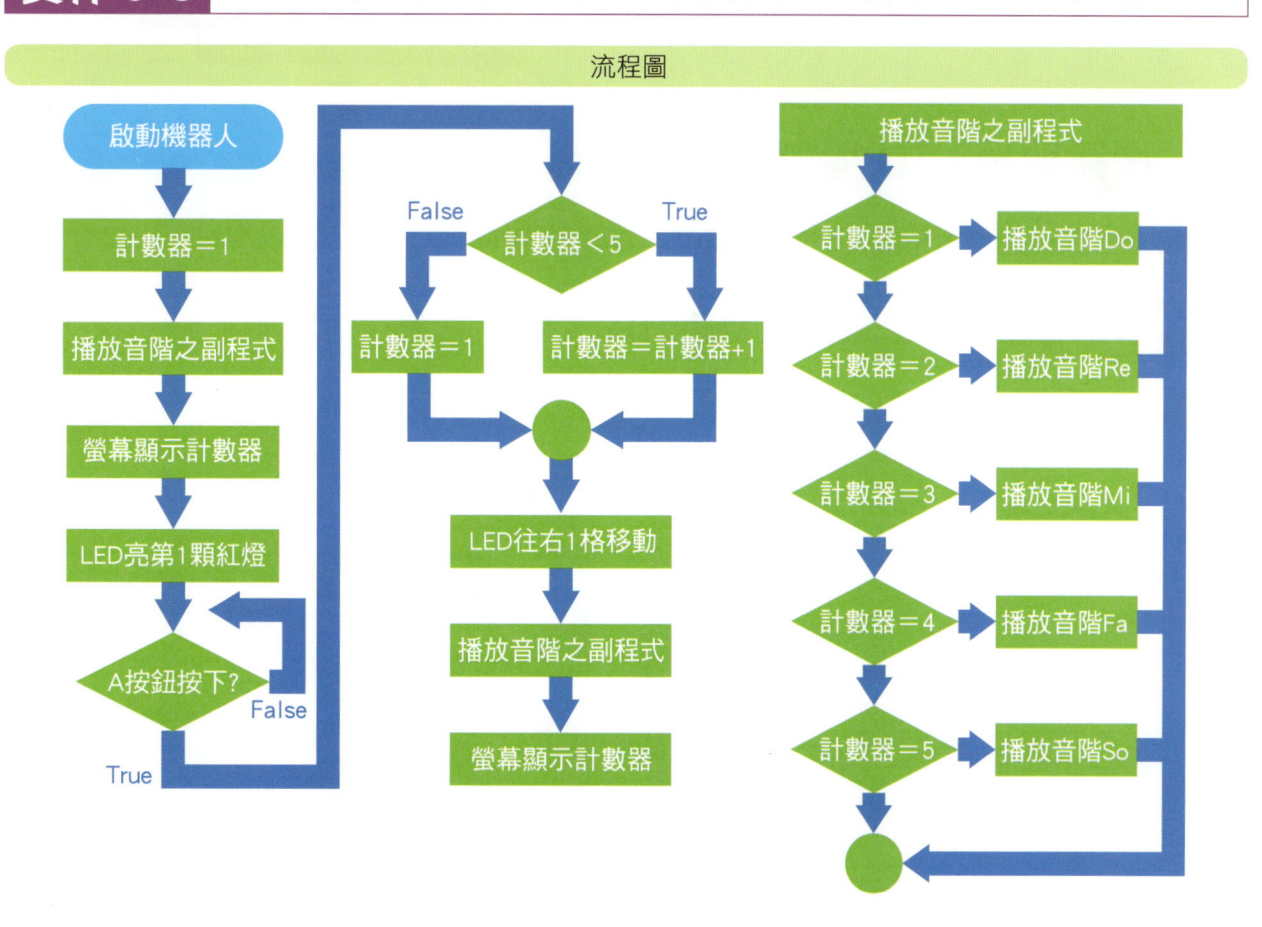

流程圖

啟動機器人 → 計數器＝1 → 播放音階之副程式 → 螢幕顯示計數器 → LED亮第1顆紅燈 → A按鈕按下？
- False：回到 A按鈕按下？
- True：計數器＜5
  - False：計數器＝1
  - True：計數器＝計數器+1
  - → LED往右1格移動 → 播放音階之副程式 → 螢幕顯示計數器

播放音階之副程式：
- 計數器＝1 → 播放音階Do
- 計數器＝2 → 播放音階Re
- 計數器＝3 → 播放音階Mi
- 計數器＝4 → 播放音階Fa
- 計數器＝5 → 播放音階So

mBlock 拼圖程式

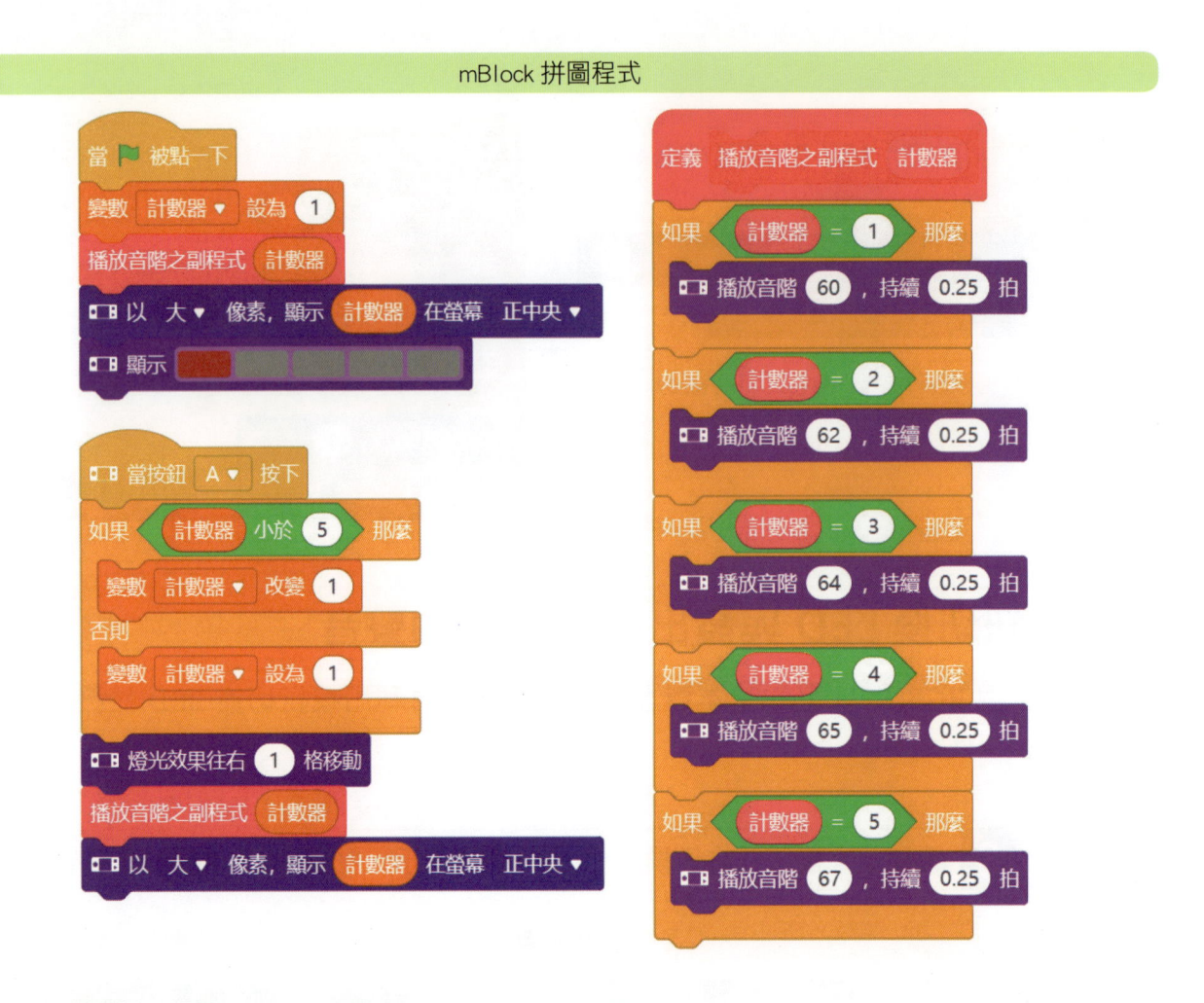

（程式積木圖：主程式使用「當綠旗被點一下」，變數計數器設為1，呼叫播放音階之副程式（計數器），以大像素顯示計數器在螢幕正中央，顯示燈條。當按鈕A按下，如果計數器小於5那麼變數計數器改變1，否則變數計數器設為1，燈光效果往右1格移動，呼叫播放音階之副程式（計數器），以大像素顯示計數器在螢幕正中央。

副程式：定義 播放音階之副程式 計數器，
如果 計數器=1 那麼 播放音階60，持續0.25拍
如果 計數器=2 那麼 播放音階62，持續0.25拍
如果 計數器=3 那麼 播放音階64，持續0.25拍
如果 計數器=4 那麼 播放音階65，持續0.25拍
如果 計數器=5 那麼 播放音階67，持續0.25拍）

三、按鈕啟動 LED 播放救護車聲音

接下來再利用按鈕啟動 LED，並播放救護車的聲音。

實作 9-9 請利用「按鈕」來切換兩顆 LED 交換顯示，並發出救護車聲音。

流程圖

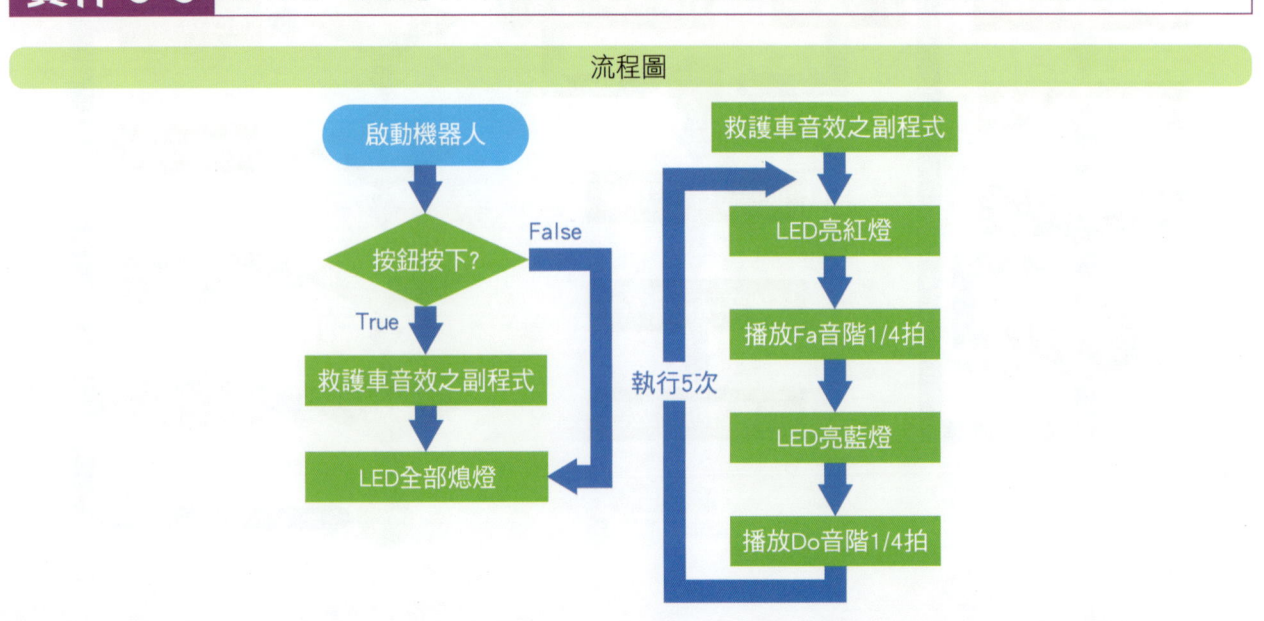

啟動機器人 → 按鈕按下？
- False：（回到判斷）
- True：救護車音效之副程式 → LED全部熄燈

救護車音效之副程式：
LED亮紅燈 → 播放Fa音階1/4拍 → LED亮藍燈 → 播放Do音階1/4拍 → 執行5次

mBlock 拼圖程式

定義 救護車音效之副程式

重複 5 次
- LED 所有▼ 顯示 🔴
- 播放音階 65 ，持續 0.25 拍
- LED 所有▼ 顯示 🔵
- 播放音階 60 ，持續 0.25 拍

當 CyberPi 啟動時
不停重複
- 如果 〈搖桿 中間按壓▼ ?〉那麼
  - 救護車音效之副程式
- LED 所有▼ 顯示紅 0 綠 0 藍 0

Chapter 9　課後習題

一、請設計「警車的跑馬燈」的程式。

Chapter 9　創客實作題

◎ 題目名稱：加減計數器

◎ 題目說明：請設計「加減計數器」的程式，當按下 A 鈕時自動加 1，按下 B 鈕時自動減 1，再按下「搖桿中間鈕」就會自動清空。

創客題目編號：A035025

40 mins

・創客指標・

外形	機構	電控	程式	通訊	人工智慧	創客總數
0	0	1	3	0	0	4

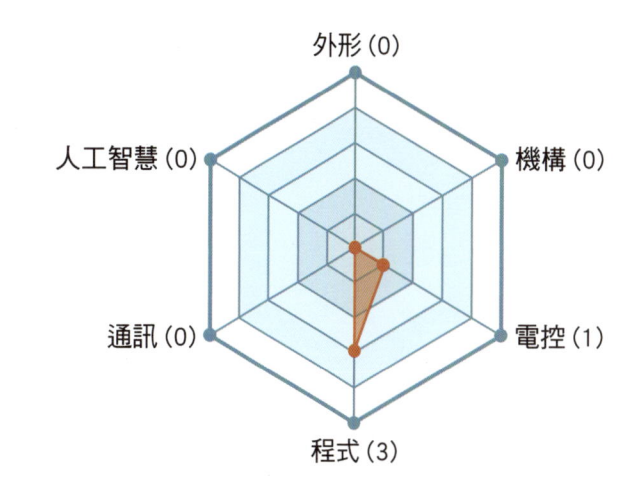

・創客素養力・

空間力	堅毅力	邏輯力	創新力	整合力	團隊力	素養總數
0	0	1	1	1	1	4

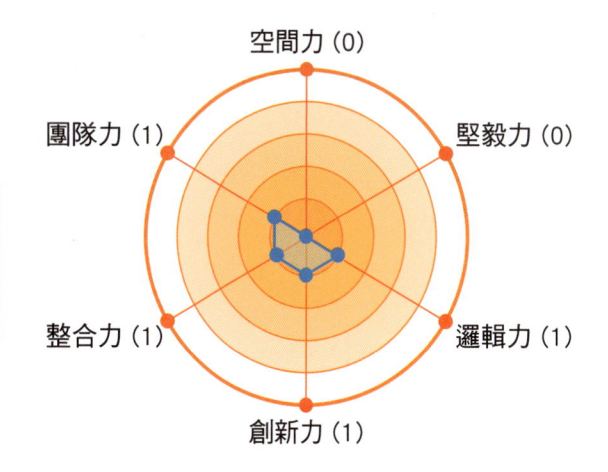

Chapter 10 遙控機器人（搖桿及藍牙手柄的應用）

・本章學習目標

1. 讓讀者瞭解如何利用 CyberPi 主機控制 mBot2 機器人。
2. 讓讀者瞭解如何利用另一個 CyberPi 主機遙控 mBot2 機器人。
3. 讓讀者瞭解如何利用 Makeblock 官方藍牙手柄控制 mBot2 機器人。

・本章內容

10-1　CyberPi 主機控制 mBot2 機器人
10-2　兩個 CyberPi 主機通訊來遙控 mBot2 機器人
10-3　CyberPi 傾斜方向控制 mBot2 機器人
10-4　語音控制 mBot2 機器人
10-5　藍牙手柄控制 mBot2 機器人
◎　課後習題
◎　創客實作題

10-1　CyberPi 主機控制 mBot2 機器人

想利用 CyberPi 主機上的搖桿來控制 mBot2 機器人行走，前置作業如圖 10-1 所示。

★ 圖 10-1　CyberPi 主機上的搖桿

實作 10-1　單一搖桿控制 mBot2 基本功能：透過 mBot2 機器上的 CyberPi 主機之搖桿來控制機器人行走。

功能

1. 當「搖桿」向上推時：機器人向前。
2. 當「搖桿」向下推時：機器人向後。
3. 當「搖桿」向左推時：機器人向左。
4. 當「搖桿」向右推時：機器人向右。
5. 當「搖桿」中間按壓時：機器人停止。

mBlock 拼圖程式

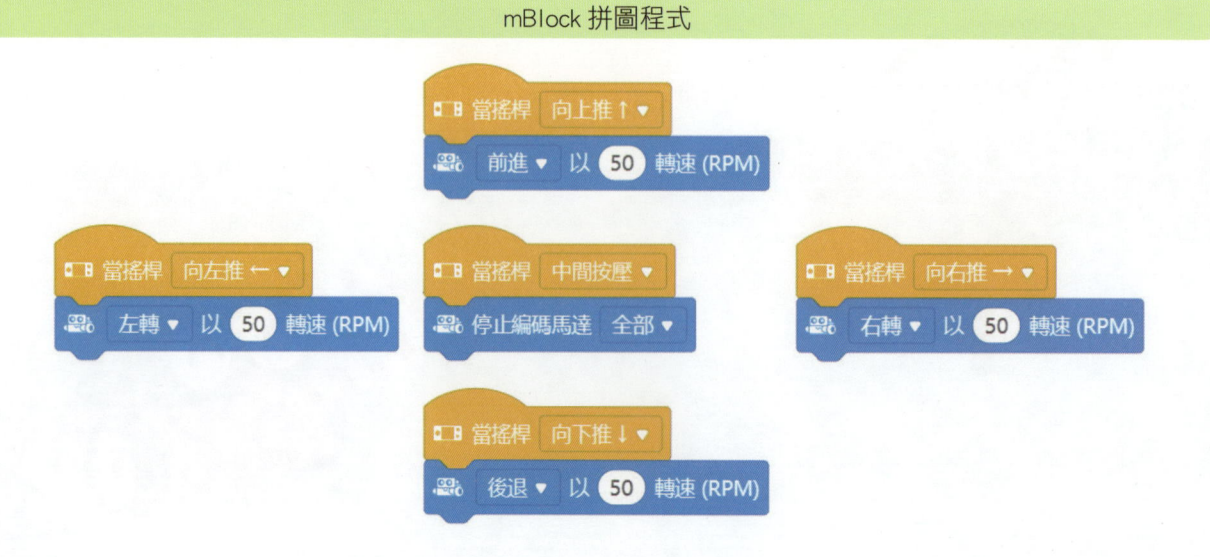

當搖桿 向上推↑
前進 以 50 轉速 (RPM)

當搖桿 向左推←
左轉 以 50 轉速 (RPM)

當搖桿 中間按壓
停止編碼馬達 全部

當搖桿 向右推→
右轉 以 50 轉速 (RPM)

當搖桿 向下推↓
後退 以 50 轉速 (RPM)

實作 10-2　單一搖桿控制 mBot2 螢幕顯示操作文字說明：搖桿操作的指令可以顯示於螢幕。

功能
讓使用者瞭解目前操作的狀態。

mBlock 拼圖程式

當搖桿 向上推↑
　以 大 像素，顯示 前進 在螢幕 正中央
　前進 以 50 轉速(RPM)

當搖桿 向左推←
　以 大 像素，顯示 左轉 在螢幕 正中央
　左轉 以 50 轉速(RPM)

當搖桿 向下推↓
　以 大 像素，顯示 後退 在螢幕 正中央
　後退 以 50 轉速(RPM)

當搖桿 向右推→
　以 大 像素，顯示 右轉 在螢幕 正中央
　右轉 以 50 轉速(RPM)

當搖桿 中間按壓
　以 大 像素，顯示 停止 在螢幕 正中央
　停止編碼馬達 全部

實作 10-3　單一搖桿控制 mBot2 螢幕顯示操作歷程紀錄：搖桿操作的歷程指令記錄螢幕上。

功能
讓使用者瞭解操作歷程紀錄。

mBlock 拼圖程式

當搖桿 向上推↑
　顯示 前進 並換行
　前進 以 50 轉速(RPM)

當搖桿 向左推←
　顯示 左轉 並換行
　左轉 以 50 轉速(RPM)

當搖桿 中間按壓
　顯示 停止 並換行
　停止編碼馬達 全部

當搖桿 向右推→
　顯示 右轉 並換行
　右轉 以 50 轉速(RPM)

當搖桿 向下推↓
　顯示 後退 並換行
　後退 以 50 轉速(RPM)

實作 10-4　單一搖桿控制 mBot2 左右轉方向燈：模擬實際一般車子上路的情況。

功能
讓使用者可以切換左右轉方向燈。

mBlock 拼圖程式

當搖桿 向上推↑
以 大▼ 像素，顯示 前進 在螢幕 正中央▼
顯示 ⬜⬜⬜⬜⬜
前進▼ 以 50 轉速(RPM)

當搖桿 向左推←
以 大▼ 像素，顯示 左轉 在螢幕 正中央▼
顯示 🟥⬜⬜⬜⬜
左轉▼ 以 50 轉速(RPM)

當搖桿 向下推↓
以 大▼ 像素，顯示 後退 在螢幕 正中央▼
顯示 🟥⬜⬜⬜🟥
後退▼ 以 50 轉速(RPM)

當搖桿 向右推→
以 大▼ 像素，顯示 右轉 在螢幕 正中央▼
顯示 ⬜⬜⬜⬜🟥
右轉▼ 以 50 轉速(RPM)

當搖桿 中間按壓▼
以 大▼ 像素，顯示 停止 在螢幕 正中央▼
顯示 🟥🟥🟥🟥🟥
停止編碼馬達 全部▼

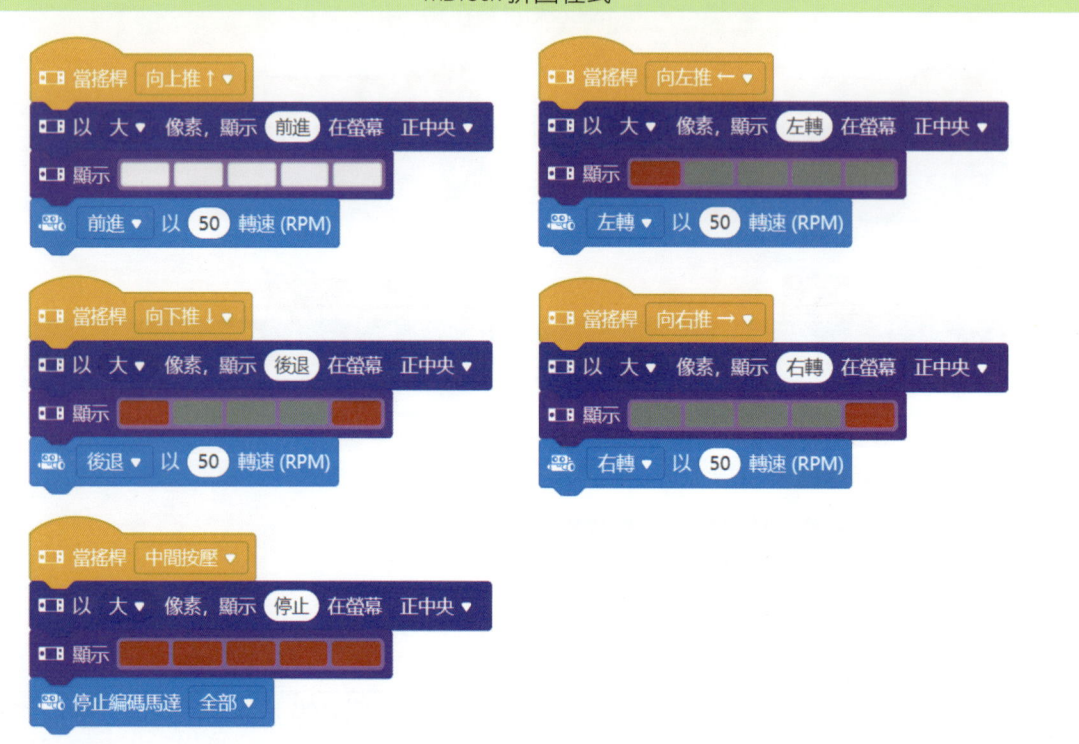

實作 10-5　單一搖桿控制 mBot2 語音左右轉：模擬實際大卡車左右轉時語音播放。

功能
1. 讓使用者在增加左右轉方向燈的同時，以大聲公語音播放。
2. 增加行人及其他駕駛人的安全。

mBlock 拼圖程式

當 CyberPi 啟動時
顯示 ⬜⬜⬜⬜⬜
連接到 Wi-Fi Leech3F 密碼 1234567890
顯示 🟥🟧🟨🟩🟦
以 小▼ 像素，顯示 WiFi連線成功 在螢幕 正中央▼

當搖桿 向上推↑
以 大▼ 像素，顯示 前進 在螢幕 正中央▼
顯示 ⬜⬜⬜⬜⬜
前進▼ 以 50 轉速(RPM)

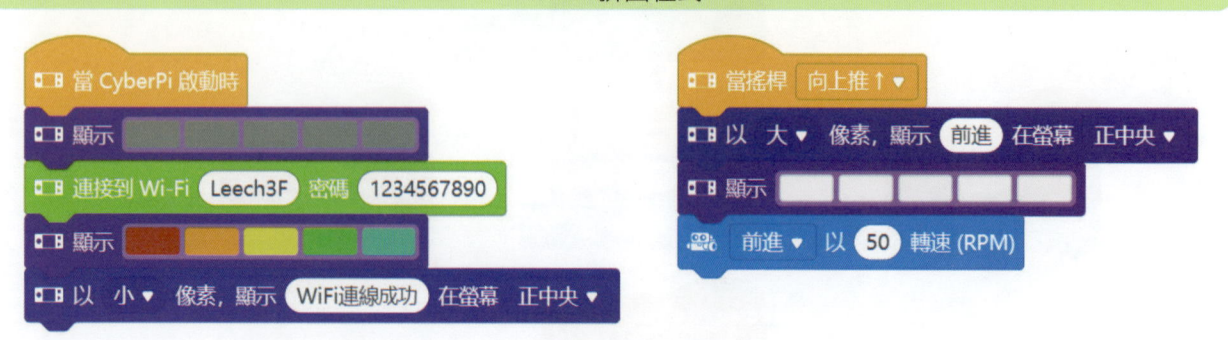

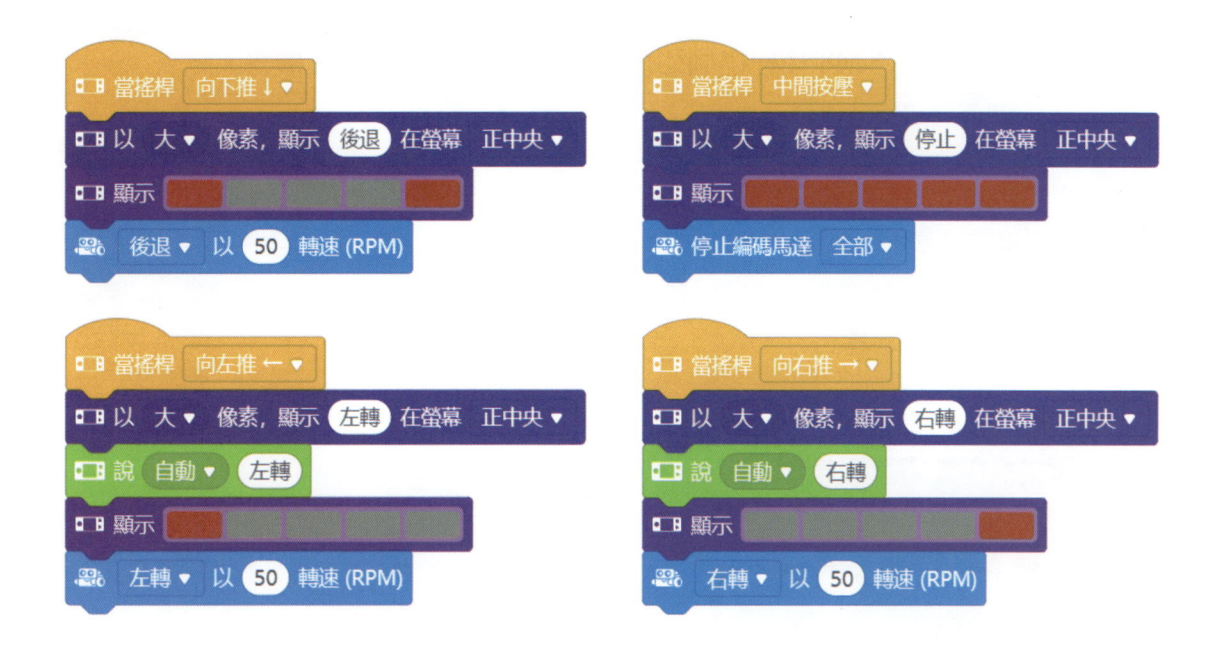

10-2　兩個 CyberPi 主機通訊來遙控 mBot2 機器人

在前一章節中，雖然使用者可以利用主機上的搖桿控制 mBot2 機器人行走，但無法遠距離遙控，充分體會遙控的樂趣。本節將學習如何利用 CyberPi 主機之間的通訊遙控 mBot2 機器人。

其前置作業必須再額外增加一個 CyberPi 主機，如圖 10-2 所示。

★ 圖 10-2　兩個 CyberPi 主機通訊

實作 10-6　兩個 CyberPi 搖桿控制如何溝通：遠端遙控 mBot2 機器人。

功能

1. 遙控端可以發送訊息。
2. mBot2 端可以接收訊息。

mBlock 拼圖程式

1. mBot2 端—CyberPi 主機板程式

```
當 CyberPi 啟動時
顯示 [    ]
等待直到 <搖桿 中間按壓 ?>
連接到 Wi-Fi  Leech3F  密碼 1234567890
顯示 [    ]
以 小 像素, 顯示 等待遙控端--CyberPi遙控 在 x 1 y 1 位置

當在區網中收到 message 訊息
以 小 像素, 顯示 (區域網路發送 message 已收到的值) 在螢幕 正中央
```

2. 遙控端—CyberPi 主機板程式

```
當 CyberPi 啟動時
連接到 Wi-Fi  Leech3F  密碼 1234567890
以 小 像素, 顯示 上下左右搖桿控制 在螢幕 正中央

當搖桿 向上推↑
在區網中發送訊息 message 值 前進

當搖桿 向下推↓
在區網中發送訊息 message 值 後退

當搖桿 向左推←
在區網中發送訊息 message 值 左轉

當搖桿 向右推→
在區網中發送訊息 message 值 右轉

當搖桿 中間按壓
在區網中發送訊息 message 值 停止
```

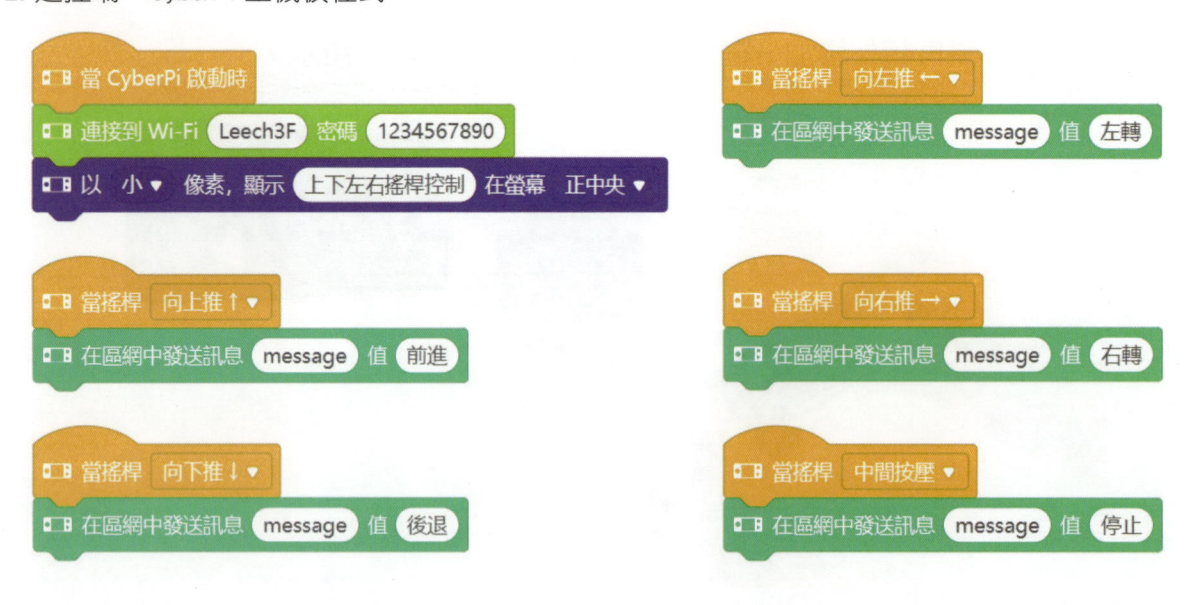

實作 10-7　兩個 CyberPi 搖桿控制遙控端顯示中文指令：遙控端發送訊息指令時，同步顯示指令在螢幕上。

功能
讓「遙控端」與「mBot2 端」可以同步顯示相同的訊息。

mBlock 拼圖程式

1. mBot2 端—CyberPi 主機板程式

- 當 CyberPi 啟動時
- 顯示 [　　　　　]
- 等待直到 搖桿 中間按壓 ?
- 連接到 Wi-Fi Leech3F 密碼 1234567890
- 顯示 [彩色圖示]
- 以 小 像素，顯示 等待遙控端--CyberPi遙控 在 x 1 y 1 位置

- 當在區網中收到 message 訊息
- 以 小 像素，顯示 區域網路發送 message 已收到的值 在螢幕 正中央

2. 遙控端—CyberPi 主機板程式

- 當 CyberPi 啟動時
- 連接到 Wi-Fi Leech3F 密碼 1234567890
- 以 小 像素，顯示 上下左右搖桿控制 在螢幕 正中央

- 當搖桿 向上推↑
- 以 小 像素，顯示 前進 在螢幕 正中央
- 在區網中發送訊息 message 值 前進

- 當搖桿 向下推↓
- 以 小 像素，顯示 後退 在螢幕 正中央
- 在區網中發送訊息 message 值 後退

- 當搖桿 向左推←
- 以 小 像素，顯示 左轉 在螢幕 正中央
- 在區網中發送訊息 message 值 左轉

- 當搖桿 向右推→
- 以 小 像素，顯示 右轉 在螢幕 正中央
- 在區網中發送訊息 message 值 右轉

- 當搖桿 中間按壓
- 以 小 像素，顯示 停止 在螢幕 正中央
- 在區網中發送訊息 message 值 停止

實作 10-8　兩個 CyberPi 搖桿控制遙控端，使另一台 mBot2 行走：遙控端發送訊息指令時，可以控制 mBot2 端行走。

功能

1. 將「遙控端」發送訊息。
2. 「mBot2 端」將訊息轉成 mBot2 機器人指令。

mBlock 拼圖程式

1. mBot2 端―CyberPi 主機板程式

```
當 CyberPi 啟動時
顯示 [       ]
等待直到 < 搖桿 中間按壓 ?>
連接到 Wi-Fi  Leech3F  密碼 1234567890
顯示 [       ]
以 小▼ 像素，顯示 (等待遙控端--CyberPi遙控) 在 x 1 y 1 位置
```

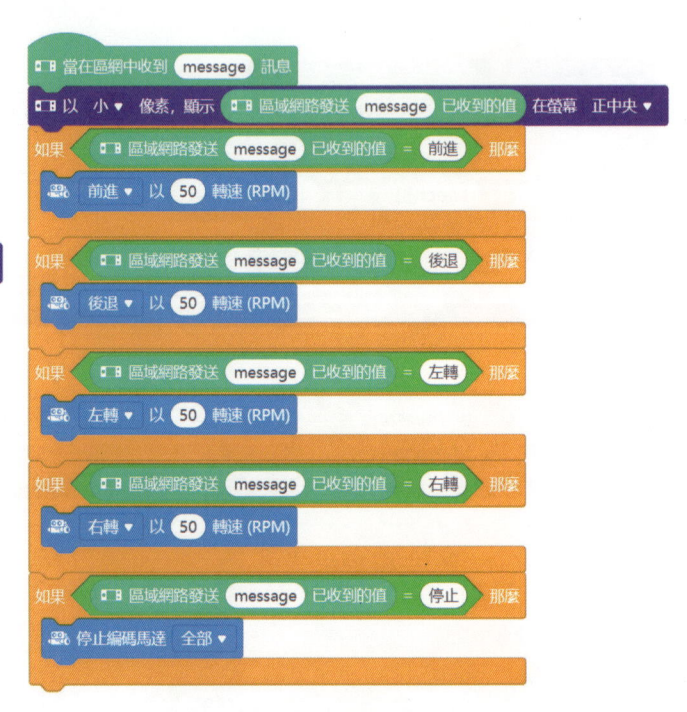

```
當在區網中收到 (message) 訊息
以 小▼ 像素，顯示 (區域網路發送 message 已收到的值) 在螢幕 正中央▼
如果 < 區域網路發送 message 已收到的值 = 前進 > 那麼
    前進▼ 以 50 轉速 (RPM)
如果 < 區域網路發送 message 已收到的值 = 後退 > 那麼
    後退▼ 以 50 轉速 (RPM)
如果 < 區域網路發送 message 已收到的值 = 左轉 > 那麼
    左轉▼ 以 50 轉速 (RPM)
如果 < 區域網路發送 message 已收到的值 = 右轉 > 那麼
    右轉▼ 以 50 轉速 (RPM)
如果 < 區域網路發送 message 已收到的值 = 停止 > 那麼
    停止編碼馬達 全部▼
```

2. 遙控端―CyberPi 主機板程式

```
當 CyberPi 啟動時
連接到 Wi-Fi  Leech3F  密碼 1234567890
以 小▼ 像素，顯示 (上下左右搖桿控制) 在螢幕 正中央▼
```

```
當搖桿 向上推↑▼
以 小▼ 像素，顯示 (前進) 在螢幕 正中央▼
在區網中發送訊息 message 值 前進
```

```
當搖桿 向下推↓▼
以 小▼ 像素，顯示 (後退) 在螢幕 正中央▼
在區網中發送訊息 message 值 後退
```

```
當搖桿 向左推←▼
以 小▼ 像素，顯示 (左轉) 在螢幕 正中央▼
在區網中發送訊息 message 值 左轉
```

```
當搖桿 向右推→▼
以 小▼ 像素，顯示 (右轉) 在螢幕 正中央▼
在區網中發送訊息 message 值 右轉
```

```
當搖桿 中間按壓▼
以 小▼ 像素，顯示 (停止) 在螢幕 正中央▼
在區網中發送訊息 message 值 停止
```

實作 10-9 兩個 CyberPi 互動控制，A 按鈕控制避障：讓 mBot2 機器人變成無人駕駛車。

功能
具有自動避障的功能，模擬自動駕駛。

mBlock 拼圖程式

1. mBot2 端—CyberPi 主機板程式

```
當 CyberPi 啟動時
顯示 [　　　　]
等待直到 <搖桿 中間按壓?>
連接到 Wi-Fi (Leech3F) 密碼 (1234567890)
顯示 [　　　　]
以 小 像素，顯示 (等待遙控端--CyberPi遙控) 在 x (1) y (1) 位置

當在區網中收到 (message) 訊息
以 小 像素，顯示 (區域網路發送 message 已收到的值) 在螢幕 正中央
如果 <區域網路發送 message 已收到的值 = 前進> 那麼
    前進 以 (50) 轉速 (RPM)
如果 <區域網路發送 message 已收到的值 = 後退> 那麼
    後退 以 (50) 轉速 (RPM)
如果 <區域網路發送 message 已收到的值 = 左轉> 那麼
    左轉 以 (50) 轉速 (RPM)
如果 <區域網路發送 message 已收到的值 = 右轉> 那麼
    右轉 以 (50) 轉速 (RPM)
如果 <區域網路發送 message 已收到的值 = 停止> 那麼
    停止編碼馬達 全部
如果 <區域網路發送 message 已收到的值 = 避障> 那麼
    重複直到 <區域網路發送 message 已收到的值 = 停止>
        如果 <超音波感測器2 (1) 與物體的距離 (cm) 小於 (25)> 那麼
            編碼馬達 全部 轉動 (180)°
        否則
            前進 以 (50) 轉速 (RPM)
```

2. 遙控端—CyberPi 主機板程式

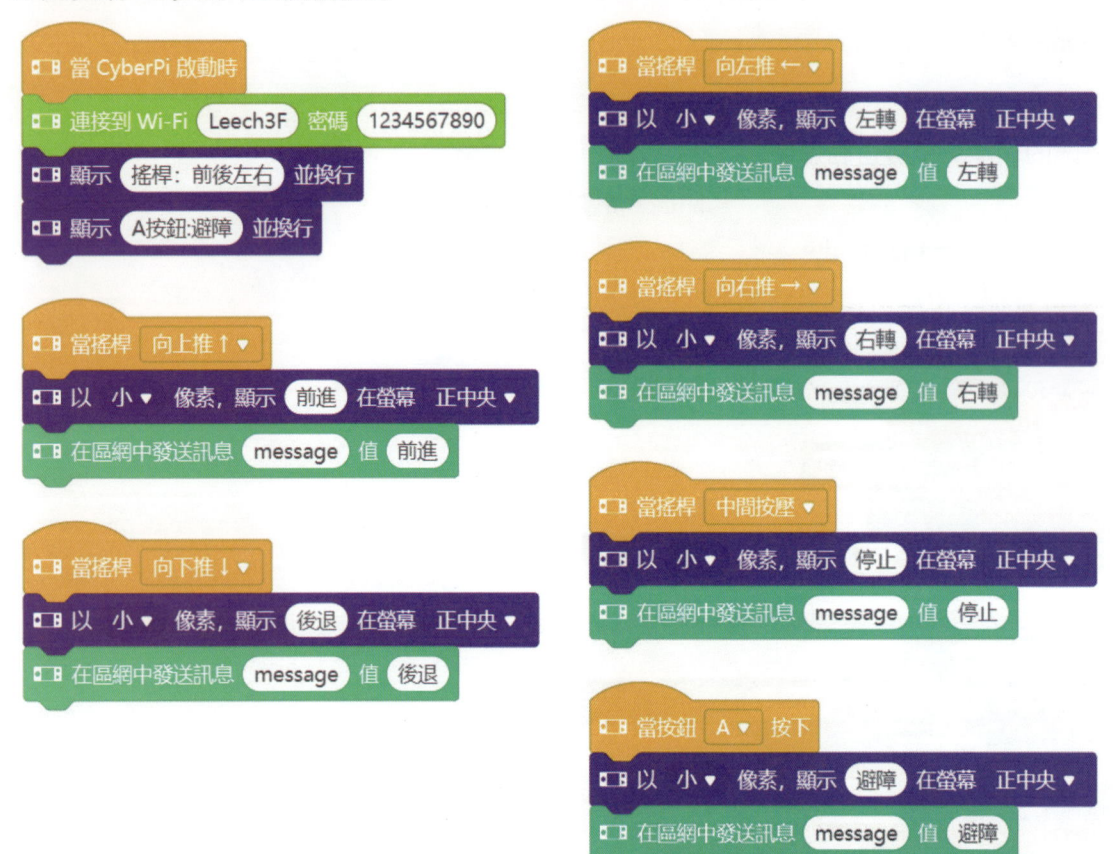

程式區塊：

- 當 CyberPi 啟動時
  - 連接到 Wi-Fi Leech3F 密碼 1234567890
  - 顯示 搖桿：前後左右 並換行
  - 顯示 A按鈕:避障 並換行

- 當搖桿 向上推↑
  - 以 小 像素，顯示 前進 在螢幕 正中央
  - 在區網中發送訊息 message 值 前進

- 當搖桿 向下推↓
  - 以 小 像素，顯示 後退 在螢幕 正中央
  - 在區網中發送訊息 message 值 後退

- 當搖桿 向左推←
  - 以 小 像素，顯示 左轉 在螢幕 正中央
  - 在區網中發送訊息 message 值 左轉

- 當搖桿 向右推→
  - 以 小 像素，顯示 右轉 在螢幕 正中央
  - 在區網中發送訊息 message 值 右轉

- 當搖桿 中間按壓
  - 以 小 像素，顯示 停止 在螢幕 正中央
  - 在區網中發送訊息 message 值 停止

- 當按鈕 A 按下
  - 以 小 像素，顯示 避障 在螢幕 正中央
  - 在區網中發送訊息 message 值 避障

10-3　CyberPi 傾斜方向控制 mBot2 機器人

在電影「阿凡達（Avatar）」中的「機器人」，它的動作之所以可以由人類的肢體動作控制，其實就是透過「感測器（Sensor）」的原理。而在我們的 CyberPi 主機中，也具有此功能。

CyberPi 主機提供了多種感測器的功能，例如：「傾斜偵測感測器」、「搖晃力道感測器」、「揮動方向感測器」、「揮動速度感測器」、「溫度感測器」、「光線感測器」以及「運動感測器」等各種偵測變化的感測器。此章節將學習利用傾斜方向來控制 mBot2 機器人。

其前置作業必須再額外增加一個 CyberPi 主機，如圖 10-3 所示。

★ 圖 10-3　遙控端傾斜不同方向

第 10 章 遙控機器人（搖桿及藍牙手柄的應用） 187

實作 10-10　兩個 CyberPi 傾斜方向控制如何溝通：利用遙控端傾斜不同方向來控制 mBot2 機器人

功能

1. 遙控端傾斜不同方向，來發送不同訊息。
2. mBot2 端接收不同的訊息來顯示。

mBlock 拼圖程式

1. mBot2 端─CyberPi 主機板程式

```
當 CyberPi 啟動時
顯示 [　　　　]
等待直到 〈搖桿 中間按壓?〉
連接到 Wi-Fi Leech3F 密碼 1234567890
顯示 [　　　　]
以 小▼ 像素，顯示 等待遙控端--CyberPi遙控 在 x 1 y 1 位置

當在區網中收到 message 訊息
以 小▼ 像素，顯示 區域網路發送 message 已收到的值 在螢幕 正中央
```

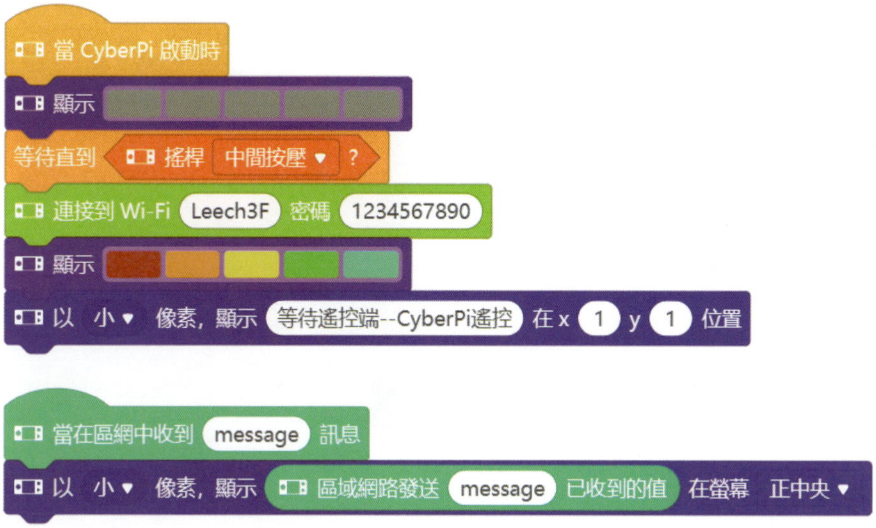

2. 遙控端─CyberPi 主機板程式

```
當 CyberPi 啟動時
連接到 Wi-Fi Leech3F 密碼 1234567890
以 小▼ 像素，顯示 上下左右傾斜方向控制 在螢幕 正中央

當CyberPi 向前傾斜▼
在區網中發送訊息 message 值 前進

當CyberPi 向後傾斜▼
在區網中發送訊息 message 值 後退

當CyberPi 向左傾斜▼
在區網中發送訊息 message 值 左轉

當CyberPi 向右傾斜▼
在區網中發送訊息 message 值 右轉

當CyberPi 螢幕朝上▼
在區網中發送訊息 message 值 停止
```

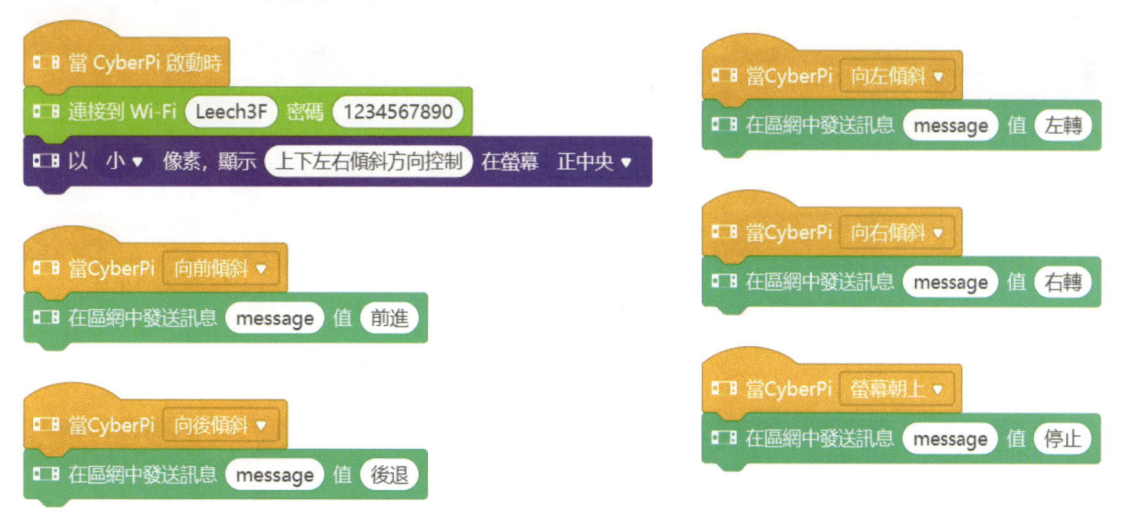

實作 10-11　兩個 CyberPi 傾斜方向控制遙控端顯示中文指令：遙控端透過傾斜方向來自動發送訊息指令時，顯示指令在螢幕上。

功能

讓「遙控端」與「mBot2 端」可以同步顯示相同的訊息。

mBlock 拼圖程式

1. mBot2 端─CyberPi 主機板程式

- 當 CyberPi 啟動時
- 顯示 ▢▢▢▢▢
- 等待直到 搖桿 中間按壓？
- 連接到 Wi-Fi Leech3F 密碼 1234567890
- 顯示 ▢▢▢▢▢
- 以 小 像素，顯示 等待遙控端--CyberPi遙控 在 x 1 y 1 位置

- 當在區網中收到 message 訊息
- 以 小 像素，顯示 區域網路發送 message 已收到的值 在螢幕 正中央

2. 遙控端─CyberPi 主機板程式

- 當 CyberPi 啟動時
- 連接到 Wi-Fi Leech3F 密碼 1234567890
- 以 小 像素，顯示 上下左右傾斜方向控制 在螢幕 正中央

- 當CyberPi 向前傾斜
- 以 小 像素，顯示 前進 在螢幕 正中央
- 在區網中發送訊息 message 值 前進

- 當CyberPi 向後傾斜
- 以 小 像素，顯示 後退 在螢幕 正中央
- 在區網中發送訊息 message 值 後退

- 當CyberPi 向左傾斜
- 以 小 像素，顯示 左轉 在螢幕 正中央
- 在區網中發送訊息 message 值 左轉

- 當CyberPi 螢幕朝上
- 以 小 像素，顯示 停止 在螢幕 正中央
- 在區網中發送訊息 message 值 停止

- 當CyberPi 向右傾斜
- 以 小 像素，顯示 右轉 在螢幕 正中央
- 在區網中發送訊息 message 值 右轉

第 10 章　遙控機器人（搖桿及藍牙手柄的應用）　189

| 實作 10-12 | 兩個 CyberPi 傾斜方向控制遙控端另一台 mBot2 行走：遙控端透過傾斜方向來自動發送訊息指令，控制 mBot2 端行走。 |

功能

1. 利用「遙控端」傾斜方向來自動發送訊息
2. 「mBot2 端」將訊息轉成 mBot2 機器人指令。

mBlock 拼圖程式

1. mBot2 端—CyberPi 主機板程式

- 當 CyberPi 啟動時
- 顯示 ▬▬▬▬▬
- 等待直到　搖桿　中間按壓 ？
- 連接到 Wi-Fi　Leech3F　密碼　1234567890
- 顯示 🟥🟧🟨🟩🟦
- 以 小▼ 像素，顯示 等待遙控端--CyberPi 遙控 在 x 1 y 1 位置

- 當在區網中收到 message 訊息
- 以 小▼ 像素，顯示 區域網路發送 message 已收到的值 在螢幕 正中央▼
  - 如果　區域網路發送 message 已收到的值 = 前進　那麼
    - 前進▼ 以 50 轉速 (RPM)
  - 如果　區域網路發送 message 已收到的值 = 後退　那麼
    - 後退▼ 以 50 轉速 (RPM)
  - 如果　區域網路發送 message 已收到的值 = 左轉　那麼
    - 左轉▼ 以 50 轉速 (RPM)
  - 如果　區域網路發送 message 已收到的值 = 右轉　那麼
    - 右轉▼ 以 50 轉速 (RPM)
  - 如果　區域網路發送 message 已收到的值 = 停止　那麼
    - 停止編碼馬達　全部▼

2. 遙控端—CyberPi 主機板程式

- 當 CyberPi 啟動時
- 連接到 Wi-Fi　Leech3F　密碼　1234567890
- 以 小▼ 像素，顯示 上下左右傾斜方向控制 在螢幕 正中央▼

- 當 CyberPi 向前傾斜▼
- 以 小▼ 像素，顯示 前進 在螢幕 正中央▼
- 在區網中發送訊息 message 值 前進

[程式積木圖示]

10-4 語音控制 mBot2 機器人

在前面幾個章節中已經學習多種控制 mBot2 機器人的方法，例如：搖桿控制、傾斜控制等等。本節將學習如何利用 CyberPi 主機內建的麥克風，接收使用者的語音，再透過「物聯網」連上網路，達到語音控制的功能。

透過說話的聲音，人類可以命令機器人執行各項工作。其應用的領域有：

1. **電腦產品**：語音聽寫、遊戲軟體、語言訓練。
2. **電話產品**：電話語音辨識／驗證服務。
3. **消費性電子產品**：語音撥號行動電話、電視遙控、聲控玩具、語言學習。
4. **汽車產品**：汽車導覽系統、車用行動電話等。

實作 10-13　語音：將人類的語音轉成文字。

功能

在遙控端測試使用者語音轉成文字，顯示於螢幕上。

mBlock 拼圖程式

遙控端—CyberPi 主機板程式

[程式積木圖示]

第 10 章　遙控機器人（搖桿及藍牙手柄的應用）　191

實作 10-14　兩個 CyberPi 語音溝通：遙控端使用者的語音轉換成文字，同步顯示 mBot2 端的螢幕上。

功能

讓「遙控端」與「mBot2 端」可以同步顯示相同的訊息。

mBlock 拼圖程式

1. mBot2 端—CyberPi 主機板程式

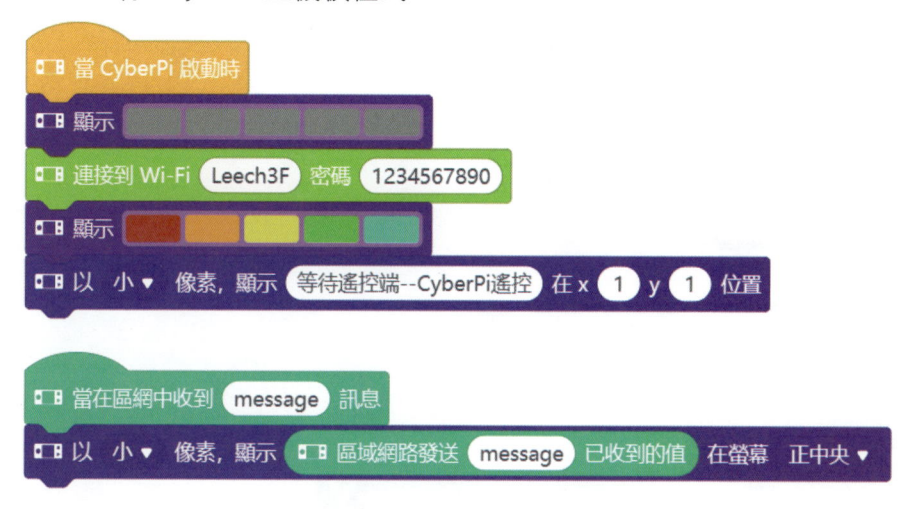

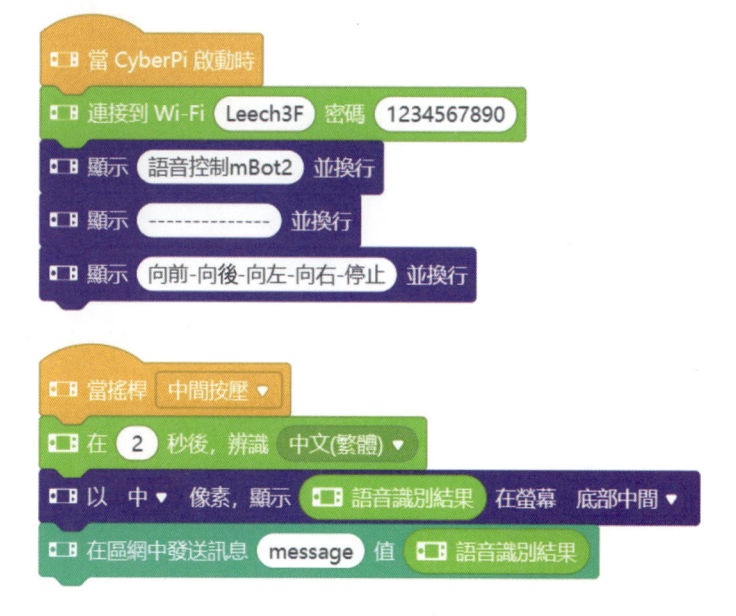

　　當 CyberPi 啟動時
　　顯示 ▓▓▓▓▓
　　連接到 Wi-Fi　Leech3F　密碼　1234567890
　　顯示 🟥🟧🟨🟩🟩
　　以 小 ▼ 像素，顯示 等待遙控端--CyberPi遙控 在 x 1 y 1 位置

　　當在區網中收到 message 訊息
　　以 小 ▼ 像素，顯示 區域網路發送 message 已收到的值 在螢幕 正中央 ▼

2. 遙控端—CyberPi 主機板程式

　　當 CyberPi 啟動時
　　連接到 Wi-Fi　Leech3F　密碼　1234567890
　　顯示 語音控制mBot2 並換行
　　顯示 ------------- 並換行
　　顯示 向前-向後-向左-向右-停止 並換行

　　當搖桿 中間按壓 ▼
　　在 2 秒後，辨識 中文(繁體) ▼
　　以 中 ▼ 像素，顯示 語音識別結果 在螢幕 底部中間 ▼
　　在區網中發送訊息 message 值 語音識別結果

實作 10-15　語音控制 mBot2：將人類的語音轉成文字，再轉換成機器人執行的指令。

功能

1. 在「遙控端」透過語音來自動發送訊息。
2. 「mBot2 端」將訊息轉成 mBot2 機器人指令。

mBlock 拼圖程式

1. mBot2 端—CyberPi 主機板程式

- 當 CyberPi 啟動時
- 顯示 [　　　　]
- 連接到 Wi-Fi [Leech3F] 密碼 [1234567890]
- 顯示 [　　　　]
- 以 小▼ 像素，顯示 [等待遙控端--CyberPi遙控] 在 x (1) y (1) 位置

- 當在區網中收到 (message) 訊息
- 以 小▼ 像素，顯示 [區域網路發送 (message) 已收到的值] 在螢幕 正中央▼
- 如果 〈區域網路發送 (message) 已收到的值 = 向前。〉那麼
  - 前進▼ 以 (50) 轉速 (RPM)
- 如果 〈區域網路發送 (message) 已收到的值 = 向後。〉那麼
  - 後退▼ 以 (50) 轉速 (RPM)
- 如果 〈區域網路發送 (message) 已收到的值 = 向左。〉那麼
  - 左轉▼ 以 (50) 轉速 (RPM)
- 如果 〈區域網路發送 (message) 已收到的值 = 向右。〉那麼
  - 右轉▼ 以 (50) 轉速 (RPM)
- 如果 〈區域網路發送 (message) 已收到的值 = 停止。〉那麼
  - 停止編碼馬達 全部▼

2. 遙控端—CyberPi 主機板程式

```
當 CyberPi 啟動時
連接到 Wi-Fi [Leech3F] 密碼 [1234567890]
顯示 [語音控制mBot2] 並換行
顯示 [--------------] 並換行
顯示 [向前-向後-向左-向右-停止] 並換行
```

```
當搖桿 [中間按壓▼]
在 [2] 秒後, 辨識 [中文(繁體)▼]
以 [中▼] 像素, 顯示 [語音識別結果] 在螢幕 [底部中間▼]
在區網中發送訊息 [message] 值 [語音識別結果]
```

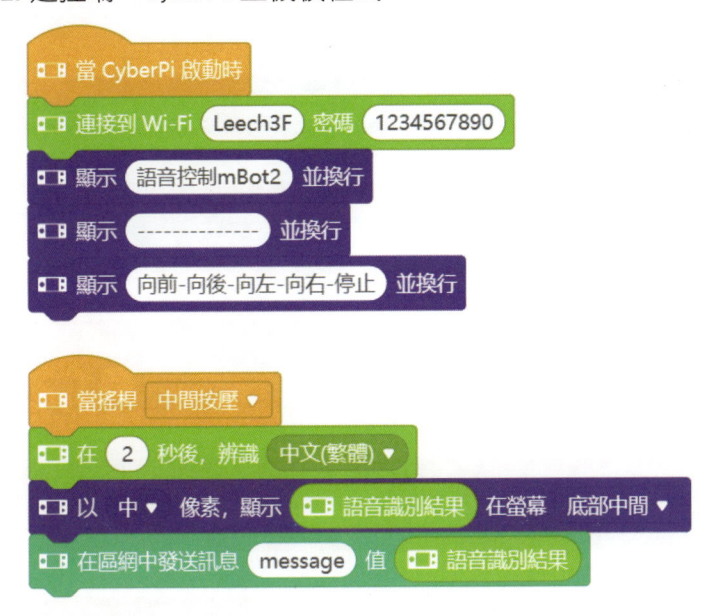

實作 10-16　模糊語音控制 mBot2。

發想

　　因為每個人的發音不盡相同，可能導致語音辨識的效果不佳。因此，必須尋找提高語音辨識效果的解決方法：「模糊比對」模式。例如，辨識「句子」的發音時，切記盡量不要使用等號「=」，建議使用「包含子字串函數」：

字串 [蘋果] 包含 [一個] ?

功能

1. 不需要「方向按鈕」也能操控機器人。
2. 對於視力不佳的使用者，也能輕易操控。

mBlock 拼圖程式

1. mBot2 端—CyberPi 主機板程式

```
當 CyberPi 啟動時
顯示 [■■■■■]
連接到 Wi-Fi [Leech3F] 密碼 [1234567890]
顯示 [■■■■■]
以 [小▼] 像素, 顯示 [等待遙控端--CyberPi遙控] 在 x [1] y [1] 位置
```

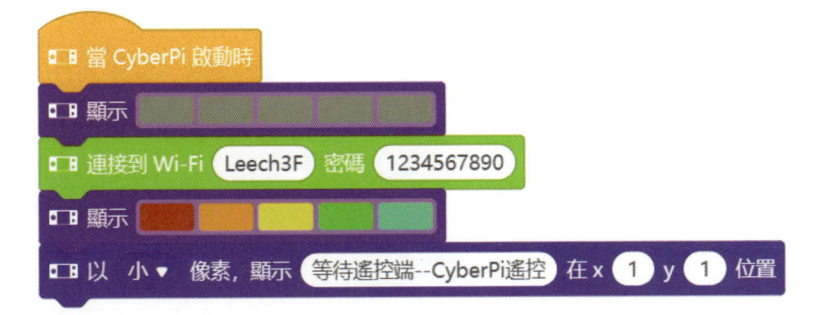

194　Scratch3.0（mBlock 5）程式設計

```
當在區網中收到 (message) 訊息
    以 小▼ 像素, 顯示 (區域網路發送 message 已收到的值) 在螢幕 正中央▼
    如果 〈 區域網路發送 message 已收到的值 = 向前。〉 或 〈 字串 區域網路發送 message 已收到的值 包含 前 ?〉 那麼
        前進▼ 以 50 轉速 (RPM)
    如果 〈 區域網路發送 message 已收到的值 = 向後。〉 或 〈 字串 區域網路發送 message 已收到的值 包含 後 ?〉 那麼
        後退▼ 以 50 轉速 (RPM)
    如果 〈 區域網路發送 message 已收到的值 = 向左。〉 或 〈 字串 區域網路發送 message 已收到的值 包含 左 ?〉 那麼
        左轉▼ 以 50 轉速 (RPM)
    如果 〈 區域網路發送 message 已收到的值 = 向右。〉 或 〈 字串 區域網路發送 message 已收到的值 包含 右 ?〉 那麼
        右轉▼ 以 50 轉速 (RPM)
    如果 〈 區域網路發送 message 已收到的值 = 停止。〉 或 〈 字串 區域網路發送 message 已收到的值 包含 停 ?〉 那麼
        停止編碼馬達 全部▼
```

2. 遙控端─CyberPi 主機板程式

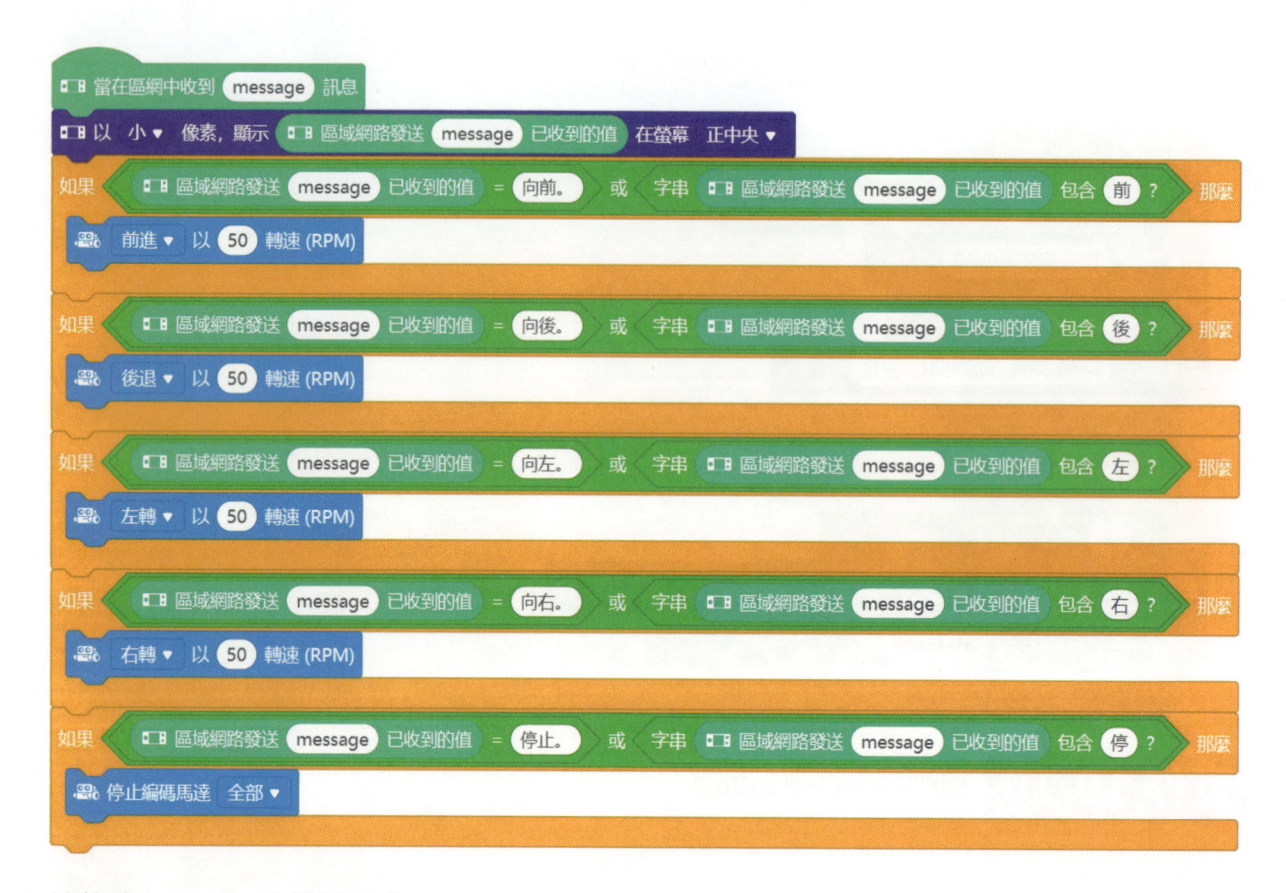

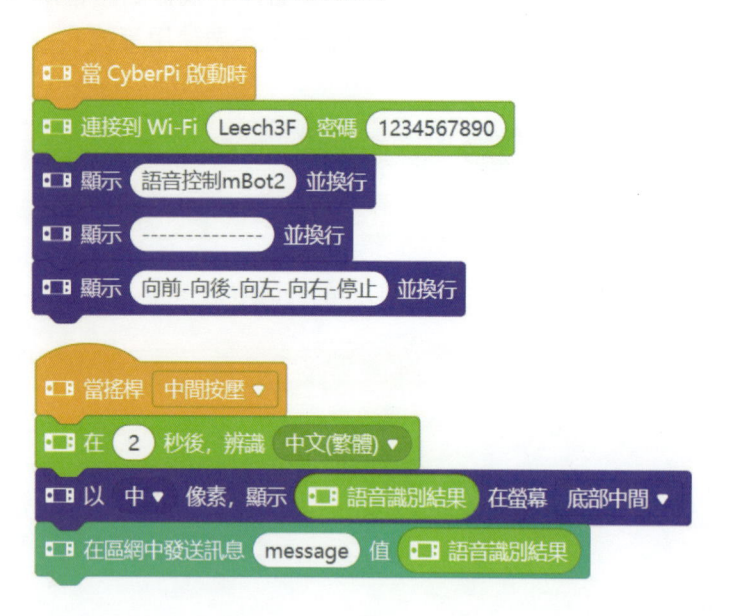

```
當 CyberPi 啟動時
    連接到 Wi-Fi (Leech3F) 密碼 (1234567890)
    顯示 (語音控制mBot2) 並換行
    顯示 (--------------) 並換行
    顯示 (向前-向後-向左-向右-停止) 並換行

當搖桿 中間按壓▼
    在 2 秒後, 辨識 中文(繁體)▼
    以 中▼ 像素, 顯示 (語音識別結果) 在螢幕 底部中間▼
    在區網中發送訊息 message 值 (語音識別結果)
```

10-5　藍牙手柄控制 mBot2 機器人

雖然對初學者而言，一個 CyberPi 主機板及另一台 mBot2 機器人，就可以實踐無線遙控的功能，但是 CyberPi 主機板上的搖桿及 A、B 鈕功能有限，無法模擬一般市售的 Play Station 遊戲機 PS2～5 手把，因此 Makeblock 公司特別開發出「童芯派」系列產品皆可以連接的藍牙手柄，讓使用者可以使用藍牙手柄作為控制器[1]。

(a) 正面　　　　　　　　　　(b) 背面

★ 圖 10-5　藍牙手柄

步驟　加入藍牙手柄：延伸集 / 附加元件中心 / 設備擴展 / 藍牙手柄 + 添加

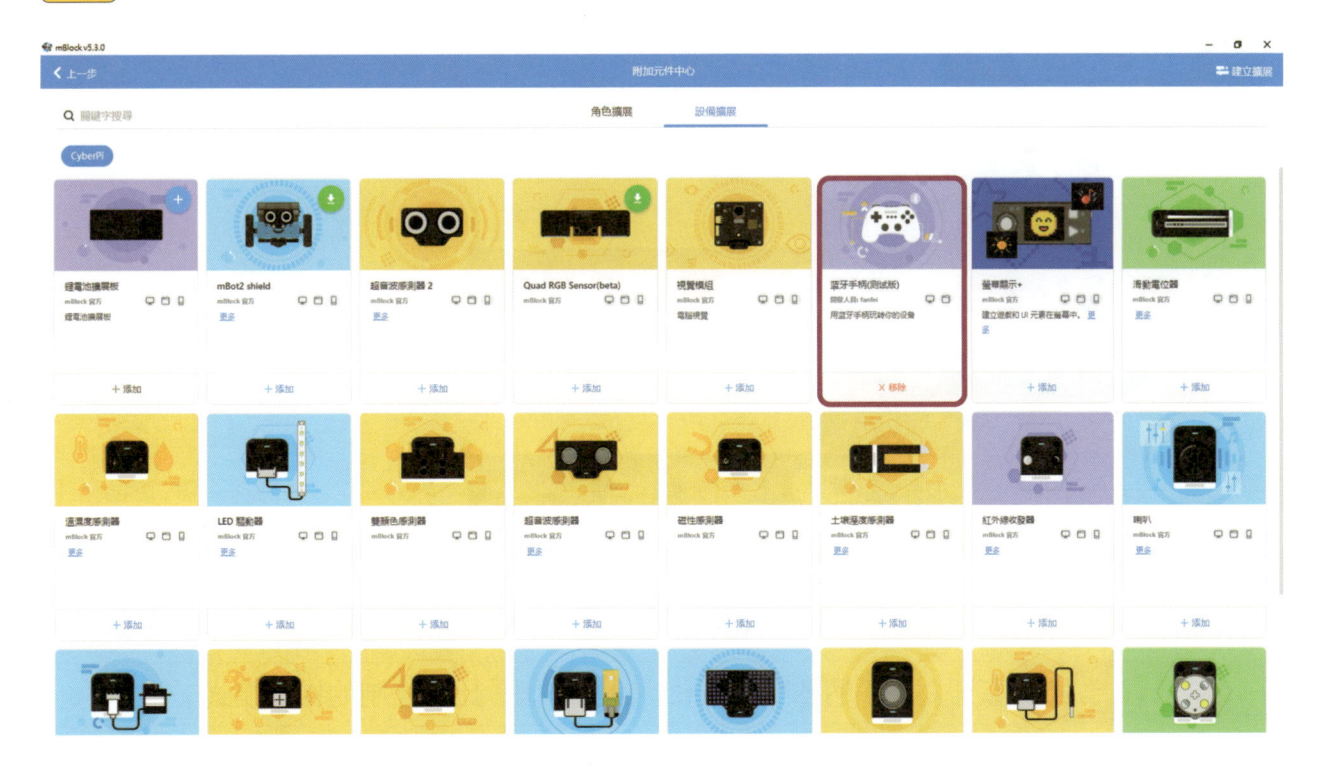

---

1. 更多有關藍牙手柄的資訊，請參見藍牙手柄線上說明，網址：https://www.yuque.com/makeblock-help-center-zh/bluetooth-controller。

實作 10-17　測試藍牙手柄左右搖桿數值：測試官方藍牙手柄左右搖桿數值範圍。

功能
觀測左右搖桿數值的變化，以作為未來控制 mBot2 機器人速度的依據。

mBlock 拼圖程式

```
當 CyberPi 啟動時
不停重複
    變數 前後▼ 設為 搖桿 LY▼
    變數 左右▼ 設為 搖桿 RX▼
    以 小▼ 像素，顯示 組合字串 組合字串 X= 和 左右 和 組合字串 , 和 組合字串 Y= 和 前後 在螢幕 正中央▼
```

- 另一種寫法

```
當 CyberPi 啟動時
顯示 測搖桿XY座標值 並換行
顯示 按數字1:X座標 並換行
顯示 按數字2:Y座標 並換行
不停重複
    重複直到 按鍵 1▼ 被按下
        變數 前後▼ 設為 搖桿 LY▼
        以 中▼ 像素，顯示 組合字串 Y座標: 和 前後 在螢幕 底部中間▼
    重複直到 按鍵 2▼ 被按下
        變數 左右▼ 設為 搖桿 RX▼
        以 中▼ 像素，顯示 組合字串 X座標: 和 左右 在螢幕 底部中間▼
```

實作 10-18　藍牙左右手柄控制 mBot2：設計一個「比例控制的操作模式」。

功能
依照不同的搖桿移動量，來控制 mBot2 機器人行走的速度。

第 10 章　遙控機器人（搖桿及藍牙手柄的應用）　197

mBlock 拼圖程式

1. 實作測試：觀測 EM1 與 EM2 動力的輸出

當 CyberPi 啟動時
不停重複
　變數 前後▼ 設為 搖桿 LY▼
　變數 左右▼ 設為 搖桿 RX▼
　以 小▼ 像素，顯示 組合字串 組合字串 M1= 和 前後 + 左右 和 組合字串 , 和 組合字串 M2= 和 前後 - 左右 在螢幕 正中央▼
　編碼馬達 EM1 轉動以 前後 + 左右 %動力, 編碼馬達 EM2 轉動以 -1 * 前後 - 左右 %動力

2. 基本程式寫法：藍牙左右手柄控制 mBot2

當 CyberPi 啟動時
不停重複
　變數 前後▼ 設為 搖桿 LY▼
　變數 左右▼ 設為 搖桿 RX▼
　編碼馬達 EM1 轉動以 前後 + 左右 %動力, 編碼馬達 EM2 轉動以 -1 * 前後 - 左右 %動力

實作 10-19　藍牙右手柄控制 mBot2：單手也能控制 mBot2 機器人行走。

功能

利用右手柄或左手柄的搖桿來操控。

mBlock 拼圖程式

當 CyberPi 啟動時
不停重複
　變數 前後▼ 設為 搖桿 RY▼
　變數 左右▼ 設為 搖桿 RX▼
　如果 前後 大於 0 或 前後 小於 0 且 左右 = 0 那麼
　　前進▼ 以 前後 轉速 (RPM)
　否則
　　如果 左右 大於 0 或 左右 小於 0 且 前後 = 0 那麼
　　　左轉▼ 以 -1 * 左右 轉速 (RPM)
　　否則
　　　停止編碼馬達 全部▼

Chapter 10　課後習題

一、請利用單一搖桿控制 mBot2 左右轉之外，再加入音效，亦即模擬實際大卡車左右轉語音播放，並加入「嗶嗶」音效，其主要的目的有以下兩點：
　1. 在增加左右轉方向燈的同時會大聲公語音播放，以及「嗶嗶」音效。
　2. 增加行人注意力，以及其他駕駛人的安全。

二、請利用兩個 CyberPi 互動控制 B 按鈕控制循線，亦即讓 mBot2 機器人依照指定的路徑來駕駛，其主要的目的有以下兩點：
　1. 可以依照不同的路徑自動行駛。
　2. 模擬廠區路徑，讓機器人自動行走。

三、請利用藍牙手柄來動態調整 mBot2 速度，亦即依照不同的情境，可以動態調整 mBot2 速度。

Chapter 10　創客實作題

◎ 題目名稱：使用 CyberPi 遙控 mBot2

◎ 題目說明：使用 CyberPi 傾斜遙控 mBot2 能夠前、後、左、右移動。

創客題目編號：A039015

60 mins

・創客指標・

外形	機構	電控	程式	通訊	人工智慧	創客總數
1	1	1	3	2	0	8

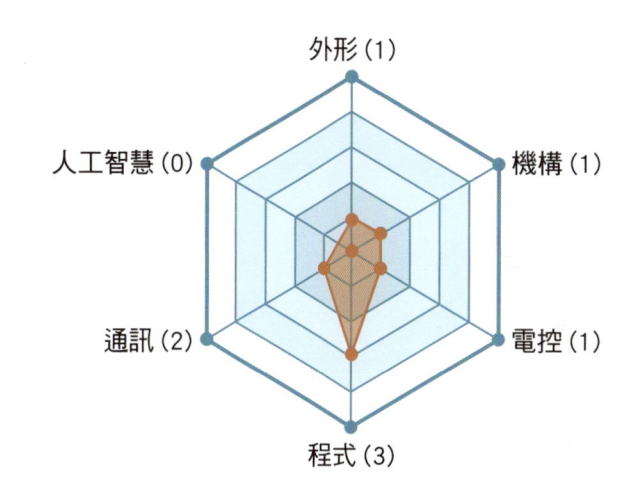

・創客素養力・

空間力	堅毅力	邏輯力	創新力	整合力	團隊力	素養總數
1	1	1	1	1	2	7

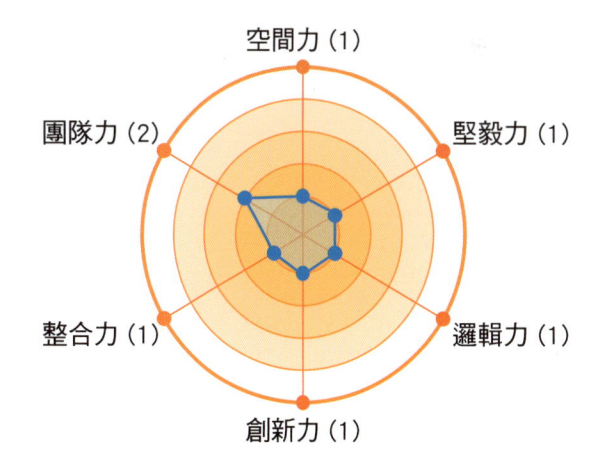

Chapter 11 AI 人工智慧 -mBot2「人臉年齡識別」的應用

本章學習目標

1. 讓讀者瞭解 mBlock 5 提供的 AI 人工智慧及微軟認知服務。
2. 讓讀者瞭解如何使用模糊語音辨識及操控機器人。

本章內容

- 11-1　認識 AI 人工智慧
- 11-2　CyberPi 內建 AI 人工智慧指令
- 11-3　mBlock 5 使用微軟認知服務
- 11-4　模糊語音辨識控制 mBot2 機器人行走
- 11-5　停車場車牌辨識系統
- ◎　課後習題
- ◎　創客實作題

11-1　認識 AI 人工智慧

一、AI 人工智慧

1. **定義**：人工智慧（Artificial Intelligence, AI）是指人類創造出來的機器人，可以模擬人類大腦的智慧，它具有思考及解決問題的能力。
2. **組成**：由「推理機」及「知識庫」組成。
3. **使用語言**：「專家系統」與「自然語言」。
4. **特色**：具有像人類思考、判斷、推理及自行學習而解決問題的能力。
5. **主要技術**：人工智慧的演算法及科技。

二、人工智慧、機器學習、深度學習之關係

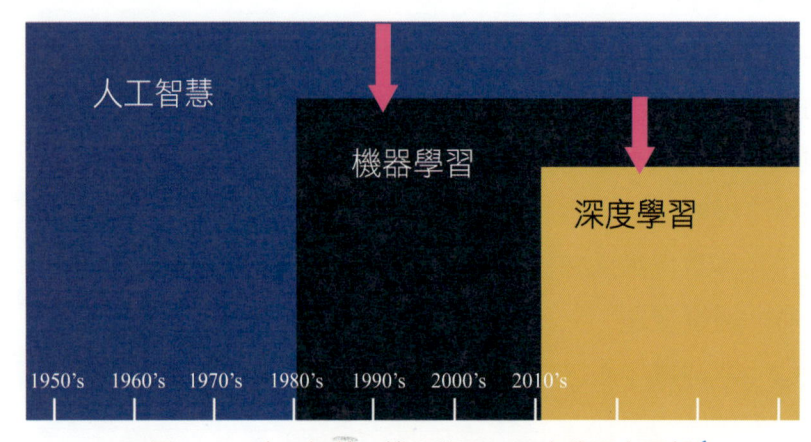

★ 圖 11-1　人工智慧、機器學習、深度學習之關係 [1]

三、成功案例

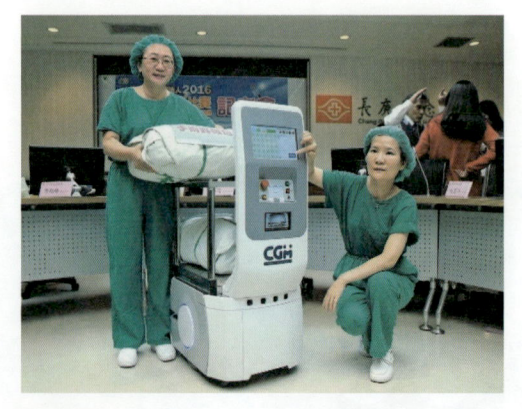

★ 圖 11-2　互動式服務型機器人 [2]

---

1. 參考資料：blogs.nvidia.com.tw
2. 圖片來源：（左）遠見網站 https://www.gvm.com.tw/article/33649，（右）長庚醫院智慧型運輸機器人。

11-2　CyberPi 內建 AI 人工智慧指令

在 mBlock 5.3 版中，CyberPi 內建的 AI 人工智慧指令只有兩大功能：「語音識別功能」與「文字翻譯功能」，介面如圖 11-3 所示。

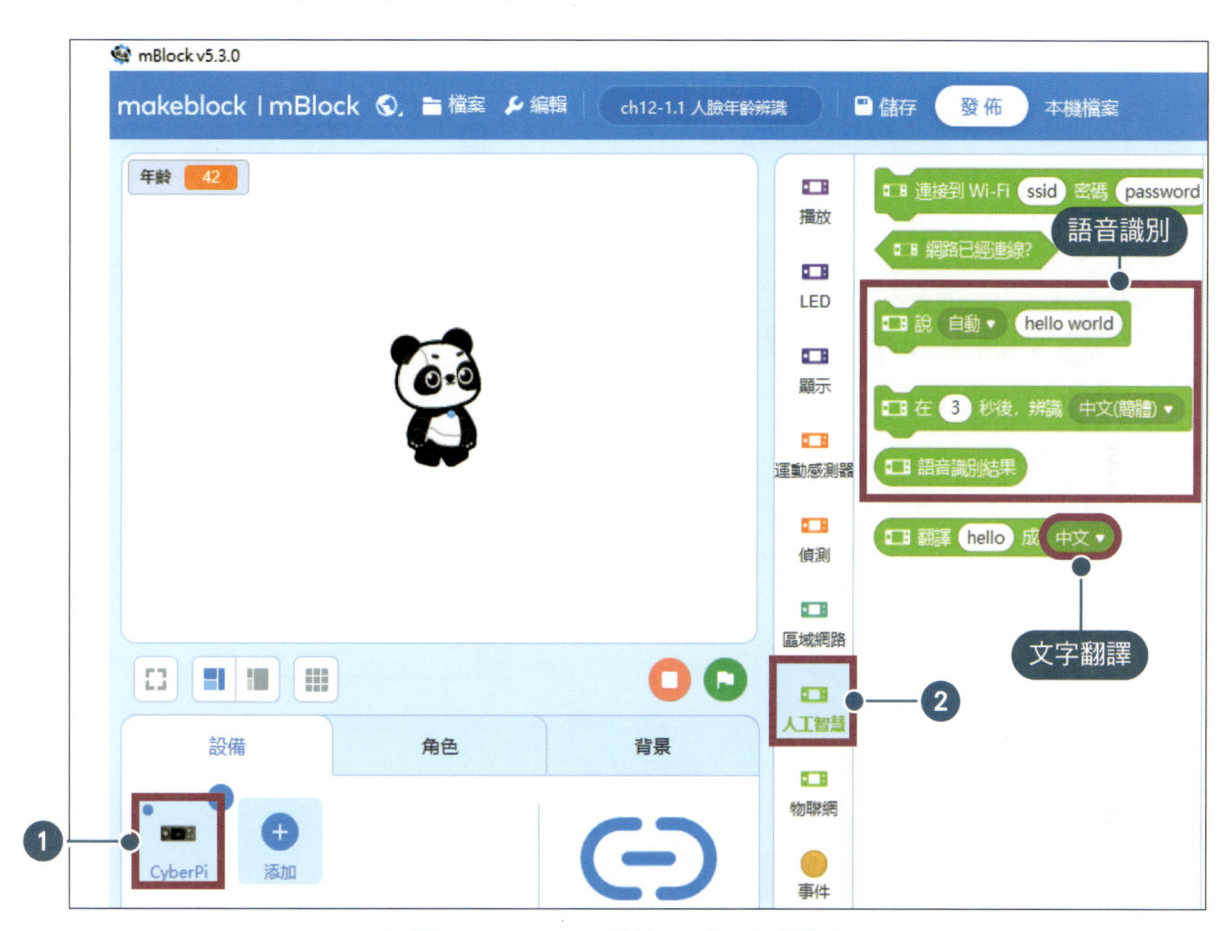

★ 圖 11-3　CyberPi 內建 AI 人工智慧指令

一、CyberPi 內建 AI 人工智慧指令―基本語音識別

本書的 AI 人工智慧章節，希望能夠結合 mBot2 機器人，因此請同學們兩人一組，或是準備一台 mBot2 機器人及另一個 CyberPi 主機來進行活動。而另一個 CyberPi 主機的設定如步驟一至步驟四所示：

步驟一 官方註冊

1. 點選介面右上角的使用者圖示。
2. 跳出註冊視窗。
3. 依指示填寫使用者資料。

步驟二 連接到 WiFi

步驟三 添加 CyberPi 主機

1. 添加
2. 添加 CyberPi 主機
3. CyberPi

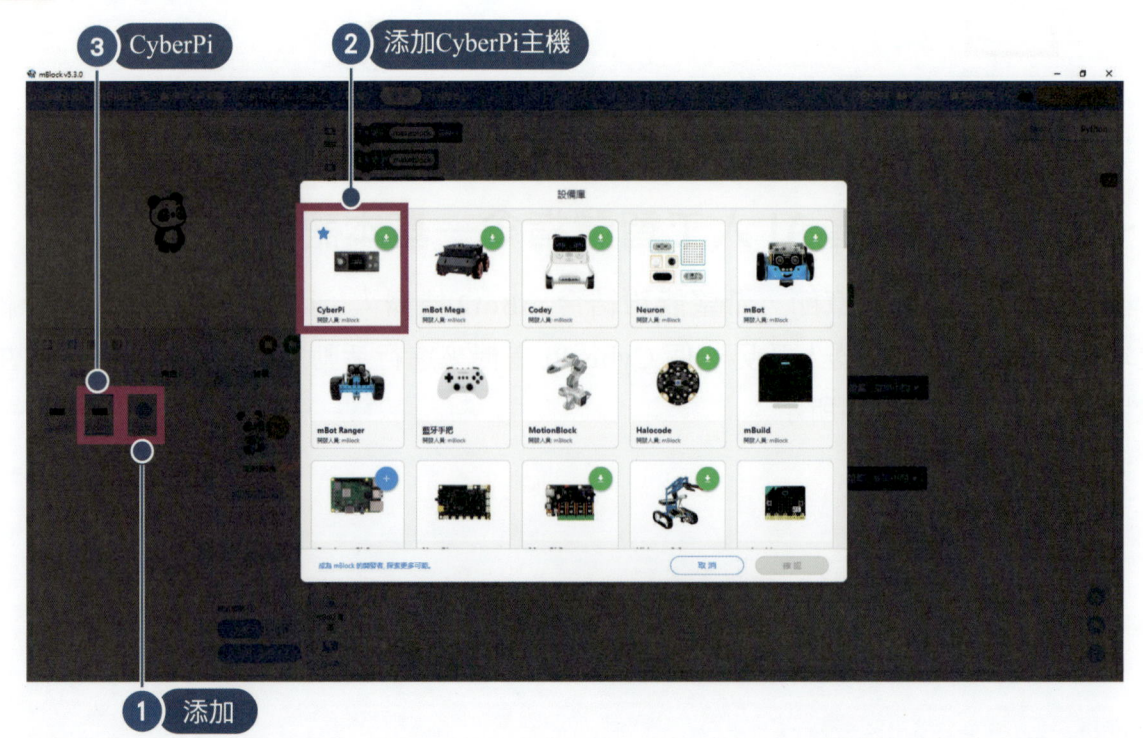

步驟四 撰寫程式

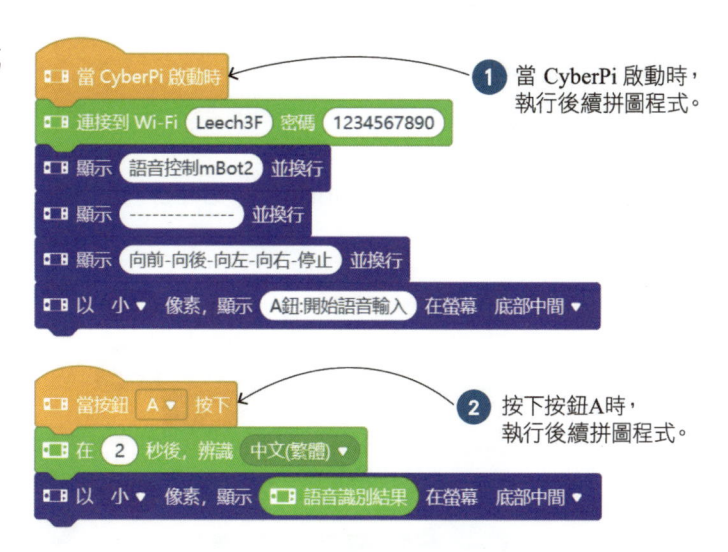

① 當 CyberPi 啟動時，執行後續拼圖程式。

② 按下按鈕A時，執行後續拼圖程式。

二、CyberPi 內建 AI 人工智慧指令─進階語音識別

在前一章節裡測試語音輸入時，因為顯示螢幕或 LED 燈沒有任何的指示，所以使用者不知道什麼時候才會有回覆。因此在本章節中，將學習加入以下指令：在語音輸入時，螢幕先顯示「開始語音輸入」，並於 2 秒內辨識後，執行 LED 跑馬燈，此時就會顯示「語音識別結果」。

步驟 撰寫程式

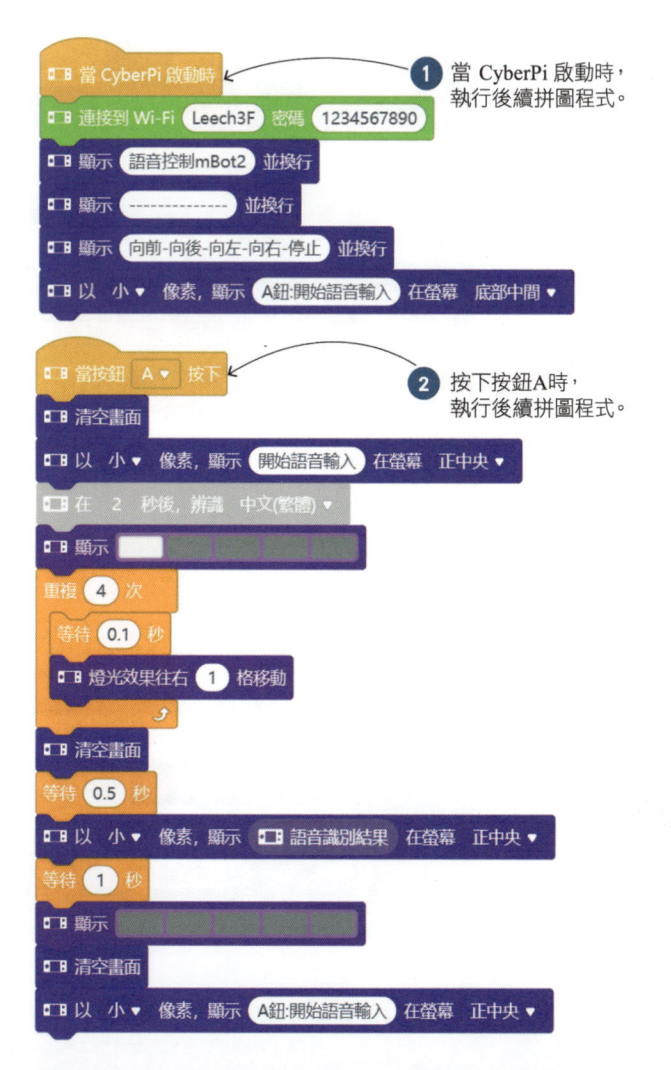

① 當 CyberPi 啟動時，執行後續拼圖程式。

② 按下按鈕A時，執行後續拼圖程式。

三、兩個 CyberPi 語音溝通

在學會單一 CyberPi 語音輸入之後，接著要更進一步利用它來控制 mBot2 機器人，以達到遠端語音控制的目的；因此，我們必須先學習如何讓兩個 CyberPi 主機板進行溝通。其原理：「發射端」傳送訊息給「接收端」，並顯示接收內容，如圖 11-4 所示。

步驟

1. 接收端：mBot2（含 CyberPi 主機 1）

① 當 CyberPi 啟動時，執行後續拼圖程式。

② 當在區網中收到 message 訊息，顯示在螢幕上。

2. 發射端：CyberPi 主機 2

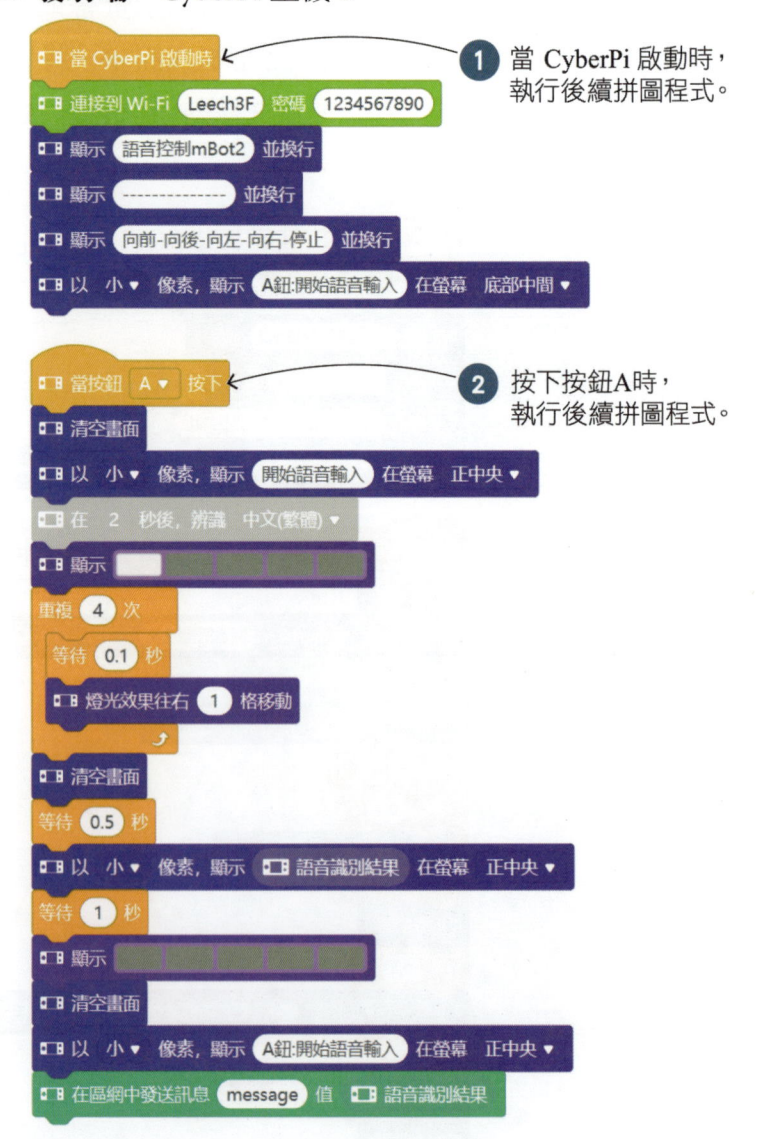

① 當 CyberPi 啟動時，執行後續拼圖程式。

② 按下按鈕A時，執行後續拼圖程式。

★ 圖 11-4　前置作業

四、語音控制 mBot2

瞭解如何讓兩個 CyberPi 主機板進行溝通之後，接著就可以實際透過「發射端」傳送訊息給「接收端」；除了在接收端顯示接收內容之外，再將語言內容轉換成控制 mBot2 機器人的指令，即可達到語音控制 mBot2 機器人的任務，如圖 11-5 所示。

步驟 撰寫程式

1. 接收端：mBot2（含 CyberPi 主機 1）

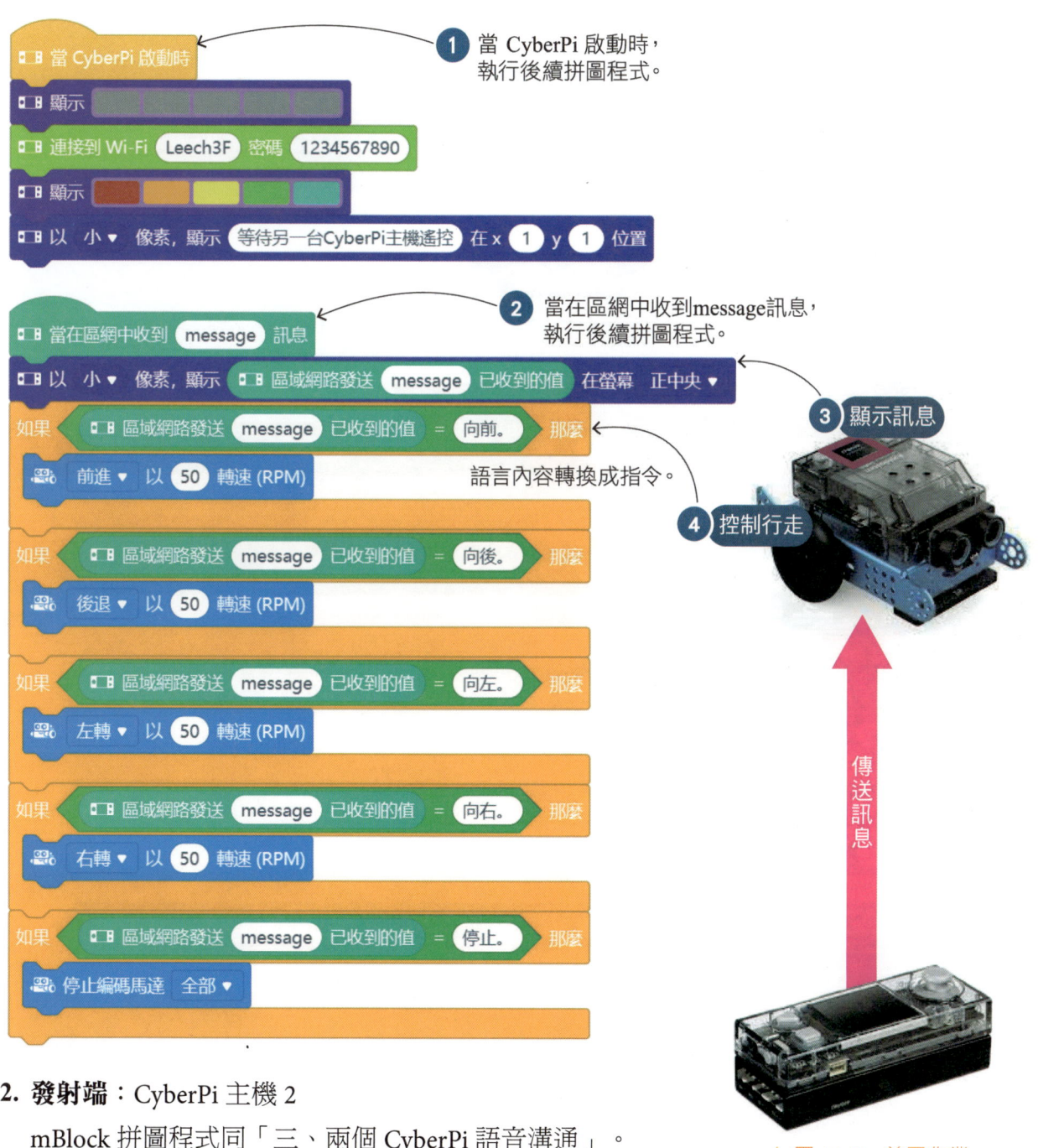

① 當 CyberPi 啟動時，執行後續拼圖程式。

② 當在區網中收到 message 訊息，執行後續拼圖程式。

語言內容轉換成指令。

③ 顯示訊息

④ 控制行走

傳送訊息

2. 發射端：CyberPi 主機 2

mBlock 拼圖程式同「三、兩個 CyberPi 語音溝通」。

★ 圖 11-5　前置作業

五、模糊語音控制 mBot2

發音的相似性，使得利用「語音辨識」功能時，往往無法順利辨識使用者想要呈現的文字。此時，我們可以利用「模糊語音辨識方法」。其使用指令如下：

`字串 蘋果 包含 一個 ?`

步驟 撰寫程式

1. 接收端：mBot2（含 CyberPi 主機 1）

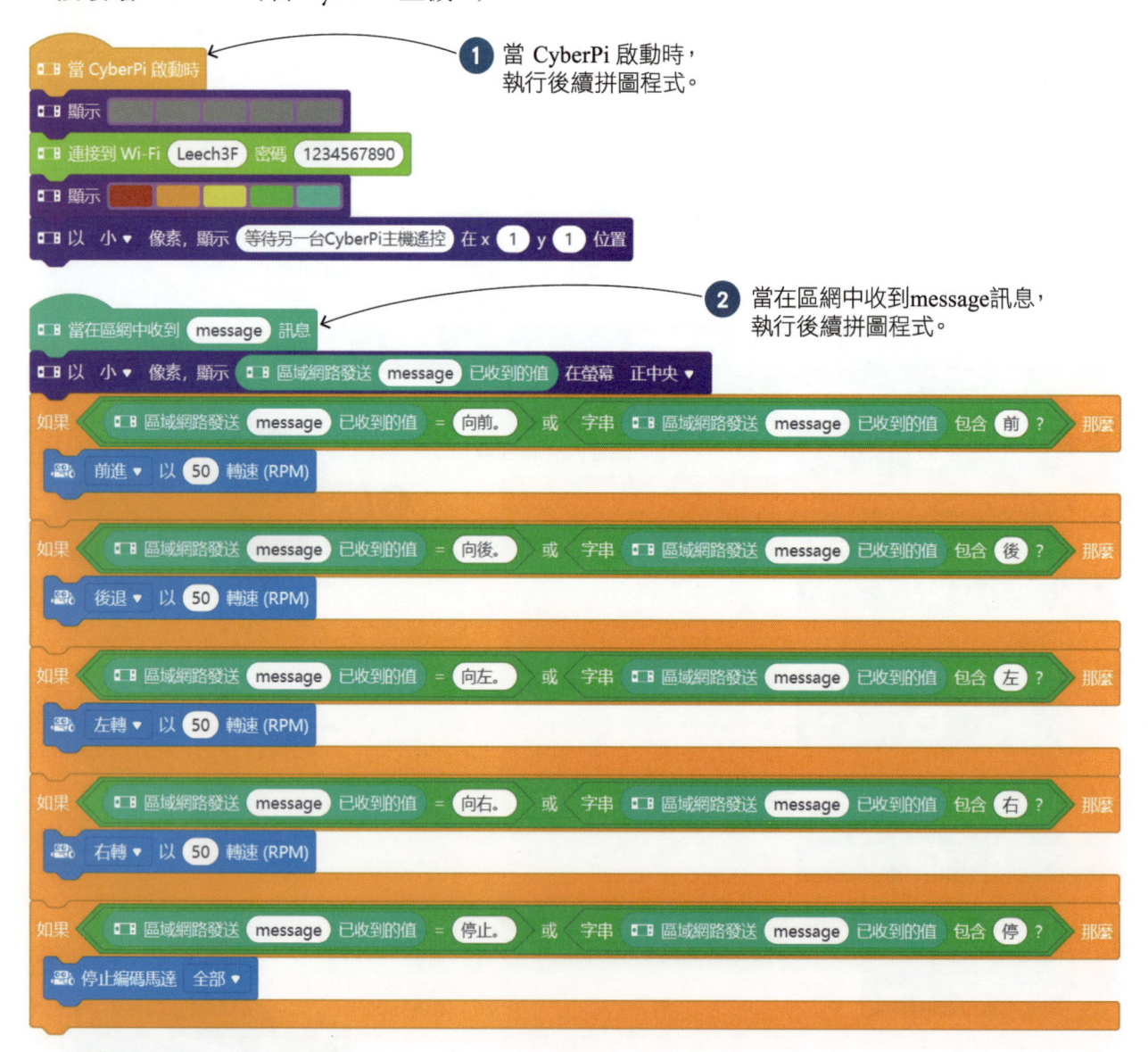

① 當 CyberPi 啟動時，執行後續拼圖程式。

② 當在區網中收到 message 訊息，執行後續拼圖程式。

2. 發射端：CyberPi 主機 2

mBlock 拼圖程式同「三、兩個 CyberPi 語音溝通」。

11-3　mBlock 5 使用微軟認知服務

　　Makeblock 公司為了讓 mBot 機器人更有智慧，將 mBlock 3 改版為 mBlock 5，而 mBlock 5 主要的功能包含認知服務（Cognitive Services）以及機器深度學習（Machine Deep Learning），讓使用者可以運用 AI 人工智慧工具，進行各種辨識（例如：影像、語音及文字等）。其功能介面如圖 11-6 所示。

① 點選**角色**。

② 點選**延伸集**。

③ 進入附加元件中心後，點選**角色擴展**。

④ 添加**認知服務**後，回上一頁。

⑤ 元件區即出現**認知服務元件**。

★ 圖 11-6　功能介面

一、人臉年齡辨識

人臉年齡辨識是指利用「影像辨識」的技術，來判斷人臉的大約年齡，在生活中常見的運用實例有：電影分級制。

1. **拼圖指令**：如圖 11-7 所示。
2. **所需設備**：攝影機。
3. **實作程式**：辨識人臉大約的年齡並顯示於 CyberPi 螢幕上，其 mBlock 拼圖程式如下所示。

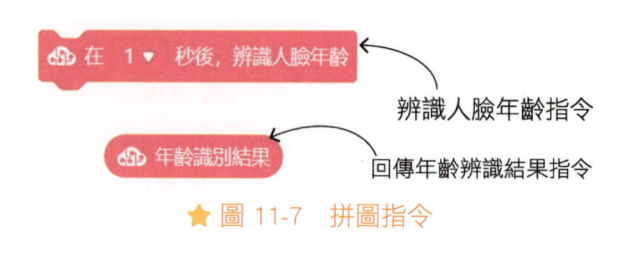

★ 圖 11-7　拼圖指令

二、人臉情緒操控 CyberPi 上 LED 燈顏色

人臉情緒操控是指利用「影像辨識」的技術，來辨識人臉情緒。舉例來說，使用者可以利用人臉情緒，控制家中的氣氛燈。

1. **拼圖指令**：如圖 11-8 所示。
2. **所需設備**：攝影機。
3. **實作程式**：辨識人臉情緒，如果快樂時，CyberPi 上的 LED 燈亮「綠燈」，否則為「紅燈」。其拼圖程式如下所示。

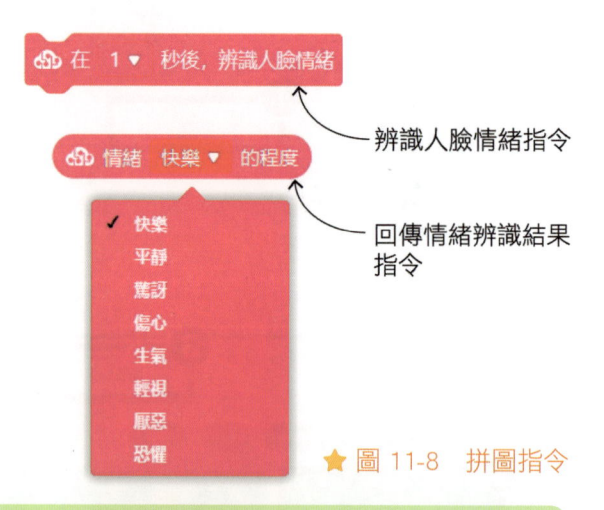

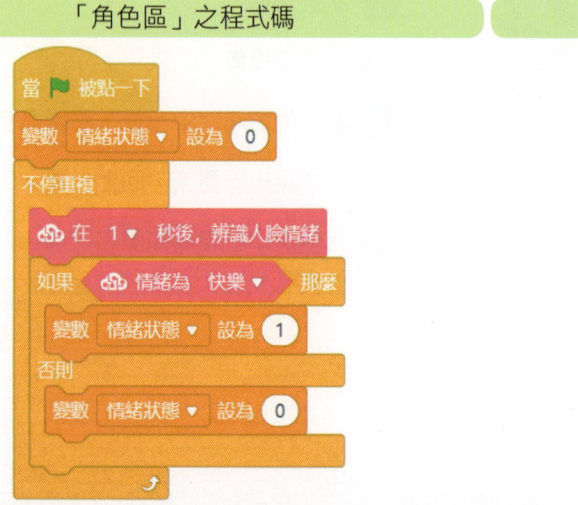

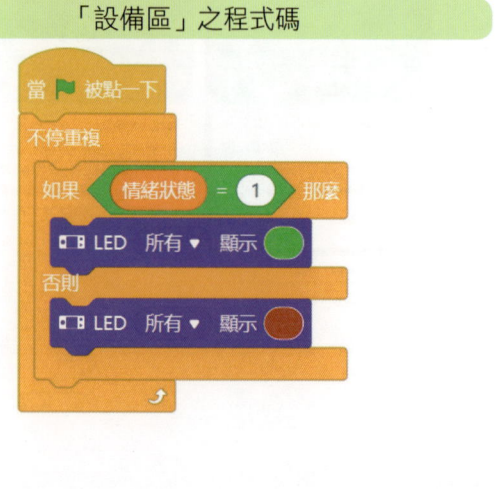

★ 圖 11-8　拼圖指令

三、語音辨識

語音辨識是指利用「語音辨識」的技術來辨識各國語言。生活中常見的運用有：利用語音控制機器人或設備。

1. **拼圖指令**：如圖 11-9 所示。
2. **所需設備**：攝影機、麥克風。
3. **實作程式**：辨識使用者說的語言內容並顯示於 CyberPi 螢幕上。其拼圖程式如下所示。

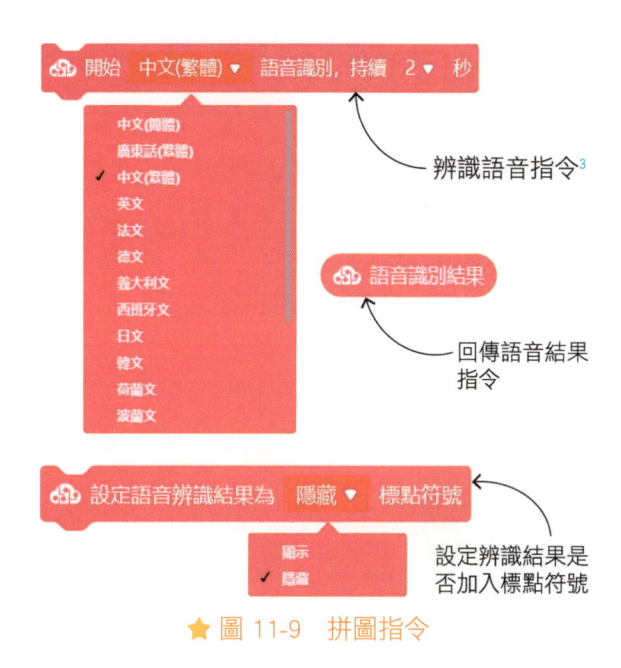

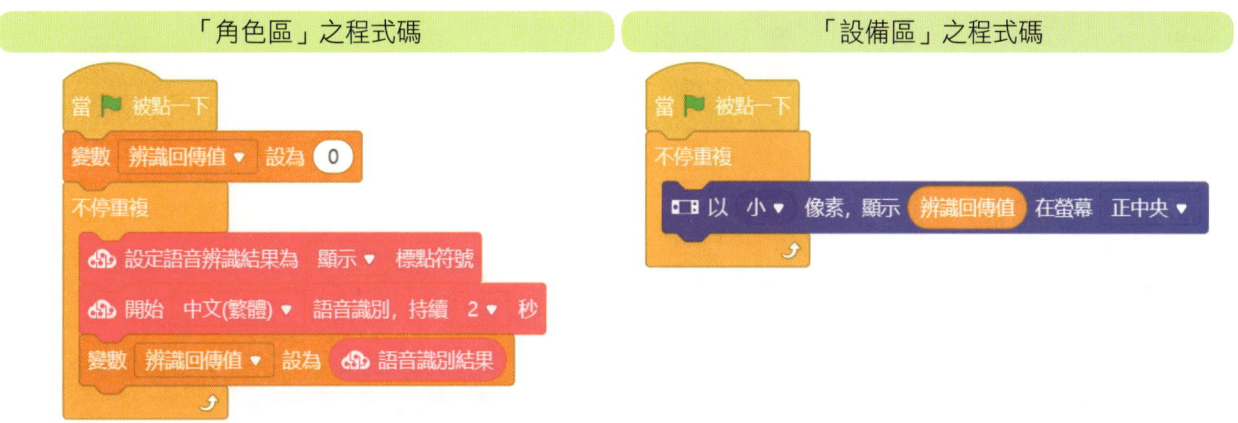

- 辨識語音指令[3]
- 回傳語音結果指令
- 設定辨識結果是否加入標點符號

★ 圖 11-9 拼圖指令

「角色區」之程式碼

「設備區」之程式碼

四、英文手寫及印刷文字

是指利用「影像辨識」的技術來辨識英文手寫及印刷文字。生活中常見的運用有：停車場之車牌號碼辨識。

1. **拼圖指令**：如圖 11-10 所示。
2. **所需設備**：攝影機。
3. **實作程式**：辨識英文手寫及印刷文字內容並顯示於 CyberPi 螢幕上。其拼圖程式如下所示。

- 辨識英文手寫文字指令
- 印刷文字
- 回傳文字結果指令

★ 圖 11-10 拼圖指令

---

3. 語音辨識：語音轉換文字（包含中文、英文、法文、德文、義大利文以及西班牙文⋯⋯）

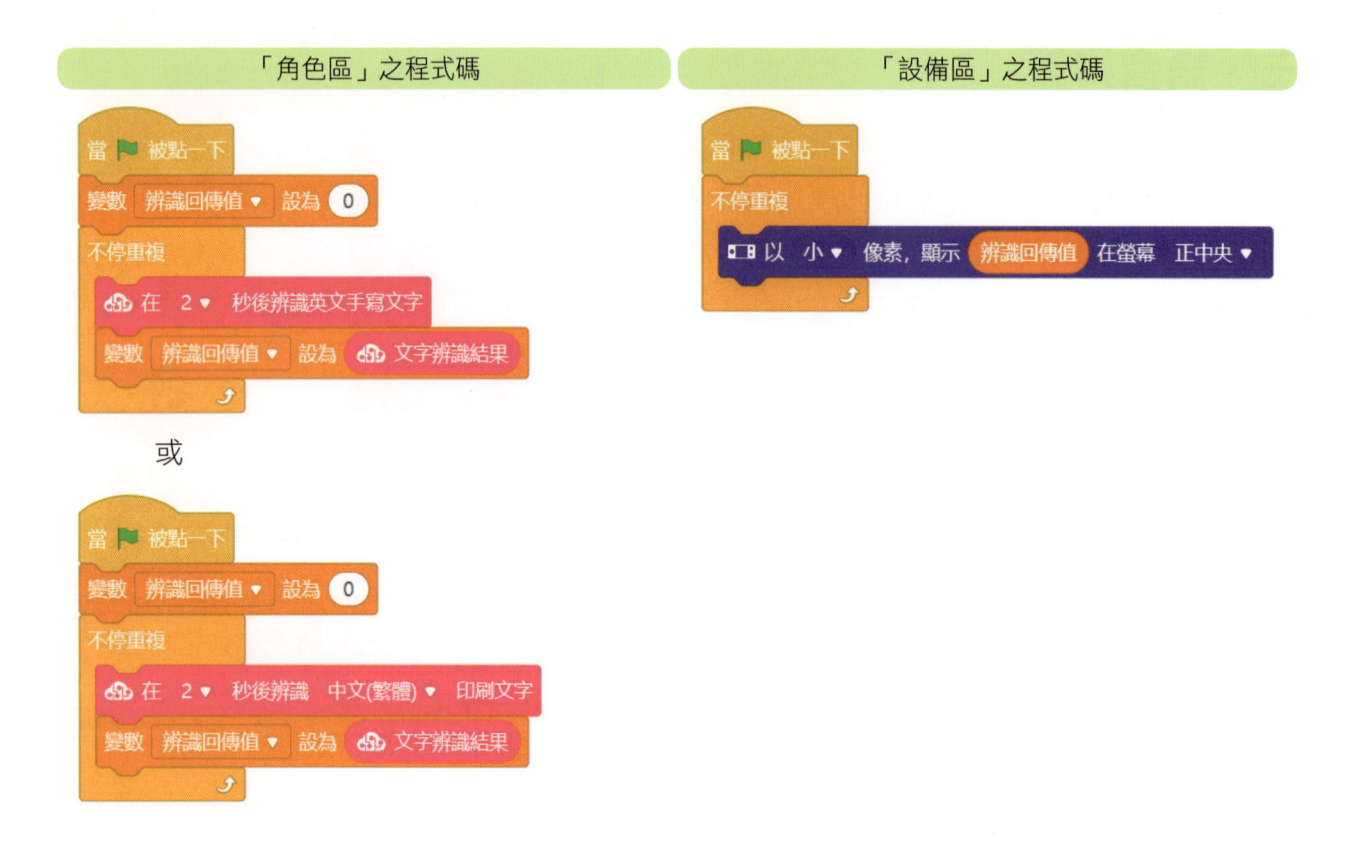

Scratch3.0（mBlock 5）程式設計

「角色區」之程式碼

```
當 ▶ 被點一下
變數 辨識回傳值 ▼ 設為 0
不停重複
    在 2 ▼ 秒後辨識英文手寫文字
    變數 辨識回傳值 ▼ 設為 文字辨識結果
```

「設備區」之程式碼

```
當 ▶ 被點一下
不停重複
    以 小 ▼ 像素，顯示 辨識回傳值 在螢幕 正中央 ▼
```

或

```
當 ▶ 被點一下
變數 辨識回傳值 ▼ 設為 0
不停重複
    在 2 ▼ 秒後辨識 中文(繁體) ▼ 印刷文字
    變數 辨識回傳值 ▼ 設為 文字辨識結果
```

五、影像辨識

是指利用「影像辨識」的技術來辨識影像。生活中常見的運用有：人物或非人物的基本辨識。

1. **拼圖指令**：如圖 11-11 所示。
2. **所需設備**：攝影機。
3. **實作程式**：辨識人物或非人物並顯示於 CyberPi 螢幕上。其拼圖程式如下所示。

```
在 1 ▼ 秒後，在影像中識別 影像辨識 ▼
```
← 辨識影像指令

```
影像辨識 ▼ 識別結果
```
← 回傳影像結果指令

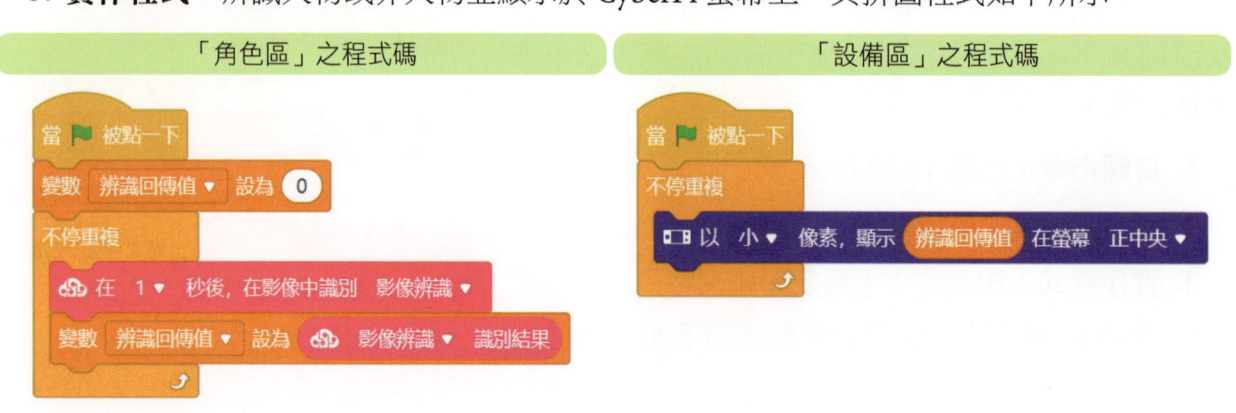

★ 圖 11-11　拼圖指令

「角色區」之程式碼

```
當 ▶ 被點一下
變數 辨識回傳值 ▼ 設為 0
不停重複
    在 1 ▼ 秒後，在影像中識別 影像辨識 ▼
    變數 辨識回傳值 ▼ 設為 影像辨識 識別結果
```

「設備區」之程式碼

```
當 ▶ 被點一下
不停重複
    以 小 ▼ 像素，顯示 辨識回傳值 在螢幕 正中央 ▼
```

六、在圖片中辨識常見的物品

是指利用「影像辨識」的技術來辨識常見的物品。

1. **拼圖指令**：如圖 11-12 所示。
2. **所需設備**：攝影機。
3. **實作程式**：辨識「常見的物品」並顯示於 CyberPi 螢幕上。其拼圖程式如下所示。

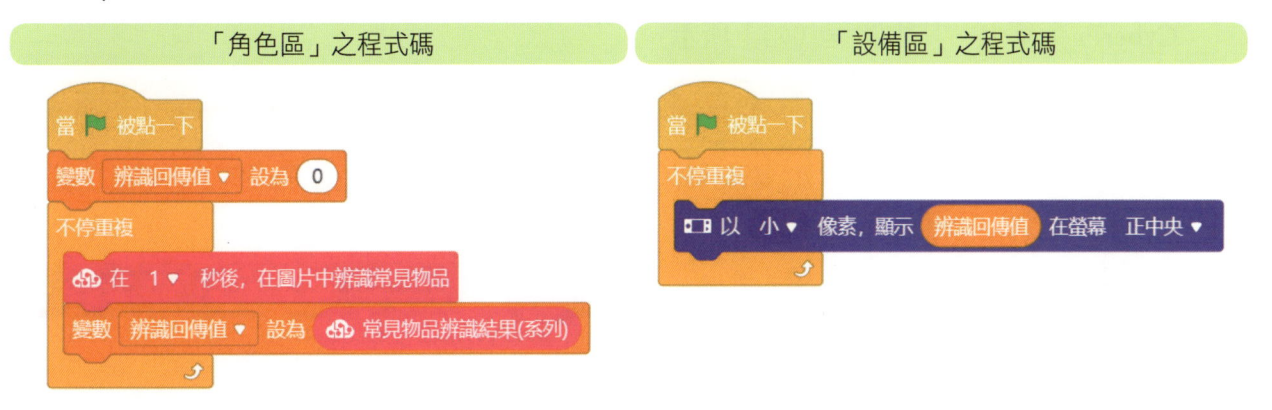

★ 圖 11-12 拼圖指令

「角色區」之程式碼

「設備區」之程式碼

七、辨識性別

是指利用「影像辨識」的技術來辨識性別。生活中常見的運用有：公共場所的廁所使用者性別辨識。

1. **拼圖指令**：如圖 11-13 所示。
2. **所需設備**：攝影機。
33. **實作程式**：辨識使用者的「性別」並顯示於 CyberPi 螢幕上。其拼圖程式如下所示。

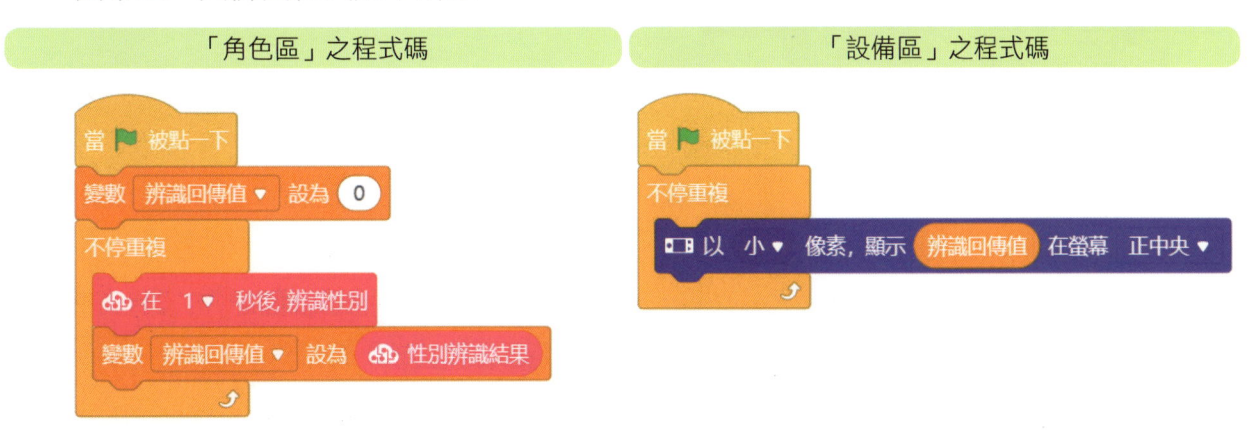

★ 圖 11-13 拼圖指令

「角色區」之程式碼

「設備區」之程式碼

八、辨識眼鏡類型

是指利用「影像辨識」的技術來辨識眼鏡類型。生活中常見的運用有：辨識使用者戴的眼鏡類型，以簡易檢測是否有近視。

1. **拼圖指令**：如圖 11-14 所示。
2. **所需設備**：攝影機。
3. **實作程式**：辨識「眼鏡類型」並顯示於 CyberPi 螢幕上。其拼圖程式如下所示。

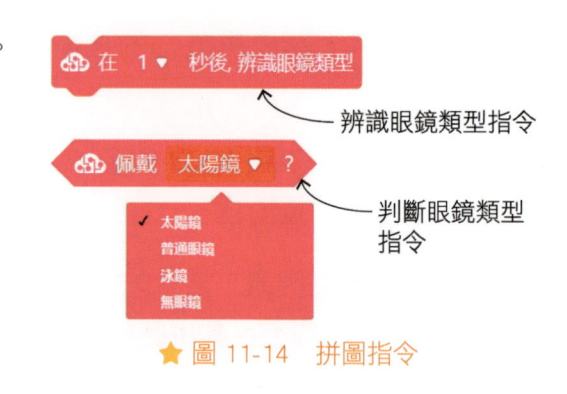

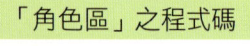

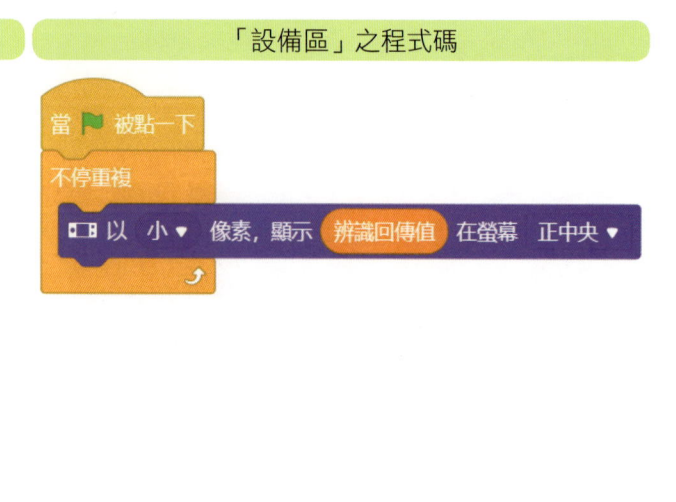

★ 圖 11-14　拼圖指令

11-4　模糊語音辨識控制 mBot2 機器人行走

一、語音辨識控制簡介

語音辨識控制，是指利用「語音」來操控 mBot2 機器人，亦即「只需動口，不用動手」。其優缺點如表 11-1 所示。

★ 表 11-1　語音辨識控制優缺點

項目	優點	缺點
1	不需要「方向按鈕」也能操縱機器人。	由於語音辨識必須透過網路送到微軟認知服務伺服器進行分析，所以沒有網路，就無法使用。
2	對於視力不佳的使用者，也能輕易操控。	因為每個人的發音不盡相同，可能導致語音辨識效果不佳。

對於想使用語音辨識控制機器人，但受限於辨識效果不佳的使用者，以下提供三種提高語音辨識效果的方式。

1. **建立「語音詞庫」**：透過多人發音結果，建立在語音資料庫中。舉例來說，命令機器人「向前」時，則可以建立與「前」字的同音字到「詞庫」中，例如「前、錢、潛、虔」或相近音的「淺、遣、全、權」等等。
2. **使用「句子」發音**：當命令機器人「向前」時，如果使用者只唸「前」字，往往會辨識為「錢」或其他同音字，但完整地唸出「向前」的句子，辨識率則非常高。
3. **透過「模糊比對」模式**：如何更進一步使機器人辨識出使用者所發音的「句子」？切記，盡量不要使用「＝」。如前面所提，你我的發音或音調可能略有差異，更好的作法是使用「包含」子字串函數，其拼圖程式如圖 11-15 所示。

★ 圖 11-15　包含子字串函數

二、範例：模糊語音控制機器人向前

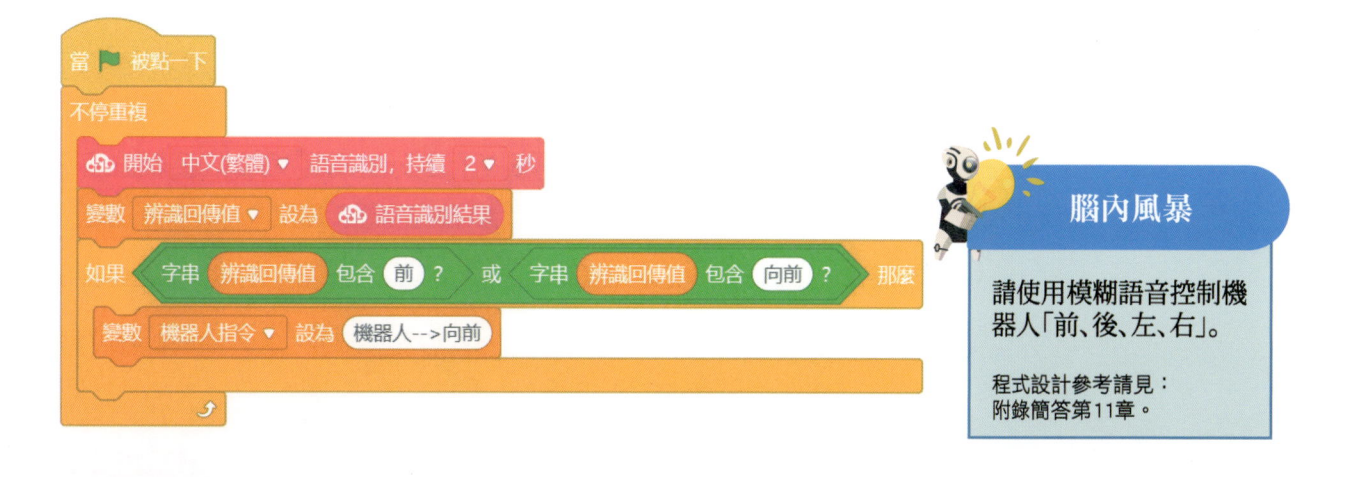

腦內風暴

請使用模糊語音控制機器人「前、後、左、右」。

程式設計參考見：
附錄簡答第11章。

實作 11-1　利用語音辨識功能,來控制 mBot2 機器人行走。

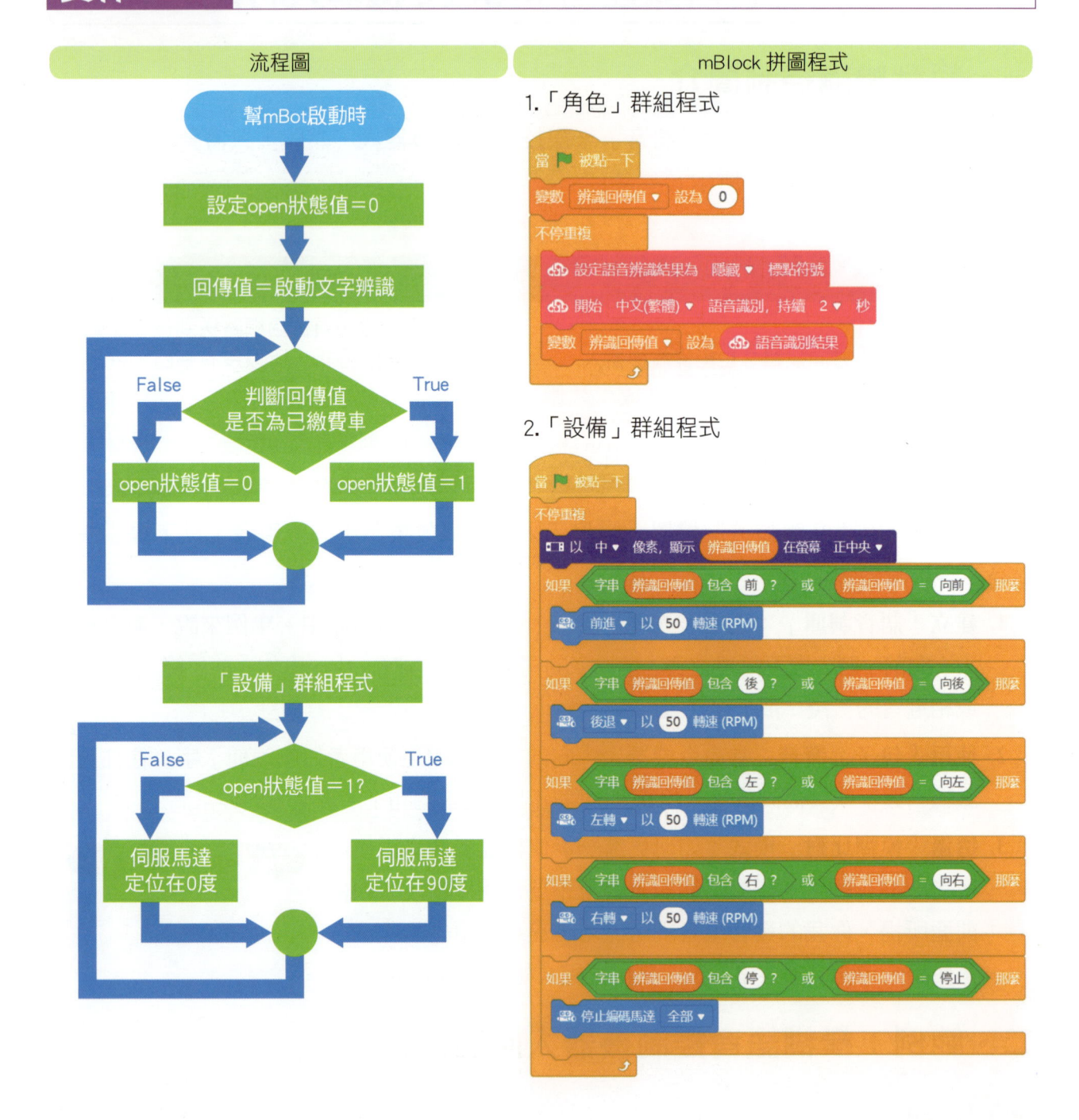

流程圖

幫mBot啟動時
↓
設定open狀態值＝0
↓
回傳值＝啟動文字辨識
↓
判斷回傳值是否為已繳費車
- False → open狀態值＝0
- True → open狀態值＝1
↓（迴圈回到回傳值＝啟動文字辨識）

「設備」群組程式
↓
open狀態值＝1？
- False → 伺服馬達定位在0度
- True → 伺服馬達定位在90度
↓（迴圈）

mBlock 拼圖程式

1. 「角色」群組程式

```
當 ▶ 被點一下
變數 辨識回傳值 設為 0
不停重複
    設定語音辨識結果為 隱藏 標點符號
    開始 中文(繁體) 語音識別,持續 2 秒
    變數 辨識回傳值 設為 語音識別結果
```

2. 「設備」群組程式

```
當 ▶ 被點一下
不停重複
    以 中 像素,顯示 辨識回傳值 在螢幕 正中央
    如果 字串 辨識回傳值 包含 前 ? 或 辨識回傳值 ＝ 向前 那麼
        前進 以 50 轉速 (RPM)
    如果 字串 辨識回傳值 包含 後 ? 或 辨識回傳值 ＝ 向後 那麼
        後退 以 50 轉速 (RPM)
    如果 字串 辨識回傳值 包含 左 ? 或 辨識回傳值 ＝ 向左 那麼
        左轉 以 50 轉速 (RPM)
    如果 字串 辨識回傳值 包含 右 ? 或 辨識回傳值 ＝ 向右 那麼
        右轉 以 50 轉速 (RPM)
    如果 字串 辨識回傳值 包含 停 ? 或 辨識回傳值 ＝ 停止 那麼
        停止編碼馬達 全部
```

11-5 停車場車牌辨識系統

民眾在前往收費停車場停車時，都必須經過固定的步驟來解決停車費扣繳的問題，舉例來說，駕駛至少得執行停車、取票（或刷卡）、最後等待柵欄打開三個步驟，才能順利進入停車場，如圖 11-16 所示。

AI 人工智慧的來臨，許多停車場已經導入「智慧型停車場的車牌辨識系統」，讓車輛進入停車場時，可以不需要再降低速度，不僅節省時間，還降低了取票時的危險性。

★ 圖 11-16

實作 11-2 停車場車牌辨識系統：利用 mBot2 機器人的相關套件結合 AI 人工智慧中的文字識別功能，來模擬「停車場車牌辨識系統」功能。

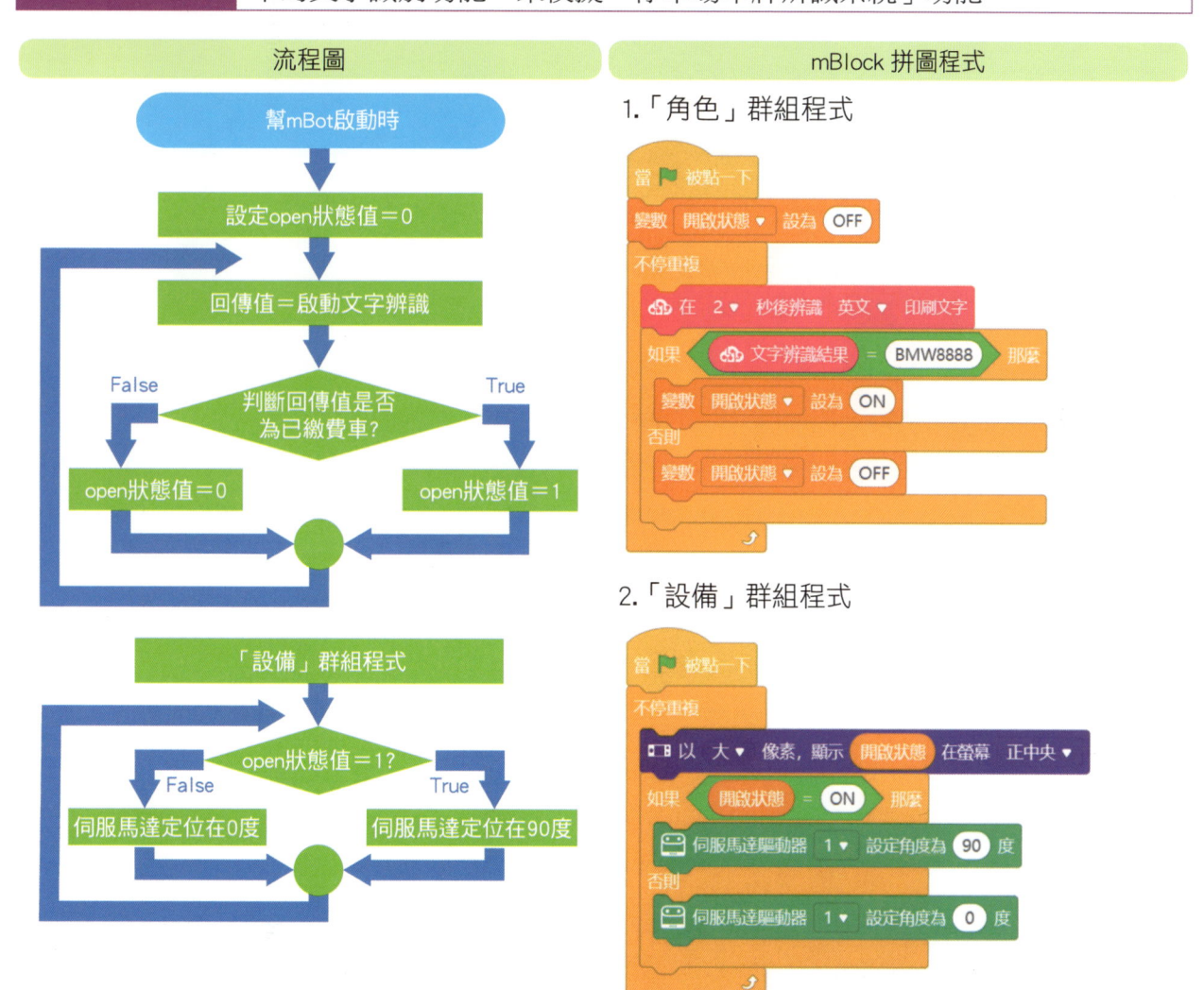

流程圖

幫 mBot 啟動時
→ 設定 open 狀態值＝0
→ 回傳值＝啟動文字辨識
→ 判斷回傳值是否為已繳費車？
  - False → open 狀態值＝0
  - True → open 狀態值＝1

「設備」群組程式
→ open 狀態值＝1？
  - False → 伺服馬達定位在 0 度
  - True → 伺服馬達定位在 90 度

mBlock 拼圖程式

1. 「角色」群組程式

當 ▶ 被點一下
變數 開啟狀態 設為 OFF
不停重複
  在 2 秒後辨識 英文 印刷文字
  如果 文字辨識結果 = BMW8888 那麼
    變數 開啟狀態 設為 ON
  否則
    變數 開啟狀態 設為 OFF

2. 「設備」群組程式

當 ▶ 被點一下
不停重複
  以 大 像素，顯示 開啟狀態 在螢幕 正中央
  如果 開啟狀態 = ON 那麼
    伺服馬達驅動器 1 設定角度為 90 度
  否則
    伺服馬達驅動器 1 設定角度為 0 度

說明

需求套件為 mBot2 機器人與伺服馬達。如果使用者沒有另外購買伺服馬達，也可以使用 CyberPi 主機板上的 LED 燈來取代，即偵測到指定的車牌號碼時，亮綠燈，反之亮紅燈。

Chapter 11　課後習題

一、停車場會員管理系統，亦即利用清單方式來建立多組會員的車牌號碼，當管理系統的攝影機偵測到會員車牌時，就會顯示該會員的姓名。

二、請利用多元語言語音控制 mBot2，亦即利用中文或英文語音，也能順利控制 mBot2 機器人行走。

Chapter 11　創客實作題

◎ 題目名稱：語音聲控 mBot2

◎ 題目說明：使用語音辨識功能，使 mBot2 能夠依據語音辨識結果進行前、後、左、右移動。

創客題目編號：A039016　　80 mins

・創客指標・

外形	機構	電控	程式	通訊	人工智慧	創客總數
1	1	1	3	2	2	10

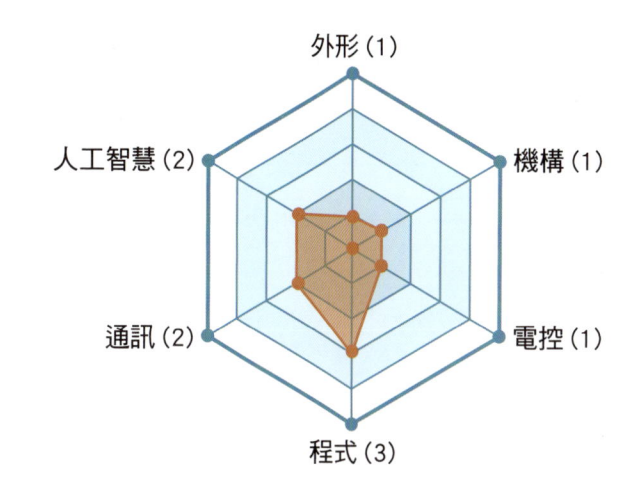

・創客素養力・

空間力	堅毅力	邏輯力	創新力	整合力	團隊力	素養總數
1	1	1	1	1	1	6

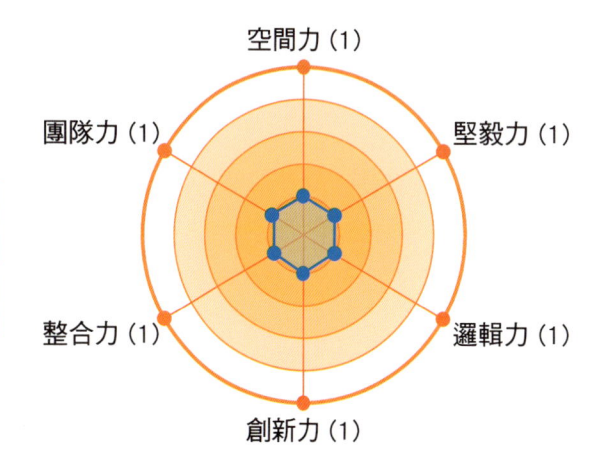

Chapter 12 機器深度學習

- **本章學習目標**
    1. 讓讀者瞭解機器深度學習—如何新建模型「顏色紙板」及應用。
    2. 讓讀者瞭解機器深度學習—如何新建模型「形狀紙板」及應用。

- **本章內容**
    - 12-1 mBlock 5 使用機器深度學習
    - 12-2 顏色識別
    - 12-3 顏色識別控制 mBot2 行走
    - 12-4 形狀識別
    - 12-5 交通號誌控制 mBot2 行走
    - ◎ 課後習題
    - ◎ 創客實作題

12-1　mBlock 5 使用機器深度學習

一、機器深度學習簡介

　　一直以來,人類都希望利用人工智慧(Artificial Intelligence)和機器學習(Machine Learning)來協助處理影像辨識的問題。自從網際網路和各式行動裝置普及之後,每天都有超過一百萬 TB 的數位資料產生,其中有一大部分是數位影像資料。大量的數位影像資料如果經過適當的自動化處理、抽取出其中的資訊,就能成為貼心的服務、發揮出數位資訊驚人的妙用。從基本的手寫文字辨識、物件識別、人臉辨識,到自動化圖像描述(Image Captioning)、無人駕駛車(Self-Driving Car),還有最新的馬賽克還原技術,都是深度學習和影像辨識整合後的應用。

　　在人工智慧中的深度學習,就類似啟發式教育,讓電腦「閱讀」大量影像、文字、或聲音資料後,自行分析出邏輯框架,以應用題的概念讓電腦進行判斷,讓電腦得以延伸出多元性分析和創意能力。

　　在電腦運算技術的進步下,深度學習已能從學術理論走入實務應用,改善生活和工作,在安全監控、智慧零售、自駕車、機器人、客服系統、藝文娛樂創作,都能找到深度學習 AI 的應用實例。以自駕車為例,機器學習可以協助汽車辨識路上會遇到的各種號誌、交通工具,規劃路徑;但深度學習更能作到預測、模擬人類開車的行為,達成更安全的駕駛。

二、mBlock 5 的機器深度學習功能

　　如 11-3 節所介紹,改版的 mBlock 5 主要功能包含認知服務(Cognitive Services),以及機器深度學習(Machine Deep),讀者現在已可以運用機器深度學習工具,借助機器自己學習的能力,而不用為它寫程式;換句話說,我們可以訓練電腦學習東西,建立類似人類大腦的人造神經網路。

　　其中的「深度學習視覺模型」功能,是體驗、學習和製作視覺相關 AI 應用的重要工具。因此在 mBlock 5 中,使用者可以快速訓練一個機器學習模型,並將其用在 Scratch 程式設計中。mBlock 5 還可以和機器人等硬體結合,創造豐富的互動效果。mBlock 5 的模型訓練功能介面如圖 12-1 所示。

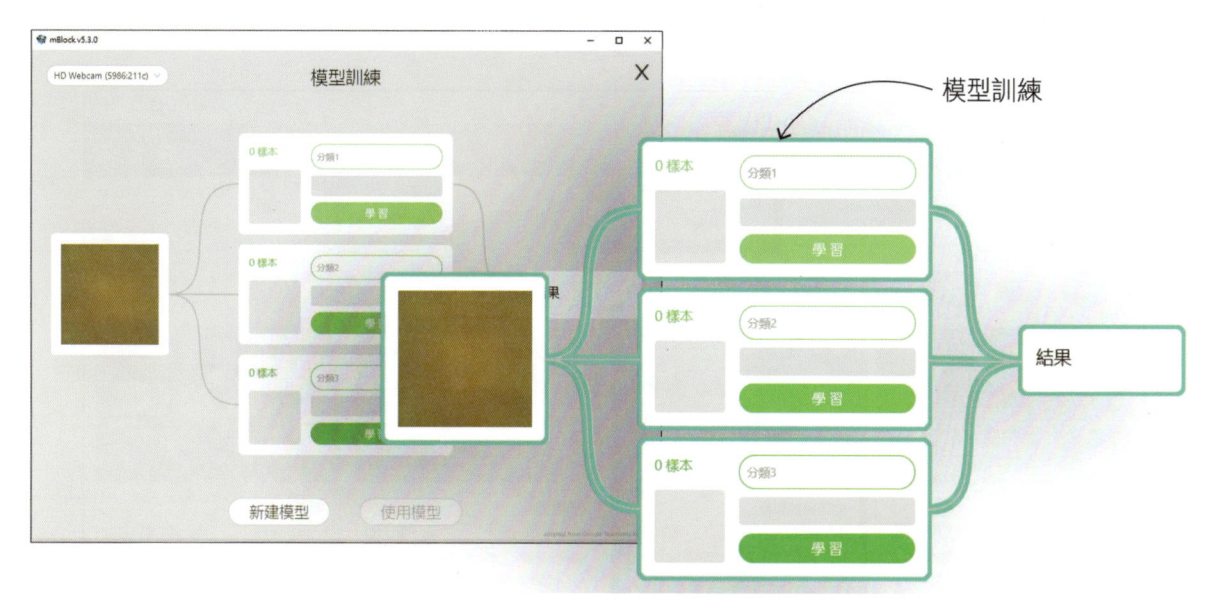

★ 圖 12-1　功能介面

12-2　顏色識別

　　所謂的顏色識別，是指利用「顏色」來操控機器人，亦即「只需動口，不用動手」。使用顏色識別操控的優點是不需要「方向按鈕」也能操控機器人，對於視力不佳的使用者，也能輕易操控。

1. **實例**：顏色識別各種不同的色紙，在舞台區顯示不同的顏色。
2. **所需設備**：攝影機。
3. **準備工作**：長寬約 10 公分的五張色紙（分別為白、黑、藍、橙、紅）。
4. **其設計步驟如下**：

步驟一　角色 / + 延伸集

224　Scratch3.0（mBlock 5）程式設計

步驟二 附加元件中心 / + 添加：機器深度學習

步驟三 擴展了「機器深度學習」群組元件

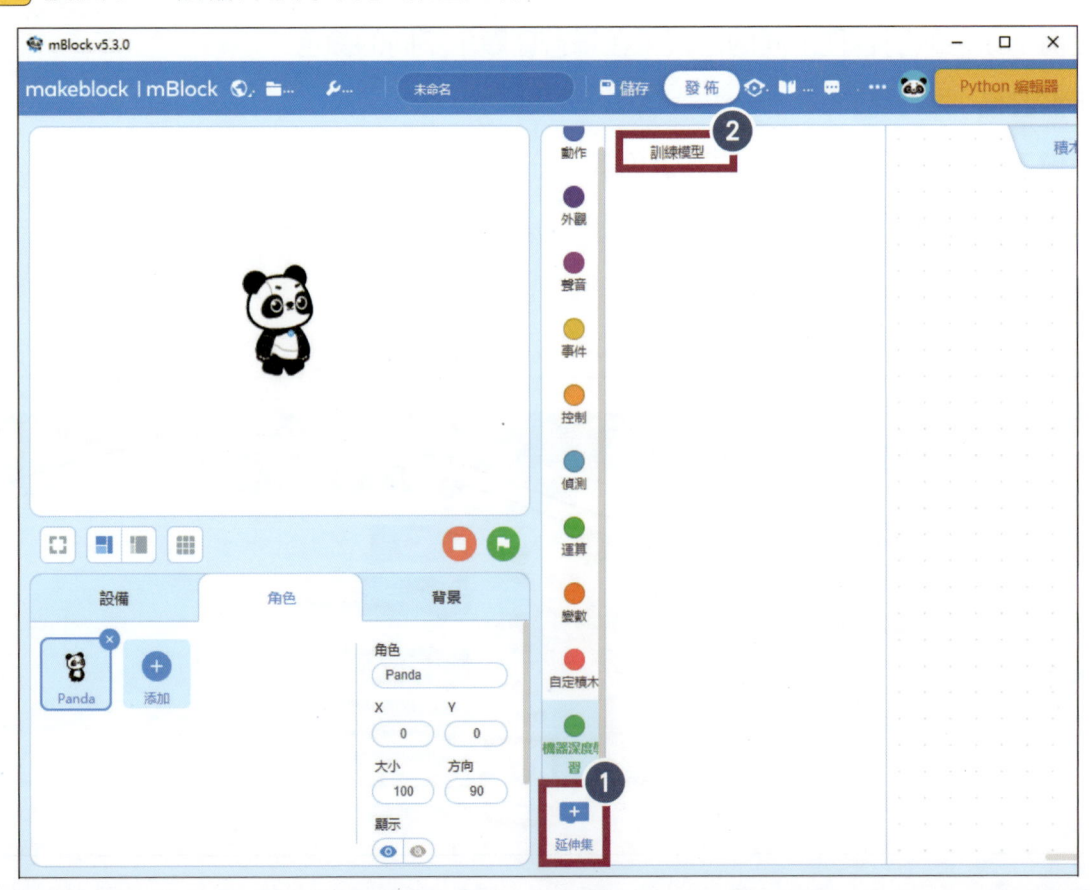

步驟四 訓練模型

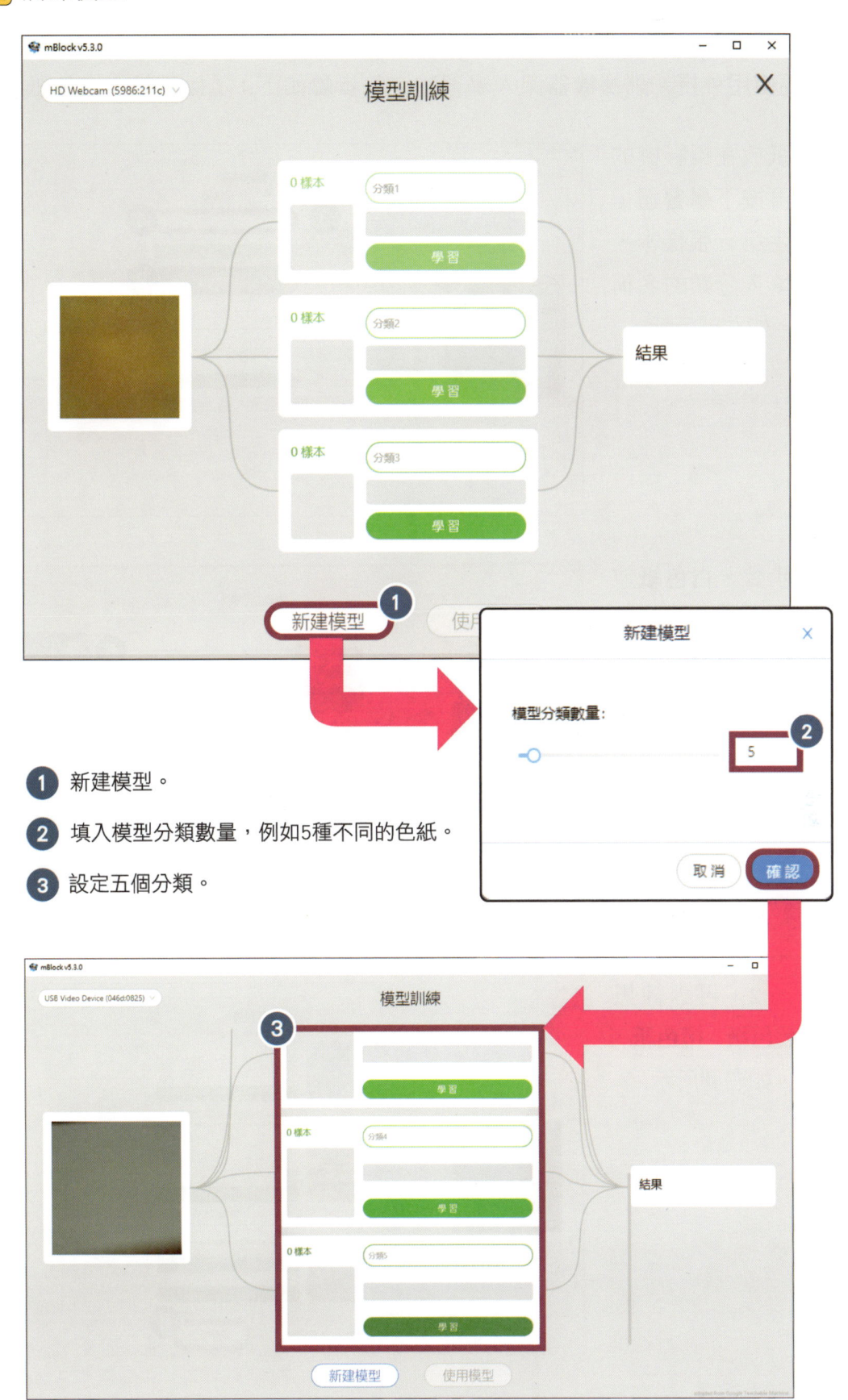

① 新建模型。

② 填入模型分類數量，例如5種不同的色紙。

③ 設定五個分類。

步驟五 學習五種不同顏色紙的機器深入學習

你的電腦必須要有攝影機。如果是筆記型電腦，它已經內建了。但如果是桌上型電腦，則必須要使用外掛。訓練機器深入學習的完整步驟如下：（以訓練「白色紙」為例）

1. 將**白色紙**放在攝影機的前面，再按下**學習**鈕，就會產生第一張樣本，最後再填入分類的名稱**白色紙**，如右圖所示。

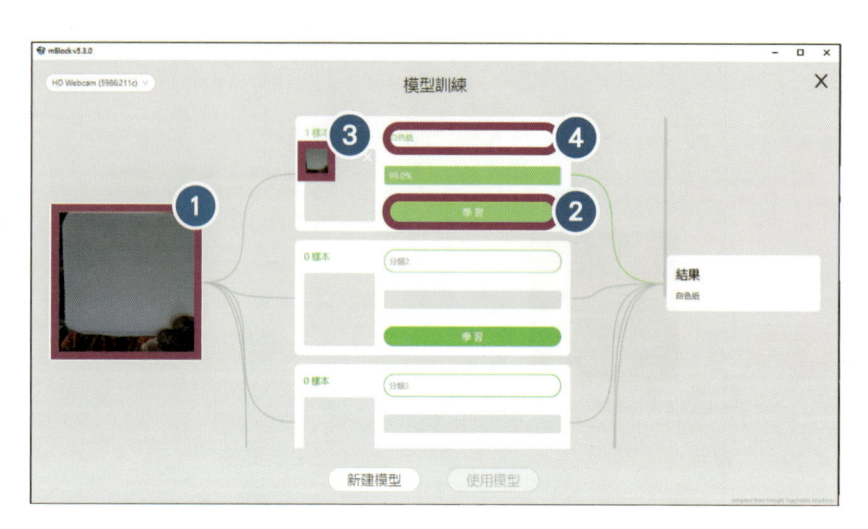

2. 相同的步驟，**白色紙**放在攝影機前面的不同位置，再按下**學習**鈕，來產生約 25 張樣本，如右圖所示。

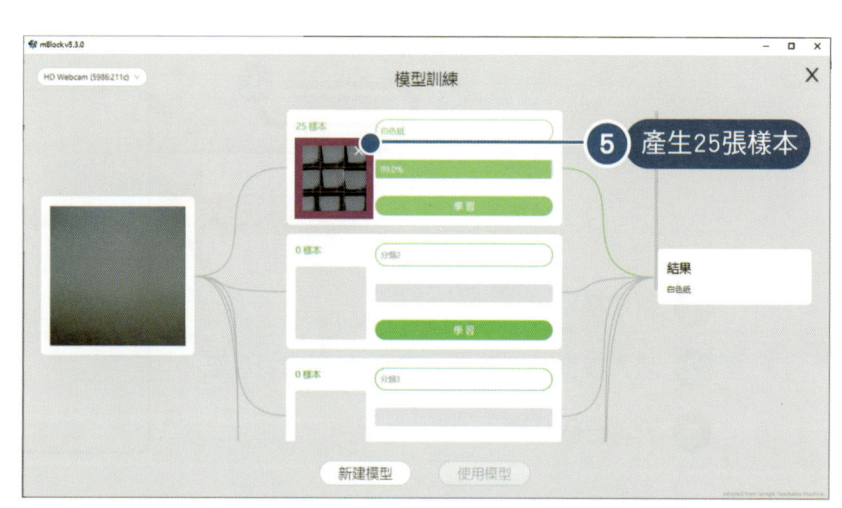

3. 重複 1～2，再訓練**黑色紙**、**藍色紙**、**橙色紙**、**紅色紙**，如右圖所示。

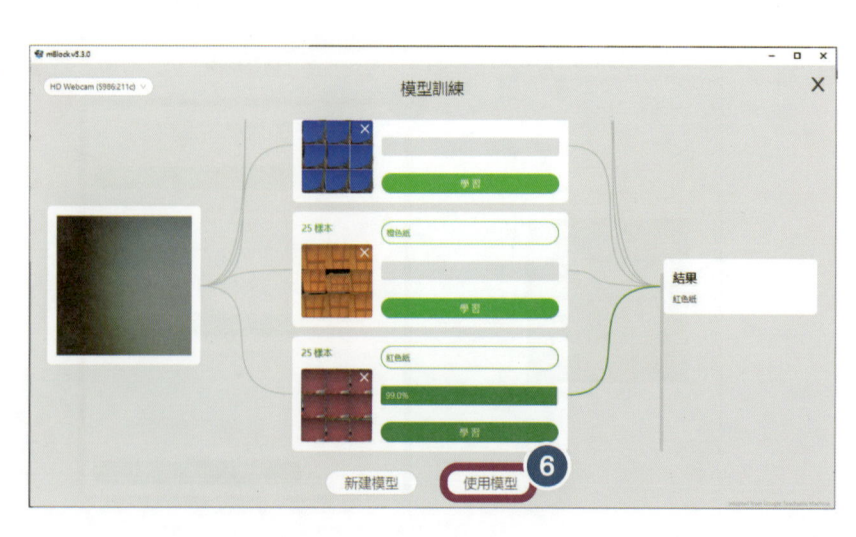

4. 完成建立五種不同顏色紙的機器深入學習,如右圖所示。

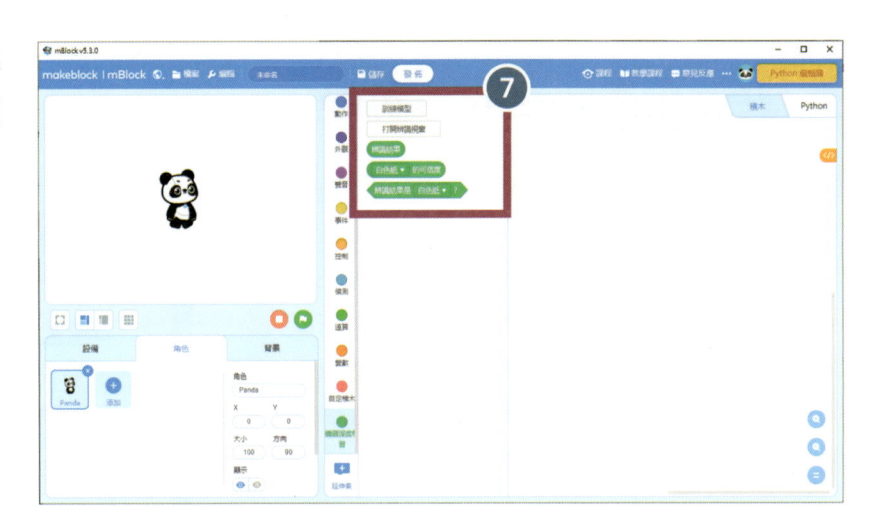

步驟六 撰寫程式

1. **實作程式**:辨識不同的顏色並顯示於 CyberPi 螢幕上。
2. **生活應用**:顏色物件的分類器。
3. **所需設備**:攝影機。
4. **拼圖程式**:如右所示。

mBlock 拼圖程式

1.「角色區」之程式碼

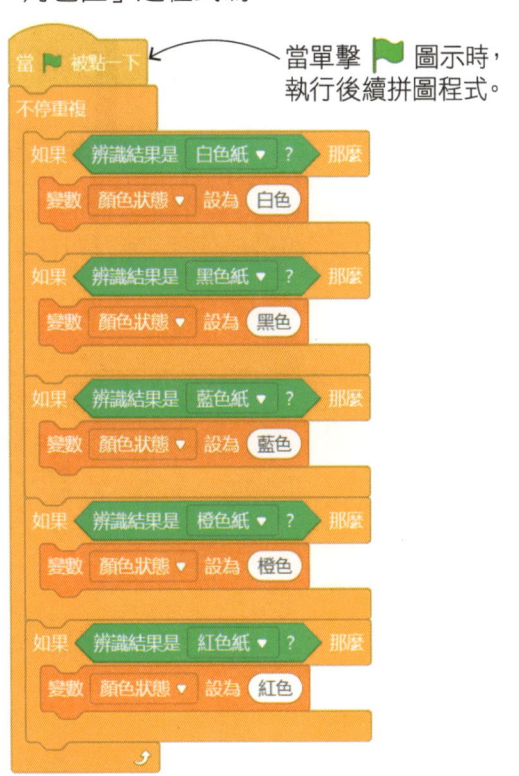

當單擊 🚩 圖示時,執行後續拼圖程式。

2.「設備區」之程式碼

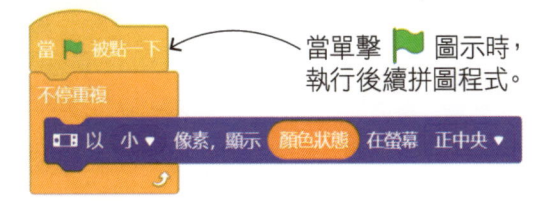

當單擊 🚩 圖示時,執行後續拼圖程式。

實作 12-1 顏色識別結合 CyberPi 之 LED 不同的顏色：顏色識別各種不同的色紙，顯示 LED 不同的顏色。

功能

1. 當偵測到「白色紙」時，顯示「白色 LED」。
2. 當偵測到「黑色紙」時，顯示「黑色 LED」。
3. 當偵測到「藍色紙」時，顯示「藍色 LED」。
4. 當偵測到「橙色紙」時，顯示「橙色 LED」。
5. 當偵測到「紅色紙」時，顯示「紅色 LED」。

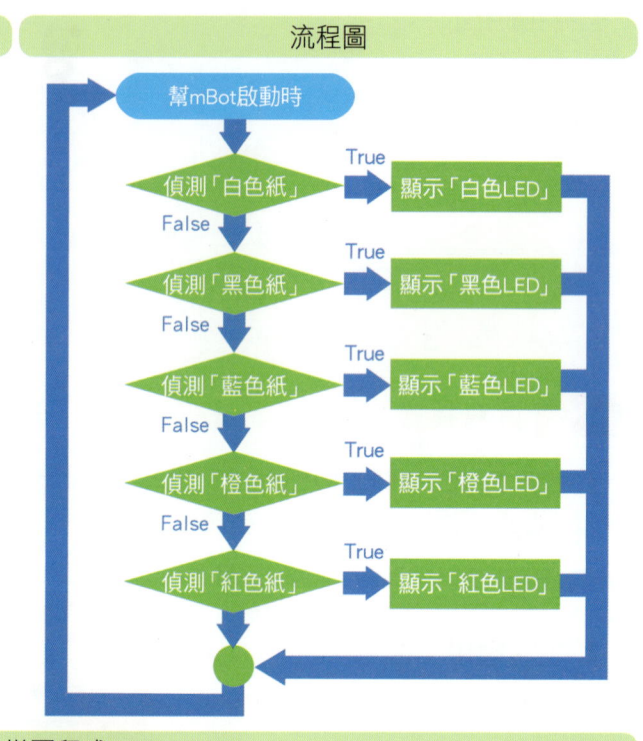

流程圖

幫mBot啟動時
→ 偵測「白色紙」 True → 顯示「白色LED」
False ↓
偵測「黑色紙」 True → 顯示「黑色LED」
False ↓
偵測「藍色紙」 True → 顯示「藍色LED」
False ↓
偵測「橙色紙」 True → 顯示「橙色LED」
False ↓
偵測「紅色紙」 True → 顯示「紅色LED」

mBlock 拼圖程式

1. 「角色」群組程式

```
當 ▶ 被點一下
不停重複
  如果 〈辨識結果是 白色紙▼ ?〉那麼
    變數 顏色狀態▼ 設為 白色
  如果 〈辨識結果是 黑色紙▼ ?〉那麼
    變數 顏色狀態▼ 設為 黑色
  如果 〈辨識結果是 藍色紙▼ ?〉那麼
    變數 顏色狀態▼ 設為 藍色
  如果 〈辨識結果是 橙色紙▼ ?〉那麼
    變數 顏色狀態▼ 設為 橙色
  如果 〈辨識結果是 紅色紙▼ ?〉那麼
    變數 顏色狀態▼ 設為 紅色
```

2. 「設備」群組程式

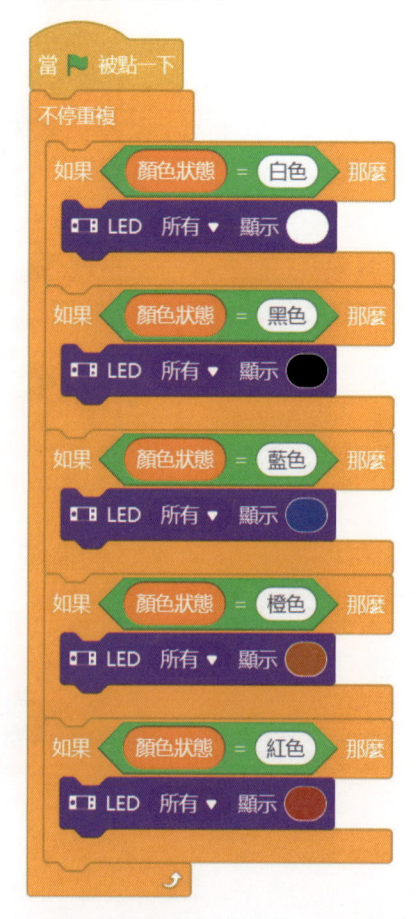

```
當 ▶ 被點一下
不停重複
  如果 〈顏色狀態 = 白色〉那麼
    LED 所有▼ 顯示 ○
  如果 〈顏色狀態 = 黑色〉那麼
    LED 所有▼ 顯示 ●
  如果 〈顏色狀態 = 藍色〉那麼
    LED 所有▼ 顯示 ●
  如果 〈顏色狀態 = 橙色〉那麼
    LED 所有▼ 顯示 ●
  如果 〈顏色狀態 = 紅色〉那麼
    LED 所有▼ 顯示 ●
```

實作 12-2　顏色識別結合 CyberPi 顯示面板：顏色識別各種不同的色紙，利用螢幕來顯示。

功能

1. 當偵測到「白色紙」時，顯示面板顯示「白天」。
2. 當偵測到「黑色紙」時，顯示面板顯示「晚上」。

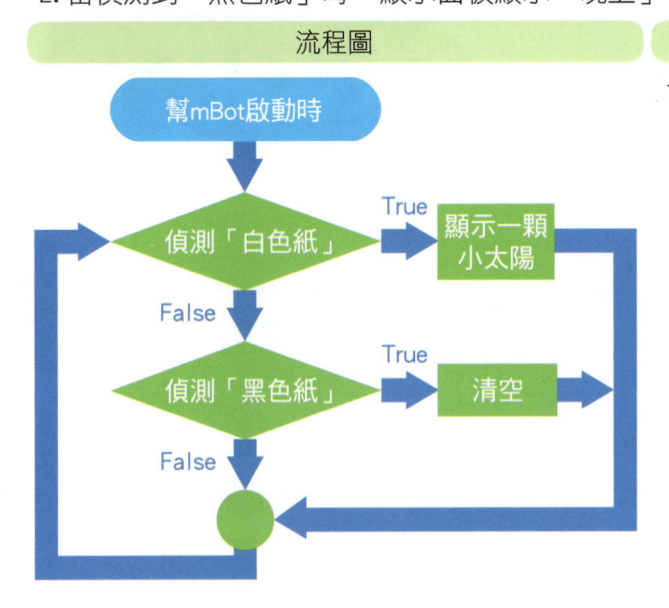

流程圖

幫mBot啟動時
- 偵測「白色紙」— True → 顯示一顆小太陽
- False ↓
- 偵測「黑色紙」— True → 清空
- False ↓（迴圈）

mBlock 拼圖程式

1.「角色」群組程式

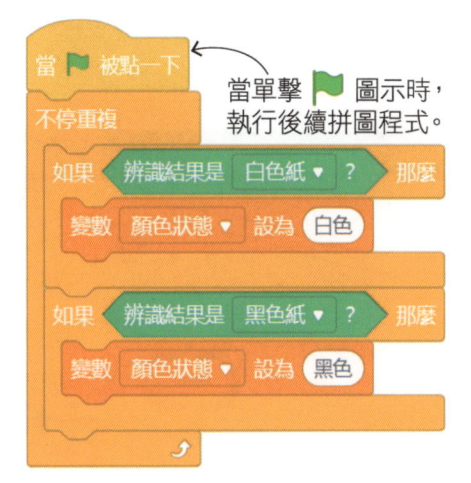

當 ▶ 被點一下（當單擊 ▶ 圖示時，執行後續拼圖程式。）
不停重複
- 如果 辨識結果是 白色紙 ? 那麼
  - 變數 顏色狀態 設為 白色
- 如果 辨識結果是 黑色紙 ? 那麼
  - 變數 顏色狀態 設為 黑色

2.「設備」群組程式

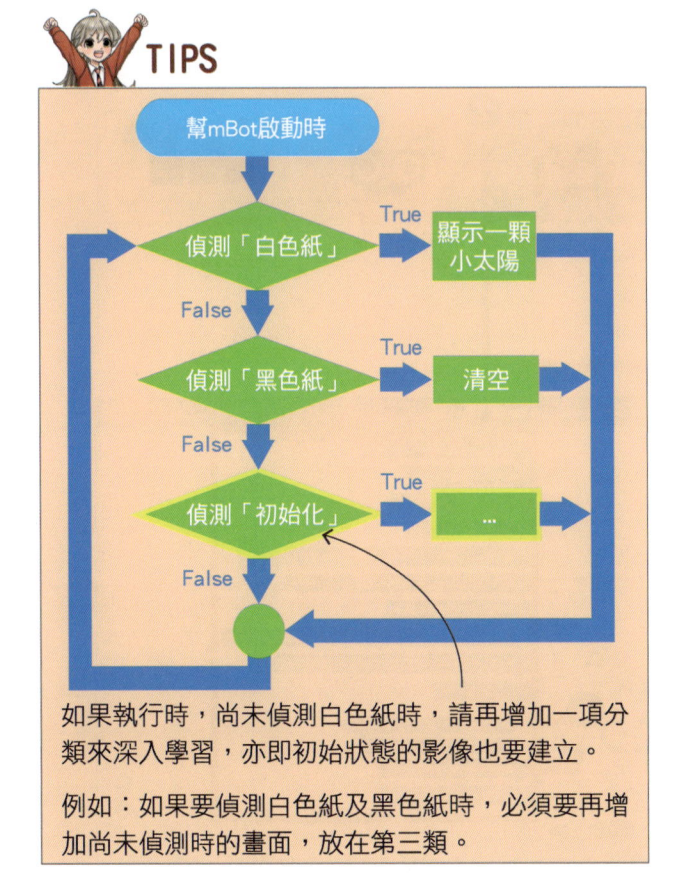

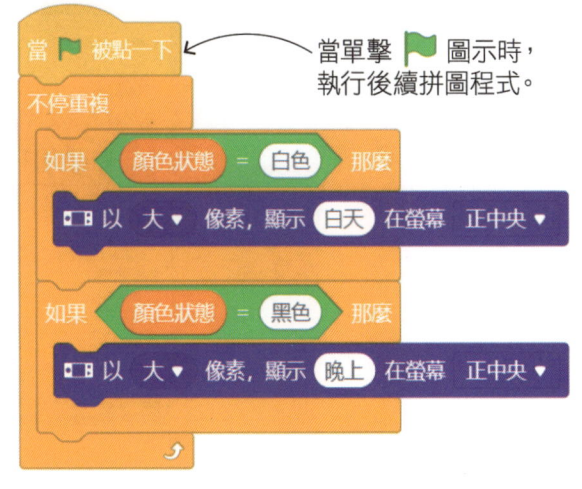

當 ▶ 被點一下（當單擊 ▶ 圖示時，執行後續拼圖程式。）
不停重複
- 如果 顏色狀態 = 白色 那麼
  - 以 大 像素，顯示 白天 在螢幕 正中央
- 如果 顏色狀態 = 黑色 那麼
  - 以 大 像素，顯示 晚上 在螢幕 正中央

TIPS

幫mBot啟動時
- 偵測「白色紙」— True → 顯示一顆小太陽
- False ↓
- 偵測「黑色紙」— True → 清空
- False ↓
- 偵測「初始化」— True → …
- False ↓（迴圈）

如果執行時，尚未偵測白色紙時，請再增加一項分類來深入學習，亦即初始狀態的影像也要建立。

例如：如果要偵測白色紙及黑色紙時，必須要再增加尚未偵測時的畫面，放在第三類。

12-3　顏色識別控制 mBot2 行走

此章節所需的套件如圖 12-2 所示，擴展設備庫的步驟如下所示。

★ 圖 12-2　mBot2 機器人

步驟

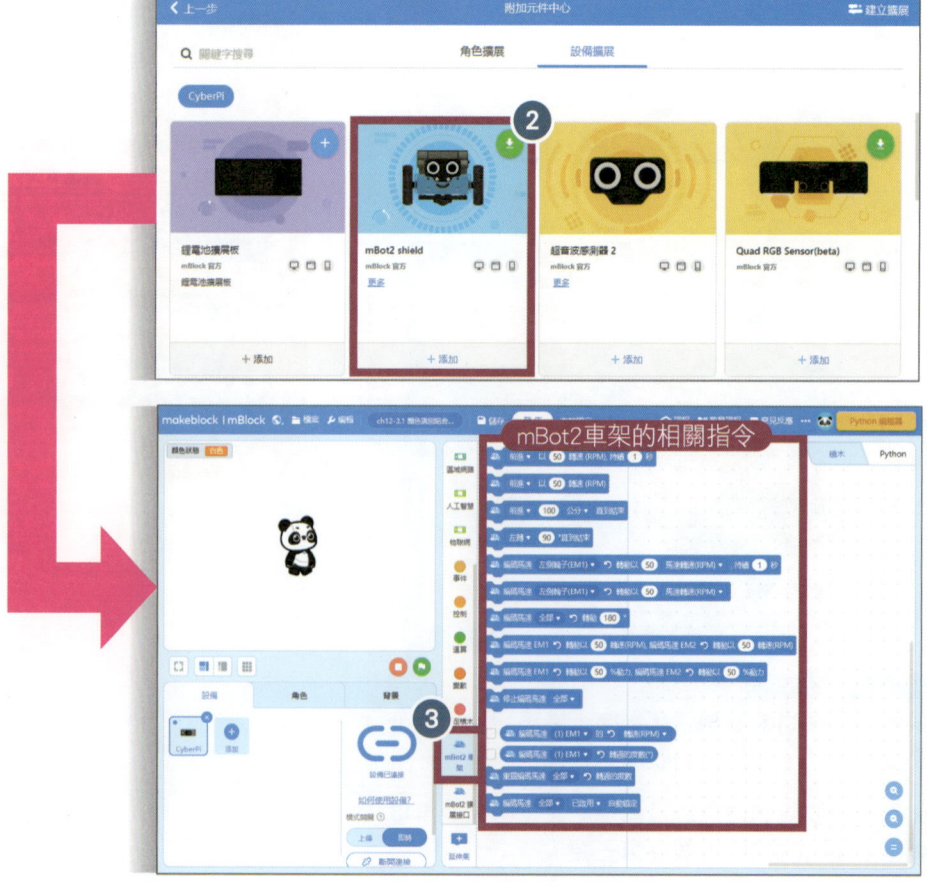

1. ＋延伸集。
2. 附加元件中心 / 設備擴展 / mBot 2。
3. 增加「mBot 2車架及擴展接口」。

實作 12-3　顏色識別各種不同的色紙，利用控制 mBot2 行走不同的方向。

功能

1. 當偵測到「白色紙」時，mBot2 前進。
2. 當偵測到「黑色紙」時，mBot2 後退。
3. 當偵測到「藍色紙」時，mBot2 左轉。
4. 當偵測到「橙色紙」時，mBot2 右轉。
5. 當偵測到「紅色紙」時，mBot2 停止。

流程圖

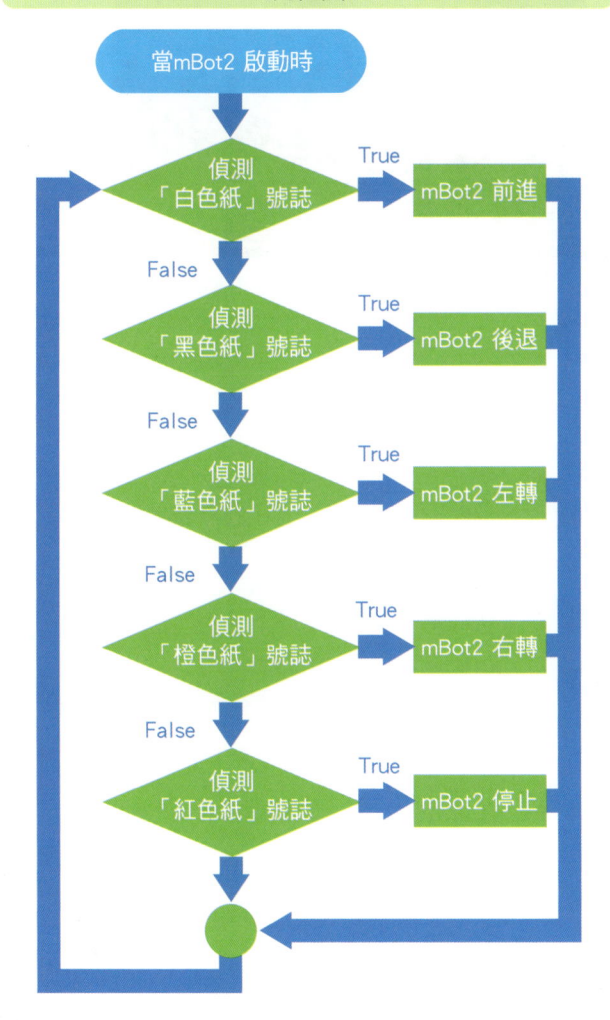

mBlock 拼圖程式

1. 「角色」群組程式

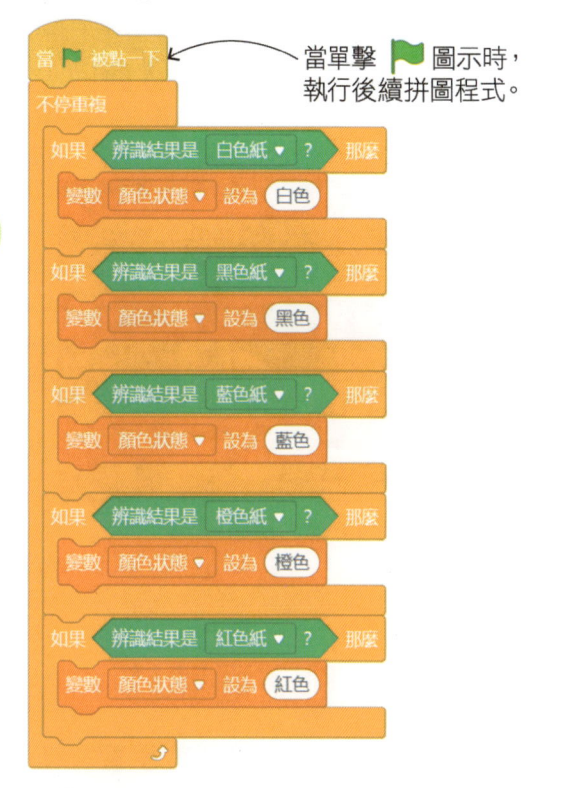

   當單擊 🚩 圖示時，執行後續拼圖程式。

2. 「設備」群組程式

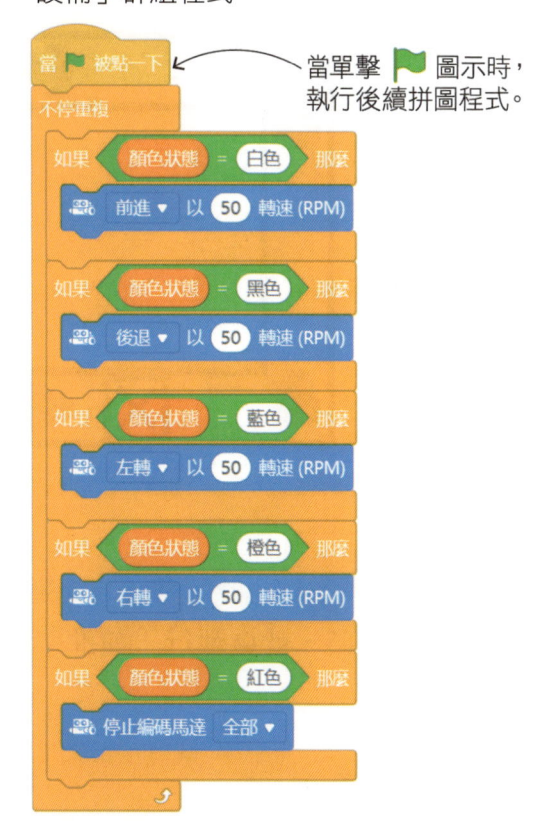

   當單擊 🚩 圖示時，執行後續拼圖程式。

12-4　形狀識別

在前面的章節中，已學習將「機器深度學習」的技術用在「顏色識別」上，以進行各種應用。但「機器深度學習」技術不僅止於此，它的應用層面非常廣，諸如保全系統中的安全監控、智慧零售中的無人商店、無人駕駛中的自駕車等等，都能找到深度學習 AI 的應用實例。

(a) 無人商店 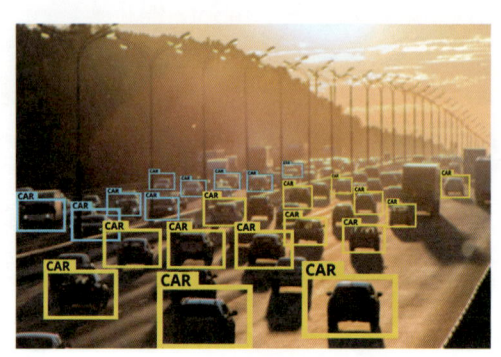　　　　　　　　　　(b) 自駕車

★ 圖 12-3

一、範例：偵測交通號誌

利用 mBlock 5 的「機器深度學習」工具，建立五種交通號誌，如圖 12-4 所示：

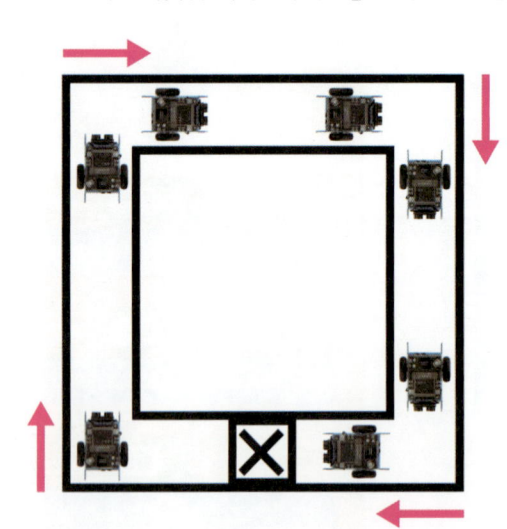

1. 前進：↑ 號誌。
2. 後退：↓ 號誌。
3. 左轉：← 號誌。
4. 右轉：→ 號誌。
5. 停止：☒ 號誌。

★ 圖 12-4　五種交通號誌

當 mBot2 機器人偵測到前方的交通號誌，就會自動執行對應的指令動作。例如：偵測到「↑」號誌時，就會執行「前進」動作，以此類推。

1. **準備工作**：五張紙卡（大小約長寬 10 公分），如圖 12-5 所示。

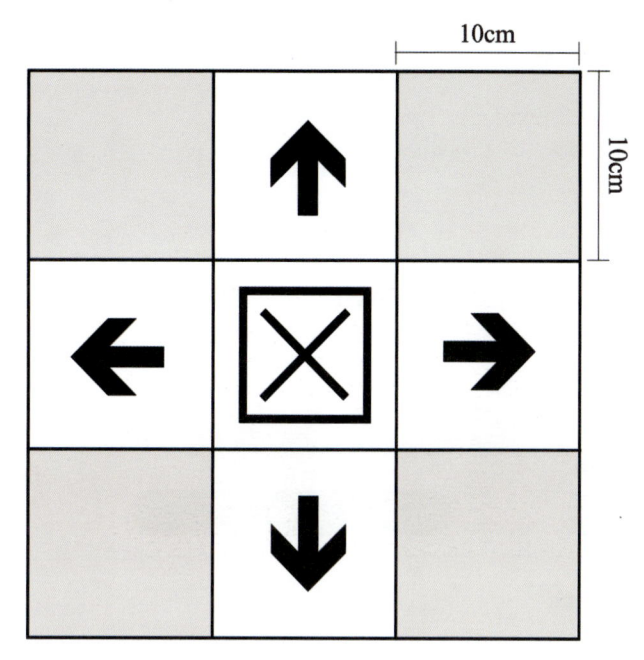

★ 圖 12-5　紙卡示意圖

2. **訓練模型**：五種不同的交通號誌。模型建立步驟如下所示。

步驟一　機器深度學習訓練模型

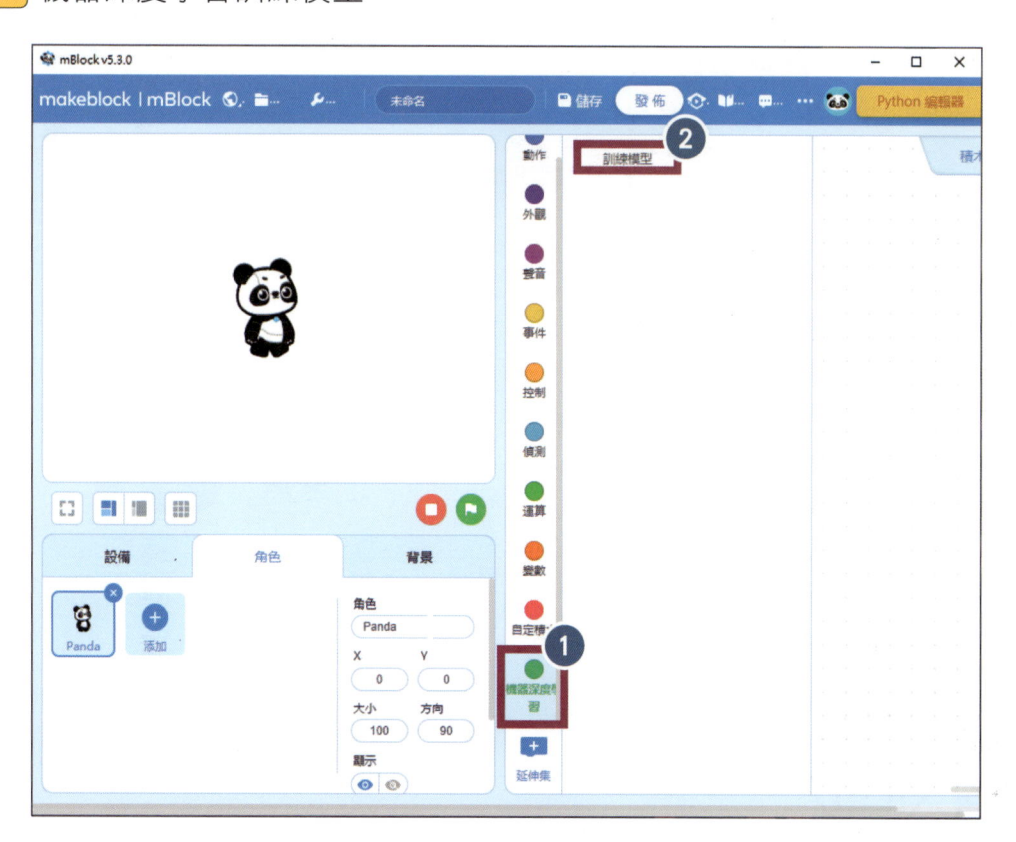

步驟二 新建模型

① 點選**新建模型**。

② 填入模型分類數量（例如：**五種**不同的交通號誌）。

③ 點選**確認**。

步驟三 分別設定五類模型（向前、向後、向左、向右、停止）

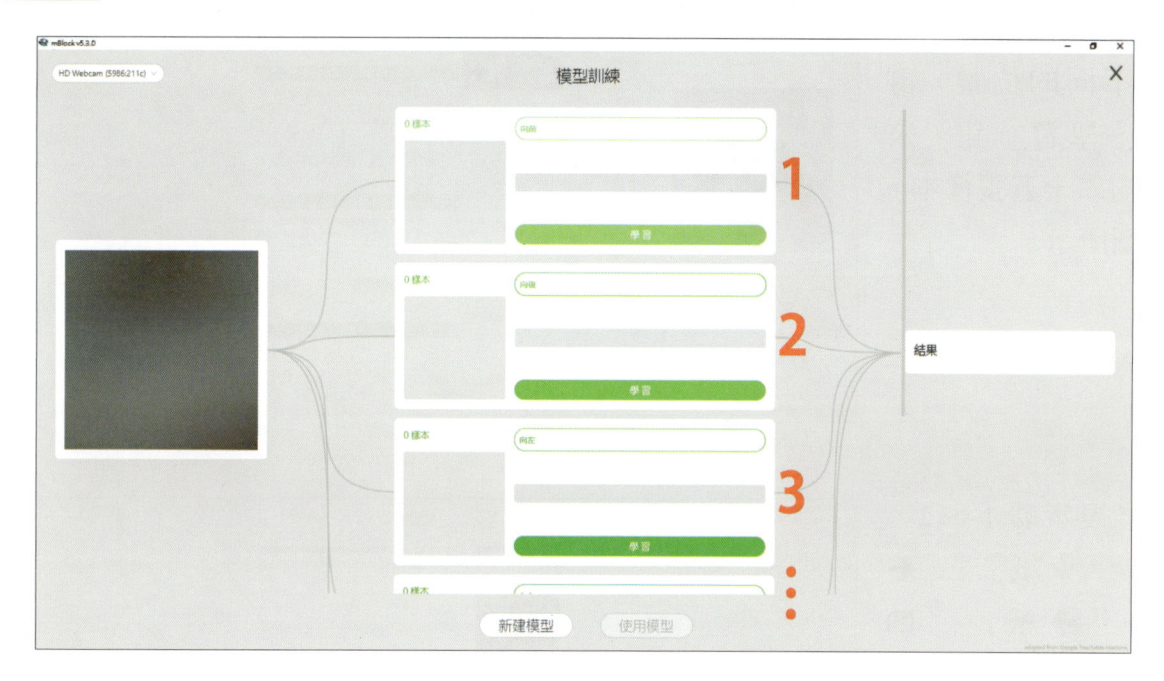

步驟四 訓練機器深入學習

　　你的電腦必須要有攝影機，如果是筆記型電腦，它已經內建了。但如果是桌上型電腦，則必須要再外掛攝影機方可使用。訓練機器深入學習的完整步驟如下：（以訓練「交通號誌」為例）

　　將「↑」紙放在攝影機的前面，再按下「學習」鈕，就會產生第一張樣本，最後再填入分類的名稱「前進」。如下圖所示：

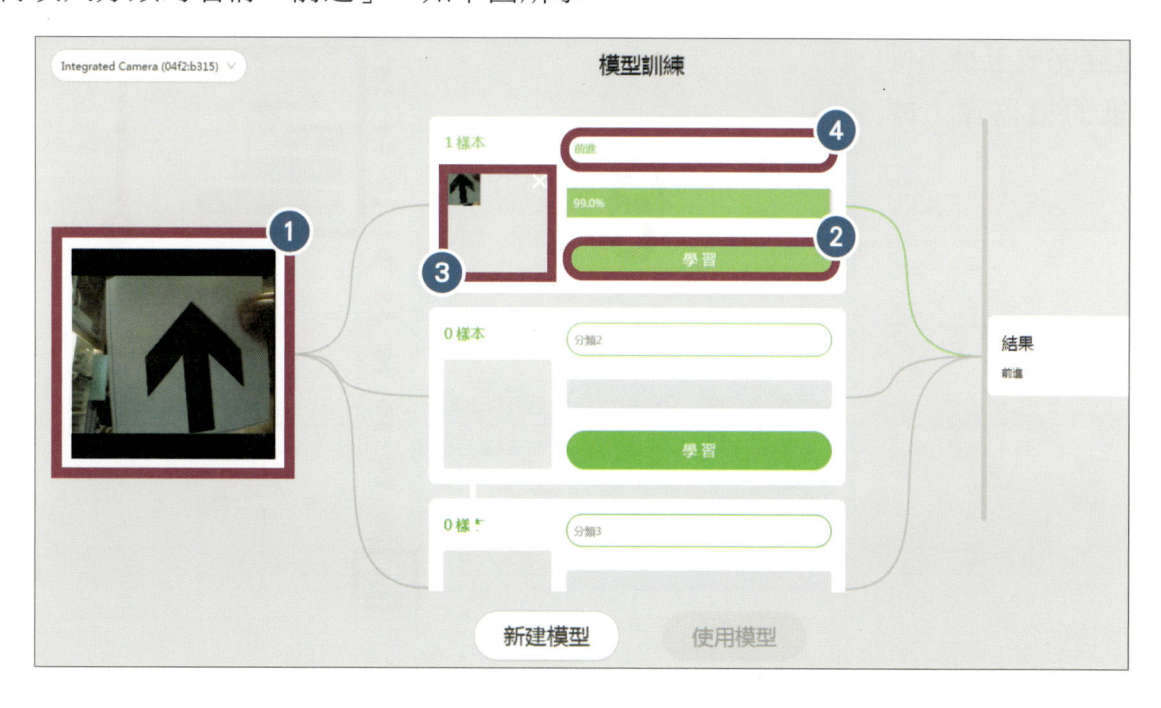

相同的步驟，「↑」紙放在攝影機的前面不同的位置，再按下「學習」鈕，來產生約二十五張樣本。如右圖所示。

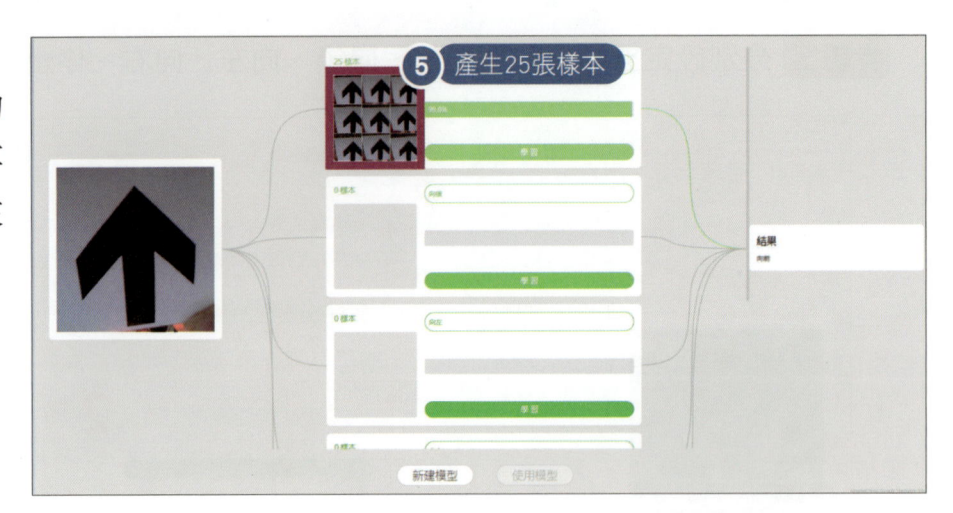

重複步驟 1～2，再訓練「↓紙」、「←紙」、「→紙」、「☒紙」。如右圖所示。

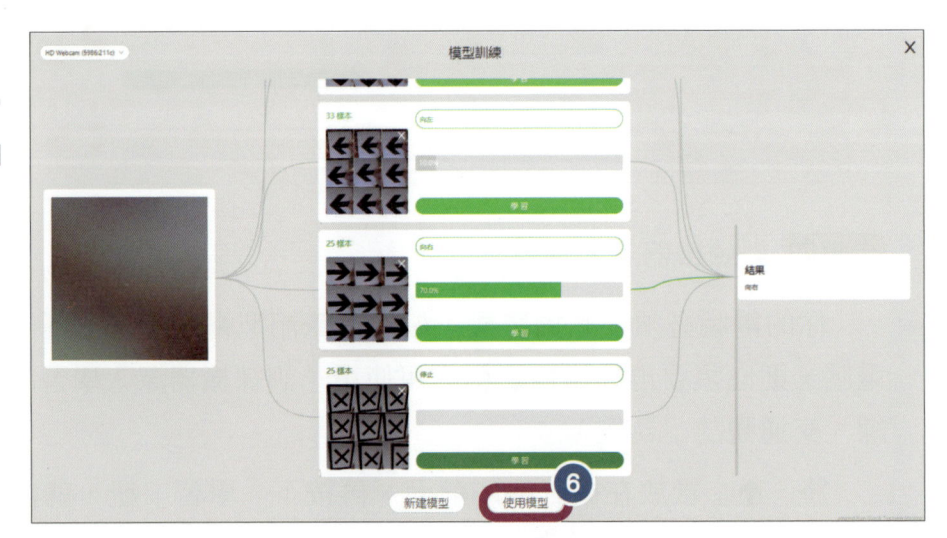

建立完成五種不同顏色紙的機器深入學習。

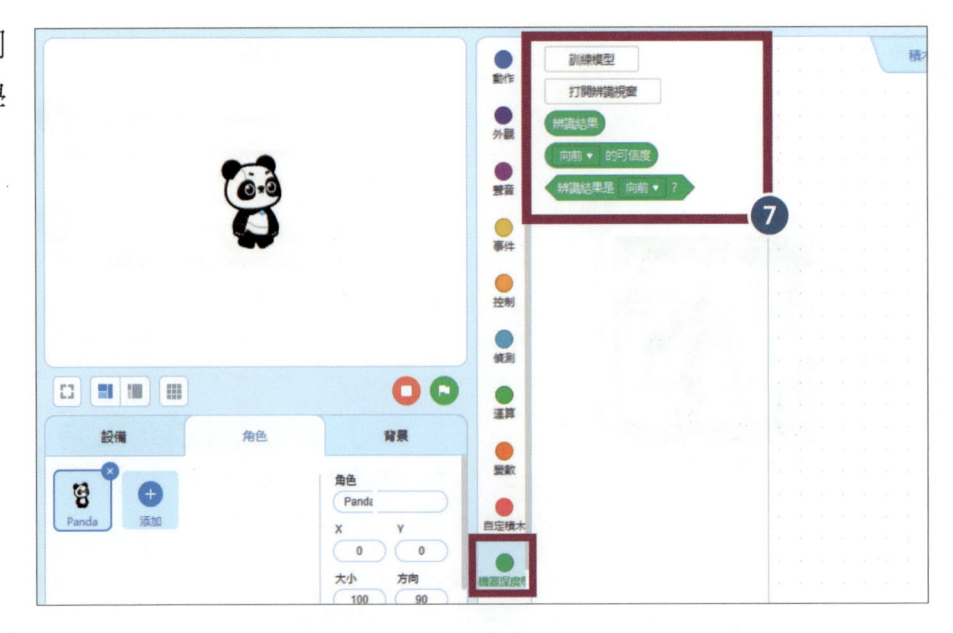

實作 12-4　形狀識別交通號誌顯示

CyberPi 面板：形狀識別各種不同的交通號誌，顯示不同的指令文字到舞台區。

功能

1. 當偵測到「↑」時，顯示「前進」。
2. 當偵測到「↓」時，顯示「後退」。
3. 當偵測到「←」時，顯示「左轉」。
4. 當偵測到「→」時，顯示「右轉」。
5. 當偵測到「☒」時，顯示「停止」。

流程圖

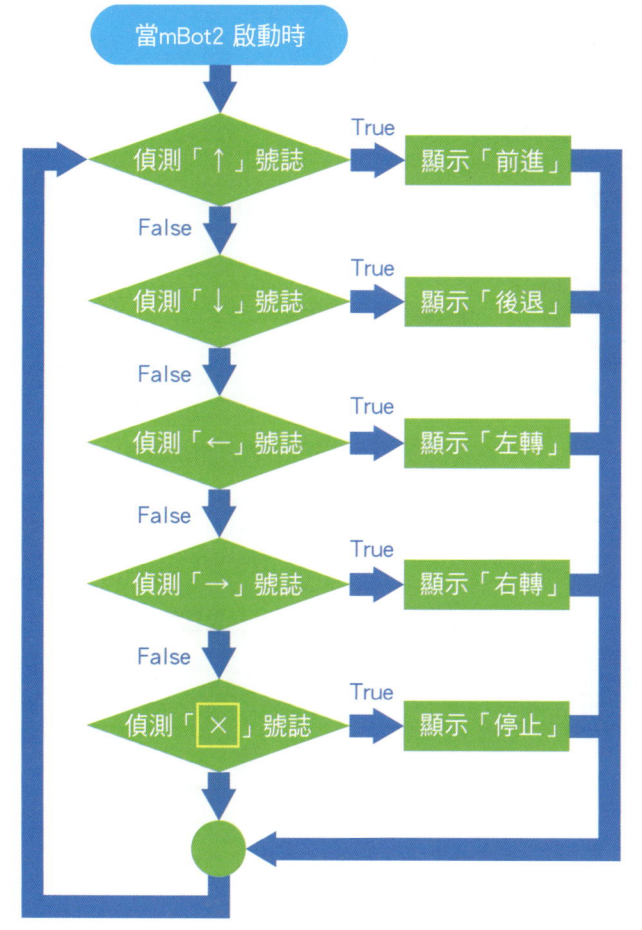

當 mBot2 啟動時
- 偵測「↑」號誌 → True：顯示「前進」
- False ↓
- 偵測「↓」號誌 → True：顯示「後退」
- False ↓
- 偵測「←」號誌 → True：顯示「左轉」
- False ↓
- 偵測「→」號誌 → True：顯示「右轉」
- False ↓
- 偵測「☒」號誌 → True：顯示「停止」
- 循環

mBlock 拼圖程式

1.「角色」群組程式

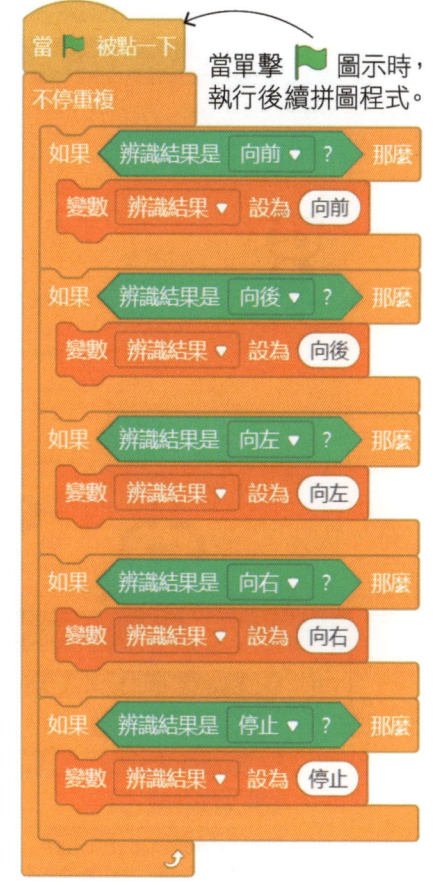

當 ▶ 被點一下（當單擊 ▶ 圖示時，執行後續拼圖程式。）
不停重複
- 如果 辨識結果是 向前？ 那麼
  - 變數 辨識結果 設為 向前
- 如果 辨識結果是 向後？ 那麼
  - 變數 辨識結果 設為 向後
- 如果 辨識結果是 向左？ 那麼
  - 變數 辨識結果 設為 向左
- 如果 辨識結果是 向右？ 那麼
  - 變數 辨識結果 設為 向右
- 如果 辨識結果是 停止？ 那麼
  - 變數 辨識結果 設為 停止

2.「設備」群組程式

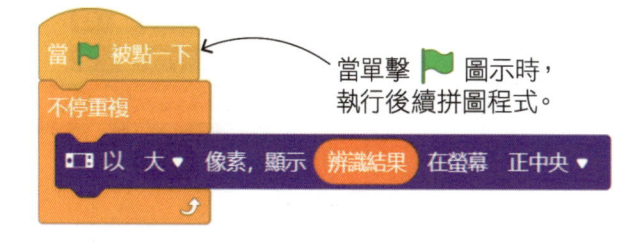

當 ▶ 被點一下（當單擊 ▶ 圖示時，執行後續拼圖程式。）
不停重複
- 以 大 像素，顯示 辨識結果 在螢幕 正中央

實作 12-5

形狀識別結合 LED 矩陣面板：形狀識別各種不同的交通號誌，顯示不同的交通號誌到螢幕。

功能

1. 當偵測到「↑」時，LED 矩陣面板顯示「↑」。
2. 當偵測到「↓」時，LED 矩陣面板顯示「↓」。
3. 當偵測到「←」時，LED 矩陣面板顯示「←」。
4. 當偵測到「→」時，LED 矩陣面板顯示「→」。
5. 當偵測到「☒」時，LED 矩陣面板顯示「☒」。

需求套件

LED 矩陣面板，如下圖所示。

擴展設備庫

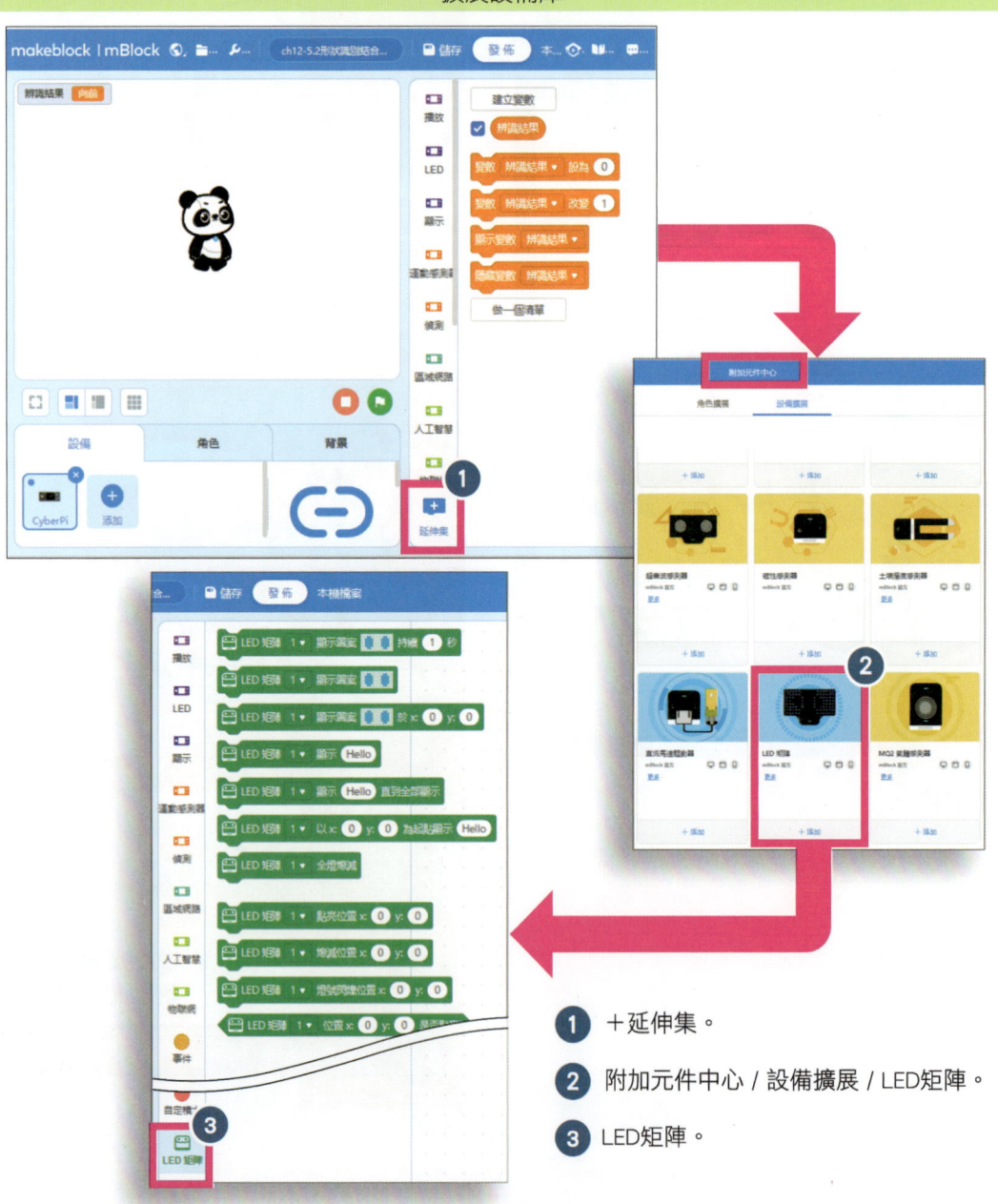

① ＋延伸集。

② 附加元件中心 / 設備擴展 / LED矩陣。

③ LED矩陣。

Chapter 12 機器深度學習　239

流程圖	mBlock 拼圖程式

流程圖

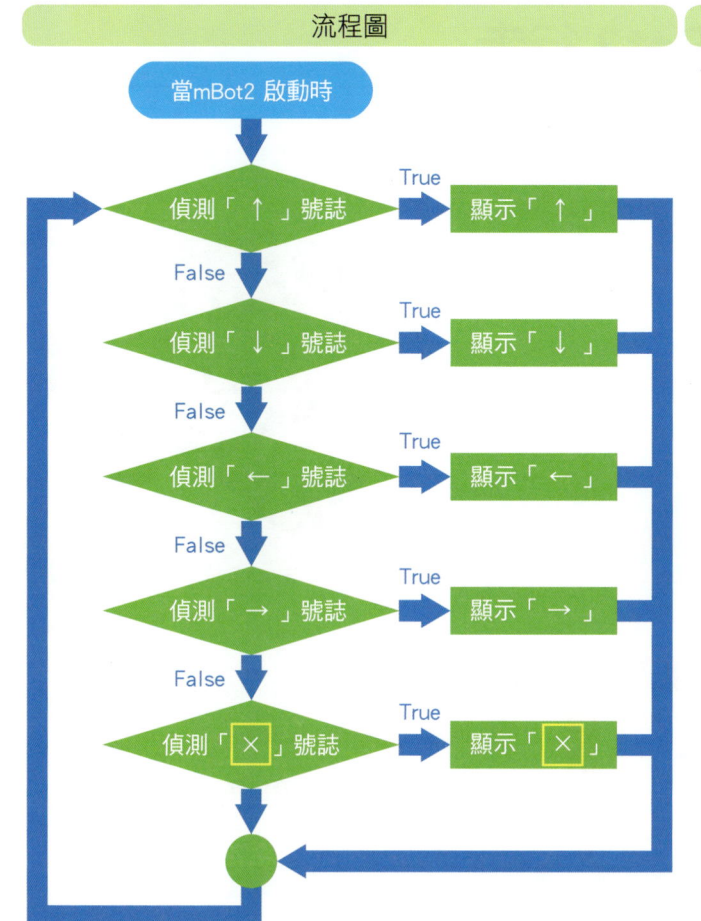

當mBot2 啟動時
↓
偵測「↑」號誌 —True→ 顯示「↑」
↓ False
偵測「↓」號誌 —True→ 顯示「↓」
↓ False
偵測「←」號誌 —True→ 顯示「←」
↓ False
偵測「→」號誌 —True→ 顯示「→」
↓ False
偵測「×」號誌 —True→ 顯示「×」

mBlock 拼圖程式

1.「角色」群組程式

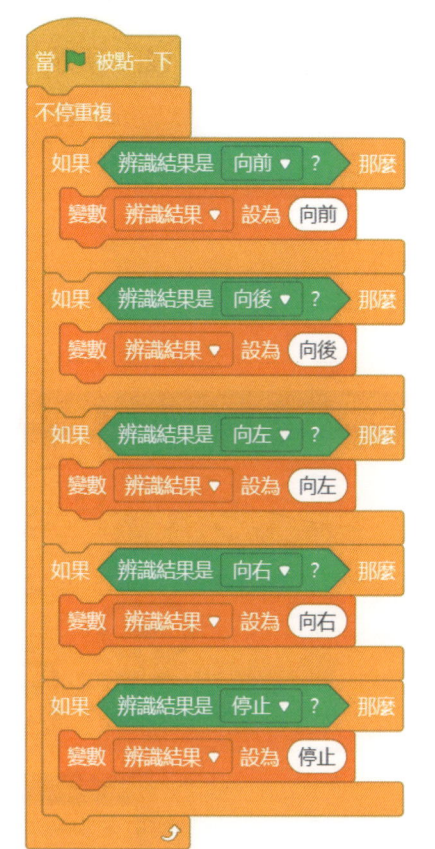

當 ▶ 被點一下
不停重複
　如果 〈辨識結果是 向前 ?〉 那麼
　　變數 辨識結果 設為 向前
　如果 〈辨識結果是 向後 ?〉 那麼
　　變數 辨識結果 設為 向後
　如果 〈辨識結果是 向左 ?〉 那麼
　　變數 辨識結果 設為 向左
　如果 〈辨識結果是 向右 ?〉 那麼
　　變數 辨識結果 設為 向右
　如果 〈辨識結果是 停止 ?〉 那麼
　　變數 辨識結果 設為 停止

2.「設備」群組程式

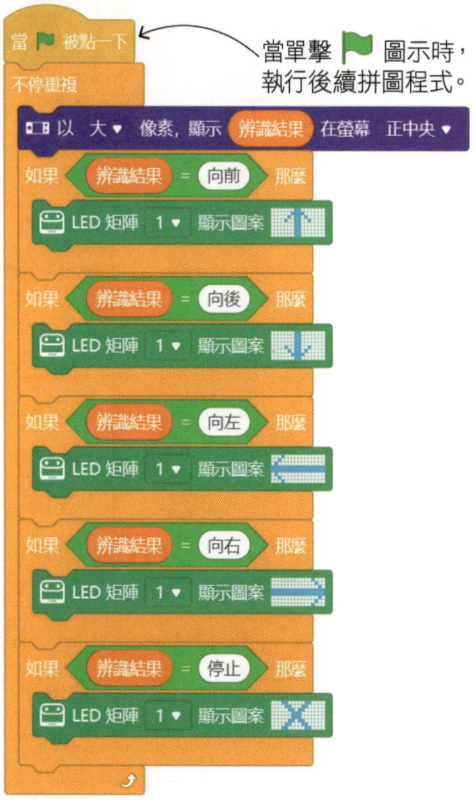

當 ▶ 被點一下 ← 當單擊 ▶ 圖示時，執行後續拼圖程式。
不停重複
　以 大 像素，顯示 辨識結果 在螢幕 正中央
　如果 〈辨識結果 = 向前〉 那麼
　　LED 矩陣 1 顯示圖案 ▨
　如果 〈辨識結果 = 向後〉 那麼
　　LED 矩陣 1 顯示圖案 ▨
　如果 〈辨識結果 = 向左〉 那麼
　　LED 矩陣 1 顯示圖案 ▨
　如果 〈辨識結果 = 向右〉 那麼
　　LED 矩陣 1 顯示圖案 ▨
　如果 〈辨識結果 = 停止〉 那麼
　　LED 矩陣 1 顯示圖案 ▨

12-5　交通號誌控制 mBot2 行走

此章節所需的套件如圖 12-6 所示，擴展設備庫的步驟如下所示。

★ 圖 12-6　mBot2 機器人

步驟

❶ ＋延伸集。

❷ 附加元件中心 / 設備擴展 / mBot2。

❸ 增加「mBot2車架及擴展接口」。

實作 12-6 形狀識別各種不同的交通號誌，顯示不同的交通號誌控制 mBot2 行走

功能

1. 當偵測到「↑」時，mBot2 前進。
2. 當偵測到「☒」時，mBot2 停止。
3. 當偵測到「←」時，mBot2 左轉。
4. 當偵測到「→」時，mBot2 右轉。
5. 當偵測到「↓」時，mBot2 後退。

流程圖

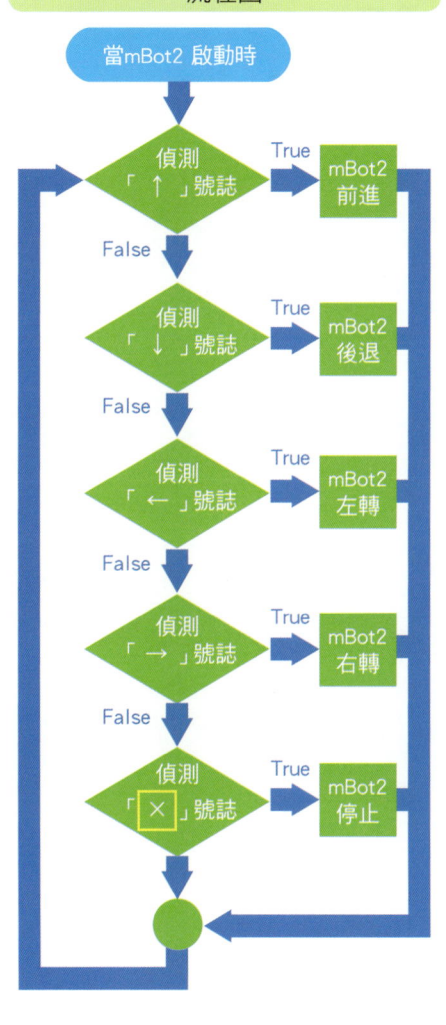

當mBot2 啟動時 → 偵測「↑」號誌 (True → mBot2 前進) / False → 偵測「↓」號誌 (True → mBot2 後退) / False → 偵測「←」號誌 (True → mBot2 左轉) / False → 偵測「→」號誌 (True → mBot2 右轉) / False → 偵測「☒」號誌 (True → mBot2 停止) → 回到開始

mBlock 拼圖程式

1. 「角色」群組程式

當 ▶ 被點一下
不停重複
　如果〈辨識結果是 向前 ?〉那麼
　　變數 辨識結果 ▼ 設為 向前
　如果〈辨識結果是 向後 ?〉那麼
　　變數 辨識結果 ▼ 設為 向後
　如果〈辨識結果是 向左 ?〉那麼
　　變數 辨識結果 ▼ 設為 向左
　如果〈辨識結果是 向右 ?〉那麼
　　變數 辨識結果 ▼ 設為 向右
　如果〈辨識結果是 停止 ?〉那麼
　　變數 辨識結果 ▼ 設為 停止

2. 「設備」群組程式

當 ▶ 被點一下
不停重複
　以 大 ▼ 像素，顯示 辨識結果 在螢幕 正中央 ▼
　如果〈辨識結果 = 向前〉那麼
　　LED 矩陣 1 ▼ 顯示圖案 ▨
　　前進 ▼ 以 50 轉速 (RPM)
　如果〈辨識結果 = 向後〉那麼
　　LED 矩陣 1 ▼ 顯示圖案 ▨
　　後退 ▼ 以 50 轉速 (RPM)
　如果〈辨識結果 = 向左〉那麼
　　LED 矩陣 1 ▼ 顯示圖案 ▨
　　左轉 ▼ 以 50 轉速 (RPM)
　如果〈辨識結果 = 向右〉那麼
　　LED 矩陣 1 ▼ 顯示圖案 ▨
　　右轉 ▼ 以 50 轉速 (RPM)
　如果〈辨識結果 = 停止〉那麼
　　LED 矩陣 1 ▼ 顯示圖案 ☒
　　停止編碼馬達 全部 ▼

Chapter 12　課後習題

一、請利用顏色辨識結合 CyberPi 主機板的 LED 燈。要求：
   1. 當顏色辨識到「紅色紙」時，CyberPi 之 LED 顯示「紅燈」並發出「Do」。
   2. 當顏色辨識到「橙色紙」時，CyberPi 之 LED 顯示「綠燈」並發出「Re」。
   3. 當顏色辨識到「藍色紙」時，CyberPi 之 LED 顯示「藍燈」並發出「Mi」。
   4. 當顏色辨識到「黑色紙」時，CyberPi 之 LED「關燈」不發聲。

二、請利用深度學習模式建立「五種不同色紙」之訓練模型，並實際測試「控制馬達」。
   1. 白色紙 ==> 控制 mBot2 機器人行走速度 30。
   2. 黑色紙 ==> 控制 mBot2 機器人行走速度 50。
   3. 藍色紙 ==> 控制 mBot2 機器人行走速度 75。
   4. 橙色紙 ==> 控制 mBot2 機器人行走速度 100。
   5. 紅色紙 ==> 控制 mBot2 機器人停止。

Chapter 12　創客實作題

◎ 題目名稱：人工智慧 mBot2 自走車

◎ 題目說明：人工智慧識別各種不同形狀的交通號誌，顯示不同的交通號誌控制 mBot2 行走。

創客題目編號：A039017　　80 mins

・創客指標・

外形	機構	電控	程式	通訊	人工智慧	創客總數
1	1	1	3	2	4	12

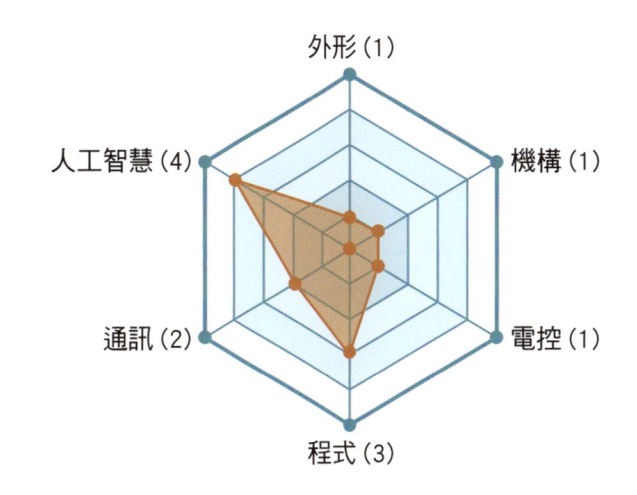

外形(1)　機構(1)　電控(1)　程式(3)　通訊(2)　人工智慧(4)

・創客素養力・

空間力	堅毅力	邏輯力	創新力	整合力	團隊力	素養總數
1	1	1	1	1	1	6

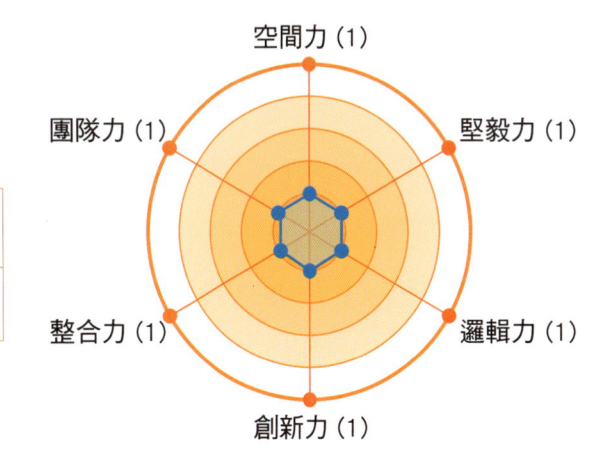

空間力(1)　堅毅力(1)　邏輯力(1)　創新力(1)　整合力(1)　團隊力(1)

Chapter 13 物聯網

· 本章學習目標
1. 讓讀者瞭解物聯網基本概念及應用。
2. 讓讀者瞭解物聯網偵測的資料如何上傳到 Google 雲端。

· 本章內容
13-1　認識物聯網
13-2　物聯網偵測城市溫度與濕度
13-3　物聯網偵測城市 PM2.5
13-4　物聯網查詢各城市日出時間
13-5　隨機溫度上傳到 Google 雲端
　◎　課後習題
　◎　創客實作題

13-1　認識物聯網

一、簡介

1. **定義**：是指每件東西（包含人或物），彼此之間能透過網路技術來互相傳輸資料，不必再依靠人與人或是人與機器的互動來達成。因此，可以說「工業革命把人變成機器，物聯網革命把機器變成人。」

2. **工業 4.0 的關鍵技術及應用**：有三大科技主軸。

    ❶ 智慧機器人（Intelligent Robot）的智慧製造技術。

    ❷ 物聯網（Internet of Things，IoT）的全線偵測監控技術。

    ❸ 巨量資料（Big Data）的資料擷取分析技術。

3. **在本課程中，著重在物聯網與機器人之整合運用**：經濟部次長沈榮津指出，工業 4.0 的核心，其實就是機器人，不但可以用來從事重複性高或環境較差的工作，提升生產效率及製程精準度，更重要的是，當人力資源釋出可以進行更高附加價值的工作時，產業轉型升級的可能性也跟著提高。

二、物聯網的應用

1. 智慧生活（穿戴式裝置、智慧手環、智慧手錶）。
2. 智慧城市（綠能）。
3. 智慧交通（大眾運輸、車載通訊、自動車）。
4. 智慧醫療（居家照護）。
5. 智慧物流（快遞）。
6. 智慧農業（溫室或農場之溫濕度環境）。
7. 智慧安全（安全保全監控系統）。
8. 智慧電網（智慧電表與電力輸送）。
9. 智慧建築（智能綠建築）等等。

三、物聯網的架構

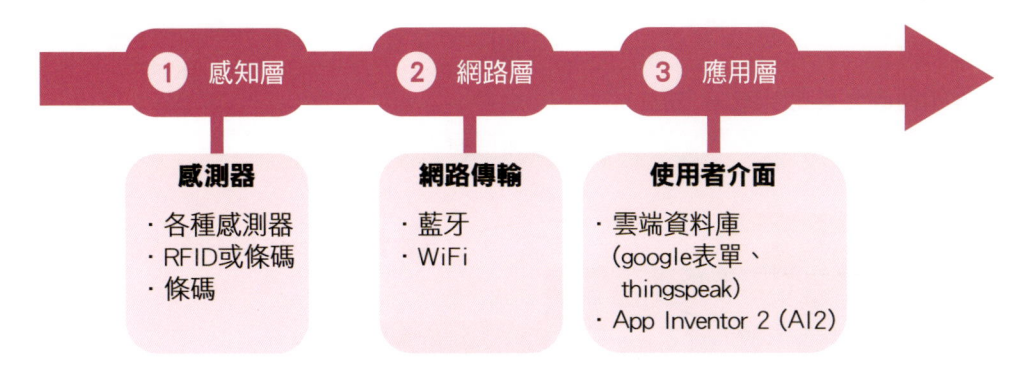

```
1 感知層 ───→ 2 網路層 ───→ 3 應用層
```

感測器
・各種感測器
・RFID或條碼
・條碼

網路傳輸
・藍牙
・WiFi

使用者介面
・雲端資料庫
 (google表單、thingspeak)
・App Inventor 2 (AI2)

1. **感知層** 是指透過各種感測器來偵測環境的變化。因此它要做到低功耗（亦即電池續航力要高）、低成本、小體積、無線傳輸距離長等等，是極具挑戰的任務。
2. **網路層** 是指透過無線或是有線網路來將感測器收集到的數據傳送到「雲端資料」。
3. **應用層** 是指將「雲端資料庫」中的大數據資料，利用統計分析技術，將分析的結果，透過「App Inventor」程式來傳送到使用者的行動手機中作決策。

★ 圖 13-1　物聯網的架構

說明
主要探討機器人上的感測器（例如溫度、濕度、光度、陀螺儀、酒精濃度、火焰…等），以及如何利用這些感測器（sensor），將偵測到的數據，透過「網路傳輸」技術，傳送到「雲端資料庫」；再經過大數據的統計分析技術，將分析的結果透過「CyberPi」來傳送。

實作 13-1　WiFi 連線：進入物聯網最重要的「網路層」，以便收集外部資料。

功能

透過 WiFi 無線網路與 CyberPi 主機板連線。

mBlock 拼圖程式

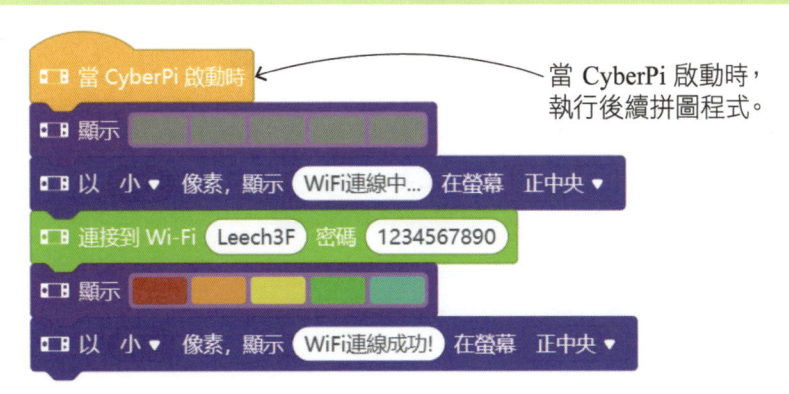

- 當 CyberPi 啟動時 ← 當 CyberPi 啟動時，執行後續拼圖程式。
- 顯示 ▢▢▢▢▢
- 以 小▼ 像素，顯示 WiFi連線中… 在螢幕 正中央
- 連接到 Wi-Fi Leech3F 密碼 1234567890
- 顯示 ▢▢▢▢▢
- 以 小▼ 像素，顯示 WiFi連線成功! 在螢幕 正中央 ▼

實作 13-2　WiFi 連線與離線：透過 CyberPi 主機板的 A、B 鈕來設定離線與連線功能。

功能

讓使用者瞭解如何設定離線與連線功能。

mBlock 拼圖程式

主程式

① **當 CyberPi 啟動時**，執行後續拼圖程式。

- 當 CyberPi 啟動時
- 顯示
- 以 小 像素，顯示 WiFi連線中… 在螢幕 正中央
- 連接到 Wi-Fi Leech3F 密碼 1234567890
- 顯示
- 以 小 像素，顯示 WiFi連線成功! 在螢幕 正中央

② **按下按鈕A時**，執行後續拼圖程式。

- 當按鈕 A 按下
- 連接到 Wi-Fi 0 密碼 0　　WiFi離線。
- 顯示
- 如果 網路已經連線? 那麼
  - 以 小 像素，顯示 已連線 在螢幕 正中央
- 否則
  - 以 小 像素，顯示 已離線 在螢幕 正中央

③ **按下按鈕B時**，執行後續拼圖程式。

- 當按鈕 B 按下
- 連接到 Wi-Fi Leech3F 密碼 1234567890　　WiFi連線。
- 顯示
- 以 小 像素，顯示 WiFi連線中… 在螢幕 正中央
- 如果 網路已經連線? 那麼
  - 顯示
  - 以 小 像素，顯示 已連線 在螢幕 正中央
- 否則
  - 以 小 像素，顯示 已離線 在螢幕 正中央

13-2　物聯網偵測城市溫度與濕度

學會 CyberPi 主機板連接 WiFi 無線網路之後,接下來,我們就可以查詢目前各國重要城市溫度與濕度情況。

實作 13-3　查詢某城市溫度:透過 WiFi 到資料公開平台來查詢台灣高雄市區的溫度。

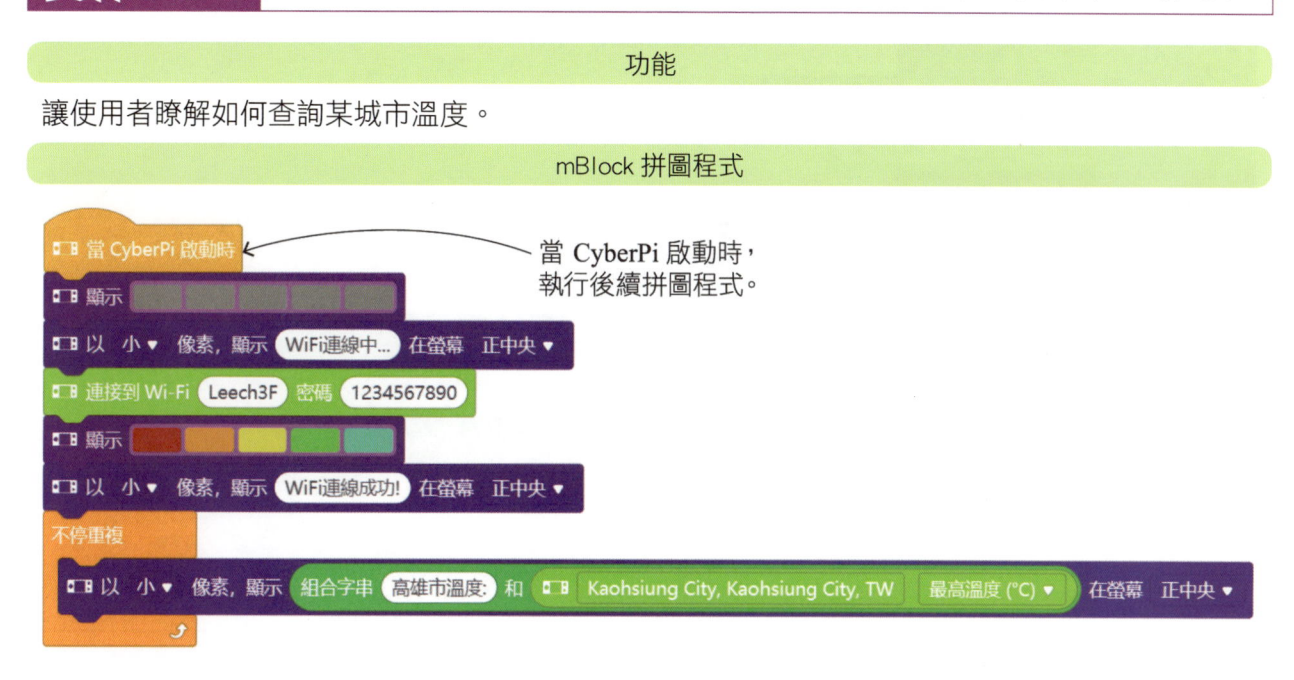

功能

讓使用者瞭解如何查詢某城市溫度。

mBlock 拼圖程式

當 CyberPi 啟動時,執行後續拼圖程式。

```
當 CyberPi 啟動時
顯示 [色塊]
以 小▼ 像素, 顯示 [WiFi連線中...] 在螢幕 正中央
連接到 Wi-Fi [Leech3F] 密碼 [1234567890]
顯示 [色塊]
以 小▼ 像素, 顯示 [WiFi連線成功!] 在螢幕 正中央
不停重複
    以 小▼ 像素, 顯示 組合字串 [高雄市溫度:] 和 [Kaohsiung City, Kaohsiung City, TW] [最高溫度 (°C)▼] 在螢幕 正中央▼
```

實作 13-4　查詢某城市濕度:透過 WiFi 到資料公開平台來查詢台灣高雄市區的濕度。

功能

讓使用者瞭解如何查詢台灣高雄市區濕度。

mBlock 拼圖程式

當 CyberPi 啟動時,執行後續拼圖程式。

```
當 CyberPi 啟動時
顯示 [色塊]
以 小▼ 像素, 顯示 [WiFi連線中...] 在螢幕 正中央
連接到 Wi-Fi [Leech3F] 密碼 [1234567890]
顯示 [色塊]
以 小▼ 像素, 顯示 [WiFi連線成功!] 在螢幕 正中央
不停重複
    以 小▼ 像素, 顯示 組合字串 [高雄市濕度:] 和 [Kaohsiung City, Kaohsiung City, TW] [濕度▼] 在螢幕 正中央▼
```

| 實作 13-5 | 輪播高雄市溫度與濕度：透過 WiFi 到資料公開平台來查詢台灣高雄市區的溫度與濕度。 |

功能

讓使用者瞭解如何查詢台灣高雄市區溫度與濕度。

mBlock 拼圖程式

當 CyberPi 啟動時，執行後續拼圖程式。

13-3　物聯網偵測城市 PM2.5

學會 CyberPi 主機板連接 WiFi 無線網路，並且瞭解如何查詢目前各國重要城市溫度與濕度情況之後，其實也能查詢各區域的空氣品質，例如：PM2.5 等。

| 實作 13-6 | 查詢高雄市鳳山區 PM2.5：透過 WiFi 到資料公開平台查詢台灣高雄市區的 PM2.5。 |

功能

讓使用者瞭解如何查詢某城市 PM2.5。

第 13 章　物聯網　　251

---

mBlock 拼圖程式

主程式：當 CyberPi 啟動時，執行後續拼圖程式。

- 當 CyberPi 啟動時
- 顯示 ▢▢▢▢▢
- 以 小▼ 像素，顯示 (WiFi連線中...) 在螢幕 正中央▼
- 連接到 Wi-Fi (Leech3F) 密碼 (1234567890)
- 顯示 ▢▢▢▢▢
- 以 小▼ 像素，顯示 (WiFi連線成功!) 在螢幕 正中央▼
- 不停重複
  - 以 小▼ 像素，顯示 組合字串 (高雄市鳳山PM2.5:) 和 (空氣品質 高雄市; Fengshan, Taiwan (鳳山) PM2.5▼) 在螢幕 正中央▼

實作 13-7　利用搖桿查詢高雄市四個行政區 PM2.5：透過 WiFi 到資料公開平台來查詢高雄市四個行政區 PM2.5。

功能

讓使用者瞭解如何搖桿查詢高雄市四個行政區 PM2.5。

mBlock 拼圖程式

主程式：當 CyberPi 啟動時，執行後續拼圖程式。

- 當 CyberPi 啟動時
- 顯示 ▢▢▢▢▢
- 以 小▼ 像素，顯示 (WiFi連線中...) 在螢幕 正中央▼
- 連接到 Wi-Fi (Leech3F) 密碼 (1234567890)
- 顯示 ▢▢▢▢▢
- 以 小▼ 像素，顯示 (WiFi連線成功!) 在螢幕 正中央▼
- 不停重複
  - 如果 〈搖桿 向上推↑▼ ?〉 那麼
    - 以 小▼ 像素，顯示 組合字串 (高雄市左營PM2.5:) 和 (空氣品質 高雄市; Zuoying, Taiwan (左營) PM2.5▼) 在螢幕 正中央▼
  - 如果 〈搖桿 向下推↓▼ ?〉 那麼
    - 以 小▼ 像素，顯示 組合字串 (高雄市仁武PM2.5:) 和 (空氣品質 高雄市; Renwu, Taiwan (仁武) PM2.5▼) 在螢幕 正中央▼
  - 如果 〈搖桿 向左推←▼ ?〉 那麼
    - 以 小▼ 像素，顯示 組合字串 (高雄市鳳山PM2.5:) 和 (空氣品質 高雄市; Fengshan, Taiwan (鳳山) PM2.5▼) 在螢幕 正中央▼
  - 如果 〈搖桿 向右推→▼ ?〉 那麼
    - 以 小▼ 像素，顯示 組合字串 (高雄市小港PM2.5:) 和 (空氣品質 高雄市; Xiaogang, Taiwan (小港) PM2.5▼) 在螢幕 正中央▼
  - 如果 〈搖桿 中間按壓▼ ?〉 那麼
    - 清空畫面

實作 13-8   查詢高雄市四個行政區 PM2.5 之狀態＿門檻值 50：透過 WiFi 到資料公開平台查詢的資料，結合 CyperPi 主機板的 LED 燈來呈現是否良好。

功能
讓使用者瞭解如何 CyperPi 主機板與外部資料結合應用。

mBlock 拼圖程式

主程式：當 CyberPi 啟動時，執行後續拼圖程式。

副程式：檢查各城市 PM2.5 品質。

13-4　物聯網查詢各城市日出時間

　　學會 CyberPi 主機板連接 WiFi 無線網路，並且瞭解如何查詢目前各國重要城市溫度與濕度情況，各區域的空氣品質之後，其實也能查詢各城市日出時間等。

實作 13-9	查詢台灣日出時間：透過 WiFi 到資料公開平台來查詢台灣高雄市區的日出時間。

功能

讓使用者瞭解如何查詢某城市日出時間。

mBlock 拼圖程式

主程式：當 CyberPi 啟動時，執行後續拼圖程式。

```
當 CyberPi 啟動時
顯示 [     ]
以 小▼ 像素，顯示 (WiFi連線中...) 在螢幕 正中央▼
連接到 Wi-Fi (Leech3F) 密碼 (1234567890)
顯示 [          ]
以 小▼ 像素，顯示 (WiFi連線成功!) 在螢幕 正中央▼
不停重複
    以 小▼ 像素，顯示 組合字串 (==台灣日出時間==) 和 (Kaohsiung City, Kaohsiung City, TW 日出▼ 時間▼) 在螢幕 正中央▼
```

| 實作 13-10 | 利用搖桿查詢台灣、日本日出時間：透過 WiFi 到資料公開平台來查詢台灣、日本的日出時間。 |

功能

讓使用者瞭解如何同時查詢多個地區的日出時間。

mBlock 拼圖程式

主程式：當 CyberPi 啟動時，執行後續拼圖程式。

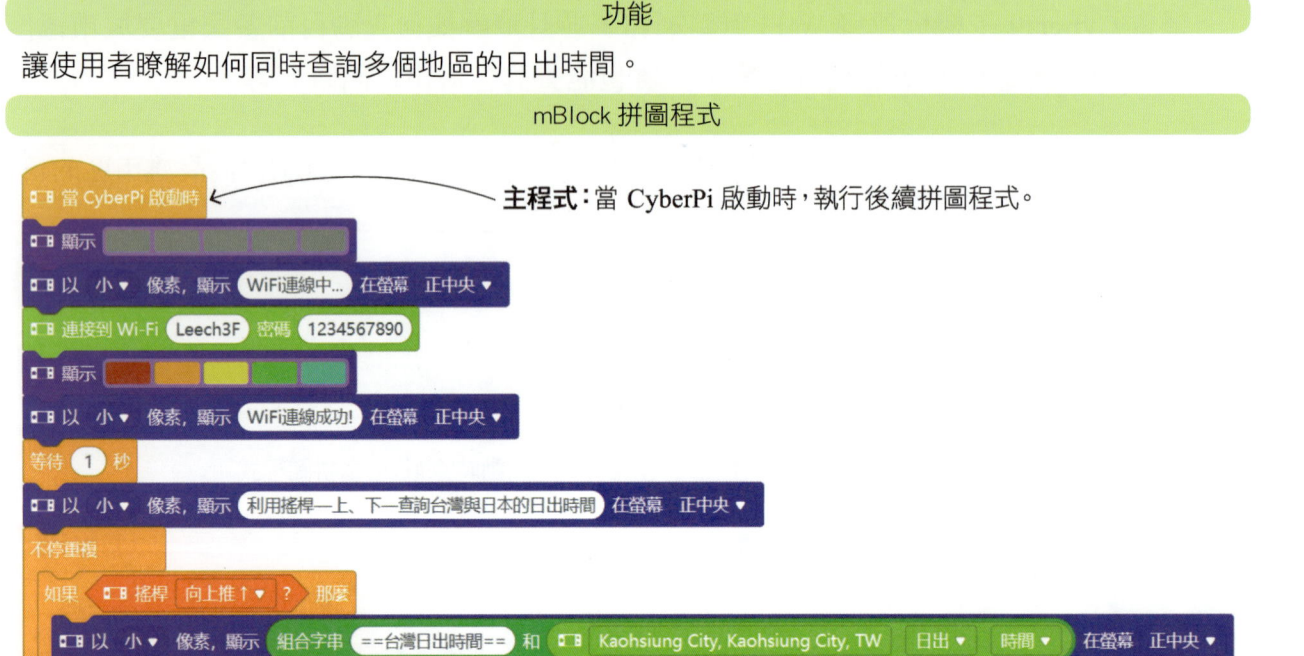

13-5　隨機溫度上傳到 Google 雲端

本節將學習透過隨機亂數指令來動態產生模擬溫度，並上傳到 Google 雲端，以提供資料蒐集與分析的目的。其步驟如下：

步驟一 登入 Google 帳號。

步驟二 開始建立新試算表。

第 13 章 物聯網　255

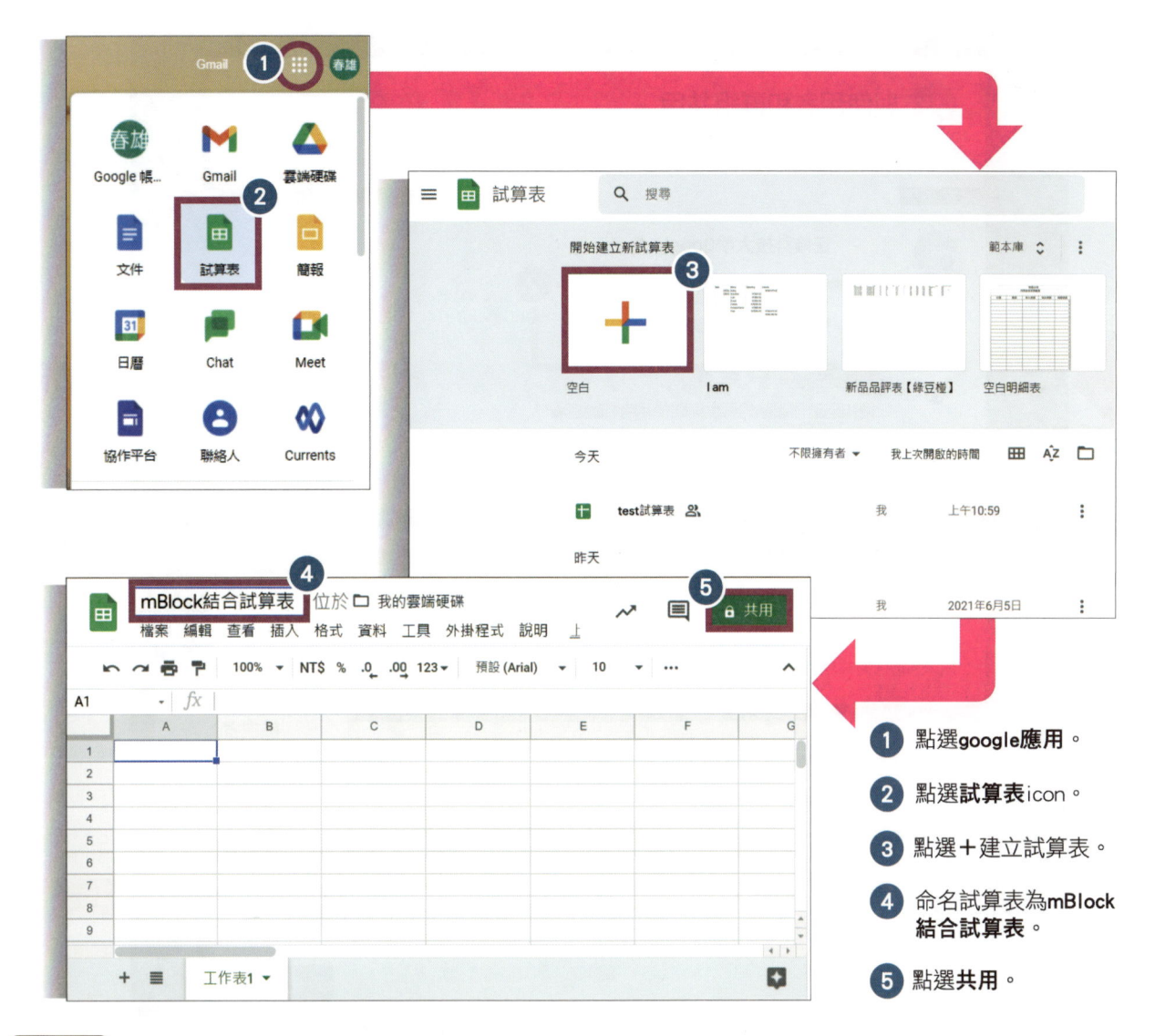

① 點選**google應用**。

② 點選**試算表**icon。

③ 點選＋建立試算表。

④ 命名試算表為**mBlock結合試算表**。

⑤ 點選**共用**。

步驟三 設定 Google 表單權限

1. 網址：https://docs.google.com/spreadsheets/d/10oIIHUpM4bG3VJ-Dq14CKDjQ1xyXVYkn5a6Ip9-dd1E/edit?usp=sharing

第 13 章 物聯網　　257

接著會回到**試算表**的畫面，如下圖所示。

步驟四 在 mBlock 5 中，加入 Google 表格指令，如下所示：

1. 點選**角色群組**。
2. 點選＋**延伸集**。
3. 添加**Google表格**。
4. 回上一步，點選元件區的分類**Google表格**。
5. 即可見到Google表格的元件。

將步驟三中的操作 ❺ 所複製的網址「https://docs.google.com/spreadsheets/d/10oll HUpM4bG3VJ-Dq14CKDjQ1xyXVYkn5a6Ip9-dd1E/edit?usp=sharing」貼到「連接到共用工作表」的元件中，如下圖所示：

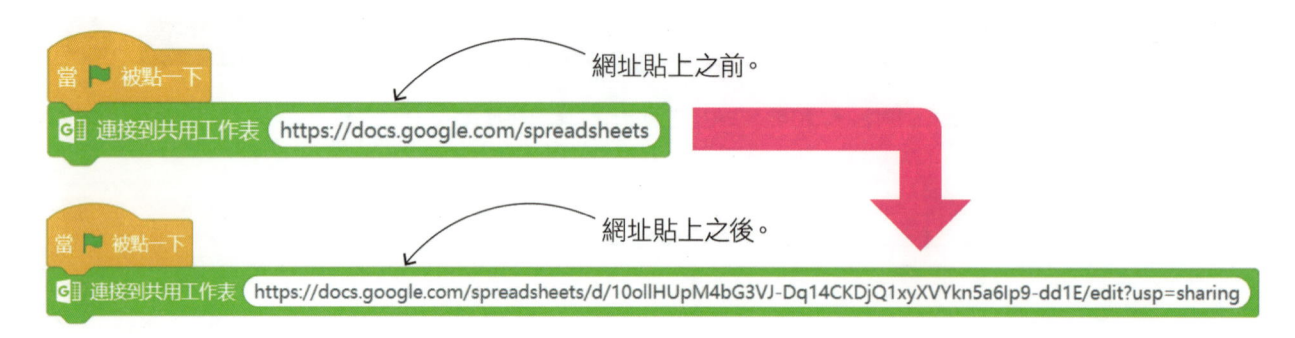

網址貼上之前。

網址貼上之後。

步驟五 撰寫程式

撰寫 mBlock 拼圖程式，其執行結果如下圖所示：

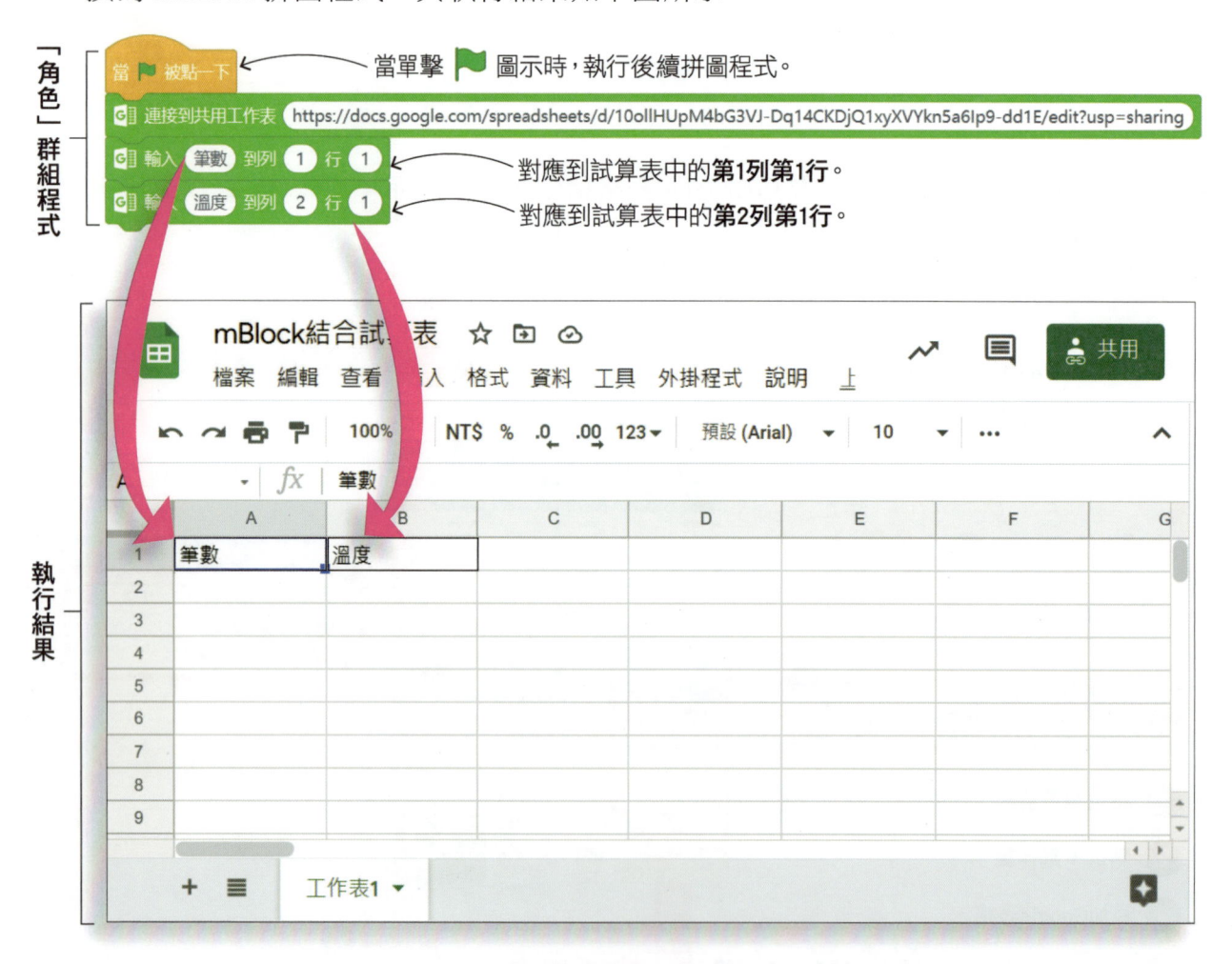

當單擊 🚩 圖示時，執行後續拼圖程式。

對應到試算表中的**第1列第1行**。
對應到試算表中的**第2列第1行**。

實作 13-11　隨機溫度上傳到 Google 雲端：利用隨機亂數來產生模擬溫度上傳到 Google 雲端。

目的

讓使用者瞭解如何利用 CyberPi 主機板結合 Google 雲端。

mBlock 拼圖程式

1.「角色」群組程式

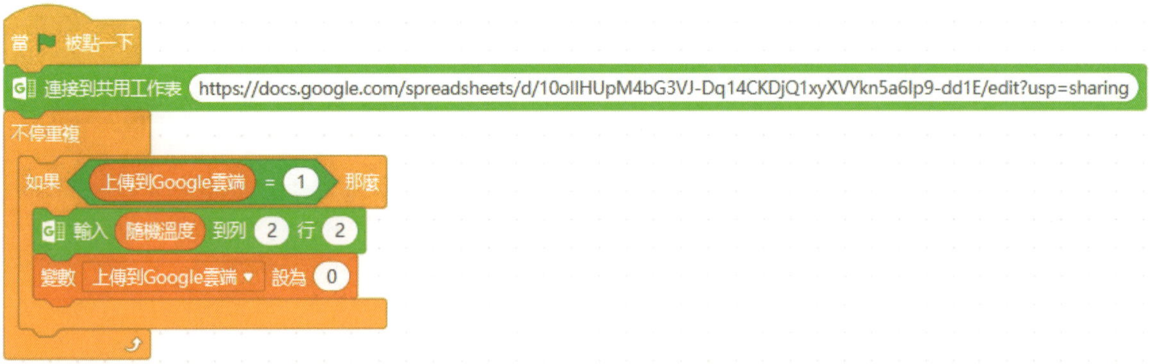

```
當 ▶ 被點一下
連接到共用工作表 https://docs.google.com/spreadsheets/d/10ollHUpM4bG3VJ-Dq14CKDjQ1xyXVYkn5a6lp9-dd1E/edit?usp=sharing
不停重複
    如果 〈 上傳到Google雲端 = 1 〉那麼
        輸入 隨機溫度 到列 2 行 2
        變數 上傳到Google雲端 ▼ 設為 0
```

2.「設備」群組程式

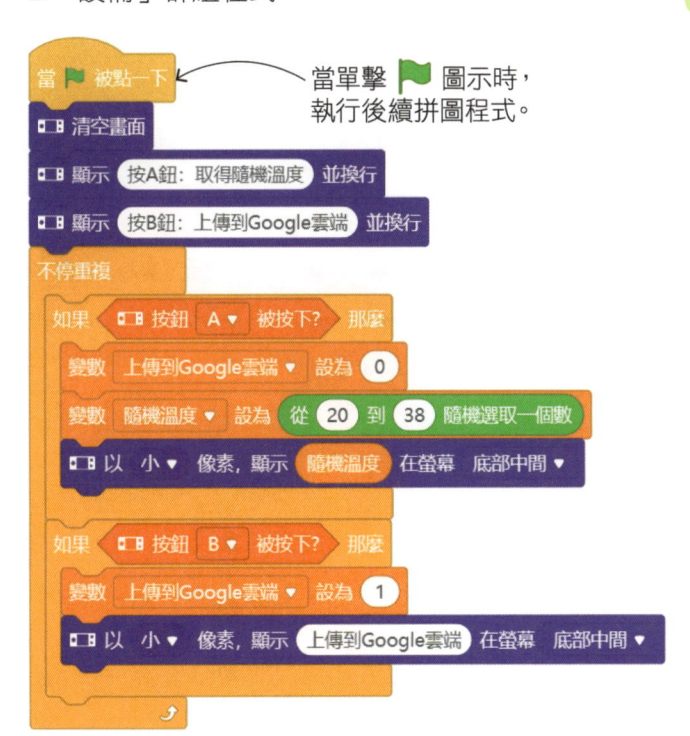

```
當 ▶ 被點一下         ← 當單擊 ▶ 圖示時，
清空畫面                執行後續拼圖程式。
顯示 按A鈕：取得隨機溫度 並換行
顯示 按B鈕：上傳到Google雲端 並換行
不停重複
    如果 〈 按鈕 A ▼ 被按下? 〉那麼
        變數 上傳到Google雲端 ▼ 設為 0
        變數 隨機溫度 ▼ 設為 從 20 到 38 隨機選取一個數
        以 小 ▼ 像素，顯示 隨機溫度 在螢幕 底部中間 ▼
    如果 〈 按鈕 B ▼ 被按下? 〉那麼
        變數 上傳到Google雲端 ▼ 設為 1
        以 小 ▼ 像素，顯示 上傳到Google雲端 在螢幕 底部中間 ▼
```

執行結果

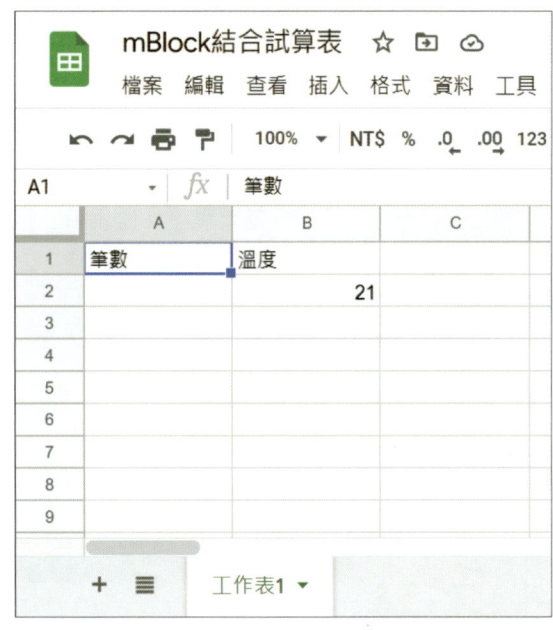

	A	B	C
1	筆數	溫度	
2		21	
3			
4			
5			
6			
7			
8			
9			

mBlock結合試算表

實作 13-12　隨機溫度上傳到 Google 雲端_每 5 秒自動上傳一筆：模擬環境偵測系統結合 Google 雲端。

目的
模擬定時自動蒐集溫度資料，以便未來資料分析。

mBlock 拼圖程式

1. 「角色」群組程式

當單擊 🚩 圖示時，執行後續拼圖程式。

2. 「設備」群組程式

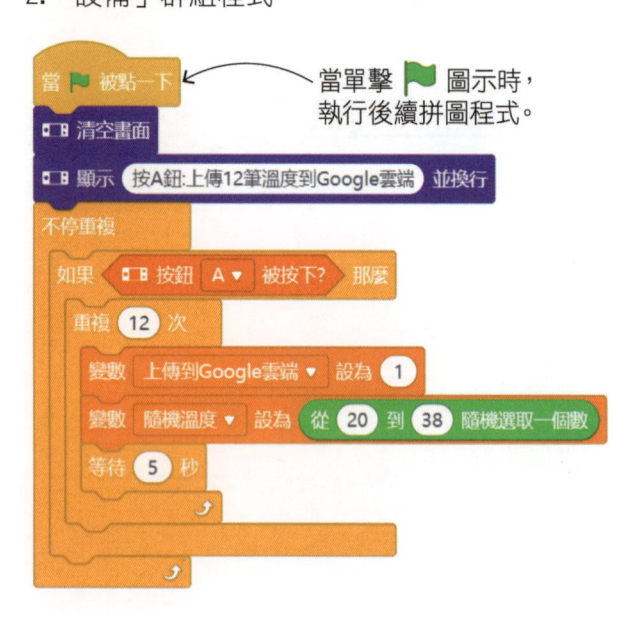

當單擊 🚩 圖示時，執行後續拼圖程式。

執行結果

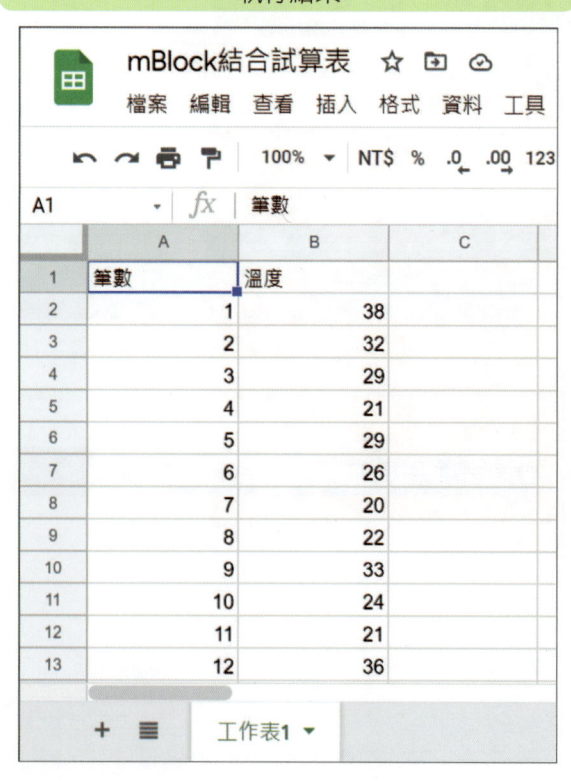

	A	B	C
1	筆數	溫度	
2	1	38	
3	2	32	
4	3	29	
5	4	21	
6	5	29	
7	6	26	
8	7	20	
9	8	22	
10	9	33	
11	10	24	
12	11	21	
13	12	36	

實作 13-13　讀取 Google 雲端資料表的記錄：可上傳也可讀取 Google 雲端資料表的記錄。

目的

利用搖桿上下推動來查詢 Google 雲端資料表的記錄。

mBlock 拼圖程式

1. 「角色」群組程式

主程式：當單擊 🏁 圖示時，執行後續拼圖程式。

副程式：定義「取得雲端溫度之副程式」。

2. 「設備」群組程式

當搖桿向上推時，執行後續拼圖程式。

當搖桿向下推時，執行後續拼圖程式。

Chapter 13　課後習題

一、利用 AppInventor 手機程式來讀取 Google 雲端溫度 [1]

1. Google 雲端（12 筆記錄）

2. 手機端（12 筆記錄）

----

1. 本習題主要是讓讀者可以瞭解隨機溫度上傳到 Google 雲端，是可以再透過手機 APP 程式來讀取。關於 APP 程式的撰寫，請參考本書的範例程式。

Chapter 13　創客實作題

◎ 題目名稱：CyberPi 與 Google 表單應用

◎ 題目說明：隨機溫度上傳到 Google 雲端，同步顯示在螢幕上。

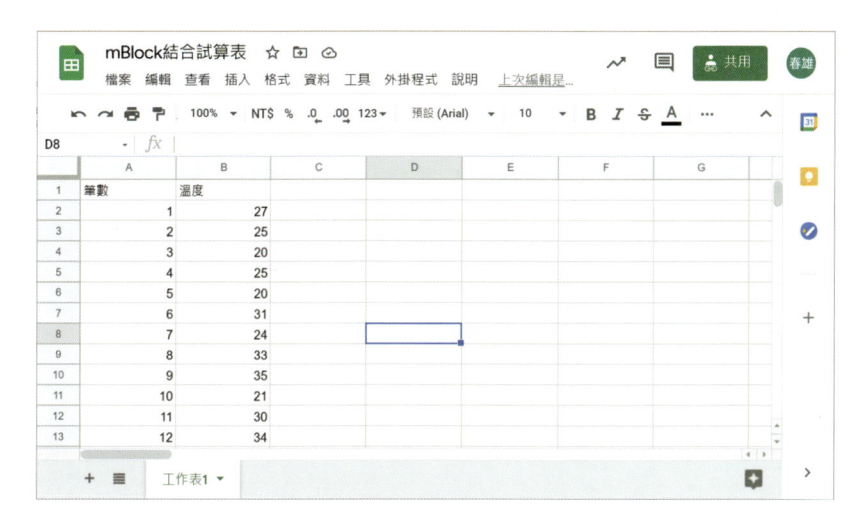

創客題目編號：A035026

80 mins

・創客指標・

外形	機構	電控	程式	通訊	人工智慧	創客總數
0	0	1	3	2	0	6

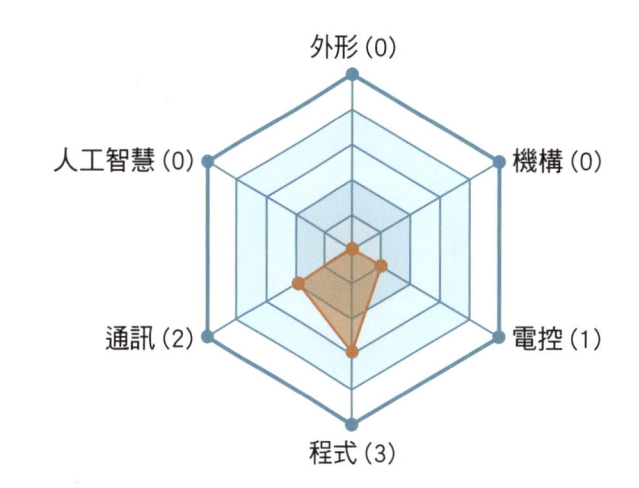

・創客素養力・

空間力	堅毅力	邏輯力	創新力	整合力	團隊力	素養總數
0	0	1	1	1	1	4

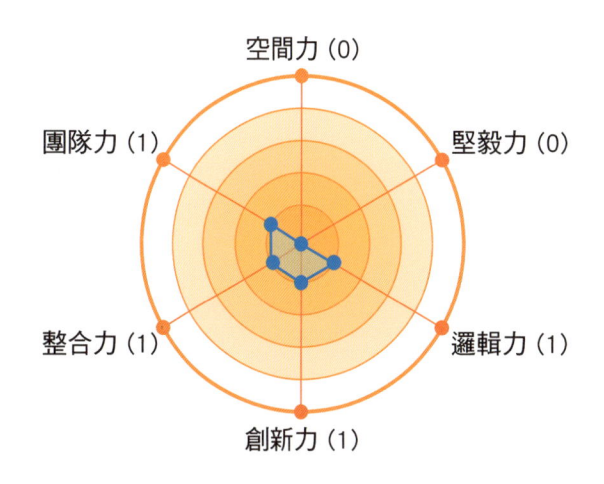

附錄

附錄一　課後習題簡答

附錄二　IRA（初級 Fundamentals）智慧型機器人應用認證術科測試試題與解題

課後習題簡答

Chapter 1

一、1. 人形玩具：屬於靜態的玩偶，無法接收任何訊號，更無法自行運作。
   2. 遙控汽車：可以接收遙控器發射的訊號，但是缺少「感測器」來偵測外界環境的變化。例如：如果沒有遙控器控制的話，遇到障礙物前，也不會自動停止或轉彎。

二、三種主要組成要素為：
   1. 感測器（輸入）；
   2. 處理器（處理）；
   3. 馬達（輸出）。

三、1. 工業上：銲接用的機械手臂（如：汽車製造廠）或生產線的包裝；
   2. 軍事上：拆除爆裂物（如：炸彈）；
   3. 太空上：無人駕駛（如：偵查飛機、探險車）；
   4. 醫學上：居家看護（如：通報老人的情況）；
   5. 生活上：自動打掃房子（如：自動吸塵器）；
   6. 運動上：自動發球機（如：桌球發球機）；
   7. 運輸上：無人駕駛車（如：Google 研發的無人駕駛車）；
   8. 安全測試上：汽車衝撞測試；
   9. 娛樂上：取代傳統單一功能的玩具；
   10. 教學上：訓練學生邏輯思考及整合應用能力，其主要目的讓學生學會機器人的機構原理、感測器、主機及伺服馬達的整合應用。進而開發各種機器人程式以實務上的應用。

四、1. 機械結構：鋁合金構件，兼具強度及美觀；
   2. 電控元件：使用各種模組式的感測器、馬達及相關的電子零件；
   3. 控制系統：CyberPi 核心主控板＋mBot2 擴展板；
   4. 程式語言：使用「圖形化」的「拼圖積木」程式。可以降低學習曲線，提高學習者的動機和興趣。

五、1. 價格方面：為樂高機器人的 1/3。教育版的 EV3 第三代樂高機器人約 15000 元，而 mBot2 為 4500 元左右。
   2. 結構強度方面：它屬於鋁合金構件，強度比樂高零件更強，往往可以應用在工業上。
   3. 感測器種類方面：目前提供數十種不同用途的感測器，應用的領域更廣。
   4. 組裝方面：組裝上比樂高還要簡單。
   5. 結合外部零件方面：它可以結合 Makeblock 鋁合金零件。

六、1. 低門檻：不需要是電子及電機科系的背景，亦即不需要先學會插麵包板之電路線。
   2. 模組式組裝：各種感測器和馬達皆透過連接埠與 mBot 控制板連接。
   3. 隨插即用：依照感測器上的不同顏色來插上控制板。

七、1. 硬體課程方面：控制系統（Arduino）、機械結構與電子電路（Robotics）。
   2. 軟體課程方面：演算法及程式設計（Scratch）。

八、1. mBlock 軟體：利用「視覺化」的「拼圖程式」來撰寫程式「mBot2 機器人」。
   2. Python：針對 CyberPi 控制器量身訂作的 Micro Python 語言。

九、略。

十、1. 娛樂方面：原廠出版時，小朋友或家長都可以透過「官方 App」來操作機器人，也可以切換到自走車。例如：遙控車、避障車及循跡車等。
   2. 訓練邏輯思考及解決問題的能力：
     (1) 親自動手「組裝」，訓練學生「觀察力」與「空間轉換」能力。
     (2) 親自撰寫「程式」，訓練學生「專注力」與「邏輯思考」能力。
     (3) 親自實際「測試」，訓練學生「驗證力」與「問題解決」能力。
   3. 機構改造與創新：
     (1) 依照不同的用途來建構特殊化創意機構。
     (2) 整合機構、電控及程式設計的跨領域的能力。

Chapter 2

第一～四題：略。

Chapter 3

一、1. 分析說明：機器人先擺正

順序	程序
1	右轉 36 度
2	前進 35 公分
3	右轉 144 度
4	順序 1~3 反覆執行 5 次

2. 參考程式設計

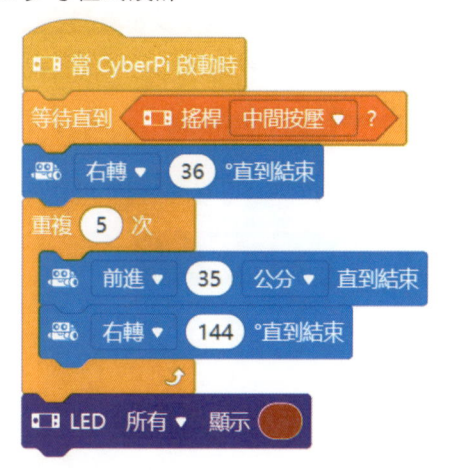

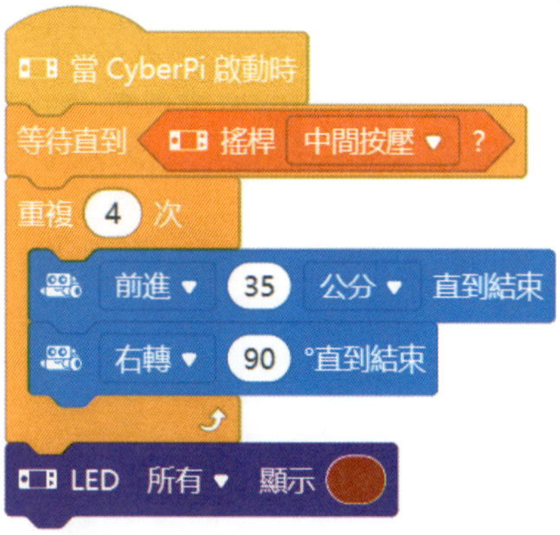

三、1. 分析說明：機器人先擺正

順序	程序
1	右轉 30 度
2	前進 35 公分
3	右轉 120 度
4	順序 1～3 反覆執行 3 次

2. 參考程式設計

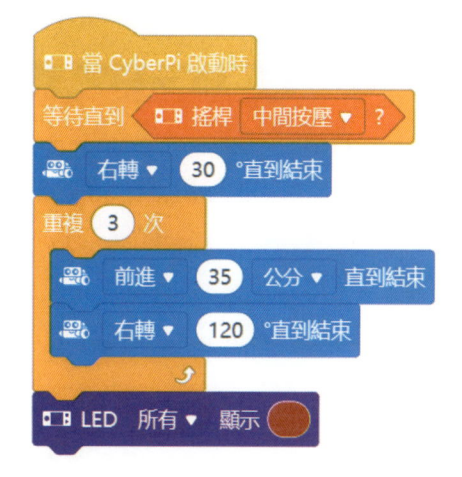

二、1. 分析說明：機器人先擺正

順序	程序
1	前進 35 公分
2	右轉 90 度
3	順序 1~2 反覆執行 4 次

四、1. 分析說明：機器人先擺正

順序	程序
1	右轉 30 度
2	前進 35 公分
3	右轉 60 度
4	順序 1～3 反覆執行 6 次

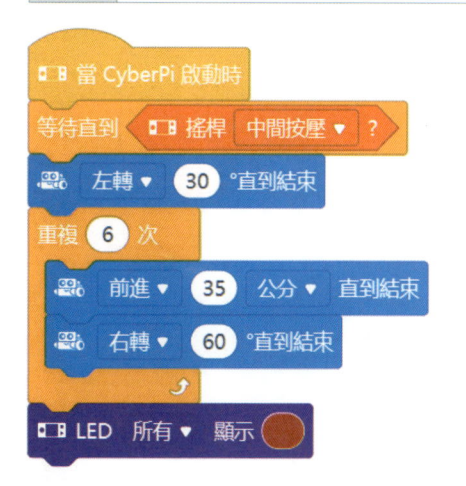

Chapter 4

一、參考程式設計

Chapter 5

一、參考程式設計

二、參考程式設計

主程式：偵測並顯示**顧客**入場。

副程式：定義LED閃爍+嗶聲。

Chapter 6

一、參考程式設計

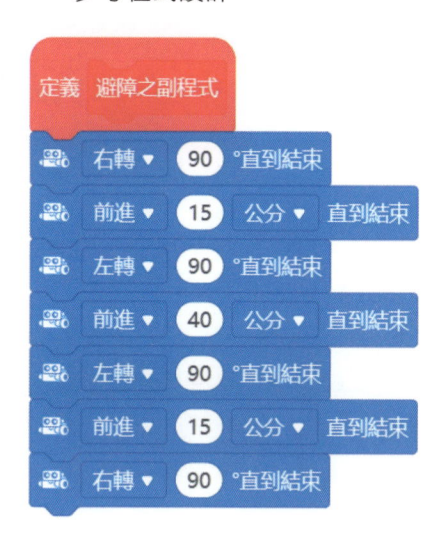

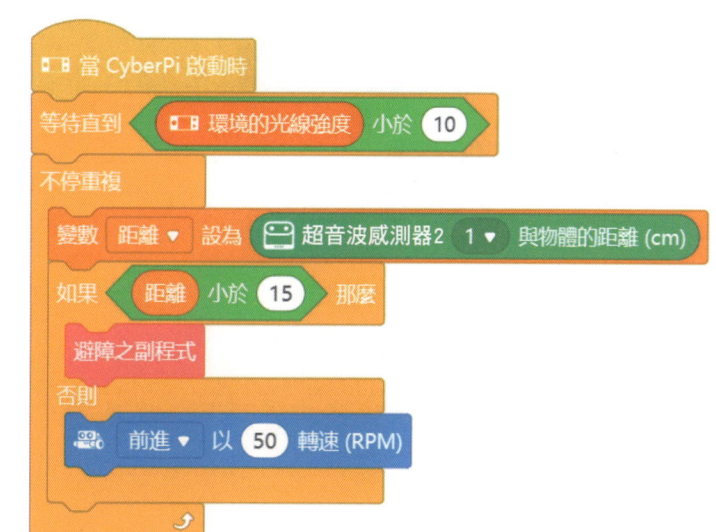

定義 避障之副程式
- 右轉 90° 直到結束
- 前進 15 公分 直到結束
- 左轉 90° 直到結束
- 前進 40 公分 直到結束
- 左轉 90° 直到結束
- 前進 15 公分 直到結束
- 右轉 90° 直到結束

當 CyberPi 啟動時
- 等待直到 環境的光線強度 小於 10
- 不停重複
  - 變數 距離 設為 超音波感測器2 1 與物體的距離 (cm)
  - 如果 距離 小於 15 那麼
    - 避障之副程式
  - 否則
    - 前進 以 50 轉速 (RPM)

二、參考程式設計

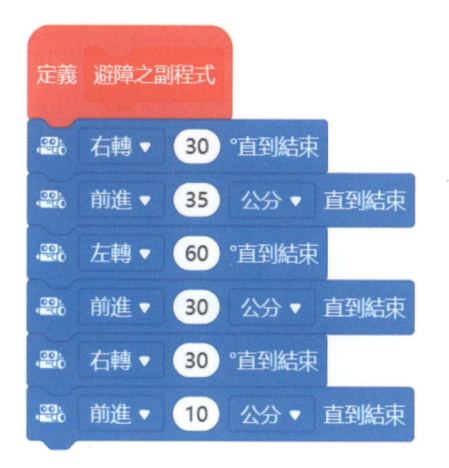

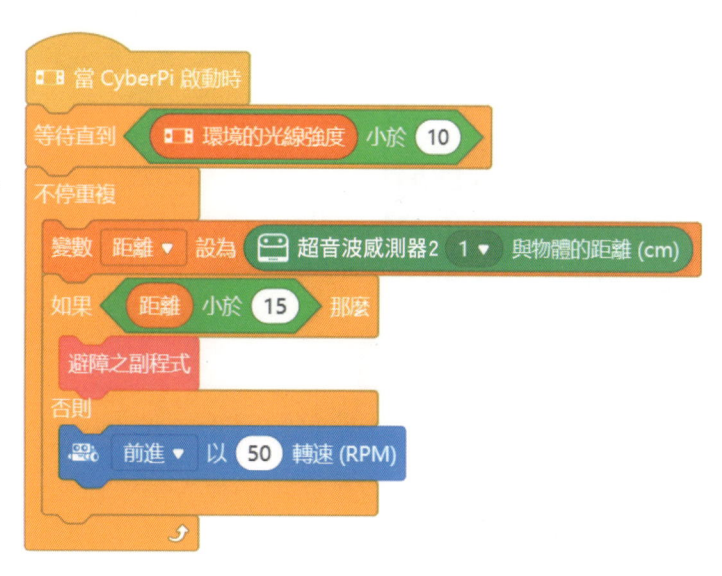

定義 避障之副程式
- 右轉 30° 直到結束
- 前進 35 公分 直到結束
- 左轉 60° 直到結束
- 前進 30 公分 直到結束
- 右轉 30° 直到結束
- 前進 10 公分 直到結束

當 CyberPi 啟動時
- 等待直到 環境的光線強度 小於 10
- 不停重複
  - 變數 距離 設為 超音波感測器2 1 與物體的距離 (cm)
  - 如果 距離 小於 15 那麼
    - 避障之副程式
  - 否則
    - 前進 以 50 轉速 (RPM)

Scratch3.0（mBlock 5）程式設計

三、參考程式設計

```
當 CyberPi 啟動時
不停重複
    超音波感測器2 1▼ 設定氣氛燈 全部▼ 亮度為 50 %
    等待 1 秒
    超音波感測器2 1▼ 關閉氣氛燈 全部▼
    等待 1 秒
```

四、參考程式設計

```
當 CyberPi 啟動時
變數 亮度▼ 設為 100
不停重複
    重複 10 次
        變數 亮度▼ 改變 -10
        超音波感測器2 1▼ 設定氣氛燈 全部▼ 亮度 亮度 %
        等待 1 秒
    超音波感測器2 1▼ 關閉氣氛燈 1▼
    超音波感測器2 1▼ 關閉氣氛燈 2▼
    超音波感測器2 1▼ 關閉氣氛燈 5▼
    超音波感測器2 1▼ 關閉氣氛燈 6▼
    等待 1 秒
    超音波感測器2 1▼ 關閉氣氛燈 全部▼
    等待 1 秒
```

五、參考程式設計

```
當 CyberPi 啟動時
等待直到 < 搖桿 中間按壓▼ ?>
不停重複
    前進▼ 以 50 轉速 (RPM)
    如果 < 超音波感測器2 1▼ 與物體的距離 (cm) 小於 15 > 那麼
        左轉▼ 90 °直到結束
        變數 左邊距離▼ 設為 超音波感測器2 1▼ 與物體的距離 (cm)
        右轉▼ 180 °直到結束
        變數 右邊距離▼ 設為 超音波感測器2 1▼ 與物體的距離 (cm)
        如果 < 左邊距離 大於 右邊距離 > 那麼
            左轉▼ 180 °直到結束
```

Chapter 7

一、參考程式設計

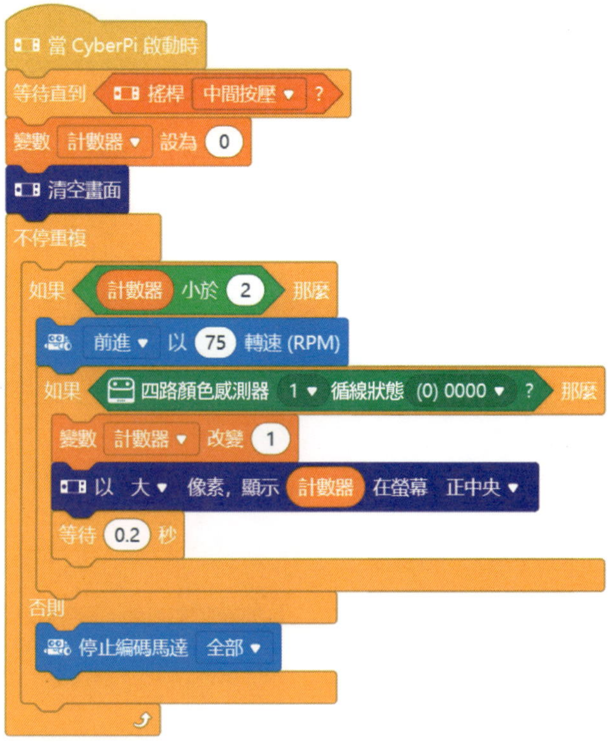

二、參考程式設計

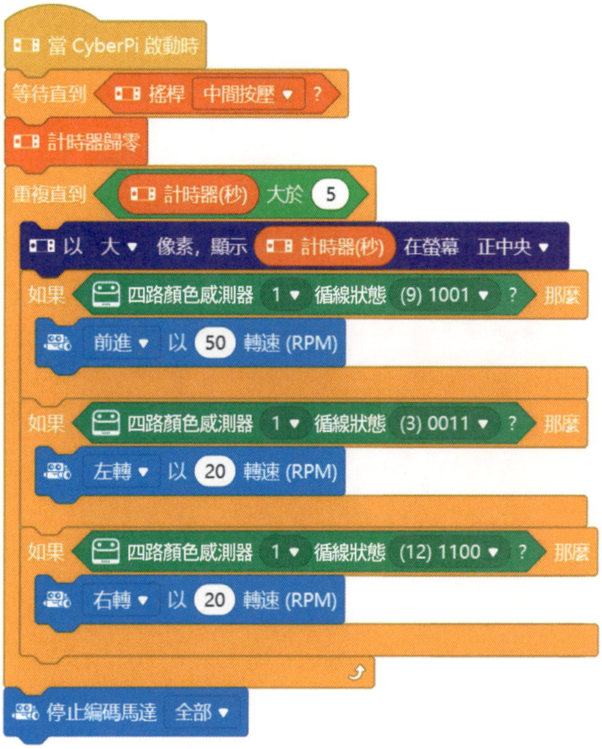

Chapter 8

一、參考程式設計

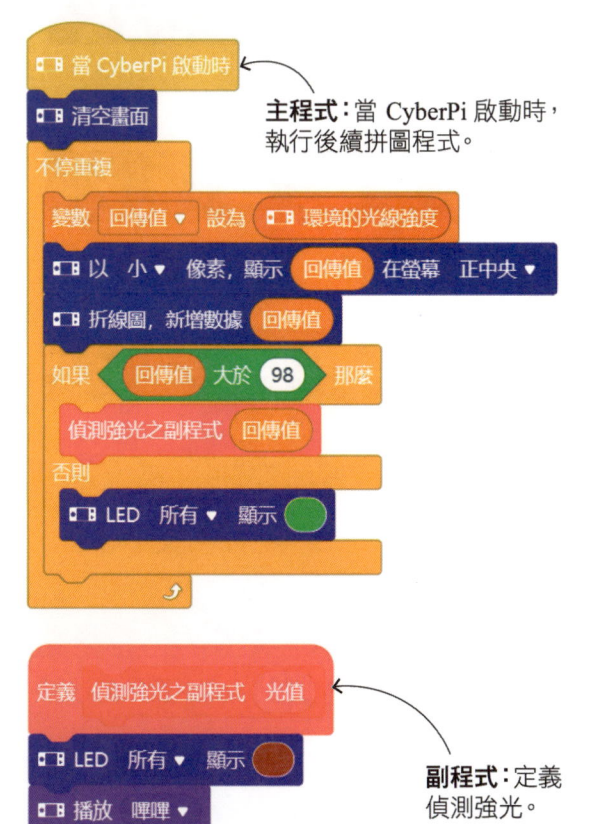

主程式：當 CyberPi 啟動時，執行後續拼圖程式。

副程式：定義偵測強光。

二、參考程式設計

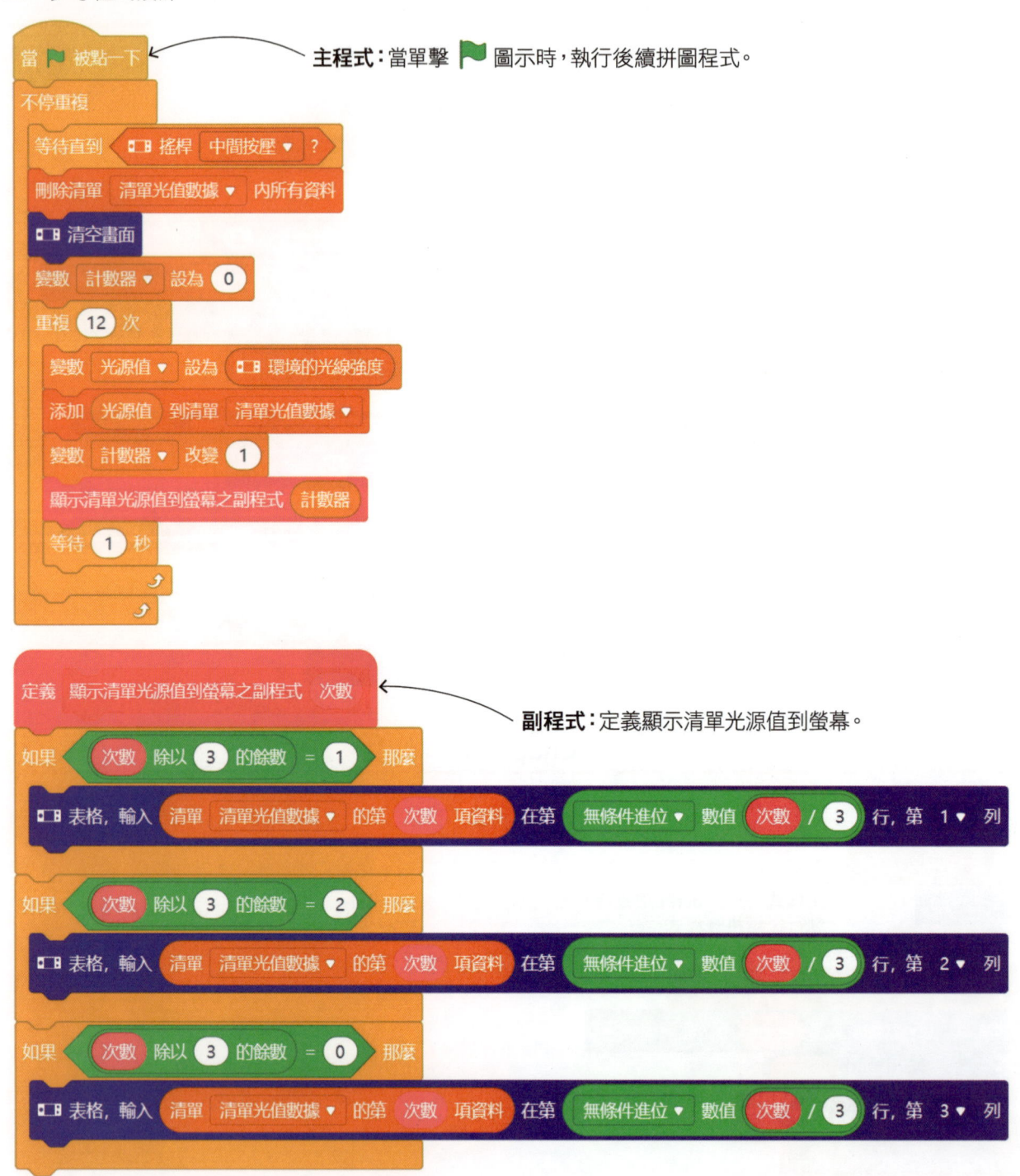

主程式：當單擊 🚩 圖示時，執行後續拼圖程式。

副程式：定義顯示清單光源值到螢幕。

Chapter 9

一、參考程式設計

Chapter 10

一、參考程式設計

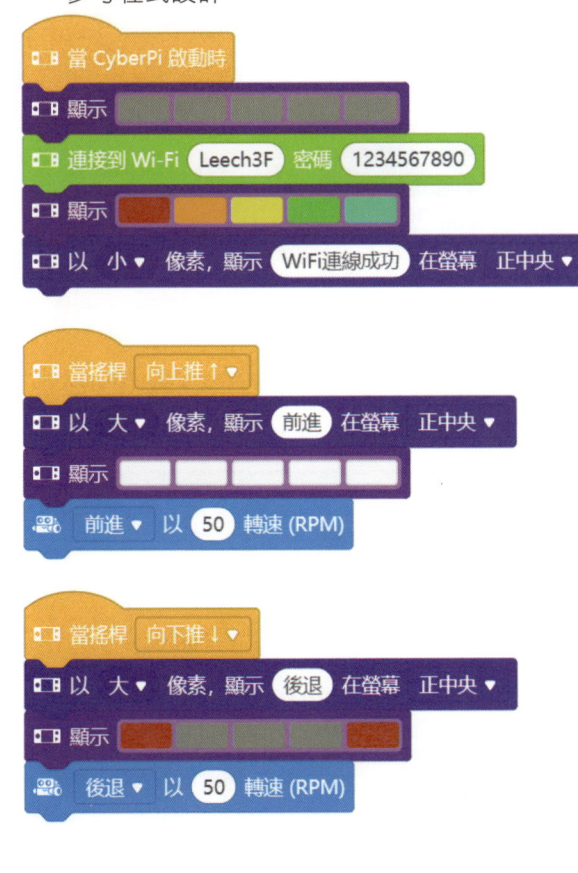

二、參考程式設計

1. mBot2 端—CyberPi 主機板程式

2. 遙控端—CyberPi 主機板程式

三、參考程式設計

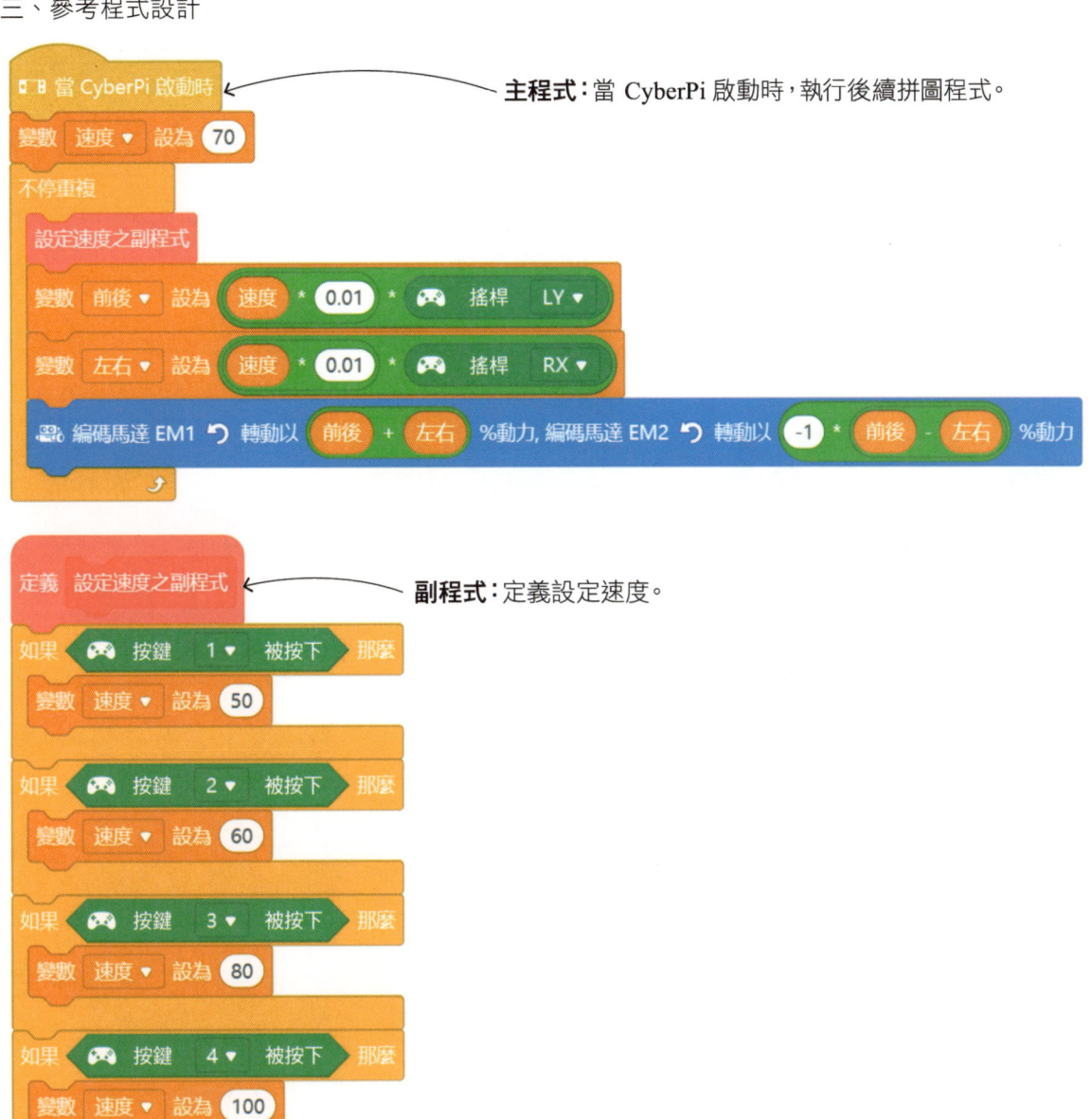

主程式：當 CyberPi 啟動時，執行後續拼圖程式。

副程式：定義設定速度。

Chapter 11

一、參考程式設計

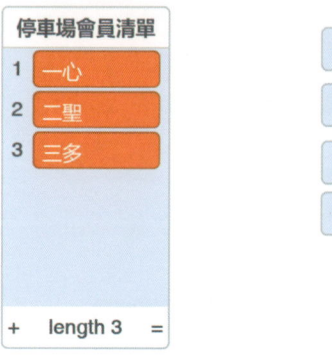

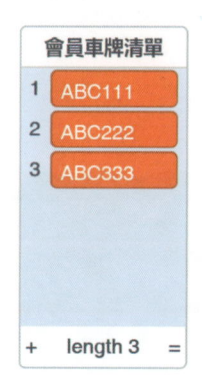

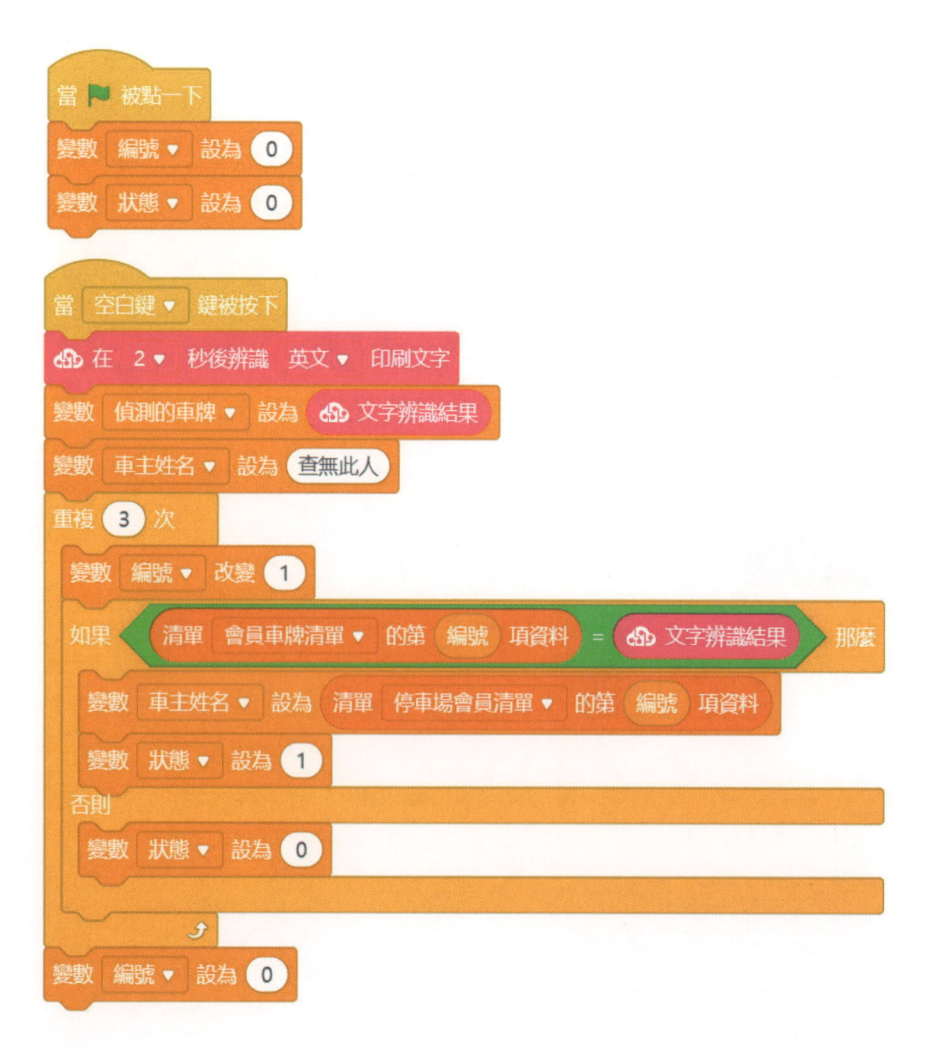

停車場會員清單
1. 一心
2. 二聖
3. 三多

length 3

編號 0
車主姓名 三多
偵測的車牌 ABC333
狀態 1

會員車牌清單
1. ABC111
2. ABC222
3. ABC333

length 3

當 ▶ 被點一下
變數 編號 ▼ 設為 0
變數 狀態 ▼ 設為 0

當 空白鍵 ▼ 鍵被按下
在 2 ▼ 秒後辨識 英文 ▼ 印刷文字
變數 偵測的車牌 ▼ 設為 文字辨識結果
變數 車主姓名 ▼ 設為 查無此人
重複 3 次
　變數 編號 ▼ 改變 1
　如果 〈 清單 會員車牌清單 ▼ 的第 編號 項資料 = 文字辨識結果 〉 那麼
　　變數 車主姓名 ▼ 設為 清單 停車場會員清單 ▼ 的第 編號 項資料
　　變數 狀態 ▼ 設為 1
　否則
　　變數 狀態 ▼ 設為 0
變數 編號 ▼ 設為 0

二、參考程式設計

1. mBot2（含 CyberiI 主機）（CyberPi）

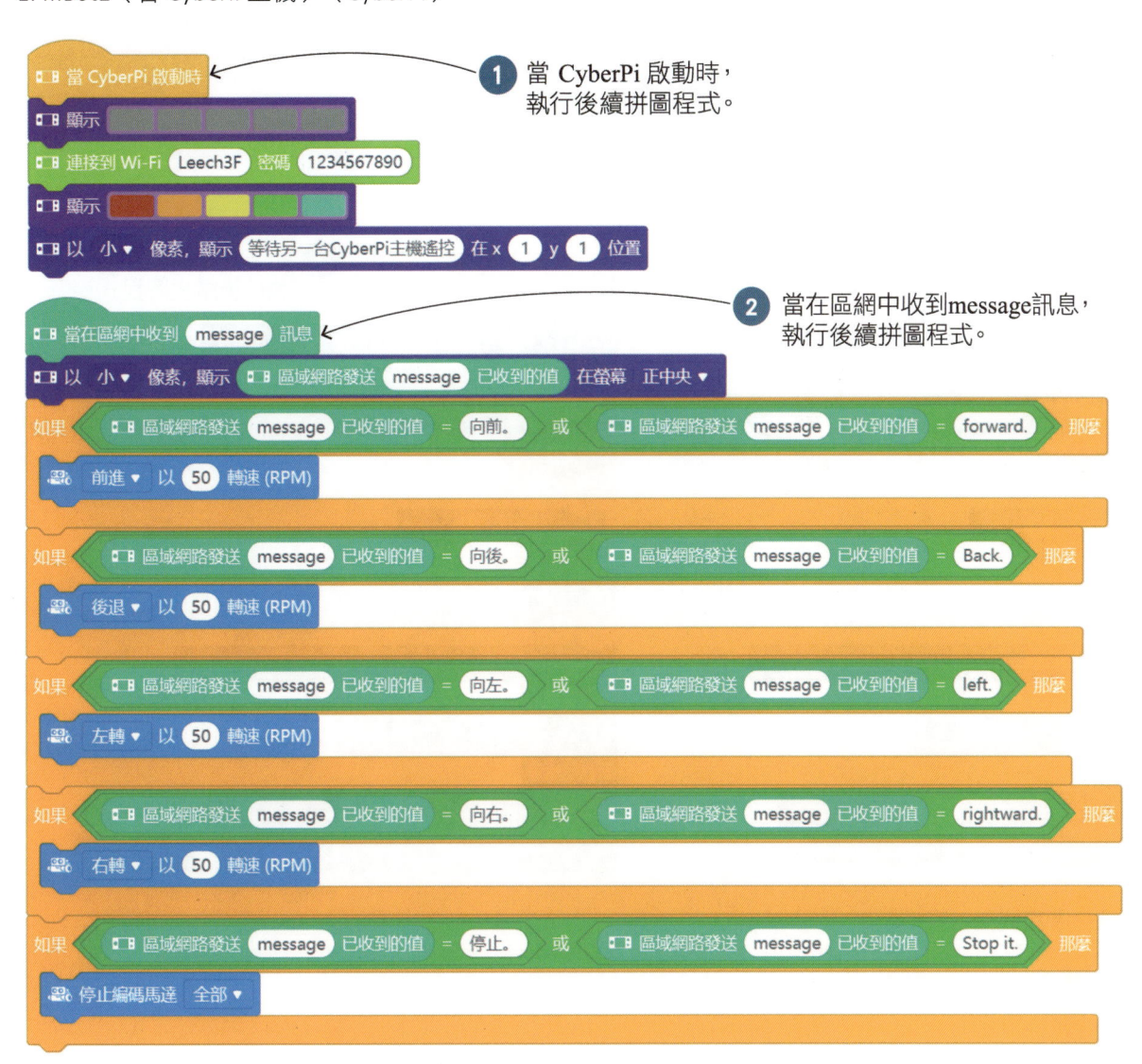

① 當 CyberPi 啟動時，執行後續拼圖程式。

② 當在區網中收到message訊息，執行後續拼圖程式。

附-14　Scratch3.0（mBlock 5）程式設計

2. 另一個 CyberPi 主機（CyberPi 2）

❶ 當 CyberPi 啟動時，執行後續拼圖程式。

❷ 按下按鈕A時，執行後續拼圖程式。

❸ 按下按鈕B時，執行後續拼圖程式。

腦內風暴參考程式設計

Chapter 12

一、參考程式設計
1.「角色」群組程式

二、參考程式設計
1.「角色」群組程式

2.「設備」群組程式

2.「設備」群組程式

Chapter 13

一、參考程式設計略。請參考本書所附的範例程式。

IRA（初級 Fundamentals）智慧型機器人應用認證術科測試試題與解題

壹、IRA（初級 Fundamentals）智慧型機器人應用認證術科測試試題使用說明

一、本試題以「考試前公開」方式命製，共分兩大部分，第一部分為術科測試應檢參考資料，其內容包含術科測試辦理單位應注意事項、術科測試流程圖、應檢人須知、自備材料表、認證材料表、評分標準表；第二部分為試題使用說明，其內容包含試題編號、名稱及內容。

二、本試題包含修改程式，出題內容將包含機器人循跡、遇停止點發出提示音，再循跡自走後回到終點。

貳、IRA（初級 Fundamentals）智慧型機器人應用認證術科測試辦理單位注意事項

一、考場人員需求（以每場次認證人數 25 人計算）。

1. 監評人員以 3 人為原則，由監評人員共推 1 人為監評長。
2. 每場認證人數超過 25 人，須增聘監評人員 1 人，由 ITM 協會指派。
3. 每場認證應安排考場主任 1 人，試務人員 1 人，場地管理人 1 人，服務人員 1 人。

二、考場設備／材料需求。

1. 請依應檢人數，準備各場次所需器材，包含應檢材料、電腦，俾供認證使用。
2. 辦理單位需具備 1 間合格考場；表中所列每場檢定人數及機具設備名稱、規格、單位、數量等項目內容請勿擅自更動。**崗位數 12 或 25 人**

項次	機具或設備名稱	規格	單位	數量	備註
1	電腦	個人電腦或筆電皆可	台	12 或 25	
2	機器人	協會認可之機器人	台	12 或 25	
3	場地圖	協會指定之場地圖	張	2	
4	時鐘		個	1	
5	抽籤程式	內含 1 至總崗位數的數字	個	1	抽工作崗位

參、IRA（初級 Fundamentals）智慧型機器人應用認證術科測試流程圖

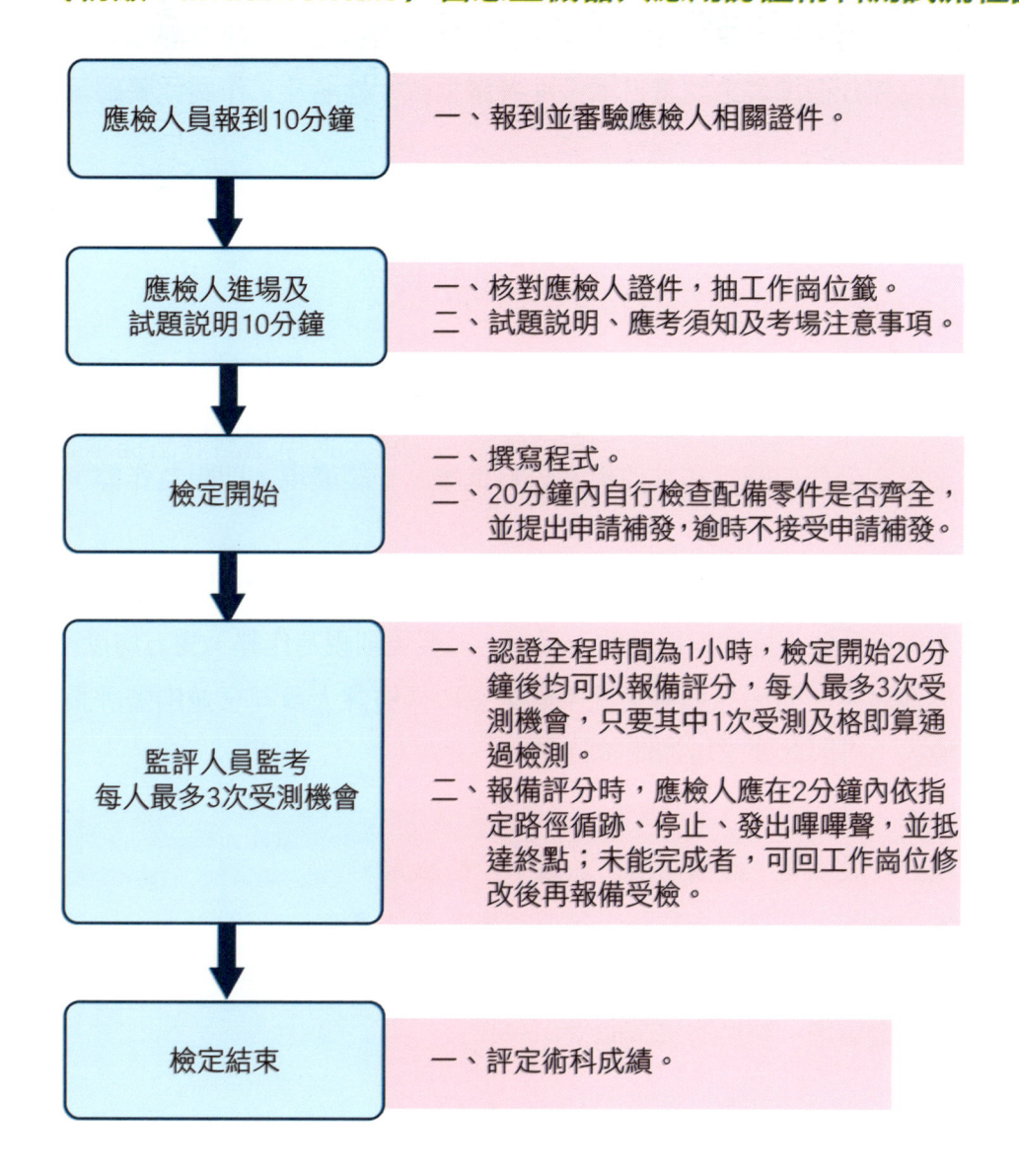

```
┌─────────────────┐     一、報到並審驗應檢人相關證件。
│ 應檢人員報到10分鐘 │
└────────┬────────┘
         ↓
┌─────────────────┐     一、核對應檢人證件，抽工作崗位籤。
│   應檢人進場及   │     二、試題說明、應考須知及考場注意事項。
│   試題說明10分鐘  │
└────────┬────────┘
         ↓
┌─────────────────┐     一、撰寫程式。
│     檢定開始     │     二、20分鐘內自行檢查配備零件是否齊全，
│                 │        並提出申請補發，逾時不接受申請補發。
└────────┬────────┘
         ↓
┌─────────────────┐     一、認證全程時間為1小時，檢定開始20分
│                 │        鐘後均可以報備評分，每人最多3次受
│   監評人員監考   │        測機會，只要其中1次受測及格即算通
│ 每人最多3次受測機會 │        過檢測。
│                 │     二、報備評分時，應檢人應在2分鐘內依指
│                 │        定路徑循跡、停止、發出嗶嗶聲，並抵
│                 │        達終點；未能完成者，可回工作崗位修
│                 │        改後再報備受檢。
└────────┬────────┘
         ↓
┌─────────────────┐     一、評定術科成績。
│     檢定結束     │
└─────────────────┘
```

肆、IRA（初級 Fundamentals）智慧型機器人應用認證術科測試應檢人須知

一、報到與進場

1. 應檢人依接到通知的日期、時間，攜帶准考證或術科測試通知單向考場報到，辦理驗證手續，遲到 15 分鐘（含）以上者，以棄權缺考論處，不得進場認證。
2. 除試題規定應檢人可攜帶之器具外，其他試題參考資料及與認證無關之物品，應置於場外。
3. 進場後，應檢人請將手機關機，考試期間若經發現拿手機出來使用者，以不及格論處。
4. 應檢人完成報到手續後，由監評人員主持工作崗位號碼的抽籤，工作崗位號碼決定應檢人坐的位置，也決定該場次應完成的任務路徑，工作崗位號碼為奇數執行任務 1，偶數執行任務 2，任務路徑 1 與 2 的要求請看第柒項說明。

5. 試題須經辦理單位蓋有戳記者方為有效。
6. 應檢人就定位後，由監評長就試題內容及注意事項說明。為保障應檢人權益，請應檢人先行填寫評分標準表之認證日期、准考證編號、姓名及工作崗位號碼等，再行開始認證。
7. 應檢人有任何疑問，應令其舉手發問，由監評人員直接說明，不得讓應檢人與他人互相討論。

二、認證考試期間

1. 應檢人在測試開始前 20 分鐘，應檢查所需使用的電腦、應檢材料，及參考程式，如有問題，應立即報告監評人員處理，否則不予補發。
2. 應檢人不得夾帶任何圖說和其他檔案資料進場，一經發現，即視為作弊，以不及格論處。
3. 應檢人不得將試場內之任何器材及資料等攜出場外，否則以不及格論處。
4. 應檢人不得接受他人協助或協助他人受檢，如發現則視為作弊，雙方均以不及格論處。
5. 應檢人於測試中，若因急迫需上洗手間，須取得監評人員同意並由監評長指派專人陪往，應檢人不得因此要求增加測試時間。

三、其他

1. 蓄意損壞公物設備者，照價賠償，並以不及格論處。
2. 應檢人於受檢時，不得要求監評人員公布術科測試成績。
3. 應檢人於受檢時，一經監評人員評定後，應檢人不得要求更改。
4. 如有其他相關事項，另於考場說明之。

伍、IRA（初級 Fundamentals）智慧型機器人應用認證術科測試應檢人員自備工具表

項次	名稱	規格	單位	數量	備註
1	起子組	十字，一字，電子用	組	1	
2	尖嘴鉗	5" 電子用	支	1	
3	斜口鉗	5" 電子用	支	1	
4	文具	原子筆	只	1	

陸、IRA（初級 Fundamentals）智慧型機器人應用認證術科測驗項目及內容

編號	需完成之項目	備註
1	終點任務	評分時，應在 2 分鐘內依指定路徑循跡、停止、發聲，並抵達終點。

柒、IRA（初級 Fundamentals）智慧型機器人應用認證術科測試內容

一、檢測場地

1. 檢測場地為黑底白線的循跡圖，外圍尺寸為 150 cm（長）×90 cm（寬），循跡區域其他尺寸如下：

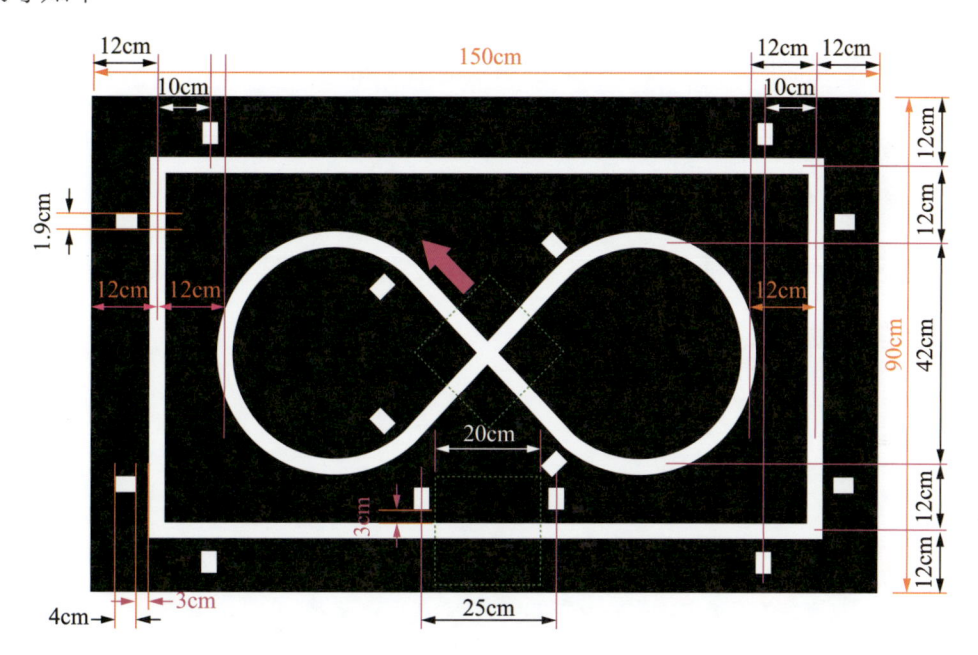

2. IRA（初級 Fundamentals）認證任務為循 8 字形的白線，正中央綠色的框為起 / 終點，輪型機器人啟動後需由綠框內的起點（A 點）左向出發，出發後第一次、第三次經過綠框內的交叉點時繼續往前走不做任何事，第二次經過綠框交叉點時停止為中繼點（B 點），第四次回到綠框交叉點時停止為終點（C 點）。

二、任務要求

1. 試場提供各種開發環境及參考程式檔，請依需求選用。

開發環境	檔案位置	檔名
Arduino IDE	電腦桌面考場檔案資料夾	ira3.ino
ArduBlock	電腦桌面考場檔案資料夾	ira3.abp
mBlock	電腦桌面考場檔案資料夾	ira3.sb2

2. 參考程式檔需在受測開始 20 分鐘內自行檢查檔案可否開啟、程式內容有否短缺，逾時不予處理。

3. 請將參考程式另存新檔為術科准考證號碼，例如考生術科准考證號碼為 1010400102，則檔名為 1010400102.x，副檔名不可變更。檢定時間結束，無論是否完成，均需繳交程式檔備查。

4. 任務路徑有二種，如下表所示，抽到工作崗位號碼為奇數者執行路徑 1，工作崗位號碼為偶數者執行路徑 2。

路徑編號	起點	中繼點	終點
1	A	B（需在 3 秒內嗶 6 聲）	C
2	A	B（需在 1 秒內嗶 3 聲）	C

※A、B、C 三點說明：請參照上頁之檢測場地第 2 點。

5. 任務要求為按鍵啟動後，由 A 點向左自主循跡至 B 點停止，並發出嗶嗶聲後繼續循跡前進，最後遇到 C 時停止，並發出一小段音樂後結束。

解題參考（本書只提供第 1 種任務路徑，關於第 2 種任務路徑作法類似。）

拆解第一步 無限繞圈。

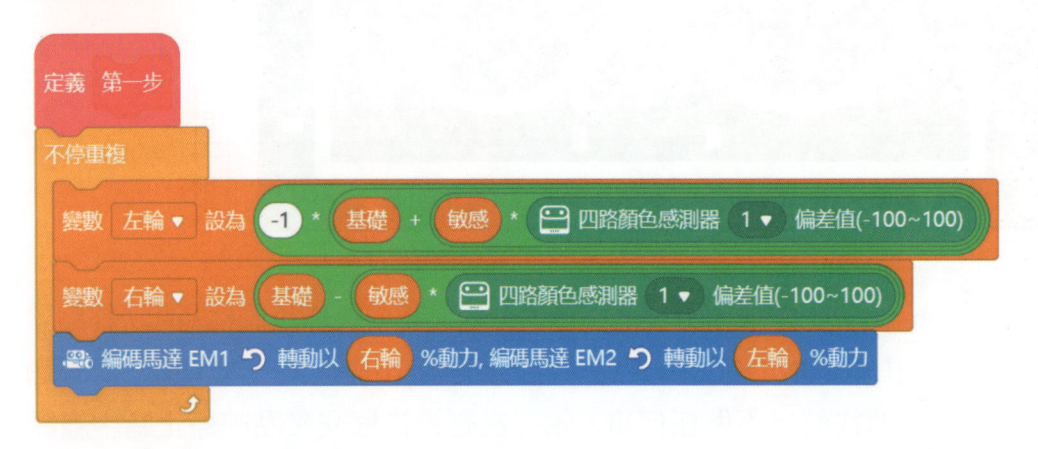

拆解第二步 在無限繞圈的基礎下，設定它的感測值，如果跑完一整圈，就停止移動發出聲音。

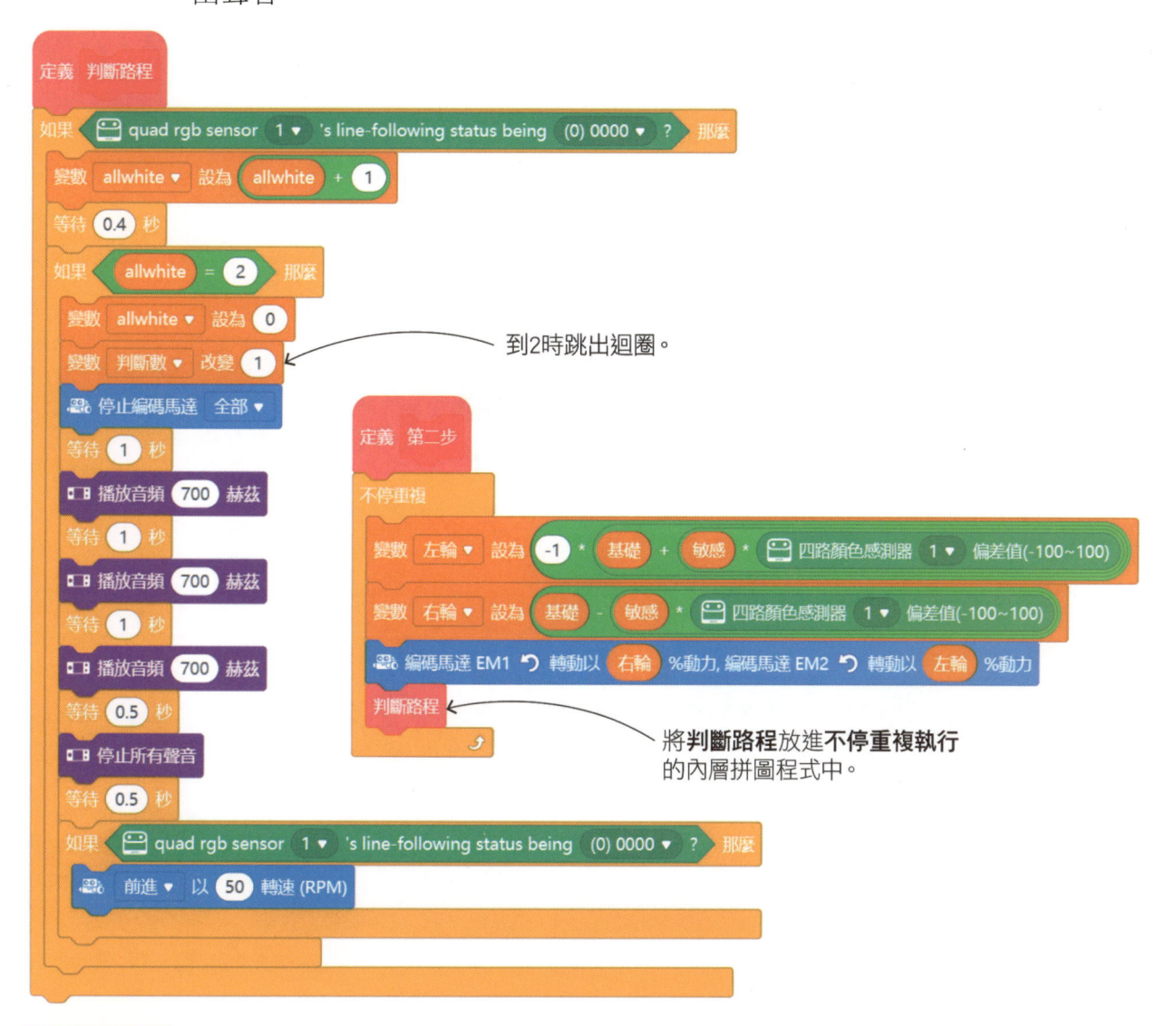

```
定義 判斷路程
  如果 quad rgb sensor 1 ▼ 's line-following status being (0) 0000 ▼ ? 那麼
    變數 allwhite ▼ 設為 allwhite + 1
    等待 0.4 秒
    如果 allwhite = 2 那麼
      變數 allwhite ▼ 設為 0
      變數 判斷數 ▼ 改變 1
      停止編碼馬達 全部 ▼
      等待 1 秒
      播放音頻 700 赫茲
      等待 1 秒
      播放音頻 700 赫茲
      等待 1 秒
      播放音頻 700 赫茲
      等待 0.5 秒
      停止所有聲音
      等待 0.5 秒
    如果 quad rgb sensor 1 ▼ 's line-following status being (0) 0000 ▼ ? 那麼
      前進 ▼ 以 50 轉速 (RPM)
```

到2時跳出迴圈。

```
定義 第二步
  不停重複
    變數 左輪 ▼ 設為 -1 * 基礎 + 敏感 * 四路顏色感測器 1 ▼ 偏差值(-100~100)
    變數 右輪 ▼ 設為 基礎 - 敏感 * 四路顏色感測器 1 ▼ 偏差值(-100~100)
    編碼馬達 EM1 ↻ 轉動以 右輪 %動力, 編碼馬達 EM2 ↻ 轉動以 左輪 %動力
    判斷路程
```

將**判斷路程**放進**不停重複執行**的內層拼圖程式中。

拆解第三步 跑到第二圈完整後並且停止移動，並發出聲音。

```
定義 第三步
  重複直到 判斷數 = 2
    變數 左輪 ▼ 設為 -1 * 基礎 + 敏感 * 四路顏色感測器 1 ▼ 偏差值(-100~100)
    變數 右輪 ▼ 設為 基礎 - 敏感 * 四路顏色感測器 1 ▼ 偏差值(-100~100)
    編碼馬達 EM1 ↻ 轉動以 右輪 %動力, 編碼馬達 EM2 ↻ 轉動以 左輪 %動力
    判斷路程
  停止編碼馬達 全部 ▼
```

完整參考拼圖程式

主程式：當CyberPi啟動時，執行後續拼圖程式。

定義 第一步

不停重複
- 變數 左輪 ▼ 設為 -1 * 基礎 + 敏感 * 四路顏色感測器 1 ▼ 偏差值(-100~100)
- 變數 右輪 ▼ 設為 基礎 - 敏感 * 四路顏色感測器 1 ▼ 偏差值(-100~100)
- 編碼馬達 EM1 ↻ 轉動以 右輪 %動力, 編碼馬達 EM2 ↻ 轉動以 左輪 %動力

定義 判斷路程

如果 quad rgb sensor 1 ▼ 's line-following status being (0) 0000 ▼ ? 那麼
- 變數 allwhite ▼ 設為 allwhite + 1
- 等待 0.4 秒
- 如果 allwhite = 2 那麼
  - 變數 allwhite ▼ 設為 0
  - 變數 判斷數 ▼ 改變 1
  - 停止編碼馬達 全部 ▼
  - 等待 1 秒
  - 播放音頻 700 赫茲
  - 等待 1 秒
  - 播放音頻 700 赫茲
  - 等待 1 秒
  - 播放音頻 700 赫茲
  - 等待 0.5 秒
  - 停止所有聲音
  - 等待 0.5 秒
  - 如果 quad rgb sensor 1 ▼ 's line-following status being (0) 0000 ▼ ? 那麼
    - 前進 ▼ 以 50 轉速 (RPM)

定義 第二步

不停重複
- 變數 左輪 ▼ 設為 -1 * 基礎 + 敏感 * 四路顏色感測器 1 ▼ 偏差值(-100~100)
- 變數 右輪 ▼ 設為 基礎 - 敏感 * 四路顏色感測器 1 ▼ 偏差值(-100~100)
- 編碼馬達 EM1 ↻ 轉動以 右輪 %動力, 編碼馬達 EM2 ↻ 轉動以 左輪 %動力
- 判斷路程

三、評分方式

1. 檢定全程時間為 1 小時，檢定開始 20 分鐘後均可以報備評分，每人最多三次受測機會，只要其中一次受測及格即算通過檢測。報備受測者之時間繼續計算不暫停。每次受測之成績均重新計算。
2. 檢測過程需自行完成機構組裝與程式修改，不得與他人交談。
3. 檢定時間到不管是否完成，均需執行評分，若不願評分則視同棄權。
4. 評分時，應在 2 分鐘內依指定路徑循跡、停止、發聲，並抵達終點。
5. 計分方式為：滿分 100 分，監評人員依評分表（如附件）標準扣分，總分 70 分及格。

捌、IRA（初級 Fundamentals）智慧型機器人應用認證術科認證材料檢查表

一、iPOE-P1 輪型機器人

項目	設備材料名稱	規格	數量	備註
1	微控制器	Arduino UNO R3 相容板含傳輸線	1	
2	I/O 擴展板	5 組 RJ11（4C 電話線）數位接頭及 5 組類比接頭可外接其他裝置或感測器。	1	
3	杜邦線	3 pin 腳位杜邦雙母接頭	1	
4	外接紅外線測距感測器	短距離 ST188，檢測距離 4~13mm 可以調整，供類比循跡與測距用	1	
5	紅外線循跡感測器	單點外接	1	
6	蜂鳴器	外接	1	
7	電池	鋰電池 9V（含 DC 接頭）	1	
8	導線	RJ-11 雙頭	2	
9	長方框	13cm	1	
10	長條	11 孔	1	
11	長條	5 孔	2	
12	馬達短軸	3cm	2	
13	賽車輪	輪徑 70cm	2	
14	長結合鍵	1.3cm 紅色	2	
15	短結合鍵	1cm 藍色	10	
16	伺服馬達	連續旋轉型	2	
17	萬向輪	輪徑 25cm	1	
18	扳手	積木拆裝專用，黃色雙頭	1	

二、mBot 輪型機器人

可改用智能循跡板模組 iFinder×1 或再額外增加一個 Makeblock 循跡感測器。

項目	設備材料名稱	規格	數量	備註
1	mCore 主控板	內含 RGB LED、按鈕模組、蜂鳴器、光感應、紅外線接收模組	1	
2	USB 傳輸線	Type A to Type B 接頭	1	
3	鋁合金底盤		1	

項目	設備材料名稱	規格	數量	備註
4	直流馬達	內含減速直流馬達（6V/200RPM）	2	
5	輪胎組	塑膠定時滑輪 90T、光滑胎皮	2	
6	輔輪	鋼珠或塑膠滾輪均可	1	
7	超音波感測器	工作電壓：5V DC、偵測角度：30度、偵測範圍：3-400cm、頻率：42kHz	1	
8	循跡感測器	工作電壓：5V DC、偵測範圍：1-2mm、偵測角度：120°	1	可改用 iFinder 或增加循跡感測器
9	RJ25 連接線	6P6C RJ25 20cm	2	連接感測器與主板
10	紅外線遙控器	含鈕扣電池 1 顆	1	
11	電池盒	可裝 4 顆 3 號電池	1	此為電源部分二擇一
12	鋰電池	1500mAh/3.7V	1	
13	藍牙或 2.4G		1	
14	雙頭螺絲起子	含螺絲、黃銅柱（1 包）	1	

三、mBot2 輪型機器人

項目	設備材料名稱	規格	數量	備註
1	CyberPi 主控板	內含光線感測器、麥克風、按鈕 A 及 B、彩色螢幕、搖桿、傳輸線連接埠（Type-C）及 WiFi+ 藍牙 ESP323	1	
2	mBot2 擴展板	帶鋰電池的擴展板，可擴充伺服馬達、燈帶、Arduino 模組	1	
3	USB 傳輸線	Type C 接頭	1	
4	鋁合金底盤	官方原廠 mBot2 底盤	1	
5	智慧編碼馬達	轉速 200RPM、扭矩 1.5kg.cm 檢測精度 1 度，支援低轉速啟動，角度控制和轉速控制	2	
6	輪胎組	塑膠定時滑輪 90T、光滑胎皮	2	
7	輔輪	鋼珠或塑膠滾輪均可	1	
8	超音波感測器	讀值範圍：5~300cm 讀值誤差：±5% 工作電流：26mA	1	

項目	設備材料名稱	規格	數量	備註
9	循跡感測器（四路顏色感測器）	識別八種顏色：白、紅、黃、綠、青、藍、紫、黑	1	
10	5V 通用連接線	10cm、20cm、60cm	2	連接感測器與主板
11	雙頭螺絲起子	含螺絲、黃銅柱（1包）	1	

四、Ranger 遊俠機器人：外觀需組裝成三輪越野車（非履帶車形式）。

可改用智能循跡板模組 iFinder×1 或再額外增加一個 Makeblock 循跡感測器。

項目	設備材料名稱	規格	數量	備　註
1	MeAuriga 主控板	核心為 Arduino mega 2560，溫度模組、光感測模組、陀螺儀、聲音模組	1	
2	USB 傳輸線	Type A to Type B 接頭	1	
3	光學編碼馬達	減速比：39.6、額定電壓：7.4V、空載電流：240mA、空載轉速：350RPM±5%、啟動扭力：5kg.cm、編碼器精度：360	2	
4	輪胎組	塑膠定時滑輪 90T、光滑胎皮。	2	
5	彩色 LED 模組	LED 數量：12 顆、亮度範圍：0～255、角可見性：>140°	1	
6	超音波感測器	工作電壓：5V DC、偵測角度：30°、偵測範圍：3-400cm（誤差小於1cm）、超音波頻率：42kHz	1	
7	循跡感測器	工作電壓：5V DC、偵測範圍：1-2mm、偵測角度：120°	1	可改用 iFinder 或增加循跡感測器
8	RJ25 連接線	6P6C RJ25 20cm	2	連接感測器與主板
9	工具組	內含雙頭螺絲起子、扳手、螺絲、黃銅柱、螺帽、銅軸套	1	
10	藍牙模組	支援藍牙 2.0 & 4.0	1	
11	電池盒	可裝 6 顆 3 號電池	1	
12	輔輪	鋼珠或塑膠滾輪均可	1	
13	鋁合金支架套件組	內含支架 U1（1個）、支架 3×3（1個）	1	
14	鋁合金連接片套件組	內含連接片 088（2個）、連接片 135°（2個）、電池架連接片（1個）、T 型連接片（1個）	1	
15	鋁合金雙孔樑套件組	內含雙孔樑 112（2個）、雙孔樑 048（1個）	1	

玖、IRA（初級 Fundamentals）智慧型機器人應用認證術科評分標準表

姓　　　名		准考證號碼			評審結果	☐ 及格
抽籤工作崗位號碼		檢定日期	年　　　月　　　日			☐ 不及格
任務路徑	☐ 1　　☐ 2	領取測試材料簽名處				

不予評分項目		列為左項之一者不予評分
一	未能於規定時間內完成者。	請考生在本欄簽名
二	提前棄權離場者。	
三	有作弊行為者，以零分計算，並強制離場。	離場時間：　　　時　　　分

項目	評分標準	每次扣分	實際扣分
一、行進間功能	1. 無法依指定路徑循跡起步。	35	
	2. 行走過程離開指定路徑。	35	
	3. 遇中繼點 B 無法停止。	35	
	4. 遇中繼點 B 後沒有發出指定次數的識別音。	10	
	5. 行進間突然停止不動超過 5 秒。	35	
二、終點任務	1. 無法於二分鐘內抵達終點。	35	
	2. 抵達終點無法停止。	35	
	3. 抵達終點停止後無音樂聲。	10	
三、工作安全與習慣	1. 工作態度不當或行為影響他人，經糾正不改者。	20	
	2. 不符合工作安全要求者（含損壞公用耗材）。	20	
	3. 耗用、毀損或遺失元件。	20	
	4. 工作桌面凌亂不潔者。	20	
	5. 離場前未清理工作崗位。	20	
監評人員簽名		扣分合計	
監評長簽名		總得分	

註：1. 本評分表採扣分方式，以 100 分為滿分，0 分為最低分，得 70 分（含）以上者為【及格】。
　　2. 監評人員擁有扣分認定權，監評長具有最終裁定權。

mBot Ranger 參考組裝圖

一、智能循跡板模組 iFinder

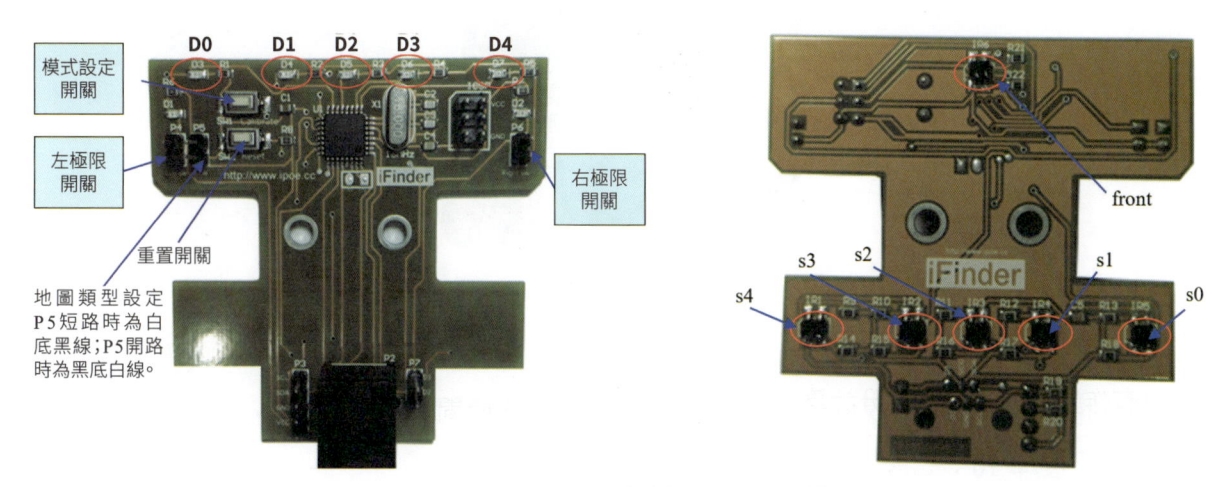

★ 圖(1) 智能循跡板模組 iFinder 外觀

二、組裝時固定用的五金材料

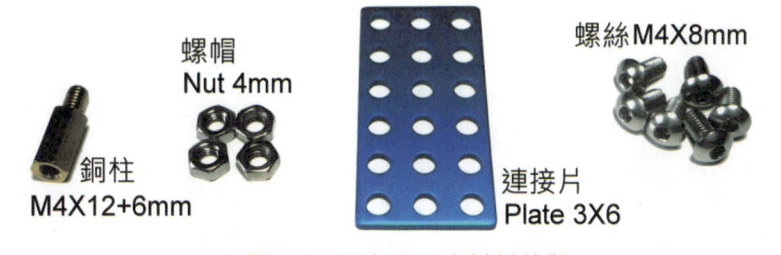

★ 圖(2) 固定用五金材料外觀

三、mBot 組裝參考圖（使用 iFinder 為例，也可使用 Makeblock 循跡感測器）

　　iFinder 接至連接埠 2；超音波模組接至連接埠 3；七段顯示器模組接至連接埠 1。其中七段顯示器需使用 M4×12+6mm 的銅柱進行固定。

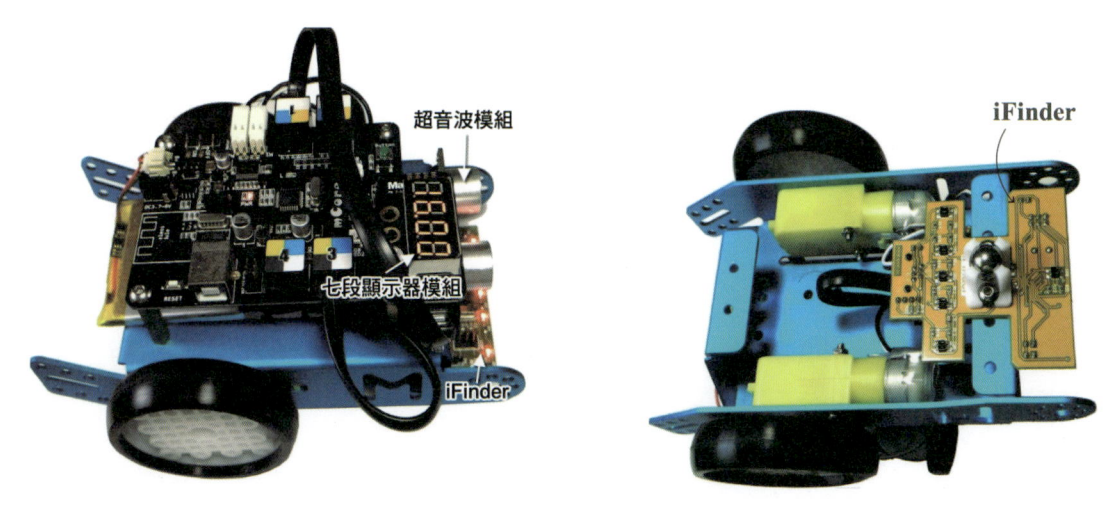

★ 圖(3) mBot 組裝參考圖

四、Ranger 組裝參考圖（使用 2 組 Makeblock 循跡感測器為例，也可使用 iFinder）

1. 使用 3×6 連接片將 2 個循跡感測器接在一起。

★ 圖(4) Ranger 組裝參考圖

2. 循跡感測器接至連接埠 6、7，其中連接埠 6 的循跡感測器裝在正中央負責循線，連接埠 7 的循跡感測器負責分叉路口判斷，需依抽到的任務裝在右側或左側；超音波模組接至連接埠 10；七段顯示器模組接至連接埠 9。

★ 圖(5) Ranger 組裝參考圖

MOSME 行動學習一點通
學科線上閱讀與題庫使用方法

未來趨勢

資訊科技的蓬勃發展，帶動數位化的普及，知識的傳遞不再受限於時間、地點、實體書的限制。行動通訊的快速進化，讓我們體驗到數位閱讀（Digital Reading）的便利。因應潮流趨勢，台科大圖書率先將學科試題轉換成「線上閱讀電子書」，讓您隨時隨地可使用行動裝置學習，並搭配「MOSME 行動學習一點通」，進行學科線上測驗，增強試題熟練度。

行動學習

支援各種裝置

註冊
加入 IPOE 會員享有更多、更完整的免費題庫進行自我練習，讓您學習更有效率。

會員登入
可使用手機門號、e-mail 或第三方 Line 登入。

序號登錄
登錄書籍上的序號，於使用期限內即可使用完整題庫、不限次數練習。

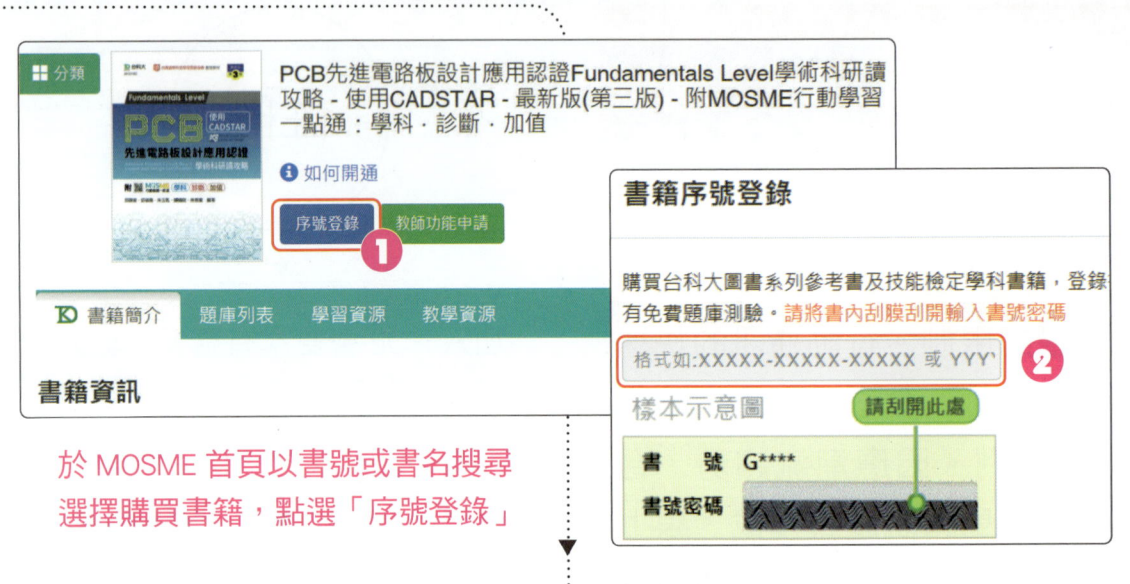

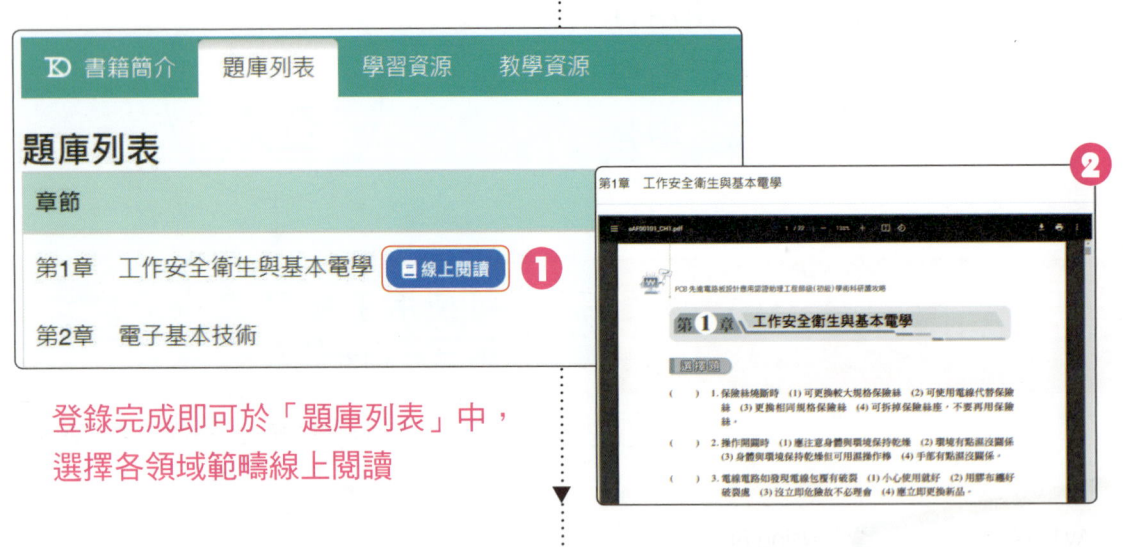

MOSME 行動學習一點通
Mobile Online Study Made Easy.

書籍序號登錄

於 MOSME 首頁以書號或書名搜尋選擇購買書籍，點選「序號登錄」

線上閱讀

登錄完成即可於「題庫列表」中，選擇各領域範疇線上閱讀

線上測驗

練習   **測驗**

可選擇「**單領域範疇**」或「**全書**」二種模式進行線上測驗

IRA Intelligent Robot Application 智慧型機器人應用認證

IRA 認證 簡介

近年來，國內外舉辦愈來愈多的機器人實作競賽，帶動了不少機器人的研發風氣；不過比較可惜的是，往往只有少數的參賽者可從競賽中獲獎，然而許多未獲獎之參賽者其技能也值得給予肯定。因此「IRA 智慧型機器人應用認證」提供這樣的實力評量來鼓勵達成基本技能者，學生或技術人員透過認證的過程，除了可理解機器人知識外，可動手製作機器人，並獲取合格證書。

IRA 證書樣式

IRA 認證 考試說明

科目	領域範疇	題型	評分方式	測驗時間	考試系統
學科	・機器人系統 ・電學、電力與控制 ・微處理機與程式邏輯 ・機構學應用 ・感知技術與轉換 ・工作安全衛生與職業倫理	單選題	即測即評 70 分及格	Fundamentals 60 分鐘	ITM 協會學科測驗系統
				Essentials 80 分鐘	
術科	・機構組裝 ・燒錄 ・撰寫程式 ・模擬與執行	實作題	人工判定 70 分及格	Fundamentals 60 分鐘	iPOE-P1 輪型機器人 mBot 輪型機器人 Ranger 遊俠機器人
				Essentials 180 分鐘	mBot 輪型機器人 Ranger 遊俠機器人

IRA 認證 考試大綱

Fundamentals level 能力指標
- 機構裝配能力
- 程式修改與燒入晶片能力

Essentials level 能力指標
- 機構裝配能力
- 程式規劃撰寫與燒入晶片能力
- DC 馬達驅動控制能力
- 電路配線能力
- 紅外線感測器規劃與使用能力

IRA 認證 證照售價

認證級別	產品編號	產品名稱	建議售價	備註
Fundamentals（初級）	AV101A	學科 -Using Arduino	$600	考生可自行線上下載證書副本，如有紙本證書的需求，亦可另外付費申請
	AV102A	術科 -Using Arduino	$980	
Essentials（中級）	AV111A	學科 -Using Arduino	$600	
	AV112A	術科 -Using Arduino	$1,180	

IRA 認證 教材售價

產品編號	書名	建議售價
PN096	Scratch3.0(mBlock5) 程式設計 - 使用 mBot2 機器人 - 含 IRA 智慧型機器人應用認證初級 (Fundamentals Level) - 最新版 - 附 MOSME 行動學習一點通：學科．診斷．評量．影音．加值	近期出版

※ 以上價格僅供參考 依實際報價為準

台灣區總代理 JYiC 勁園科教 www.jyic.net
諮詢專線：0800-000-799 或洽轄區業務
歡迎辦理師資研習課程

mBot2 Edu 智慧機器人教育套裝 優惠 10 套

硬體全面升級
加量不加價

開箱分享　影片介紹

產品編號：5001984
平均每套只要 $4,500

10 套　限量優惠：**$45,000**
原價：$54,000

買 mBot2 智慧機器人　# 生活科技　# 玩機器人

建議售價：$4,500

帶鋰電池的擴展板
可擴充伺服馬達、燈帶、Arduino 模組。

超音波感測器
新增 8 顆氛圍燈，提升了機器人在情緒表達上的潛力。

四路顏色感測器
使用可見光進行補光，抑制環境光干擾，並可同步進行顏色辨識。

CyberPi 主控板
具備 1.44 吋彩色螢幕，支援語音辨識，且可儲存 8 支程式。

金屬車架
M4 孔洞兼容金屬或拼砌類積木。

智慧編碼馬達
轉速 200RPM，扭矩 1.5kg·cm，檢測精度 1°，支援低轉速啟動，角度控制和轉速控制。

推薦教材

書號：PN093
作者：王麗君
建議售價：$400

書號：PN096
作者：李春雄
建議售價：$480

送 CyberPi 鋰電池擴展板　# 資訊科技　# 學程式設計

建議售價：$900

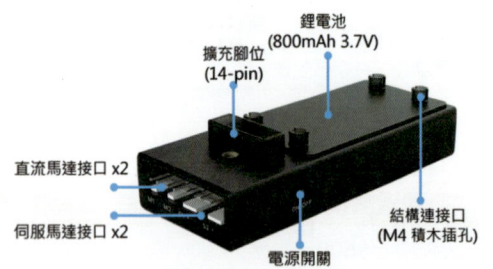

擴充腳位（14-pin）
鋰電池（800mAh 3.7V）
直流馬達接口 x2
伺服馬達接口 x2
結構連接口（M4 積木插孔）
電源開關

CyberPi 主控板
組合方式
鋰電池擴展板

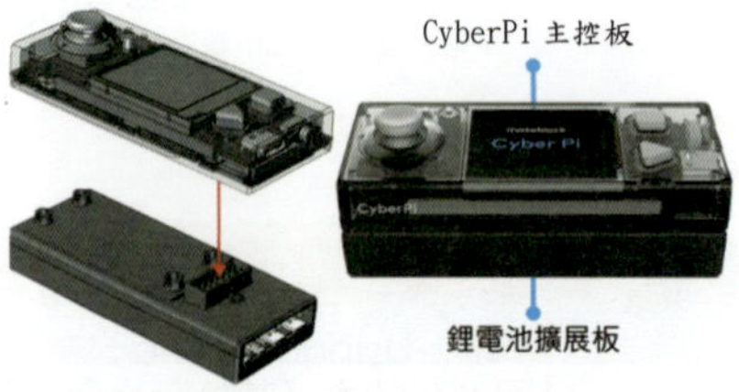

將 CyberPi 主控板與鋰電池擴展板結合，是程式設計教學利器，亦可作為遊戲機組，增進學習樂趣。

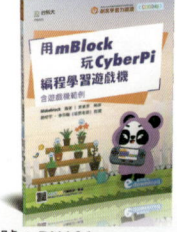

推薦教材

書號：PN101
作者：Makeblock 編著
　　　黃重景 編譯
　　　趙珩宇、李宗翰 校閱
建議售價：$350

選配

mBot 六足機器人擴展包
產品編號：5001011
建議售價：$890

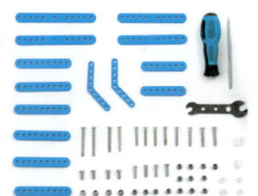

mBuild AI 視覺擴展包
產品編號：5001476
建議售價：$2,950

※ 價格 ‧ 規格僅供參考　依實際報價為準

JYiC.net 勁園國際股份有限公司 www.jyic.net
諮詢專線：02-2908-5945 或洽轄區業務
歡迎辦理師資研習課程

控制板比較

比較	mBot - mCore	mBot2 - CyberPi
處理器晶片	ATmage328P	ESP32（Xtensa 32-bit LX6）
時脈速率	20MHz	240MHz
唯讀記憶體 / 快取記憶體	1KB/2KB	448KB/520KB
擴展空間	/	8MB
電池容量	1800 mAh	2500 mAh
編碼馬達介面	0	2
直流馬達介面	2	2
伺服馬達介面	支援外接 1 個	4（燈帶、Arduino 相容）
專用腳位	4（RJ25）	1（mBuild）

CyberPi + mBot2 擴展板

馬達比較

比較	mBot - TT 減速馬達	mBot2 - 智慧編碼馬達
轉速區間	47~118 RPM	1~200 RPM
轉動精度	無	≤ 5°
檢測精度	無	1°
轉動扭矩	≥ 672 g·cm	1500 g·cm
輸出軸材質	塑膠	金屬
轉彎	不支援	精準轉向
直線前進	只支援前進 XX 秒	≤ 2% 的前進誤差 支援前進 XXmm 的指令
作為伺服馬達使用	不支援	支援 ≤ 5°的角度控制
作為旋鈕使用	不支援	支援 1°的檢測精度讀取

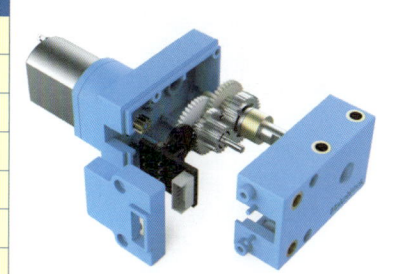

智慧編碼馬達

循跡模組比較

比較	mBot – 二路循跡模組	mBot2- 四路顏色循跡模組
塑膠保護外殼	無	有
循線感測器	2 個	4 個
顏色感測器	無	4 個（與循跡模組共用）
光線感測器	無	4 個（與循跡模組共用）
補光燈	紅外補光燈	可見光補光燈
抑制環境光干擾	無	有

四路顏色循跡模組

mBot2 產品規格

搭配程式語言	mBlock5： 圖形化積木（基於Scratch 3.0） 文字式：文字式：可一鍵轉Python或直接使用Python編輯器
處理器	Xtensa® 32-bit LX6 雙核處理器
電控模組	1.44 吋彩色螢幕、喇叭、RGB 彩燈 ×5、光線感測器、麥克風、陀螺儀、加速度計、五向搖杆及按鍵、超音波感測器、四路顏色感測器
擴充腳位	編碼馬達腳位 ×2、直流馬達腳位 ×2、伺服馬達腳位（燈帶及 Arduino 相容腳位）×4 mBuild 專用腳位（支援 mBuild 模組串連 10 個）×1
動力來源	智慧編碼馬達 ×2
電源供應	2500mAh 鋰電池
連線方式	藍牙、WiFi

※ 價格 ‧ 規格僅供參考 依實際報價為準

JYiC.net 勁園國際股份有限公司 www.jyic.net ｜ 諮詢專線：02-2908-5945 或洽轄區業務
歡迎辦理師資研習課程

書　　　名	**Scratch 3.0 (mBlock 5) 程式設計** 使用mBot2機器人-含IRA智慧型機器人應用認證初級
書　　　號	PN096
版　　　次	2022年6月初版
編 著 者	李春雄
責 任 編 輯	兩兩文化・孫琬鈞
校 對 次 數	8次
版 面 構 成	楊蕙慈
封 面 設 計	楊蕙慈

國家圖書館出版品預行編目資料

Scratch3.0(mBlock 5)程式設計：使用mBot2機器人 / 李春雄著
-- 初版. -- 新北市：台科大圖書, 2022.06
面；　公分
ISBN 978-986-523-407-2（平裝）
1. CST: 機器人 2. CST: 電腦程式設計
448.992029　　　　　　　　　　　111000426

出 版 者	台科大圖書股份有限公司
門 市 地 址	242051新北市新莊區中正路649-8號8樓
電　　　話	02-2908-0313
傳　　　真	02-2908-0112
網　　　址	tkdbooks.com
電 子 郵 件	service@jyic.net
版 權 宣 告	**有著作權　侵害必究**

本書受著作權法保護。未經本公司事前書面授權，不得以任何方式（包括儲存於資料庫或任何存取系統內）作全部或局部之翻印、仿製或轉載。

書內圖片、資料的來源已盡查明之責，若有疏漏致著作權遭侵犯，我們在此致歉，並請有關人士致函本公司，我們將作出適當的修訂和安排。

郵 購 帳 號	19133960
戶　　　名	台科大圖書股份有限公司
	※郵撥訂購未滿1500元者，請付郵資，本島地區100元 / 外島地區200元
客 服 專 線	0800-000-599
網 路 購 書	PChome商店街　JY國際學院 博客來網路書店　台科大圖書專區
各服務中心	總　公　司　02-2908-5945　　台中服務中心　04-2263-5882 台北服務中心　02-2908-5945　　高雄服務中心　07-555-7947

線上讀者回函
歡迎給予鼓勵及建議
tkdbooks.com/PN096